电工
知识技能大全

主　编　韩雪涛
副主编　吴　瑛　韩广兴

电子工业出版社
Publishing House of Electronics Industry
北京·BEIJING

内容简介

本书以市场需求为导向，根据国家相关职业资格标准介绍电工实用知识技能，结合电工行业的培训特点和读者的学习习惯，将电工实用知识技能划分成 20 个模块。内容具体为：电工电路基础知识，电工常用工具仪表，电子元器件，常用电气部件，电工材料，安全用电与触电急救，导线的加工与连接，焊接操作，控制及保护器件的安装，电工布线，照明系统的安装与调试，小区供电系统的安装与调试，电力拖动系统的安装与调试，照明控制电路，供配电电路，电动机控制电路，农机控制电路，电子元器件的检测，电气部件的检修，电动机的检修。

本书内容全面，实用性强，讲解详尽，文字精练，图文并茂，易学易懂，非常适合电工从业人员学习、查询使用。本书还适合从事电工电子技术研发、生产、安装、调试、改造与维护的技术人员使用，也可作为电工电子技术学习者和广大电工电子爱好者的实用工具书。

未经许可，不得以任何方式复制或抄袭本书之部分或全部内容。
版权所有，侵权必究。

图书在版编目（CIP）数据

电工知识技能大全/韩雪涛主编．—北京：电子工业出版社，2020.5
ISBN 978-7-121-38539-1

Ⅰ．①电… Ⅱ．①韩… Ⅲ．①电工技术 Ⅳ．① TM

中国版本图书馆 CIP 数据核字（2020）第 031820 号

责任编辑：祁玉芹
文字编辑：底波
印　　刷：中国电影出版社印刷厂
装　　订：中国电影出版社印刷厂
出版发行：电子工业出版社
　　　　　北京市海淀区万寿路 173 信箱　邮编 100036
开　　本：787×1092　1/16　印张：31　字数：754 千字
版　　次：2020 年 5 月第 1 版
印　　次：2023 年 3 月第 2 次印刷
定　　价：159.00 元

凡所购买电子工业出版社图书有缺损问题，请向购买书店调换。若书店售缺，请与本社发行部联系，联系及邮购电话：（010）88254888，88258888。

质量投诉请发邮件至 zlts@phei.com.cn，盗版侵权举报请发邮件至 dbqq@phei.com.cn。

本书咨询联系方式：qiyuqin@phei.com.cn。

前言

PREFACE

随着电工电子技术的迅猛发展，我国电气设备的设计、制造、运行、维护和控制技术都发生了巨大的变革。特别是近些年，城镇电气化的普及和发展带动了整个电工电子领域的变革。社会提供了越来越多的工作岗位，电工电子领域从业人数逐年增加。

然而，突飞猛进的技术发展也在一定程度上给从事电工电子相关行业工作的技术人员和学习者带来了很大的困扰。新的国家标准不断颁布，新的电工电子产品不断涌现，高科技、高智能化的电气设备不断进入社会各个领域。这些变化使得电工电子相关行业的从业者及学习者感到前所未有的压力。如何能够掌握电工电子的知识技能，如何能够在短时间内通过学习和实践具备从业资格，是当前相关从业者和初学者亟待解决的问题。

针对上述这些问题，我们特别编写了《电工知识技能大全》一书。作为一本突出技能特色的电工"实用自学手册"。本书将目前社会上各类电气设备及实用电路进行收集、整理，并按照功能特点进行细分。然后按照电工电子相关行业从业人员的学习习惯，以社会就业需求为导向，以国家相关的职业资格标准为依据，对电工电子相关行业的技术人员所用到的知识和技能进行了系统梳理。

在内容方面，本书将知识、产品和实用技能巧妙融合，所涉及的知识技能覆盖整个电工电子领域的各工种。

在图书的呈现方式上，本书将"图解"的特色融入其中，突出手册的直观性、可读性，在实现知识和产品数据查询的基础上，提供了全新的"技能培训"查询。使读者不仅可以查询电路和数据，更重要的是可以查询各项技能。

另外，本书对变频技术、PLC技术等新兴的电工电子领域进行了深入探讨，并收录了大量变频器实用案例、PLC控制应用案例等。这些实用案例均来源于实际的生产生活，为广大读者提供了很好的参考依据和实用数据。

作为新编的电工技术手册，本书在注重知识性和数据性的同时，也将电工行业的实用技能进行了细致整理，尤其是对于安全用电、各类电气设备的安装、调试、维护等实用技能进行了系统介绍。很好地将查询特性与实用特性融合在一起。不仅可以供电工从业人员查询使用，同时也可作为电工技能晋级考试的辅导用书。

为了便于学习与查阅，本书对原设备的电路图集应用实例的实际电路中不符合国家规定标准的图形及符号未做修改，以便读者在学习时能将实际设备与电路图进行对照，准确查找，在此特加说明。本书电路图中 AC 表示交流信号，AC 220V 表示的信息为 220V 电压为交流供电。

本书由韩雪涛主编，韩广兴、吴瑛担任副主编。为了更好地满足读者的需求，达到最佳的学习效果，本书得到了数码维修工程师鉴定指导中心的大力支持。读者可登录数码维修工程师的官方网站（www.chinadse.org）获得免费的技术咨询和资料信息。同时，本书将数字媒体与传统纸质载体完美结合。读者可用手机扫描书中相应知识技能点的二维码，便可开启微视频。微视频内容与书中的图文信息互相衔接，确保读者在短时间内获得最佳的学习体验和学习效果。读者通过学习与实践后还可参加相关资质的国家职业资格或工程师资格认证，可获得相应等级的国家职业资格或数码维修工程师资格证书。如果读者在学习和考核认证方面有什么问题，可通过以下方式与我们联系。

网址：http://www.chinadse.org

联系电话：022-83718162/83715667/13114807267

E-MAIL:chinadse@163.com

地址：天津市南开区榕苑路 4 号天发科技园 8-1-401

邮编：300384

编　者
2019 年岁末

下面的二维码提供了丰富多样的教学资源，以帮助读者进行学习和提高。

目录

第1章 电工电路基础知识 1

1.1 电流与电压 1
1.1.1 电流 1
1.1.2 电压 2

1.2 电路结构 2
1.2.1 电路的组成 2
1.2.2 电路的功能及状态 5

1.3 电路的连接方式与基本定律 6
1.3.1 电路的连接方式 6
1.3.2 欧姆定律（电流、电压与电阻的关系）......9
1.3.3 基尔霍夫定律 13
1.3.4 叠加定律与戴维宁定律 15

1.4 直流电与实用电路 17
1.4.1 直流电 17
1.4.2 直流电路 17

1.5 交流电与实用电路 18
1.5.1 单相交流电与单相交流电路 18
1.5.2 三相交流电与三相交流电路 20

1.6 电能与电功率 22
1.6.1 电能 22
1.6.2 电功率 23

第2章 电工常用工具仪表 24

2.1 电工加工工具 24
2.1.1 钳子 24
2.1.2 螺钉旋具 25
2.1.3 扳手 25
2.1.4 电工刀 26

2.2 电工攀高工具 26
2.3 电工防护工具 26
2.4 电工焊接工具 28
2.4.1 电烙铁 28
2.4.2 喷灯 28
2.4.3 气焊设备 29
2.4.4 电焊设备 29

2.5 验电器 30
2.5.1 验电器的结构特点 30
2.5.2 验电器的结构原理 31

2.6 电流表 33
2.6.1 直流电流表 33
2.6.2 交流电流表 34

2.7 电压表 35
2.7.1 直流电压表 35
2.7.2 交流电压表 36

2.8 钳形表 37
2.9 兆欧表 38
2.10 万用表 39
2.10.1 指针式万用表 39
2.10.2 数字式万用表 40

2.11 电桥 40

第3章 电子元器件 42

3.1 电阻器 42
3.1.1 电阻的功能及主要参数 42
3.1.2 电阻的命名及标识方法 43
3.1.3 电阻的种类和特点 46

3.2 电容器 48
　　3.2.1 电容的功能 49
　　3.2.2 电容的主要参数 49
　　3.2.3 电容的命名及标识方法 50
　　3.2.4 电容的种类和特点 51
3.3 电感器 53
　　3.3.1 电感的功能 53
　　3.3.2 电感的主要参数 53
　　3.3.3 电感的种类和特点 54
3.4 二极管 55
　　3.4.1 二极管的特性及功能 55
　　3.4.2 二极管的主要参数 55
　　3.4.3 二极管的种类和特点 56
3.5 三极管 57
　　3.5.1 三极管的功能特点 57
　　3.5.2 三极管的种类 58
3.6 场效应管 59
　　3.6.1 场效应管的功能 59
　　3.6.2 场效应管的主要参数 59
　　3.6.3 场效应管的种类 59
3.7 晶闸管 60
　　3.7.1 晶闸管的功能 60
　　3.7.2 晶闸管的主要参数 61
　　3.7.3 晶闸管的种类 61
3.8 集成电路 62
　　3.8.1 集成电路的特点 62
　　3.8.2 集成电路的主要参数 62
　　3.8.3 集成电路的分类和识别 63

第 4 章 常用电气部件 64

4.1 高压隔离开关 64
　　4.1.1 型号含义和分类 64
　　4.1.2 户内高压隔离开关 64
　　4.1.3 户外高压隔离开关 65
4.2 高压负荷开关 66
　　4.2.1 型号含义和分类 66

4.2.2 室内用空气负荷开关 ... 66
4.2.3 带电力熔断器空气负荷开关 ... 67
4.3 高压断路器 ... 67
4.3.1 型号含义和分类 ... 68
4.3.2 油断路器 ... 69
4.3.3 真空断路器 ... 69
4.4 高压熔断器 ... 70
4.4.1 型号含义和分类 ... 71
4.4.2 户内高压限流熔断器 ... 71
4.4.3 户外交流高压跌落式熔断器 ... 72
4.5 低压开关 ... 72
4.5.1 开启式负荷开关 ... 73
4.5.2 封闭式负荷开关 ... 74
4.5.3 组合开关 ... 74
4.5.4 控制开关 ... 75
4.5.5 功能开关 ... 75
4.6 低压断路器 ... 76
4.6.1 塑壳断路器 ... 76
4.6.2 万能断路器 ... 78
4.6.3 漏电保护断路器 ... 80
4.7 低压熔断器 ... 80
4.7.1 瓷插入式熔断器 ... 81
4.7.2 螺旋式熔断器 ... 82
4.7.3 无填料封闭管式熔断器 ... 83
4.7.4 有填料封闭管式熔断器 ... 83
4.7.5 快速熔断器 ... 84
4.8 接触器 ... 84
4.8.1 交流接触器 ... 85
4.8.2 直流接触器 ... 85
4.9 主令电器 ... 86
4.9.1 按钮 ... 87
4.9.2 位置开关 ... 88
4.9.3 接近开关 ... 90
4.9.4 主令控制器 ... 91
4.10 继电器 ... 91
4.10.1 通用继电器 ... 92

4.10.2 电流继电器 92
　　　4.10.3 电压继电器 94
　　　4.10.4 热继电器 95
　　　4.10.5 温度继电器 95
　　　4.10.6 中间继电器 96
　　　4.10.7 速度继电器 97
　　　4.10.8 时间继电器 97
　　　4.10.9 压力继电器 98

第5章 电工材料 99

5.1 绝缘材料 99
　　5.1.1 电工常用绝缘材料的种类及特点 99
　　5.1.2 电工常用绝缘材料的选用 101
5.2 导电材料 110
　　5.2.1 电工常用导电材料的种类及特点 110
　　5.2.2 电工常用导电材料的选用 112
5.3 常用磁性材料的规格与应用 119
　　5.3.1 电工常用磁性材料的种类及特点 119
　　5.3.2 电工常用磁性材料的选用 121

第6章 安全用电与触电急救 124

6.1 触电类型 124
　　6.1.1 单相触电 124
　　6.1.2 两相触电 126
　　6.1.3 跨步触电 126
6.2 安全用电与防护 127
　　6.2.1 安全用电常识 127
　　6.2.2 电工操作的防护 128
6.3 触电急救 130
　　6.3.1 触电时的急救 130
　　6.3.2 触电后的急救 132
6.4 外伤急救 135
6.5 消防安全 138

第7章 导线的加工与连接 140

7.1 导线剥线加工 140

7.1.1 塑料硬导线的剥线加工 140
7.1.2 塑料软导线的剥线加工 142
7.1.3 塑料护套线的剥线加工 143

7.2 导线连接 144
7.2.1 导线的缠绕连接 144
7.2.2 导线的铰接连接 149
7.2.3 导线的扭绞连接 150
7.2.4 导线的绕接连接 151
7.2.5 导线的线夹连接 152

7.3 导线连接头的加工 153
7.3.1 塑料硬导线连接头的加工 153
7.3.2 塑料软导线连接头的加工 154

7.4 导线的焊接与导线绝缘层的恢复 155
7.4.1 导线的焊接 156
7.4.2 导线绝缘层的恢复 156

第 8 章 焊接操作 159

8.1 电焊 159
8.1.1 电焊工具 159
8.1.2 焊接操作方法 164

8.2 气焊 172
8.2.1 气焊设备 172
8.2.2 气焊焊接规范 173

8.3 热熔焊 175
8.3.1 焊接工具 175
8.3.2 焊接规范 176

第 9 章 控制及保护器件的安装 178

9.1 交流接触器的安装 178
9.1.1 交流接触器安装前的准备 179
9.1.2 交流接触器的安装 180

9.2 熔断器的安装 182
9.3 热继电器的安装 184
9.4 漏电保护器安装 188
9.5 接地装置安装 190
9.5.1 接地体的安装 190

9.5.2 接地线的安装 194

第 10 章 电工布线 200

10.1 瓷夹配线与瓷瓶配线 200
10.1.1 瓷夹配线 200
10.1.2 瓷瓶配线 201
10.2 金属管配线 203
10.2.1 金属管配线的明敷操作 203
10.2.2 金属管配线的暗敷 206
10.3 线槽配线 207
10.3.1 金属线槽配线的明敷 207
10.3.2 金属线槽配线的暗敷 208
10.3.3 塑料线槽配线 208
10.4 线管配线 211
10.4.1 塑料线管配线的明敷 211
10.4.2 塑料线管配线的暗敷 212

第 11 章 照明系统的安装与调试 214

11.1 常用照明线路 214
11.1.1 单控开关控制单个照明灯 214
11.1.2 单控开关控制多个照明灯 215
11.1.3 多控开关控制单个照明灯 215
11.1.4 多控开关控制多个照明灯 216
11.2 照明设备的安装 217
11.2.1 控制开关的安装 217
11.2.2 照明灯的安装 228
11.3 照明系统调试 233
11.3.1 卫生间照明线路的调试与检测 233
11.3.2 客厅照明线路的调试与检测 235

第 12 章 小区供电系统的安装与调试 237

12.1 小区供电系统 237
12.1.1 小区供电系统的特点 237
12.1.2 小区供电系统的接线与分配 239
12.2 供电设备安装 241

        12.2.1 变配电室的安装 241
        12.2.2 低压配电柜的安装 242
    12.3 小区供电系统的调试 243

第 13 章 电力拖动系统的安装与调试 246

   13.1 电力拖动系统 246
        13.1.1 电力拖动系统的功能特点 246
        13.1.2 电力拖动系统的结构形式 248
   13.2 电力拖动系统的安装 249
        13.2.1 敷设线缆 250
        13.2.2 安装电动机及拖动设备 251
        13.2.3 安装控制箱 258
        13.2.4 安装连接控制部件 259
   13.3 电力拖动系统的调试 261
        13.3.1 断电调试 261
        13.3.2 通电调试 261

第 14 章 照明控制电路 264

   14.1 光控照明电路 264
   14.2 走廊灯延时熄灭电路 264
   14.3 触摸式灯控电路 265
   14.4 超声波遥控照明电路 265
   14.5 红外遥控照明电路 267
   14.6 光控门灯电路 268
   14.7 声控照明电路 269
   14.8 三方控制照明灯电路 269
   14.9 触摸式照明灯控制电路 270
   14.10 光控照明灯电路 271
   14.11 自动应急灯电路 271

第 15 章 供配电电路 273

   15.1 具有过流保护功能的低压配电控制电路 273
   15.2 双路互相供电方式的配电控制电路 274
   15.3 三相双电源自动互供控制电路 275

15.4 楼宇低压供配电电路 277
15.5 楼层配电箱供配电电路 278
15.6 10 kV 高压配电柜控制电路 280
15.7 35 kV 高压变配电控制电路 282
15.8 楼宇变电柜高压开关设备控制电路 283
15.9 具有备用电源的 10 kV 变配电柜控制电路 285
15.10 35 kV 变电站高压开关设备控制电路 286
15.11 高低压配电开关设备控制电路 288

第 16 章 电动机控制电路 289

16.1 直流电动机正 / 反转控制电路 289
16.2 直流电动机的启动控制电路 290
16.3 单相交流电动机的启 / 停控制电路 291
16.4 单相交流电动机正 / 反转控制电路 292
16.5 三相交流电动机点动 / 连续控制电路 294
16.6 两台三相交流电动机交替工作控制电路 296

第 17 章 农机控制电路 298

17.1 水泵控制电路 298
17.2 禽蛋孵化箱控制电路 299
17.3 农田排灌设备自动控制电路 300
17.4 稻谷加工机的电气控制电路 302
17.5 鱼池增氧设备控制电路 304
17.6 孵化设备控制电路 306
17.7 养鱼池水泵和增氧泵自动交替运转的控制电路 307
17.8 自动灌水控制电路 309
17.9 秸秆切碎机驱动控制电路 310
17.10 谷物加工机的电气控制电路 312
17.11 排水设备自动控制电路 313

第 18 章 电子元器件的检测 315

18.1 固定电阻器的检测 315
18.2 可变电阻器的检测 316
18.3 敏感电阻器的检测 317
    18.3.1 热敏电阻器的检测 317

  18.3.2 光敏电阻器的检测 318
  18.3.3 湿敏电阻器的检测 319
  18.3.4 气敏电阻器 319
  18.3.5 压敏电阻器的检测 320
18.4 普通电容器的检测 321
18.5 电解电容器的检测 321
18.6 电感器的检测 323
18.7 发光二极管的检测 325
18.8 整流二极管的检测 326
18.9 三极管的检测 328
18.10 场效应晶体管的检测 331
18.11 晶闸管的检测 332
18.12 集成电路的检测 334

第 19 章 电气部件的检修 339

19.1 接触器的检测技能 339
  19.1.1 交流接触器的检测 339
  19.1.2 直流接触器的检测 341
19.2 开关的检测技能 341
  19.2.1 常开开关的检测 341
  19.2.2 复合开关的检测 342
19.3 继电器的检测技能 343
  19.3.1 电磁继电器的检测 344
  19.3.2 时间继电器的检测 346
  19.3.3 热继电器的检测 347
19.4 变压器的检测技能 349
  19.4.1 电力变压器的检测 349
  19.4.2 电源变压器的检测 352
  19.4.3 开关变压器的检测 354

第 20 章 电动机的检修 356

20.1 电动机绕组电阻值的检测 356
20.2 电动机绝缘电阻值的检测 359
20.3 电动机空载电流的检测 360
20.4 电动机转速的检测 361
20.5 电动机铁芯和转轴的结构及检修方法 362

20.5.1 电动机铁芯的结构及检修方法 362
20.5.2 电动机转轴的结构及检修方法 367
20.6 电动机电刷和滑环的结构及检修 371
20.6.1 电动机电刷的结构及检修 371
20.6.2 电动机滑环的结构及检修 376
20.7 直流电动机不启动故障的检修 381
20.8 直流电动机不转故障的检修 383
20.9 单相交流电动机不启动故障的检修 384
20.10 三相异步电动机外壳带电故障的检修 388
20.11 三相异步电动机扫膛故障的检修 389

第 21 章 电气控制电路的检测 391

21.1 触摸延时照明控制电路的检测 391
21.2 小区照明控制电路的检测 393
21.3 公路照明控制电路的检测 395
21.4 低压供配电电路的检测 397
21.5 高压供配电电路的检测 399
21.6 三相交流感应电动机点动控制电路的检测 404
21.7 货物升降机自动运行控制电路的检测 407
21.8 稻谷加工机电气控制电路的检测 410

第 22 章 PLC 控制器 414

22.1 PLC 的种类特点 414
22.1.1 按结构形式分类 414
22.1.2 按 I/O 点数分类 415
22.1.3 按功能分类 416
22.1.4 按生产厂家分类 418
22.2 PLC 的功能特点 420
22.2.1 继电器控制与 PLC 控制 420
22.2.2 PLC 的功能应用 422
22.3 三菱 PLC 产品 423
22.4 西门子 PLC 产品 426

第 23 章 PLC 编程 431

23.1 PLC 梯形图 431

23.1.1 PLC 梯形图的特点 431
23.1.2 PLC 梯形图的构成 432
23.2 PLC 语句表 438
23.2.1 PLC 语句表的特点 438
23.2.2 PLC 语句表的构成 440
23.3 西门子 PLC 编程 442
23.3.1 西门子 PLC 梯形图中常用编程元件标识方法 442
23.3.2 西门子 PLC 梯形图的编写要求 451
23.4 三菱 PLC 编程 453
23.4.1 三菱 PLC 梯形图中编程元件的标注方法 453
23.4.2 三菱 PLC 梯形图的编写要求 459

第 24 章 PLC 技术应用 463

24.1 电动机启、停系统的 PLC 电气控制 463
24.1.1 电动机启、停系统的 PLC 控制电路 463
24.1.2 电动机启、停系统的 PLC 电气控制过程 464
24.2 电动机反接制动系统的 PLC 电气控制 465
24.2.1 电动机反接制动 PLC 控制电路的结构 465
24.2.2 电动机反接制动 PLC 控制电路的控制过程 466
24.3 通风报警系统的 PLC 电气控制 467
24.3.1 通风报警 PLC 控制电路的结构 467
24.3.2 通风报警 PLC 控制电路的控制过程 469
24.4 运料小车系统的 PLC 电气控制 471
24.4.1 运料小车 PLC 控制电路的结构 471
24.4.2 运料小车 PLC 控制电路的控制过程 473
24.5 水塔供水系统的 PLC 电气控制 476
24.5.1 水塔供水 PLC 控制电路的结构 476
24.5.2 水塔供水 PLC 控制电路的控制过程 478

第 1 章 电工电路基础知识

1.1 电流与电压

1.1.1 电流

电具有同性相斥，异性相吸的性质。带电物体所带电荷的数量叫"电量"。电荷用 Q 表示，电量的单位是库仑，1 库仑约等于 $6.24×10^{18}$ 个电子所带的电量。

电荷在电场的作用下定向移动，形成电流。严格来说，是自由电子的移动形成了电流。其方向规定为正电荷流动的方向（或负电荷流动的反方向），如图 1-1 所示，其大小等于在单位时间内通过导体横截面的电量，称为电流强度，用符号 I 或 $i(t)$ 表示。

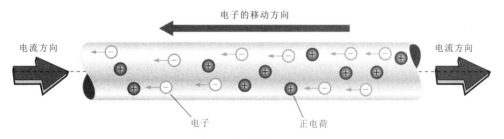

图 1-1 电流与电流方向

设在 $\Delta t = t_2-t_1$ 时间内，通过导体横截面的电荷量为 $\Delta q = q_2-q_1$，则在 Δt 时间内的电流强度可用数学公式表示为

$$i(t) = \frac{\Delta q}{\Delta t}$$

式中，Δt 为很小的时间间隔，时间的国际单位制为秒（s），电量 Δq 的国际单位制为库仑（C），电流 $i(t)$ 的国际单位制为安培（A）。

常用的电流单位有微安（μA）、毫安（mA）、安（A）、千安（kA）等，它们与安培的换算关系为

$$1\ \mu A = 10^{-6} A \quad 1\ mA = 10^{-3} A \quad 1\ kA = 10^{3} A$$

1.1.2 电压

如图 1-2 所示,带正电体 A 和带负电体 B 之间存在电势差(类似水位差),只要用电线连接 A、B 物体,就会有电流流动。即从电势高的带正电体 A 向电势低的带负电体 B 有电流流动。所谓电压就是带正电体 A 与带负电体 B 之间的电势差(电压)。也就是说,由电引起的压力使原子内的电子移动形成电流,也就是说,使电流流动的压力就是电压。

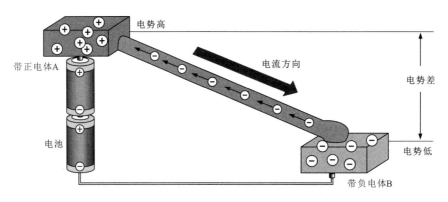

图 1-2 电压

因此规定,电压是指电路中带正电体 A 与带负电体 B 之间的电势差(简称电压),其大小等于单位正电荷因受电场力作用从带正电体 A 移动到带负电体 B 所做的功,电压的方向规定为从高电位指向低电位的方向。

电压的国际单位制为伏特(V),常用的单位还有微伏(μV)、毫伏(mV)、千伏(kV)等,它们与伏特的换算关系为

$$1\ \mu V = 10^{-6} V \quad 1\ mV = 10^{-3} V \quad 1\ kV = 10^{3} V$$

1.2 电路结构

1.2.1 电路的组成

每个电路都具有三个基本量——电压、电流和电阻。这三个量取决于各器件在实际电路中所设置的部位。

组成电路的组件包括:电能源(电源)、保护设备、导线、控制设备和负载设备。

电源为电路提供电压,使导线中的自由电子移动。电源也常被认为是能量供给。常用的电源分为两种:直流电源(DC)和交流电源(AC)。

物质中电子的定向运动就会形成电流。电源的极性决定了电路中电流的方向,电流的方向被定义为从正极到负极。同时电源提供的电压大小决定了电路中电流的大小。电路中的电流总是保持相同的方向。这种类型的电源称为直流电源,任何使用直流电源的电路都是直流供电电路,如电池供电电路就是直流供电电路。当电源极性是交替变换的,电路中电流的方向也将交替变化。这种类型的电源称为交流电源,任何使用交流电源的电路都是

交流供电电路。

注：对于信号处理电路来说，放大或处理交流信号的电路是交流放大（处理）电路。放大或处理直流信号（或包含直流分量）的电路是直流放大（处理）电路。这个概念与电源供电电路是不同的。

保护设备的目的是为了保护电路配线和器件。保护设备只允许在安全限制内的电流通过。当有超过额定电流量的电流（过载电流）通过时，保护设备会自动切断电路。常用的两种保护设备是熔断器和断路器（断路开关）。通常保护设备都是电压电源或能量供给设备的组成部分，如图 1-3 所示。

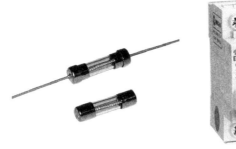

（a）熔断器　　　　　　　　（b）断路器

图 1-3 保护设备

导体或导线用于在各部件间形成通路。导线（导体）是为电器元件和设备供电的通路，本身的电阻极小。

控制设备通常被设置在电路中允许用户简单地开启、关闭或切换电流。通常控制设备包括开关、调节装置（温度）和灯的调光器等。

负载是电路的一部分，它实现了电能的转换。负载可以将电能转换为用户所期望的功能或电路的有用功。为了实现其功能，它需要将电能转换为其他形式的能。常见的负载设备包括灯、发动机、发热机、电阻器等，如图 1-4 所示。

图 1-4 负载设备

所有传导电流的部件都具有一定量的电阻。然而，在大多数电路中电路导线和电源的电阻很小,甚至为零,因此在负载设备中综合电阻是电路的主要负载电阻。

负载的额定电功率决定它从电源得到的能量。因此,负载这个词既表示负载设备得到的能量,也代表负载设备从电源处消耗的能量。

2. 简单电路

通常,电路是由电源、负载和中间环节(导线和开关)三部分组成的。

① 电源(供能元件):电路中提供电能的装置,如发电机、电池或蓄电池等。

② 负载(耗能元件):在电路中使用(消耗)电能的设备和器件,如电动机、电灯等。

③ 中间环节:电源和负载之间不可缺少的连接、控制和保护部件,如连接导线、开关设备、测量设备及各种继电保护设备等。

由理想元件构成的电路叫作电路模型,也叫作实际电路的电路原理图,简称为电路图。

理想元件:电路往往是由电特性相当复杂的元器件组成的,为了便于使用数学方法对电路进行分析,可将电路实体中的各种电器设备和元器件用一些能够表征它们主要电磁特性的理想元件(模型)来代替,而对它的实际上的结构、材料、形状等非电磁特性不予考虑,常用的理想元件及符号见表1-1。

表1-1 常用的理想元件及符号

名 称	符 号	名 称	符 号
电阻	─▭─	电压表	─Ⓥ─
电池	─┤├─	接地	⊥
电灯	─⊗─	熔断器	─▭─
开关	─/─	电容	─┤├─
电流表	─Ⓐ─	电感	─⌒⌒⌒─

理想电路元件分为无源元件和有源元件两大类,无源元件主要有如下三种。

① 电阻元件:只具有耗能的电特性。

② 电感元件:只具有储存磁能的电特性。

③ 电容元件:只具有储存电能的电特性。

有源元件主要有如下两种。

① 理想电压源:输出电压恒定,输出电流由它和负载共同决定。

② 理想电流源:输出电流恒定,两端电压由它和负载共同决定。

我们已经知道,电路就是一个可以提供电子流动的闭合通路。简单电路就是只有一个控制设备、一个负载设备和一个电源的电路。例如,一个灯泡,一个电源和一个开关就可以组成一个简单电路。电路中每个部件都相互连接,或者用导线首尾相连。整个简单电路用开关来控制其断开或连接。当开关闭合时,电流可以流通,灯泡就亮,如图1-5(a)所示,当灯泡亮起的时候,灯泡处的电压与电源电压相同。当开关打开时,电流被切断灯泡熄灭,如图1-5(b)所示。

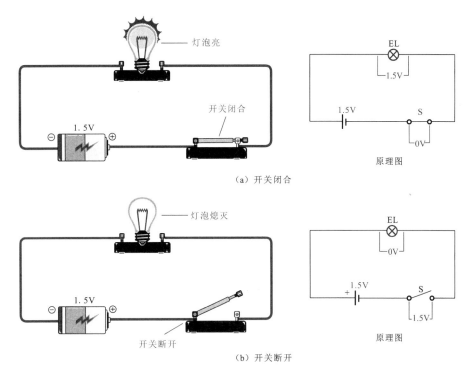

图 1-5 简单电路的结构

1.2.2 电路的功能及状态

在电力系统中,电路可以实现电能的传输、分配和转换,如图 1-6 所示。电路将电能由电源经导线传输到相应用电设备,转换成光能、热能和机械能等。此类电路电压相对较高,电流及功率较大,习惯上称之为"强电"电路。

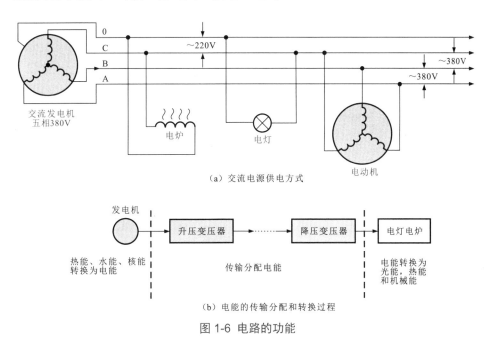

图 1-6 电路的功能

电路有通路、开路和短路三种状态，如图1-7所示。

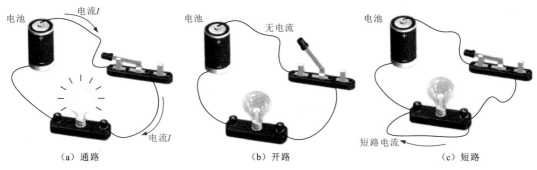

图1-7 电路的状态

① 通路（闭路）：电源与负载接通，电路中有电流通过，电气设备或元器件获得一定的电压和电功率，进行能量转换。

② 开路（断路）：电源与负载断开电路中没有电流通过，又称为空载状态。

③ 短路（捷路）：电源两端被直接连接，电源输入的电流不能供给负载而直接短路。因此电流急增对电源来说属于严重过载，如果电路中没有保护措施，则电源或电器会被烧毁或发生火灾，所以通常要在电路或电气设备中安装熔断器、熔丝等保险装置，以避免发生短路时出现不良后果。

1.3 电路的连接方式与基本定律

1.3.1 电路的连接方式

电路中电源及负载的连接方式多种多样，按其连接的方式的不同，通过负载的电压和电流的大小也不相同。

1. 电池的串、并联

如图1-8（a）所示的串联电池组，每个电池的电动势均为E、内阻均为r。如果有n个相同的电池串联，那么整个串联电池组的电动势与等效内阻分别为

$$E_{串}=nE \quad r_{串}=nr$$

串联电池组的电动势是单个电池电动势的n倍，额定电流相同。

如图1-8（b）所示并联电池组，每个电池的电动势均为E、内阻均为r。如果有n个相同的电池并联，那么整个并联电池组的电动势与等效内阻分别为

$$E_{并}=E \quad r_{并}=r/n$$

并联电池组的额定电流是单个电池额定电流的n倍，电动势相同。

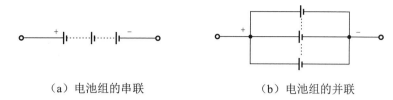

（a）电池组的串联　　　　　　（b）电池组的并联

图 1-8　电池的串、并联

2. 电路中电阻串联和并联的结构特点

如图 1-9 所示为电阻串联和并联的简单电路。设总电压为 U、总电流为 I、总功率为 P。

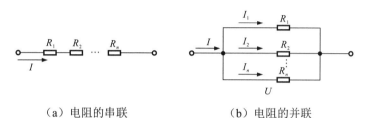

（a）电阻的串联　　　　　　（b）电阻的并联

图 1-9　电阻的串联和并联的简单电路

在串联电路中有：

（1）等效电阻：　　　　　$R = R_1 + R_2 + \cdots + R_n$

（2）分压关系：　　　　　$\dfrac{U_1}{R_1} = \dfrac{U_2}{R_2} = \cdots = \dfrac{U_n}{R_n} = \dfrac{U}{R} = I$

（3）功率分配：　　　　　$\dfrac{P_1}{R_1} = \dfrac{P_2}{R_2} = \cdots = \dfrac{P_n}{R_n} = \dfrac{P}{R} = I^2$

特例：如图 1-10 所示，两只电阻串联时，等效电阻 $R = R_1 + R_2$，则有分压公式

$$U_1 = \frac{R_1}{R_1 + R_2} U \qquad U_2 = \frac{R_2}{R_1 + R_2} U$$

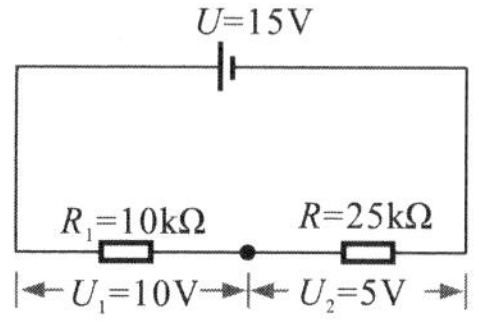

图 1-10　两电阻串联电路

在并联电路中有：

（1）等效电导：　　　　　$\dfrac{1}{R} = \dfrac{1}{R_1} + \dfrac{1}{R_2} + \cdots + \dfrac{1}{R_n}$

（2）分流关系：　　　　　$R_1 I_1 = R_2 I_2 = \cdots = R_n I_n = RI = U$

（3）功率分配： $R_1P_1=R_2P_2=\cdots=R_nP_n=RP=U^2$

特例：如图 1-11 所示，当两只电阻并联时，等效电阻 $R=\dfrac{R_1R_2}{R_1+R_2}$，则有分流公式

$$I_1=\dfrac{R_2}{R_1+R_2}I \qquad I_2=\dfrac{R_1}{R_1+R_2}I$$

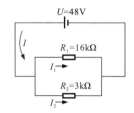

图 1-11 两电阻的并联电路

3. 电路中电阻混联的结构特点

在电路中，既有电阻的串联关系又有电阻的并联关系，称为电阻混联。对电阻混联电路的分析和计算大体上可分为以下几个步骤。

（1）首先整理清楚电路中电阻串、并联关系，必要时重新画出串、并联关系明确的电路图。

（2）利用串、并联等效电阻公式计算出电路中总的等效电阻。

（3）利用已知条件进行计算，确定电路的总电压与总电流。

（4）根据电阻分压关系和分流关系，逐步推算出各支路的电流或电压。

图 1-12 所示为电阻混联电路。

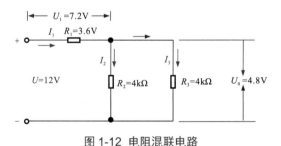

图 1-12 电阻混联电路

这个电路中各电阻的关系为：R_2 与 R_3 并联后再与 R_1 串联，则可知 R_2 与 R_3 两端的电压相等，可以将 R_2、R_3 的阻值等效为 R_0 的阻值，且有

$$\dfrac{1}{R_0}=\dfrac{1}{R_2}+\dfrac{1}{R_3}$$

即

$$R_0=\dfrac{R_2R_3}{R_2+R_3}=2.4\text{k}\Omega$$

则这个电路可以等效为电阻 R_1 与电阻 R_0 的串联电路，则 $R_总 = R_1 + R_0$。电流满足的关系为：

$$I_0 = I_2 + I_3 \quad 且 \quad I_总 = I_1 = I_0$$

即有：

$$I_总 = I_1 = I_2 + I_3 = \frac{U}{R_总} = \frac{U}{R_1 + R_0} = \frac{12}{3.6 + 2.4} = 2\text{mA}$$

知道 $I_总$ 的大小就可以求得电阻 R_1 两端电压的大小 U_1，进而等效电阻 R_0 的电压为：

$$U_0 = U - U_1 = 4.8\text{V}$$

那么则有：

$$I_2 = \frac{U_0}{R_2} = 1.2\text{mA} \qquad I_3 = \frac{U_0}{R_3} = 0.8\text{mA}$$

1.3.2 欧姆定律（电流、电压与电阻的关系）

在直流电路中电流的方向被定义为从正极流向负极。

欧姆定律表示了电压（E）与电流（I）及电阻（R）之间的关系。欧姆定律可定义如下：电路中的电流（I）与电路中的电压（E）成正比，与电阻（R）成反比。

如图 1-13 所示的电路明确地表示出了电压与电流的关系。三个电路中的电阻相同（10Ω）。注意，当电路中电压增大或减小（25 V 或 10 V）时，电流值也按照同样比例增大或减小（从 3 A 变为 1 A），所以电流与电压成正比。

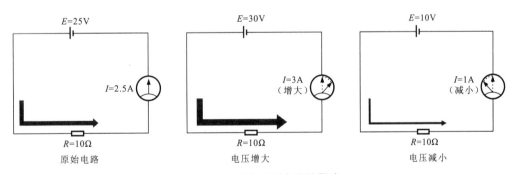

图 1-13 电压变化对电流的影响

如果电路中电压保持不变，则电流将随电阻的改变而改变，只是比例相反，如图 1-14 所示。三个电路的电压相同（25 V），当电阻从 10 Ω 增大到 20 Ω 时，电流从 2.5 A 减小到 1.25 A；当电阻从 10 Ω 减小到 5 Ω 时，电流从 2.5 A 增大到 5 A。所以电流与电阻成反比。

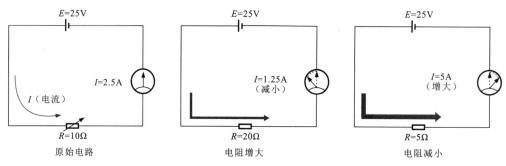

图 1-14 电阻变化对电流的影响

在数学上,欧姆定律可以表示为三个公式:一个基本公式和两个由基本公式导出的公式,见表 1-2。只要知道电压、电流、电阻这三个值中的任意两个值,通过这三个公式可以得到第三个值。

表 1-2 欧姆定律公式

电流的计算公式	电压的计算公式	电阻的计算公式
$I=E/R$	$E=I \times R$	$R=E/I$
电流等于电压除以电阻	电压等于电流乘以电阻	电阻等于电压除以电流

1. 串联电路与电压和电流的关系

如果电路中两个或多个负载首尾相连,那么我们称它们的连接状态是串联的,如图 1-15 所示,这类电路称为串联电路,串联电路中通过每个负载的电流量相同。同时,在串联电路中只有一个电流通路。当开关断开或电路的某一点出现问题时,整个电路将变成断路。

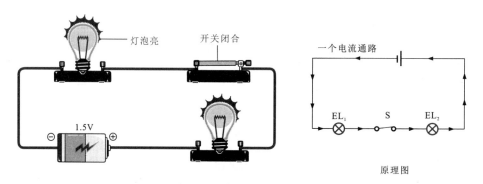

图 1-15 串联的两个灯泡

在串联电路中流过负载的电流相同,各个负载将分享电源电压。例如,如果一个电路中有三个相同的灯泡串联在一起,那么每个灯泡将得到三分之一的电源电压量,如图 1-16 所示。每个串联的负载可分到的电压量与它自身的电阻有关。串联时,自身电阻较大的负载会得到较大的电压值。

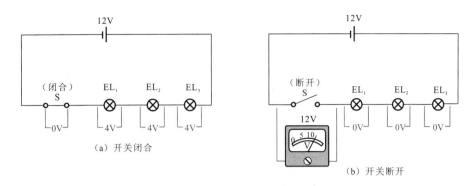

图 1-16 相同灯泡串联的电压分配

因此在串联电路中有：

$$U_总 = U_1 + U_2 + \cdots + U_n$$

$$I_总 = I_1 = I_2 = \cdots = I_n$$

一些节日的彩灯，树上挂的多个灯泡和供电电路就是多个负载的串联电路。对于这些灯泡而言，如果其中的一个灯泡坏掉了，其他灯泡将无法点亮。因为每个灯泡完全一样，所以每个灯泡分配到的电压也一样。串联灯泡的个数决定了电路中每个灯泡的额定电压。越多的灯泡串联在一起，每个灯泡的额定电压越低。例如，如果有 10 个灯泡串联在一起，它们的工作电压为 220 V，那么每个灯泡需要至少有 22 V 的额定电压（220 V/10）。

两个或更多的控制设备也能以串联方式相互连接，其连接方式与负载连接方式相同，也是首尾相连。以串联方式连接的控制设备称为"与（AND）"类型控制电路。以串联方式连接的控制设备常用于电控制系统。出于某些安全因素，两个串联的开关常用于工业冲床机中。工作人员必须将两个开关都闭合才可以开动机器，而如果想关闭机器只需任意断开一个开关就可以了。这样就可以从一定程度上保护工作人员的手因冲床机而导致的伤害。

2. 并联电路与电压电流的关系

如果两个或两个以上负载其两端都和电源两端相连，这种方式为并联方式。这个电路称为并联电路。在并联状态下每个负载的工作电压都等于电源电压，如图 1-17 所示。这种连接方式常用于家用电器及灯泡等配线。家庭电压为 220 V，因此每个家用电器及灯泡的额定电压都必须是 220 V。如果接入一个工作电压较小的设备，如一个额定电压 100 V 的设备，那么将烧坏设备。而如果将一个工作电压较大的设备接上，如接上一个工作电压为 380 V 的设备，那么将导致供电电压不足，该设备无法正常工作。

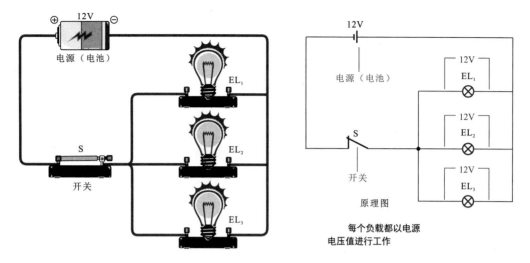

(a) 三个并联的灯泡

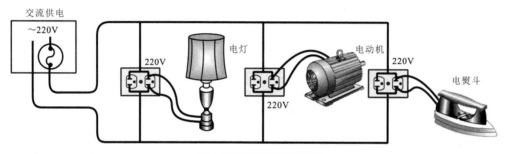

(b) 家用电器设备的并联

图 1-17 并联的负载

并联电路中每个设备的电压都相同。然而，每个设备处流过的电流由于它们的电阻不同而不同，它们的电流和它们的电阻成反比，即设备的电阻越大，流经设备的电流越小。

因此在并联电路中有

$$U_总 = U_1 = U_2 = \cdots = U_n$$

$$I_总 = I_1 + I_2 + \cdots + I_n$$

当并联电路中的负载设备工作时，每个负载相对其他负载都是独立的。因为，在并联电路中，有多少个负载就有多少条电流通路。例如，将两个灯泡并联，就有两条电流通路，当其中一个灯泡坏掉了，另一个灯泡仍然能正常工作，如图 1-18 所示。

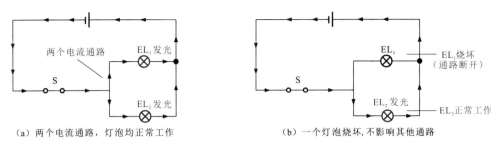

(a) 两个电流通路,灯泡均正常工作　　　(b) 一个灯泡烧坏,不影响其他通路

图 1-18 两个灯泡的电流通路并联

如果将节日用的彩灯并联就有比较好的工作效果,即使一个灯泡坏掉,也不会影响其他灯泡的正常工作。

同样,控制设备也可以并联。当两个或多个控制设备相互交叉连接时,它们就是并联的。并联的控制设备称为"或(OR)"形式。例如,将两个按钮 A 和 B,及一个灯泡并联,想要点亮灯泡,无论按下 A 按钮"或"B 按钮,或者两个同时按下,都可以实现灯泡点亮,如图 1-19 所示。汽车内顶灯就是并联的例子,无论是乘客边的车门打开还是司机边的车门打开,顶灯都会亮起。

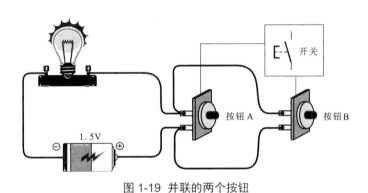

图 1-19 并联的两个按钮

1.3.3 基尔霍夫定律

1. 常用电路的基本概念

以图 1-20 所示电路为例,介绍几个常用电路的概念。

① 支路:一个或几个二端元件首尾相接中间没有分岔,使各元件上通过的电流相等。如图 1-20 电路中的 ED、AB、FC 均为支路,该电路的支路数目为 $m=3$。

② 节点:三条或三条以上支路的连接点。如图 1-20 电路中的 A、B 为节点,此电路节点数 $n=2$。

③ 回路:电路中的任意闭合路径。如图 1-20 电路中的三个箭头 a、b、c 所指的路径均为回路,该电路的回路数目为 $l=3$。

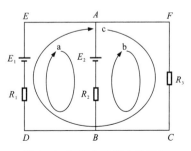

图 1-20 常用电路概念的说明

④ 网孔：其中不包含其他支路的单一闭合路径。如图 1-20 电路中箭头 a、b 回路均为网孔，该电路的网孔数目为 2。

2. 基尔霍夫电流定律（节点电流定律）

基尔霍夫电流定律（KCL）是指：在任何时刻，电路中的任一节点流入电流的总和等于该节点流出电流的总和。也就是说，电路中的电流不会自然产生，也不会自然消失。

如图 1-21 中，在节点 A 上：$I_1 + I_3 = I_2 + I_4 + I_5$。

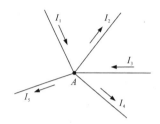

图 1-21 电流定律的举例说明

在使用电流定律时，必须注意：

（1）对于含有 n 个节点的电路，只能列出 $(n-1)$ 个独立的电流方程。

（2）列节点电流方程时，只需考虑电流的参考方向，然后再带入电流的数值。

电流的实际方向可根据数值的正、负来判断，当计算的电流（I）的值为正数时，表明电流的实际方向与所标定的参考方向一致；当计算的电流值为负数时，则表明电流的实际方向与所标定的参考方向相反。

3. 基尔霍夫电压定律（回路电压定律）

基尔霍夫电压定律（KVL）是指，在电路中任何一个闭合回路内，电源电压和元件电压降的总和等于 0。这里必须考虑电压的方向，如图 1-22 所示。根据电压定律，可以列出下式

$$E_1 + E_2 + E_3 - E_4 - E_5 - U_1 - U_2 = 0$$

在列上式时，首先需要任意指定一个绕行回路的方向。凡电压的参考方向与回路绕行方向一致者，在该式中此电压前面取 "+" 号；电压参考方向与回路绕行方向相反者，则前面取 "-" 号。

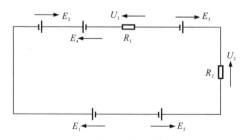

图 1-22 电压定律的举例说明

1.3.4 叠加定律与戴维宁定律

1. 叠加定律

叠加定律是指当线性电路中有几个电源共同作用时，各支路的电流（或电压）等于各个电源分别单独作用时在该支路产生的电流（或电压）的叠加值（代数和）。

如图 1-23 所示，$U_S = 10\text{ V}$，$E_0 = 9.6\text{ V}$，$R_1 = 6\text{ }\Omega$，$R_2 = 4\text{ }\Omega$，对于具有两个电源的电路可分别计算单一电源产生的电流，然后再叠加，这就是应用叠加定理计算支路电流的方法。

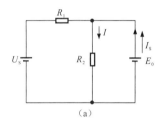
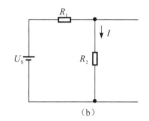
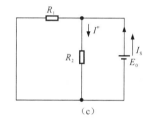

图 1-23 叠加定律实例

根据叠加定理，可以把图 1-23（a）看成图 1-23（b）和图 1-23（c）的叠加。在图 1-23（b）中可看作是 U_S 单独作用时，将 E_0 视为断路；左图 1-23（c）中可看作 E_0 单独作用，而 U_S 短路，那么则有在图 1-23（b）中

$$I' = \frac{U_S}{R_1 + R_2} = \frac{10}{6+4} = 1 \text{（A）}$$

而在图 1-23（c）中，两只电阻并联后电阻值为 R_{12}。

$$R_{12} = \frac{R_1 R_2}{R_1 + R_2} = \frac{6 \times 4}{6+4} = 2.4 \text{（}\Omega\text{）} \qquad I_2 = \frac{E_0}{R_{12}} = \frac{9.6}{2.4} = 4 \text{（A）}$$

可知

$$I'' = \frac{R_1}{R_1 + R_2} I_2 = \frac{6 \times 4}{6+4} = 2.4 \text{（A）}$$

所以

$$I = I' + I'' = 1 + 2.4 = 3.4 \text{（A）}$$

在使用叠加定理分析计算电路应注意以下几点：

（1）叠加定理只能用于计算线性电路（即电路中的元件均为线性元件）的支路电流或电压（不能直接进行功率的叠加计算）；

（2）叠加时，电路连接及电路的所有电阻和非独立电源（如受控源）都不能变动；

（3）叠加时要注意电流或电压的参考方向，正确选取各分量的正负号；

（4）电压源不作用时应视为短路，电流源不作用时应视为开路。

关于电压源与电流源可定义为：任何电源都可以用两种电源模型来表示，输出电压比较稳定的，如发电机、干电池、蓄电池等通常用电压源模型（理想电压源和一个电阻元件串联的形式）表示；输出电流较稳定的，如光电池或晶体管的输出端等通常用电流源模型（理想电流源和一个内阻相并联的形式）表示，如图 1-24 所示。

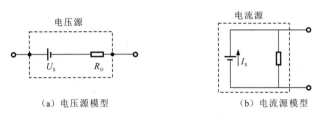

图 1-24 电压源与电流源模型

2. 戴维宁定律

（1）二端网络的有关概念。

① 二端网络：具有两个引出端与外电路相连的网络，又称一端口网络。

② 无源二端网络：内部不含有电源的二端网络。

③ 有源二端网络：内部含有电源的二端网络。

（2）戴维宁定律。

戴维宁定律是一种简化复杂电路的重要方法。任何一个线性有源二端电阻网络，对于外电路来说，总可以用一个电压源 E_0 与一个电阻 R_0 相串联的模型来替代。电压源的电动势 E_0 等于该二端网络的开路电压，电阻 R_0 等于该二端网络中所有电源不作用时（即令电压源短路、电流源开路）的等效电阻（称该二端网络的等效内阻）。该定理又称等效电压源定理。

如图 1-25 所示电路，$E_1 = 7$ V，$E_2 = 6.2$ V，$R_1 = R_2 = 0.2$ Ω，$R = 3.2$ Ω，现在利用戴维宁定律求电阻 R 中的电流 I。

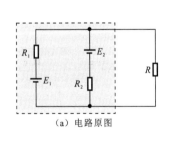

（a）电路原图

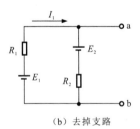

（b）去掉支路

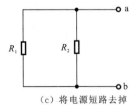

（c）将电源短路去掉

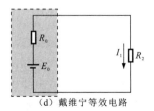

（d）戴维宁等效电路

图 1-25 戴维宁定律实例

首先，将支路开路去掉，如图1-25（b）所示，可得开路电压 U_{ab}：

$$I_1 = \frac{E_1 - E_2}{R_1 + R_2} = \frac{0.8}{0.4} = 2\text{A} \qquad U_{ab} = E_2 + R_2 I_1 = 6.2 + 0.4 = 6.6\text{V} = E_0$$

然后，将电压源短路去掉，如图1-25（c）所示，可以得到等效电阻 R_{ab}（R_1 与 R_2 并联）：

$$R_{ab} = R_1 \mathbin{/\mkern-6mu/} R_2 = 0.1\ \Omega = R_0$$

最后，画出戴维宁等效电路，如图1-25（d）所示，电阻中的电流 I 为：

$$I = \frac{E_0}{r_0 + R} = \frac{6.6}{3.3} = 2\text{A}$$

1.4 直流电与实用电路

1.4.1 直流电

如图1-26所示，直流电是指电流方向固定不变的电流，大小和方向都不变的称为"恒流电"。

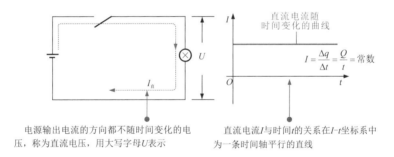

图 1-26 直流电的特征

一般由电池、蓄电瓶等产生的电流为直流，即电流的大小和方向不随时间变化，也就是说其正负极始终不改变，记为"DC"或"dc"。

$$I = \frac{\Delta q}{\Delta t} = \frac{Q}{t} = 常数$$

1.4.2 直流电路

由直流电源作用的电路称为直流电路，它主要是由直流电源、负载构成的闭合电路。一般将可提供直流电的装置称为直流电源，它是一种形成并保持电路中恒定直流的供电装置，如干电池、蓄电池、直流发电机等直流电源。直流电源有正、负两极，当直流电源为电路供电时，直流电源能够使电路两端之间保持恒定的电位差，从而在所作用的电路中形成由直流电源正极经负载（如直流电动机、灯泡、发光二极管等）再回到负极的直流电流，如图1-27所示。

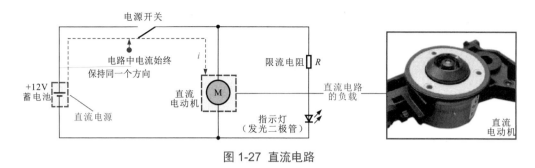

图 1-27 直流电路

直流供电的方式根据直流电源类型不同，主要有电池直接供电、交流/直流电流变换电路供电两种方式，如图 1-28 所示。

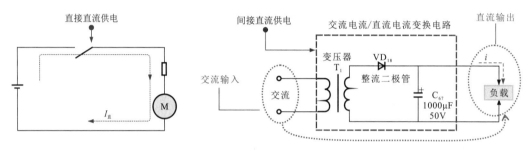

图 1-28 两种供电方式

干电池、蓄电池都是家庭常见的直流电源，由这类电池供电是直流电路最直接的供电方式。

一般采用直流电动机的小型电器产品、小灯泡、指示灯及大多电工用仪表类设备（万用表、钳形表等）都采用这种供电方式。

在家用电子产品中，一般都连接 220 V 交流电源，而电路中的单元电路及功能部件多需要直流方式供电，因此，若想使家用电子产品各电路及功能部件正常工作，首先就需要通过交直流变换电路将输入的 220 V 交流电压变换成直流电压。

1.5 交流电与实用电路

1.5.1 单相交流电与单相交流电路

单相交流供电方式是电工用电中最常见的一种电流形式。交流电（Alternating Current，AC）一般是指大小和方向会随时间作周期性变化的电流，交流电是由交流发电机产生的。

单相交流电是以一个交变电动势作为电源的电力系统。在单相交流发电机中，只有一个线圈绕制在铁芯上构成定子，转子是永磁体，当其内部的定子和线圈为一组时，它所产生的感应电动势（电压）也为一组（相），由两条线进行传输，这种电源就是单相交流电，

图 1-29 所示为单相交流电的产生。

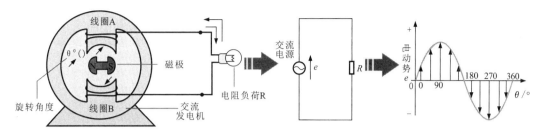

图 1-29 单相交流电的产生

家庭中所使用的单相交流电往往是三相电源分配过来的。

供配电系统送来的电源由三根相线（火线）和一根零线（又称中性线）构成，如图 1-30 所示。三根相线两两之间电压为 380 V，每根相线与零线之间的电压为 220 V。这样三相交流电源就可以分成三组单相交流电给用户使用。

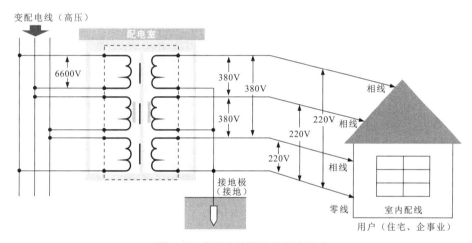

图 1-30 家庭中使用的单相交流电

在单相交流供电系统中，根据电路接线方式不同，有单相两线式，单相三线式两种方式。

单相两线式仅由一根相线（L）和一根零线（N）构成，通过两根线获取 220 V 单相电压，为用电设备供电。

一般的家庭照明支路和两孔插座多采用单相两线式供电方式，如图 1-31 所示。

单相三线式是在单相两线式的基础上添加一根地线，即由一根相线、一根零线和一根地线构成。其中，地线与相线之间的电压为 220 V，零线（N）与相线（L）之间的电压为 220 V。由于不同接地点存在一定的电位差，因此零线与地线之间可能有一定的电压。

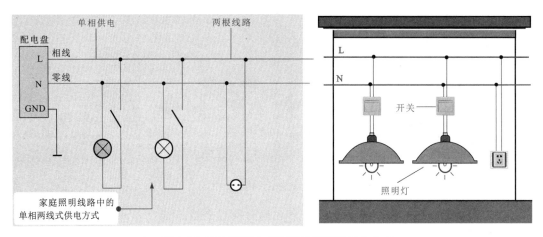

图 1-31 家庭照明支路和两孔插座的供电方式

在家庭用电中,空调器支路、厨房支路、卫生间支路、插座支路多采用单相三线式供电方式,如图 1-32 所示。

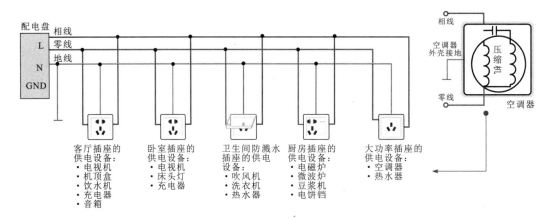

图 1-32 家庭三相插座的交流供电方式

1.5.2 三相交流电与三相交流电路

三相交流电是大部分电力传输即供电系统、工业和大功率电力设备所需要的电源,了解其供电方式及三相交流电的产生,然后在此基础上理解三相交流电供电的几种常见方式及应用范围等,如图 1-33 所示。

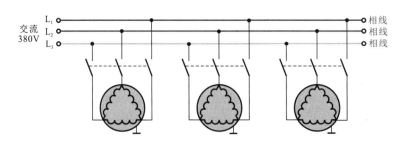

图 1-33 三相电动势的产生及供电方式

三相四线式供电方式与三相三线式供电方式不同的是从配电系统多引出一条零线。接上零线的电气设备在工作时，电流经过电气设备进行做功，没有做功的电流就可经零线回到电厂，对电气设备起到了保护的作用，这种供配电方式常用于 380/220 V 低压动力与照明混合配电，如图 1-34 所示。

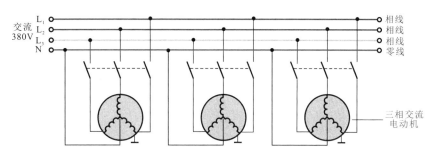

图 1-34 三相四线式供电方式

在三相四线式供电方式中，当三相负载不平衡和低压电网的零线过长且阻抗过大时，零线将有零序电流通过，过长的低压电网，由于环境恶化、导线老化、受潮等因素，导线的漏电电流通过零线形成闭合回路，致使零线也带一定的电位，这对安全运行十分不利。在零线断线的特殊情况下，断线以后的单相设备和所有保护接零的设备会产生危险的电压，这是不允许的。

在三相四线式供电系统中，把零线的两个作用分开，即一根线做工作零线（N），另一根线做保护零线（PE 或地线），这样的供电接线方式称为三相五线式供电方式，如图 1-35 所示。

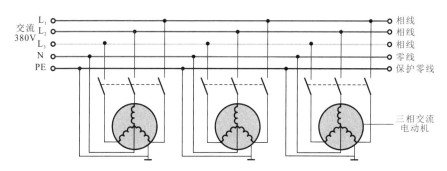

图 1-35 三相五线式供电方式

采用三相五线制供电方式，用电设备上所连接的工作零线 N 和保护零线 PE 是分别铺设的，工作零线上的电位不能传递到用电设备的外壳上，这样就能有效隔离三相四线制供电方式所造成的危险电压，用电设备外壳上电位始终处在"地"电位，从而消除了设备产生危险电压的隐患。

在发电机中，三组感应线圈的公共端作为供电系统的参考零点，引出线称为中线，另一端与中线之间有额定的电压差称为相线。一般情况下中线是以大地作为导体的，故其对地电压应为零，称为零线。因此相线对地线必然形成一定的电压差，可以形成电流回路。正常供电回路由相线（火线）和零线（中线）形成。地线是仪器设备的外壳或屏蔽系统就近与大地连接的导线，其对地电阻小于 4 Ω，它不参与供电回路，主要是保护操作人员人身安全或抗干扰用的。中线和大地的连接问题会导致用电端中线对地电压大于零，因此三相五线式中将中线和地线分开对消除安全隐患具有重要意义，如图 1-36 所示。

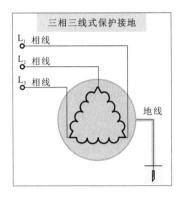
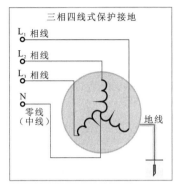
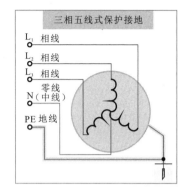

图 1-36 三相多线式的接线方式

1.6 电能与电功率

1.6.1 电能

能量被定义为做功的能力。它以各种形式存在，包括电能、热能、光能、机械能、化学能以及声能等。电能是指电荷移动所承载的能量。

电能的转换是在电流做功的过程中进行的。因此，电流做功所消耗电能的多少可以用电功来量度。

$$W = UIt$$

式中，U 的单位是 V；I 的单位是 A；t 的单位是 h；W 的单位是 J。

日常生产和生活中，电能（或电功）也常用度作为单位：家庭用电表如图 1-37 所示，是计量一段时间内家庭内所有电器耗电（电功）的总和（1 度 =1 kW•h=1 kV•A•h）。

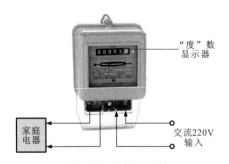

图 1-37 家庭用电表

我们日常生活中使用的电能主要来自其他形式能量的转换，包括水能（水力发电）、热能（火力发电）、原子能（原子能发电）、风能（风力发电）、化学能（电池）及光能

（光电池、太阳能电池等）等。电能也可转换成其他所需能量形式。它可以采用有线或无线的形式进行远距离的传输。

1.6.2 电功率

功率是指做功的速率或者是利用能量的速率。电功率是指电流在单位时间内（s）所做的功，以字母"P"表示，即：

$$P = W/t = UIt/t = UI$$

式中，U 的单位为 V，I 的单位为 A，P 的单位为 W。例如，灯泡的功率表示为 100W 220 V，即表示额定电压为交流 220 V，功率为 100 W。

电功率也常用千瓦（kW），毫瓦（mW）来表示，如某电极的功率标识为 2kW，表示其耗电功率为 2kW，也有用马力（h）来表示的（非标准单位），它们之间的关系是：

$$1kW = 10^3 W$$
$$1mW = 10^{-3} W$$
$$1h = 0.735kW$$
$$1kW = 1.36h$$

根据欧姆定律，电功率的表达式还可转化为：

$$P = I^2 R$$
$$P = U^2/R$$

由上式可看出：

（1）当流过负载电阻的电流一定时，电功率与电阻值成正比；

（2）当加在负载电阻两端的电压一定时，电功率与电阻值成反比。

大多数电力设备都标有电瓦数或额定功率。如电烤箱上标有 220 V 1200 W 字样，则 1200 W 为其额定功率。额定功率即是电气设备安全正常工作的最大功率。电气设备正常工作时的电压叫额定电压，如 AC 220 V，即交流 220 V 供电的条件。在额定电压下的电功率叫额定功率。实际加在电气设备两端的电压叫实际电压，在实际电压下的电功率叫实际功率。只有在实际电压恰好与额定电压相等时，实际功率才等于额定功率。

在一个电路中，额定功率大的设备实际消耗功率不一定大，应由设备两端实际电压和流过实际设备的实际电流决定。

第 2 章 电工常用工具仪表

2.1 电工加工工具

电工加工工具是指在电工作业中用于弯折、裁剪、紧固、剥削等操作时经常使用到的工具。常见的电工加工工具主要有钳子、螺钉旋具、扳手、电工刀等。

2.1.1 钳子

钳子在导线加工、线缆弯制、设备安装等场合都有广泛的应用。从结构上看钳子主要由钳头和钳柄两部分构成。根据钳头设计和功能上的区别，钳子又可以分为钢丝钳、斜口钳、尖嘴钳、剥线钳、压线钳及网线钳等，如图 2-1 所示。

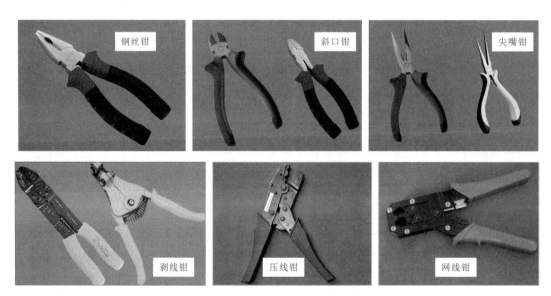

图 2-1 电工操作中几种常用钳子的实物外形

【资料】

钢丝钳又叫老虎钳，主要用于线缆的剪切、绝缘层的剥削、线芯的弯折、螺母的松动和紧固等。

斜口钳又叫偏口钳，主要用于线缆绝缘皮的剥削或线缆的剪切操作。

尖嘴钳适用于在较小的空间里弯折导线或操作夹捏较细的物体等。

剥线钳主要是用来剥除线缆的绝缘层。

压线钳主要用于线缆与连接头的加工。

网线钳专用于网线水晶头的加工与电话线水晶头的加工，在网线钳的钳头部分有水晶头加工口，可以根据水晶头的型号选择网线钳，在钳柄处也会附带刀口，便于切割网线。

2.1.2 螺钉旋具

螺钉旋具又称螺丝刀，俗称改锥，是用来紧固和拆卸螺钉的工具，是电工必备工具之一。螺钉旋钮的种类和规格很多，按头部形状的不同可分为一字槽螺钉旋具、十字槽螺钉旋具，如图 2-2 所示。

电工作业时，要选择螺钉旋具的头部尺寸和形状要与螺钉的尾槽的尺寸和形状相匹配，严禁用大规格螺钉旋具拆装小螺钉或小规格螺钉旋具拆装大螺钉。图 2-3 所示为用螺钉旋具紧固日光灯螺钉。

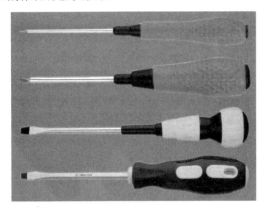

图 2-2 螺钉旋具的外形

图 2-3 螺钉旋具紧固螺钉

【提示】

电工在使用螺钉旋具紧固或拆卸带电的螺钉时，手不能触及螺钉旋具的金属杆部位，以免发生触电事故，为了避免金属部位触及皮肤，应在金属杆上套有绝缘套管。

2.1.3 扳手

在电工操作中，扳手常用于紧固和拆卸螺钉或螺母。在扳手的柄部一端或两端带有夹柄，用于施加外力。在日常操作中常使用的扳手有活口扳手和固定扳手，固定扳手根据开口形状不同又可分为开口扳手和梅花棘轮扳手等，如图 2-4 所示。

活口扳手

开口扳手

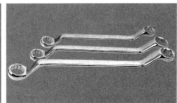

梅花棘轮扳手

图 2-4 几种常见扳手的实物外形

【资料】

活口扳手是指扳口可调整的一类扳手,主要用于拆装不同规格尺寸的螺钉和螺母。

开口扳手的两端通常带有开口的夹柄,夹柄的大小与扳口的大小成正比。开口扳手上带有尺寸的标识,开口扳手的尺寸与螺母的尺寸是相对应的。

梅花棘轮扳手的两端通常带有环形的六角孔或十二角孔的工作端,适用于狭小的工作空间,使用较为灵敏。

2.1.4 电工刀

电工刀是电工在安装与维修过程中经常使用到的工具,它被用来剖削电线和电缆的绝缘层、削制木桩及软金属等,其实物外形如图2-5所示。

电工刀在剖削电线绝缘层时,刀略微向内倾斜,刀面与导线成45°角,这样不易削坏电线线芯,使用方法如图2-6所示。

 切忌刀刃垂直切割电线绝缘层,以免削伤线芯。电工刀的刀柄是没有绝缘层的,不能直接在带电体上进行操作。

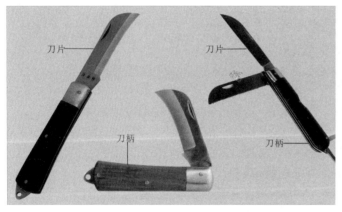
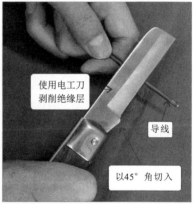

图2-5 电工刀的实物外形　　　　图2-6 电工刀剥削绝缘层的应用

2.2 电工攀高工具

电工作业时常常会高空作业,因此攀高工具是电工必不可少的。电工常用攀高工具主要有梯子、踏板、脚扣、腰带,如图2-7所示。

2.3 电工防护工具

电工防护工具是用来防护人身安全的重要工具。在电工操作过程中,常用的防护工具主要有安全帽、绝缘手套、绝缘鞋、安全带等,其外形及使用规范如图2-8所示。

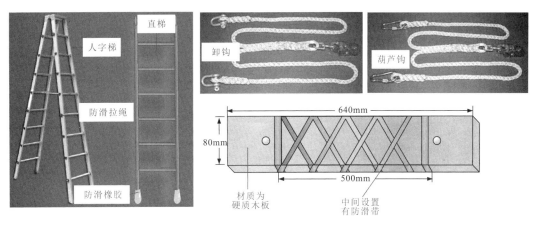

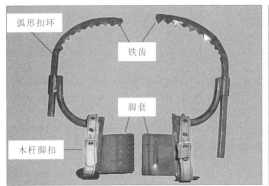
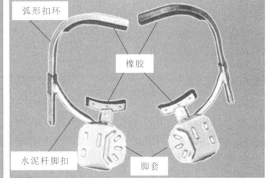

图 2-7 电工操作常用的攀高工具

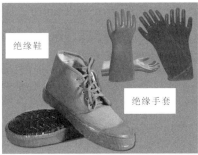
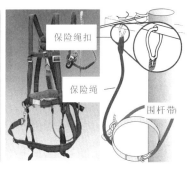

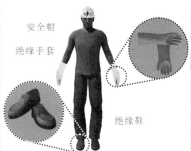

图 2-8 常见的防护工具实物外形及使用规范

2.4 电工焊接工具

电工操作中常用的焊接工具主要有电烙铁、喷灯、气焊设备和电焊设备几种。

2.4.1 电烙铁

在电工作业过程中，电烙铁是经常使用的焊接工具，根据其不同的受热方式，可分为内热式和外热式两种，其外形如图2-9所示。

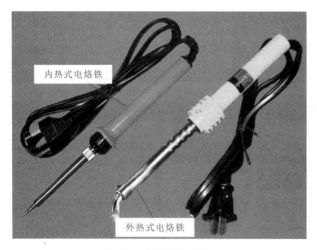

图 2-9 电烙铁的外形

电工作业时，要根据焊接对象来选用功率适当的电烙铁，如在装修电子控制电路中，焊接对象为电子元器件，一般选用 20～40 W 的内热式电烙铁；在焊接较粗多股铜芯绝缘线头时，根据铜芯直径的大小，选用 75～150 W 的外热式的电烙铁；在对面积较大的工件进行烫锡处理时要选用功率为 300 W 左右的电烙铁。

2.4.2 喷灯

喷灯是一种利用汽油或煤油做燃料的加热工具，按使用燃料的不同可分为煤油喷灯和汽油喷灯两种，这两种喷灯的外形基本相同，只是燃料不同，其外形如图2-10所示。

图 2-10 喷灯的外形

喷灯是燃烧器的一种，应用领域比较广，其喷嘴喷出的火焰具有很高的温度，常用于加热烙铁、烘烤套管等。一般在需要使用燃烧汽油以加热物料的场合都会使用到喷灯，也多用于对电烙铁和工件的加热及对大截面导线连接处的加固烫锡熔接使线变曲成形等。

2.4.3 气焊设备

气焊是一种利用可燃气体与助燃气体混合燃烧生成的火焰作为热源，将金属管路焊接在一起的焊接方法。如图 2-11 所示，气焊设备主要是由氧气瓶、燃气瓶和焊枪组成的，燃气瓶和氧气瓶通过软管与焊枪连接。

图 2-11 气焊设备

2.4.4 电焊设备

电焊是利用电能，通过加热加压，借助金属原子的结合与扩散作用，使两件或两件以上的焊件（材料）牢固连接在一起的一种操作工艺。

图 2-12 所示为常见电焊设备的实物外形。一般来说，电焊设备主要包括电焊机、电焊钳、焊条和接地夹等。

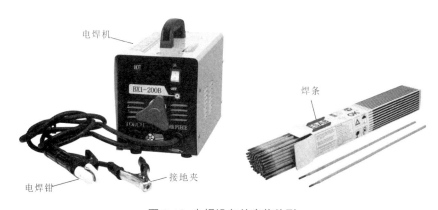

图 2-12 电焊设备的实物外形

焊接操作主要包括引弧、运条和灭弧，焊接过程中应注意焊接姿势、焊条运动方式及运条速度。

2.5 验电器

2.5.1 验电器的结构特点

验电器是用来检查导线、家电和电气设备是否带电的安全用具，验电器按照检测电压分类，可分为低压验电器和高压验电器；按接触方式分类可分为接触式验电器和非接触式验电器，如图 2-13 所示。

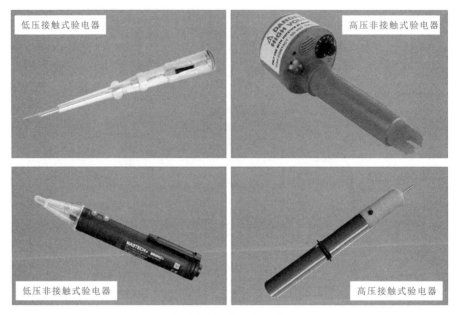

图 2-13 验电器的分类

低压验电器的外形多为螺丝刀形或钢笔形，因此低压验电器又叫试电笔。低压验电器体积小巧，便于携带，适用电压范围为 60～500 V，检测 60 V 以下电压时，氖管是不会发光的。螺丝刀形的低压验电器可用来拆卸或紧固小型螺钉。

目前，高压验电器多以非接触式的感应型验电器为主，其测试端多为圆柱状，并同时具有闪灯、蜂鸣两种报警方式，它适用电压范围为 500 V 以上的高压。高压验电器可安装绝缘延长杆，使其可检测较高处的架空高压线，如图 2-14 所示。

第2章 电工常用工具仪表

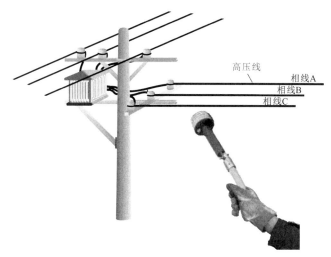

图 2-14 安装绝缘延长杆的高压验电器

除感应型验电器外，市场上还有一种电子式验电器，该验电器设有液晶屏，可显示流经导线的电流大小，如图 2-15 所示。

2.5.2 验电器的结构原理

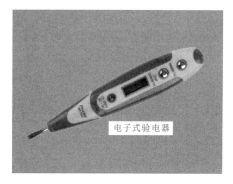

图 2-15 电子式验电器

1. 接触式验电器的结构原理

如图 2-16 所示为低压接触式验电器的结构图。从图中可以看出，钢笔形验电器主要由金属探头、电阻、氖管、弹簧和笔尾金属体（金属夹）构成；螺丝刀型验电器主要由金属探头、电阻、氖管、弹簧和金属螺钉构成，其金属探头较长，并包裹有绝缘护套，防止发生触电危险。

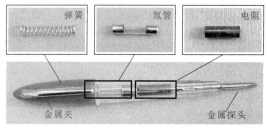
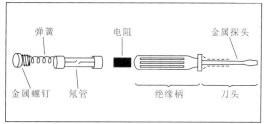

图 2-16 低压接触式验电器的结构图

使用接触式验电器时，手必须接触验电器尾部金属体，也就是说，验电器和人体串联在一起。火线与地之间有 220 V 的电压，当使用验电器检测电源火线时，220 V 电压同时加到验电笔与人体上，人体电阻通常很小而验电器内部的电阻有几兆欧，根据欧姆定律 $I=U/R$，可以发现经过验电笔和人体的电流极其微弱，甚至不到 1 mA，这样小的电流对人

31

体没有伤害，但足够使氖管发光，如图 2-17 所示。当检测电源零线时，没有电流通过验电器的氖管，氖管也就不会发光。

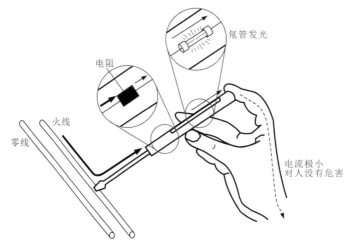

图 2-17 接触式验电器的工作原理

接触式验电器显示状态及判断线路时情况如表 2-1 所示。

表 2-1 接触式验电器显示状态及判断线路的情况

接触式验电器氖管显示状态	断定情况
氖管两端全亮	被测线路为交流电
氖管前端亮	被测线路为直流电负极
氖管后端亮	被测线路为直流电正极
在判别直流电有无接地时，氖管前端亮	被测直流电正极接地故障
在判别直流电有无接地时，氖管后端亮	被测直流电负极接地故障

2. 非接触式验电器的结构原理

如图 2-18 所示为贝汉 275HP 型高压非接触式验电器的外部结构图。该验电器主要由 LED 指示灯、蜂鸣器、电压挡位旋钮（开关）、手柄（电池盒）和绝缘延长杆接口构成。当检测到电流时，LED 指示灯和蜂鸣器会发光和报警；电压挡位旋钮可改变检测挡位，该验电器有 8 个挡位可供选择；绝缘延长杆接口用来与绝缘延长杆进行连接，提高验电器的使用半径。

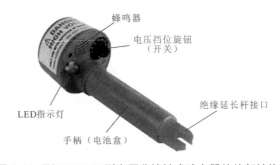

图 2-18 贝汉 275HP 型高压非接触式验电器的外部结构图

非接触式验电器使用的内置电源,而且不需要与导线接触,可以最大限度地保障检测人员的人身安全。

非接触式验电器是通过内部的传感器和检测电路对导线有无电流进行检测的。传感器检测高压线附近的电场信号,传感器送出交流信号经过信号跟随电路跟随并正向偏置后进行滤波,然后将交流信号倍压整流成直流信号,该信号经滤波电路去除邻线间的干扰后,放大器会将信号发大并将其送入施密特触发器,触发器根据输入信号的大小送出有电、无电两种信号,LED指示灯和蜂鸣器会将有电、无电信号显示出来。若非接触式验电器具有监控功能,那么它可以将有电、无电信号发送到室内监控设备中。

2.6 电流表

电流表是电工仪表中常用的测量工具,按功能可分为直流电流表和交流电流表两种。直流电流表只能测量直流电路的电流,交流电流表只能测量交流电路的电流,两种仪表不能互换使用。

2.6.1 直流电流表

直流电流表是用于测量直流线路电流的仪表,其外形如图2-19所示。

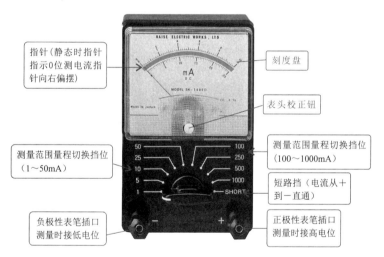

图2-19 直流电流表的外形

直流电流表有直接接入和间接接入两种接线方法,在连接时,要注意直流电流表的正、负极性,连接方法如图2-20所示。电工使用电流表测量电流时,选择合适的电流表量程,若测量时不能预知被测电流,可选择较大量程测量后,再进行适当切换。

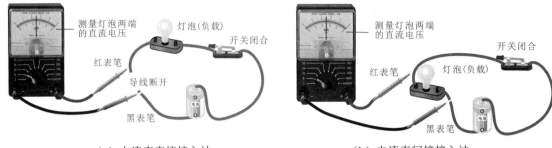

(a) 电流表直接接入法　　　　　　　(b) 电流表间接接入法

图 2-20　直流电流表的连接方法

2.6.2 交流电流表

交流电流表是测量交流电路中交流的仪表，其外形如图 2-21 所示。

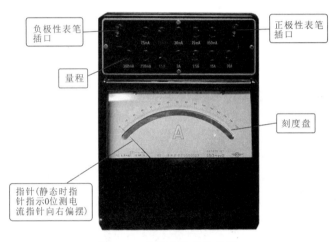

图 2-21　交流电流表的外形

交流电流表与直流电流表的连接方法相似，可串联在电路中，也可通过电流互感器测量线路电流。通过电流互感器间接测量线路电流，适用于量程小的电流表测线路大电流的情况。交流电流表的连接方法如图 2-22 所示。

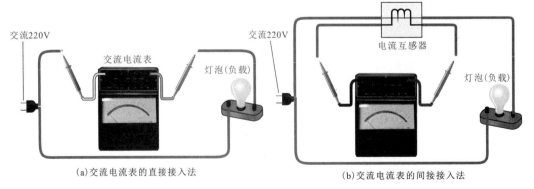

(a) 交流电流表的直接接入法　　　　　　(b) 交流电流表的间接接入法

图 2-22　交流电流表的连接方法

用交流电流表测量三相交流电相线电流，是电工经常使用的方法。电工及时掌握三相电是否平衡，是首要任务。

 交流电流表连接时，注意表笔极性，黑表笔连接接地端，红表笔连接互感器的未接地端。

2.7 电压表

2.7.1 直流电压表

直流电压表是测量直流电路中直流电压的仪表，其外形如图 2-23 所示。

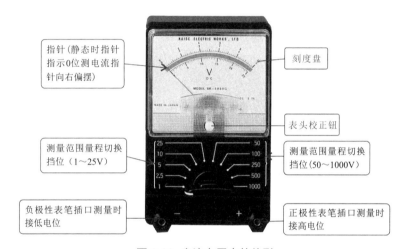

图 2-23 直流电压表的外形

直流电压表有两种接线方法，一种是直接测量电路中的直流电压，另一种是串联负载（如灯泡）测量直流电压，连接方法如图 2-24 所示。电工使用直流电压表测量时，要注意直流电压表的正、负极性，选择合适的电压表量程，若测量时不能预知被测电压时，可选择较大量程测量后，再进行适当切换。

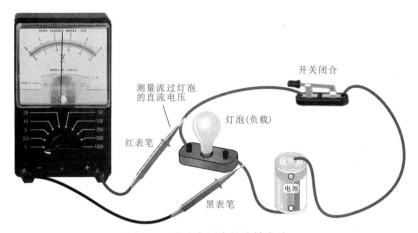

图 2-24 直流电压表的连接方法

2.7.2 交流电压表

交流电压表是测量交流电路电压的仪表，其外形如图 2-25 所示。

图 2-25 交流电压表的外形

交流电压表的连接方法也分为直接接入法和通过电压互感器间接接入法两种。如图 2-26 所示为交流电压表直接接入法，在采用直接接入法测交流电压时，电压表的量程必须大于被测线路电压值。

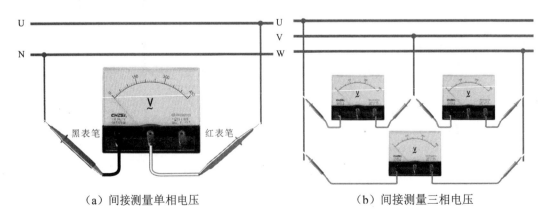

(a) 间接测量单相电压　　　　　　　(b) 间接测量三相电压

图 2-26 交流电压表直接接入法

如图 2-27 所示为交流电压表间接连接方法。

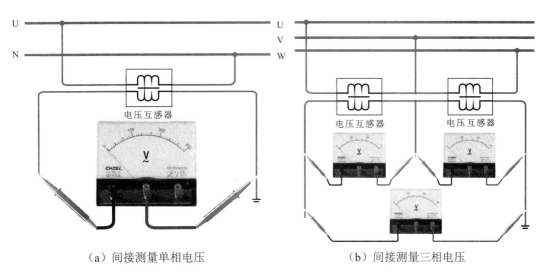

（a）间接测量单相电压　　　　　　（b）间接测量三相电压

图 2-27　交流电压表间接接入法

2.8 钳形表

钳形表是用于检测交流电流的仪表，在其表头上有一个钳形头，因此将其称为钳形表。与万用表等电工仪器不同，钳形表在测量电流时，不需要与待测线路进行连接，而是通过电磁感应原理对线路中的电流进行测量，是一种相当方便的测量仪器。

钳形表根据其结构的不同可分为模拟式（指针式）钳形表和数字式钳形表两种，如图 2-28 所示。

交/直流模拟钳形表　　　直流数字钳形表　　　交/直流数字钳形表

图 2-28　钳形表的分类

钳形表将一些万用表的功能融入其中，其种类多种多样。若按照功能来分类，则钳形表可分为交流钳形表、交/直流钳形表、高压钳形表和漏电钳形表等。

【资料】

交流钳形表可用来测量交流电流和交/直流电压。

交/直流钳形表可以测量交/直流电流和电压。

高压钳形表可以检测高压电压、电流，适合对三相交流电压进行检测，使用比较安全也易于操作；使用高压钳形表对线路进行电流检测时，需要佩戴绝缘手套进行操作，以防止发生触电事故。

在不确定电路中是否出现漏电现象时，可以通过使用漏电钳形表对电路进行检测。漏电钳形表的测试与其他钳形表略有不同，但测量原理相似，使用时也应注意安全。

2.9 兆欧表

兆欧表是专门用来对电气设备、家用电器或电气线路等对地及相线之间的绝缘阻值进行检测的工具，用于保证这些设备、电器和线路工作在正常状态，避免发生触电伤亡及设备损坏等事故。

图 2-29 所示为常见兆欧表的实物外形。兆欧表可以分为数字兆欧表和指针兆欧表，指针兆欧表由刻度盘、指针、接线端子（E 接地接线端子、L 火线接线端子）、铭牌、手动摇杆、使用说明、红色测试线及黑色测试线等组件构成。数字兆欧表由数字显示屏、测试线连接插孔、背光灯开关、时间设置按钮、测量旋钮、量程调节旋钮等组件构成。

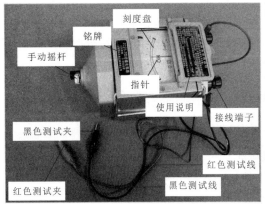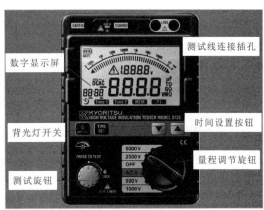

图 2-29 兆欧表的实物外形

【提示】

兆欧表通常只能产生一种电压，当需要测量不同电压下的绝缘强度时，就要更换不同电压的兆欧表。若测量额定电压在 500 V 以下的设备或线路的绝缘电阻时，可选用 500 V 或 1000 V 兆欧表；测量额定电压在 500 V 以上的设备或线路的绝缘电阻时，应选用 1000 ~ 2500 V 的兆欧表；测量绝缘子时，应选用 2500 ~ 5000 V 兆欧表。一般情况下，测量低压电气设备的绝缘电阻时可选用 0 ~ 200 MΩ 的兆欧表。

2.10 万用表

万用表是一种多功能、多量程的便捷式电工仪表,是电工作业过程中必不可少的测量仪表之一。一般的万用表可以测量直流电流、交流电流、直流电压、交流电压和电阻值,有些万用表还可以测量三极管的放大倍数、频率、电容值等。

万用表的种类很多,一般可分为指针式万用表和数字式万用表两种。

2.10.1 指针式万用表

指针式万用表又称模拟万用表,它由表头指针指示测量的数值,响应速度较快,内阻较小,但测量精度较低,其外形如图 2-30 所示。

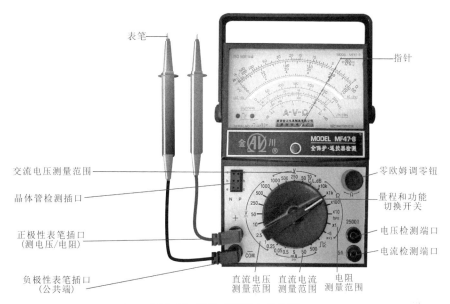

图 2-30 指针式万用表的外形

企业或农村用电过程中,有时出现电源插座板上的电气设备都不工作的情况,这时电工需要使用万用表测量电源插座接口是否有正常 220 V 市电输出。使用指针式万用表检测交流电压时,将量程调整为 250 V,红表笔连接电压检测口,检测市电是否正常,其检测方法如图 2-31 所示。

电工使用万用表检测的复杂机构和线路时,应注意以下几点。

(1)万用表一般配有红、黑表笔,使用时红表笔应接入"+"极插孔,黑表笔插入"-"极插孔。

(2)电工使用万用表测量电流和电压时,选择规定的挡位;测量直流电时,红表笔必须接正极,而测量交流电和电阻时不分正负极;测量电压时,万用表应和电路并联;测量电流时,万用表要与电路串联。

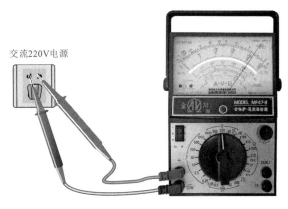

图 2-31 检测方法

2.10.2 数字式万用表

数字式万用表以数字显示测量的数值,读数直观方便,内阻较大,测量精度高,其外形如图 2-32 所示。

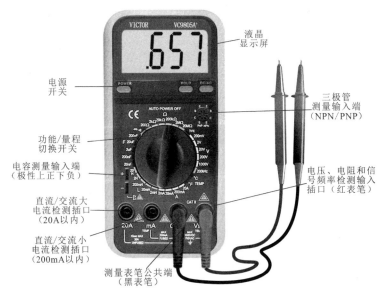

图 2-32 数字式万用表的外形

数字式万用表与指针式万用表最大不同之处是测量的结果以数字显示在显示屏上,而使用方法与指针式万用表基本相同。

2.11 电桥

电桥是一种应用比较广泛的电磁测量仪表,采用比较法测量各种量,如电阻、电容、电感等，灵敏度和准确度较高。典型电桥的实物外形如图 2-33 所示。

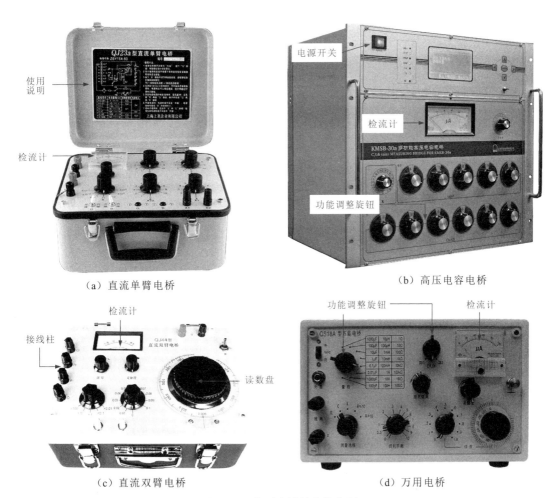

图 2-33 典型电桥的实物外形

电桥可以分为直流电桥和交流电桥。直流电桥主要用来测量电阻，根据不同的结构又可以分为直流单臂电桥、直流双臂电桥和直流单双臂电桥。单臂电桥适用于检测阻值为 1Ω～10MΩ 的元器件。双臂电桥适用于检测 1Ω 以下的低值电阻。交流电桥主要用于测量电容、电感和阻抗等参数，也可兼测电阻，主要分为万用电桥、高压电容电桥、万用阻抗电桥等。此外，随着数字技术的广泛使用，市场上还出现了一种数字电桥。

第 3 章 电子元器件

电子元器件是组成电路不可分割的单元,如电阻器、电容器、电感器。因为它本身不产生电子,它对电压、电流无控制、变换或放大作用,所以又称无源器件。它与二极管、三极管、场效应晶体管、晶闸管、集成电路本身能产生电子,对电压、电流有控制、变换和放大作用(放大器、电子开关、整流器、检波器、振荡器和调制器等),这些器件在工作时需要能量,所以又称有源器件。

3.1 电阻器

物体对电流通过的阻碍作用称为"电阻",利用这种阻碍作用做成的元器件称为电阻器,简称电阻,如图 3-1 所示为几种常见电阻器的实物外形。在电子设备中,电阻是使用最多也是最普遍的元器件之一。

图 3-1 常见电阻器的实物外形

3.1.1 电阻的功能及主要参数

不同阻值的电阻器串联起来可以构成分压电路为其他电子元器件提供所需的多种电压;电阻器串接在负载中可以起到限流作用;电阻器与电容器组合可以构成滤波电路,可以降低电源供电中的波纹。

电阻阻值用字母"R"表示。其度量单位是欧姆,用字母"Ω"表示。并且规定电阻两端加 1 V(伏特)电压,通过它的电流为 1 A(安培)时,定义该电阻的阻值为 1 Ω。在实际的应用中还有 kΩ 单位和 MΩ 单位,它们之间的换算关系是:1 MΩ=10^3 kΩ=10^6 Ω。

电阻的主要参数有标称阻值、允许偏差及额定功率等。

1. 标称阻值

标称阻值是指电阻体表面上标志的电阻值，其单位为Ω（对热敏电阻，则指25℃时的阻值）。电阻的标称阻值不是随意选定的，为了便于工业上大量生产和使用，国家标准规定了系列标称阻值。

2. 允许偏差

电阻的允许偏差是指电阻的实际阻值对于标称阻值所允许的最大偏差范围，它标志着电阻的阻值精度。

3. 额定功率

额定功率是指电阻在直流或交流电路中，当在一定大气压力下（87～107kPa）和在产品标准中规定的温度下（-55～125℃不等），长期连续工作所允许承受的最大功率。

3.1.2 电阻的命名及标识方法

1. 电阻的命名

根据我国国家标准规定，固定电阻型号命名由4部分构成（不适用于敏感电阻）。

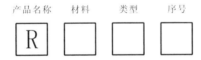

第一部分：主称，用字母表示，表示产品的名字。如R表示电阻，W表示电位器。

第二部分：材料，用字母表示，表示电阻体用什么材料制成。如T—碳膜、H—合成碳膜、S—有机实心、N—无机实心、J—金属膜、Y—氧化膜、C—沉积膜、I—玻璃釉膜、X—线绕、F—复合膜。

第三部分：分类，一般用数字表示，个别类型用字母表示，表示产品属于什么类型。1—普通、2—普通或阻燃、3—超高频、4—高阻、5—高温、6—精密、7—精密、8—高压、9—特殊、G—高功率、T—可调、C—防潮、L—测量、X—小型、B—不燃性。

第四部分：序号，用数字表示，表示同类产品中不同品种，以区分产品的外形尺寸和性能指标等。

例如，RTG6表示的意思是6号高功率碳膜固定电阻。

2. 电阻阻值的标识方法

电阻阻值的标识方法最常见的有直标法和色标法两种。

（1）电阻阻值的直标法。

直标法就是将电阻的类别、标称阻值及允许偏差、额定功率及其他主要参数的数值等直接标识在电阻的外表面上，具体如图3-2所示。

图 3-2 电阻阻值直标法

其中，标称阻值的单位符号有 R、K、M、G 几个符号，各自表示的意义如下：

$$R=\Omega \quad K=k\Omega=10^3\Omega \quad M=M\Omega=10^6\Omega \quad G=G\Omega=10^9\Omega$$

单位符号在电阻上标注时，单位符号代替小数点进行描述。例如：

0.68Ω 的标称阻值，在电阻外壳表面上标成"R68"；

3.6Ω 的标称电阻，在电阻外壳表面上标成"3R6"；

3.6kΩ 的标称电阻，在电阻外壳表面上标成"3K6"；

3.32GΩ 的标称阻值，在电阻外壳表面上标成"3G32"。

允许偏差用字母或数字表示，表示电阻实际阻值与标称阻值之间允许的最大偏差范围。其符号表示的意义如表 3-1 所示。

表 3-1 电阻允许误差的符号、意义对照表

符 号	意 义	符 号	意 义
Y	±0.001%	D	±0.5%
X	±0.002%	F	±1%
E	±0.005%	G	±2%
L	±0.01%	J	±5%
P	±0.02%	K	±10%
W	±0.05%	M	±20%
B	±0.1%	N	±30%
C	±0.25%		

由表 3-1 可知：图 3-2 所示电阻标识为"RSF-3 6K8J"，其中"R"表示普通电阻；"S"表示有机实心电阻；"F"表示复合膜电阻；"3"表示超高频电阻；序号省略未标；"6K8"表示阻值大小；"J"表示允许误差 ±5%。因此该阻值标识为：超高频、有机实心复合膜电阻，大小为 6.8kΩ±5%。通常电阻的直标采用的是简略方式，也就是只标识重要的信息，而不是所有的信息都被标识出来。

（2）电阻阻值的色标法。

电阻阻值的色标法是将电阻的参数用不同颜色的色带或色点标示在电阻体表面上的标志方法。国外电阻大部分采用色标法。

常见电阻阻值色标法有 4 条色环标识和 5 条色环标识。

当电阻用 4 条色环标识时,最后一环必为金色或银色,前两位为有效数字,第三位为乘方数,第四位为偏差。

当电阻用 5 条色环标识时,最后一环与前面四环距离较大。前三位为有效数字,第四位为乘方数,第五位为偏差。

电阻上不同颜色的色环代表的意义也不同,相同颜色的色环排列在不同位置上的意义也不同,如图 3-3 所示。

颜色	第一位	第二位	第三位	乘方数	偏差	
黑色	0	0	0	10^0	—	—
棕色	1	1	1	10^1	±1%	F
红色	2	2	2	10^2	±2%	G
橙色	3	3	3	10^3	—	—
黄色	4	4	4	10^4	—	—
绿色	5	5	5	10^5	±0.5%	D
蓝色	6	6	6	10^6	±0.25%	C
紫色	7	7	7	10^7	±0.1%	B
灰色	8	8	8	10^8	—	A
白色	9	9	9	10^9	—	—
金色	—	—	—	10^{-1}	±5%	J
银色	—	—	—	10^{-2}	±10%	K
	—	—	—	—	±20%	M

图 3-3 色标法色环颜色的含义

例如,图 3-4 所示为有 5 条色环标识的电阻,其色环颜色依次为"橙蓝黑棕金"。"橙色"表示有效数字 3;"蓝色"表示有效数字 6;"黑色"表示有效数字 0;"棕色"表示倍乘数 10^1;"金色"表示允许误差 ±5%。因此该阻值标识为 360Ω×10^1±5%=3600Ω±5%=3.6kΩ±5%。

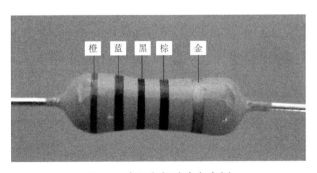

图 3-4 电阻色标法命名实例

3.1.3 电阻的种类和特点

电阻按其特性可分为固定电阻、可变电阻和特殊电阻。

1. 固定电阻

固定电阻的种类繁多,其外形和电路符号如图3-5所示电路图中的符号,代号为R的是电阻,只有两根引脚沿中心轴伸出,一般情况下不分正、负极性。

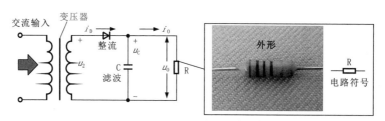

图3-5 固定电阻的外形和电路符号

固定电阻按照其结构和外形可分为线绕电阻和非线绕电阻两大类。功率比较大的电阻常常采用线绕电阻,线绕电阻是用镍铬合金、锰铜合金等电阻丝绕在绝缘支架上制成的,其外面涂有耐热的釉绝缘层。非线绕电阻又可以分为薄膜电阻和实心电阻两大类。

薄膜电阻:薄膜电阻是利用蒸镀的方法将具有一定电阻率的材料蒸镀在绝缘材料表面制成,功率比较大。常用的蒸镀材料不同,因此薄膜电阻有碳膜电阻、金属膜电阻和金属氧化物膜电阻之分。

实心电阻:实心电阻是由有机导电材料(碳黑、石墨等)或无机导电材料及一些不良导电材料混合并加入黏合剂后压制而成的。实心电阻的成本低,但阻值误差大,稳定性差。

2. 可变电阻

可变电阻一般有三个引脚,包括两个定片引脚和一个动片引脚,设有一个调整口,通过它可以改变动片,从而改变该电阻的阻值。其外形和电路符号如图3-6所示。

 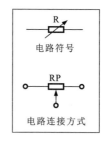

图3-6 可变电阻的外形和电路符号

可变电阻的最大阻值就是与可变电阻的标称阻值十分相近的阻值;最小阻值就是该可变电阻的最小阻值,一般为0;该类电阻的实际阻值在最小阻值与最大阻值之间随调整旋钮的变化而变化。

在电子设备中,电位器也是一种常见的可变电阻,它适用于阻值经常调整且要求稳定可靠的场合。

电位器在电路图中用 RP 表示或简写成 R,图 3-7 所示为电位器的电路符号及等效电路。从图中可以看出,电位器有 3 个引出端,其中两个为固定端(1、3 端),其间阻值最大;一个为活动端(2 端)。活动端是一个与轴相连的簧片,簧片与电阻片弹性接触。转动轴可改变触点位置,从而可改变 1～2 点间和 2～3 点间的阻值。

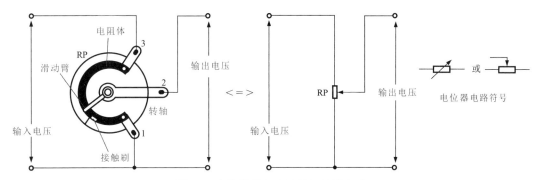

图 3-7 电位器的电路符号及等效电路

3. 特殊电阻

在电路中,根据电路实际工作的需要,一些特殊电阻在电路板上发挥着其特殊的作用,如熔断电阻、水泥电阻、敏感电阻器等。

(1)熔断电阻。

熔断电阻又叫保险丝电阻,其外形和电路符号如图 3-8 所示,它是一种具有电阻和过流保护熔断丝双重作用的元件。在正常情况下具有普通电阻的电气功能,在电子设备当中常常采用熔断电阻,从而起到保护其他元器件的作用。它在电流较大的情况下,自己熔断从而保护整个设备不过载。

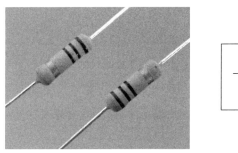

图 3-8 熔断电阻的外形和电路符号

(2)水泥电阻。

水泥电阻采用陶瓷、矿质材料包封,具有优良的绝缘性能,散热好,功率大,具有优良的阻燃、防爆特性。内部电阻丝选用康铜、锰铜、镍铬等合金材料,有较好的稳定性和过负载能力。电阻丝同焊脚引线之间采用压接方式,在负载短路的情况下,可迅速在压接处熔断,在电路中起限流保护的作用,其外形和电路符号如图 3-9 所示。

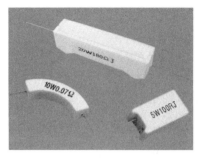

图 3-9 水泥电阻的外形和电路符号

（3）敏感电阻。

敏感电阻是指器件特性对温度、电压、湿度、光照、气体、磁场、压力等作用敏感的电阻，主要用作传感器。常见的敏感电阻如压敏电阻、热敏电阻、湿敏电阻及光敏电阻等，其外形和电路符号如图 3-10 所示。

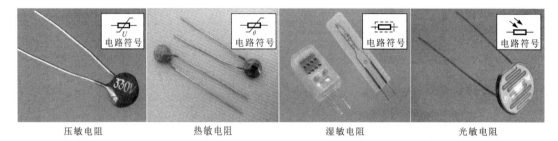

图 3-10 敏感电阻的外形和电路符号

3.2 电容器

电容器也是电子设备中大量使用的电子元器件之一，广泛应用于隔直、耦合、旁路、滤波、调谐回路、能量转换、控制电路等方面。

电容器的构成非常简单，两个互相靠近的导体，中间夹一层不导电的绝缘介质，就构成了电容器，简称电容。电容是一种可储存电荷的元器件，可以通过电路元件进行充电和放电，而且电容的充、放电都需要有一个过程和时间。任何一种电子产品都少不了电容。如图 3-11 所示为几种常见电容的外形。

图 3-11 常见电容的外形

3.2.1 电容的功能

电容的功能是稳定电压、隔离直流,与电阻或电感同时使用形成谐振电路(时间常数电容)等。

电容的电容量是指加上电压后储存电荷的能力大小。相同电压下,储存电荷越多,电容量越大。度量电容量大小的单位为法拉,简称法,用字母"F"表示。但实际中更多地使用微法(μF)或皮法(pF),还有纳法(nF),它们之间的关系是:

$$1F=10^3mF=10^6 \mu F=10^9nF=10^{12}pF$$

把两块金属板相对平行地放置,不互相接触,这样就构成一个简单的电容,如果用金属板的两端分别接到电源的正、负极,那么接正极金属板上的电子就会被电源的正极吸引过去;而接负极的金属板,就会从电源负极得到电子。这种现象就称电容的"充电"。如图 3-12(a)所示。

充电时,电路中就有电流流动。两块金属板有电荷后就产生电压,当电容所充的电压与电源的电压相等时,充电就停止。电路中就不再有电流流动,相当于开路,这就是电容能隔断直流电的道理。

如果将接在电容上的电源拿开,而用导线把电容的两个金属板接通,则在刚接通的一瞬间,电路中便有电流流通,电流的方向与原充电时的电流方向相反。随着电流的流动,两金属板之间的电压也逐渐降低。直到两金属板上的正、负电荷完全消失,这种现象称电容的"放电",如图 3-12(b)所示。

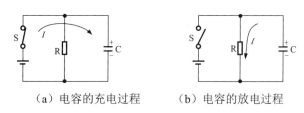

(a)电容的充电过程　　(b)电容的放电过程

图 3-12 电容的功能

如果电容的两块金属板接上交流电,因为交流电的大小和方向在不断地变化着,电容两端也必然交替地进行充电和放电,因此,电路中就不停地有电流流动。这就是电容能通过交流电的道理。

3.2.2 电容的主要参数

1. 标称容量

标志在电容上的电容量称为标称容量。

2. 允许偏差

电容的实际容量与标称容量存在一定的偏差,电容的标称容量与实际容量的允许最大偏差范围,称为电容量的允许偏差。电容的偏差通常分 3 个等级,即Ⅰ级(误差±5%)、Ⅱ级(误差±10%)和Ⅲ级(误差±20%)。

3. 额定工作电压

额定工作电压是指电容在规定的温度范围内，能够连续可靠工作的最高电压，有时又分为额定直流工作电压和额定交流工作电压（有效值）。额定电压是一个参数，在使用中，如果工作电压大于电容的额定电压，电容就会损坏，表现为击穿故障。

4. 频率特性

电容的频率特性是指电容在交流电路工作时（在高频工作），其电容量等参数随电场频率而变化的性质。

3.2.3 电容的命名及标识方法

1. 电容的命名

根据我国国家标准的规定，电容型号命名由 4 部分构成（不使用于压敏、可变、真空电容）。依次分别代表名称、材料、分类和序号。

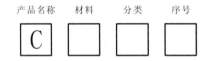

第一部分：名称，用字母表示，电容用 C 表示。
第二部分：材料，用字母表示。
第三部分：分类，一般用数字表示，个别用字母表示。
第四部分：序号，用数字表示。

用字母表示产品的材料：A—钽电解、B—聚苯乙烯等非极性有机薄膜、C—高频陶瓷、D—铝电解、E—其他材料电解、G—合金电解、H—纸膜复合、I—玻璃釉、J—金属化纸介、L—聚酯等极性有机薄膜、N—铌电解、O—玻璃膜、Q—漆膜、T—低频陶瓷、V—云母纸、Y—云母、Z—纸介。

用字母表示分类：G—高功率型、J—金属化型、Y—高压型、W—微调型。用数字表示的分类比较复杂，对于不同类型的电容，每个数字表示的含义也不相同，这里不再一一列举，遇到具体问题，可查阅相关资料。

例如，CGJ5 表示的意思是 5 号、金属化型、合金电解电容。

2. 电容的标识方法

电容容量的标识方法通常使用直标法，就是指用数字和单位符号将容量及主要参数等直接标识在电容外壳上。

例如，图 3-13 所示电容标识为"CJ41-1 2μF±5% 160 V_86"，其中"C"表示电容；"J"表示金属化纸介；"4"表示电容类型；"1"表示序号；"2μF"表示容量；"±5%"表示电容允许偏差。因此，该电容标识为：金属化纸介铝电容，大小为 2μF±5%。通常电容的直标法采用的是简略方式，只标识重要的信息，并不是所有的信息都被标识出来。而有些电容还会标识其他参数，如额定工作电压，图 3-13 中的"160 V"就表示该电容的额定电压。

图 3-13 电容器直标法命名实例

其中,标称容量的单位符号有 m、μ、n、p 等。各自表示的意义如下:

$1m=1mF=10^3\mu F$ $1n=1nF=10^3pF$ $1\mu=1\mu F=10^6pF$ $1p=1pF=10^{-12}F$

标称容量有两种标注形式如下。

(1) 字母、数字结合表示,单位符号(字母)代替小数点进行描述。

例如,22n=22nF,1μ25=1.25μF。

(2) 3 位数字直接表示,其中第一位、第二位数字为容量的有效数位,第三位上标数为倍数,即有效数字后边的个数,单位统一默认为 pF。例如,$683=68×10^3pF=0.068\mu F$。

电容量的允许偏差也可以用字母表示,其字符表示的意义除表 3-12 所列的外与电阻允许偏差的字符意义相同(见表 3-1)。

表 3-1 允许偏差的字母表示

字 母	允许偏差	字 母	允许偏差
H	+100%	Q	+30%
H	−0%	Q	−10%
R	+100%	S	+50%
R	−10%	S	−20%
T	+50%	Z	+80%
T	−10%	Z	−20%

此外,电容的标识也可以采用色环或色点标识的方法,电容的色标法与电阻的色标法相同,这里不再赘述。

3.2.4 电容的种类和特点

电容按其容量是否可改变分为固定电容和可变电容两种。

1. 固定电容

固定电容是指电容一经制成后,其容量不能再改变的电容。它分为无极性电容和有极性电容两种。

无极性电容是指电容的两个金属电极没有正、负极性之分,使用时电容两极可以交换连接。如图 3-14 所示,常见的无极性电容主要有纸介电容、瓷介电容、云母电容、玻璃釉电容、涤纶电容、聚苯乙烯电容等。

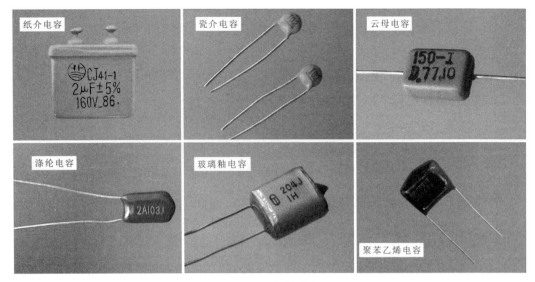

图 3-14 无极性电容

有极性电容是指电容的两极有正负极性之分,使用时一定要正极连接电路的高电位,负极连接电路的低电位,否则会导致电容的损坏。

流行的电解电容均为有极性电容。按电极材料的不同可以分为铝电解电容和钽电解电容等,如图 3-15 所示。

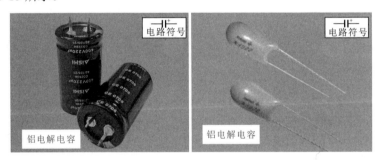

图 3-15 有极性电容

2. 可变电容

容量可以调整的电容称为可变电容器。可变电容按介质不同可分为空气介质和有机薄膜介质两种。而按结构又可分为单联、双联,甚至三联、四联等。如图 3-16 所示为可变电容的外形及电路符号。

图 3-16 可变电容的外形及电路符号

3.3 电感器

将导线绕成圆圈的形状就可以制成电感器,简称电感,绕制的圈数越多,电感量越大。扼流圈、互感滤波器都属于电感。电感在滤波电路中使用的较多。

3.3.1 电感的功能

电感具有阻止其中的电流变化的功能。流过电感的电流,其频率越高,则阻抗越高。电感也是一种储能元器件,能把电能转换成磁能并储存起来。

在电路中,电感通常用字母"L"表示,电感量的单位是亨利,简称亨,用字母"H"表示,更多地使用毫亨(mH)和微亨(μH)为单位。它们之间的关系是:

$$1\text{H}=10^3\text{mH}=10^6\text{μH}$$

电感的特点:对直流呈现很小的阻抗,近似于短路,对交流呈现较大的阻抗,且阻值的大小与所通过的交流信号的频率有关。同一电感,通过的交流电流的频率越高,则呈现的阻抗(电阻值)越大。

电感是应用电磁感应原理制成的元件,在电子产品中常用于:

- 作为滤波线圈,阻止交流干扰;
- 作为谐振线圈,与电容组成谐振电路;
- 在高频电路中作为高频信号的负载;
- 制成变压器传递交流信号;
- 利用电磁的感应特性制成磁性元件,如磁头和电磁铁等器件。

3.3.2 电感的主要参数

1. 电感量

电感量是衡量线圈产生电磁感应能力的物理量。给一个线圈通入电流,线圈周围就会产生磁场,线圈就有磁通量通过。通入线圈的电流越大,磁场就越强,通过线圈的磁通量就越大。通过线圈的磁通量和通入的电流是成正比的,它的比值叫作自感系数,也叫作电感量。电感量的大小,主要决定于线圈的直径、匝数及有无铁芯等,即:

$$L = \frac{\Phi}{I}$$

式中,L 为电感量;Φ 为通过线圈的磁通量;I 为电流。

2. 电感量精度

实际电感量与要求电感量间的误差,对电感量精度的要求要视用途而定。而对振荡线圈要求较高,电感量的精度为 0.2%～0.5%;耦合线圈和高频扼流圈要求较低,允许 10%～15% 的误差。

3. 线圈的品质因数

品质因数 Q 又称 Q 值,它是用来表示线圈损耗大小的量值,高频线圈通常为 50～

300。Q 值的大小，影响回路的选择性、效率、滤波特性及频率的稳定性。

为了提高线圈的品质因数 Q，可以采用的方法为：

◆ 采用镀银铜线，以减小高频电阻；
◆ 采用多股的绝缘线代替具有同样总截面的单股线，以减少集肤效应；
◆ 采用介质损耗小的高频瓷为骨架，以减小介质损耗；
◆ 减少线圈匝数。

4. 额定电流

电感在正常工作时，允许通过的最大电流就是线圈的标称电流值，也叫额定电流。

3.3.3 电感的种类和特点

电感是应用电磁感应原理制成的元器件。通常分为两类：一类是应用自感作用的电感线圈，另一类是应用互感作用的变压器。

电感线圈是用导线在绝缘骨架上单层绕制而成的一种电子元器件，电感线圈有固定电感、色环/色码电感、微调电感等。

1. 固定电感

固定电感有收音机中的高频扼流圈、低频扼流圈等，也有较粗铜线或镀银铜线采用平绕或间绕方式制成的，常见的固定电感的外形及电路符号如图3-17所示。

图 3-17 常见的固定电感的外形及电路符号

2. 小型电感器（色环/色码电感）

色环/色码电感是一种小型的固定电感，这种电感是将线圈绕制在软磁铁氧体的基体（磁芯）上，再用环氧树脂或塑料封装，并在其外壳上标以色环或直接用数字表明电感量的数值，常用的色环/色码电感的外形如图3-18所示。

图 3-18 常见的色环/色码电感的外形

3. 微调电感

微调电感就是可以调整电感量大小的电感，常见微调电感的外形如图 3-19 所示。微调电感一般设有屏蔽外壳，以及可插入的磁芯和外露的调节旋钮，通过改变磁芯在线圈中的位置来调节电感量的大小。

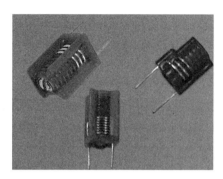

图 3-19 常见的微调电感的外形

3.4 二极管

二极管是由一个 PN 结两端引出相应的电极引线，再加上管壳密封制成的。

3.4.1 二极管的特性及功能

二极管具有单向导电性，电流在二极管中只能沿一个方向流动。二极管只有在所加正向电压达到某一定值后才能导通。

一般来说，二极管作为无触点时序电路器件，起开关的作用。另外，还可作为电子电路器件用于整流、检波、稳定电压。

3.4.2 二极管的主要参数

1. 最大整流电流 I_{OM}

最大整流电流是指二极管长期连续工作时，允许通过的最大正向平均电流值，与 PN 结面积及外部散热条件等有关，PN 结面积越大，最大整流电流也越大。电流超过允许值时，PN 结将因过热而烧坏。在整流电路中，二极管的正向电流必须小于该值。

2. 最大反向电压 U_{RM}

最大反向电压是指保证二极管不被击穿而给出的最大反向工作电压。有关手册上给出的最大反向电压约为击穿电压的一半，以确保二极管安全工作。点接触型二极管的最大反向电压约为几十伏，面接触型二极管可达几百伏。在电路中，如果二极受到过大的反向电压，则会损坏。

3. 最大反向电流 I_{RM}

最大反向电流是指二极管在规定温度的工作状态下加上最大反向电压时的反向电流。最大反向电流越大,说明二极管的单向导电性越差,且受温度影响也越大;最大反向电流越小,说明二极管的单方向导电性能越好。硅管的最大反向电流较小,一般在几微安;锗管的最大反向电流较大,一般在几十微安至几百微安。

值得注意的是,最大反向电流与温度有着密切的关系,大约温度每升高10℃,最大反向电流增大一倍。

4. 最高工作频率 F_M

最高工作频率是指二极管能正常工作的最高频率。选用二极管时,必须使它的工作频率低于最高工作频率。超过此值时,由于结电容的作用,二极管将不能很好地体现单向导电性。

3.4.3 二极管的种类和特点

二极管在实际应用中,一般是从其用途和功能上分为普通二极管和特殊二极管。

1. 普通二极管

图 3-20 所示为普通二极管的外形及电路符号,符号的竖线侧为二极管的负极一般情况下,二极管的负极常用环带、凸出的片状物或其他方式表示。观察封装外形,如果看到某个引脚和外壳直接相连,则外壳就是负极。

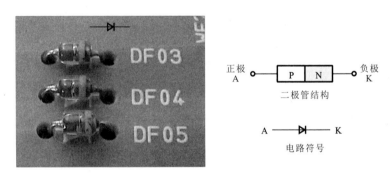

图 3-20 普通二极管的外形及电路符号

普通二极管根据其不同功能还可分为整流二极管、检波二极管和开关二极管等。

整流二极管:整流二极管的作用是将交流电源整流成直流电流,它主要用于整流电路中,即利用二极管的单向导电性,将交流电变为直流电。

检波二极管:检波二极管用于把叠加在高频载波上的低频信号检出来,常用于收音机的检波电路中。它具有较高的检波效率和良好的频率特性。

开关二极管:开关二极管主要用在脉冲数字电路中,用于接通和关断电流,它的特点是反向恢复时间短,能满足高频和超高频应用的需要。利用开关二极管的这一特性,在电路中起到控制电流接通或关断的作用,成为一个理想的电子开关。

2. 特殊二极管

一些二极管根据其特殊的结构具有特殊功能,还可以划分为稳压二极管、发光二极管、光敏二极管、变容二极管、双向触发二极管、快恢复二极管等,各种特殊二极管的外形及电路符号如图 3-21 所示。

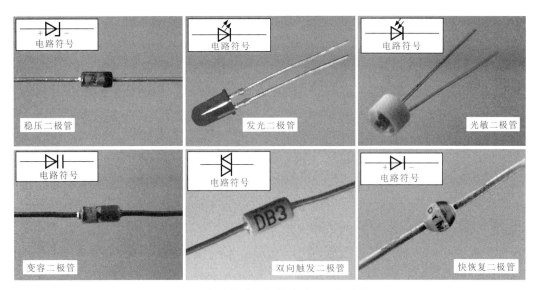

图 3-21 各种特殊二极管的外形及电路符号

3.5 三极管

三极管是各种电子电路中的核心元件,其突出特点是在一定条件下具有电流放大作用。另外,三极管还经常用作电子开关、阻抗变换、驱动控制和振荡器件。

3.5.1 三极管的功能特点

常见的三极管有 NPN 型和 PNP 型两类,其外形如图 3-22 所示。

(a) NPN 型　　　　　　　　　　(b) PNP 型

图 3-22 NPN 型和 PNP 型三极管的外形

三极管的放大作用：集电极（c）到发射极（e）的电流受基极（b）电流的控制，基极（b）很小的电流变化会引起集电极（c）到发射极（e）之间很大的电流变化。如果基极（b）的电流被切断，集电极（c）到发射极（e）的电流也就被关断了。要使三极管具有放大作用，基本条件就是发射结加正向电压（正偏），集电结加反向电压（反偏）。这种偏置状态需要外部电路来实现。

图3-23所示为NPN型和PNP型三极管的电流走向，使用三极管时要注意电源供电电路的极性不要接错。

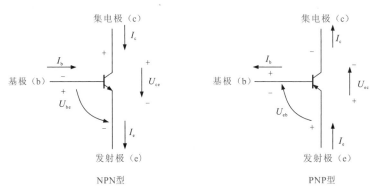

图3-23 NPN型和PNP型三极管的电流走向

3.5.2 三极管的种类

如图3-24所示，三极管的种类也很多，按其型号可分为小功率、中功率、大功率三极管；按其封装形式可分为塑料封装三极管和金属封装三极管；按其安装方式可分为直插式和贴片式三极管。

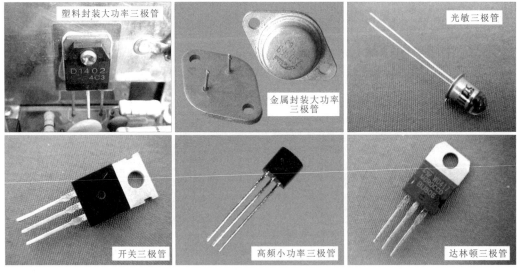

图3-24 各种三极管的外形

3.6 场效应管

场效应晶体管（Field Effect Transistor，FET）简称场效应管。

3.6.1 场效应管的功能

场效应管按其结构不同分为两大类，即绝缘栅型场效应管和结型场效应管。绝缘栅型场效应管由金属、氧化物和半导体制成，简称 MOS 管。MOS 管按其工作状态可分为增强型和耗尽型两种，每种类型按其导电沟道不同又分为 N 沟道和 P 沟道两种。结型场效应管按其导电沟道不同也分为 N 沟道和 P 沟道两种。

场效应管一般具有 3 个极（双栅管具有 4 个极）栅极 G、源极 S 和漏极 D，它们的功能分别对应于前述的三极管的基极 b、发射极 e 和集电极 c。由于场效应管的源极 S 和漏极 D 在结构上是对称的，因此在实际使用过程中有一些可以互换。

3.6.2 场效应管的主要参数

1. 夹断电压

夹断电压一般用字母"V_P"表示。在结型场效应管（或耗尽型绝缘栅型场效应管）中，当栅源间反向偏压 V_{GS} 足够大时，沟道两边的耗尽层充分地扩展，并会使沟道"堵塞"，即夹断沟道（$I_{DS} \approx 0$），此时的栅源电压，称为夹断电压 V_P。通常 V_P 的值为 1～5 V。

2. 开启电压

开启电压一般用字母"V_T"表示。在增强型绝缘栅场型效应管中，当 V_{DS} 为某一固定数值时，使沟道可以将漏、源极连通起来的最小 V_{GS} 即为开启电压 V_T。

3. 饱和漏电流

饱和漏电流一般用字母"I_{DSS}"表示。在耗尽型场效应管中，当栅源间电压 $V_{GS}=0$，漏源电压 V_{DS} 足够大时，漏极电流的饱和值称为饱和漏电流 I_{DSS}。

3.6.3 场效应管的种类

场效应管分为结型、绝缘栅型两大类。结型场效应管（JFET）因有两个 PN 结而得名，绝缘栅型场效应管（JGFET）则因栅极与其他电极完全绝缘而得名。目前在绝缘栅型场效应管中，应用最为广泛的是 MOS 场效应管，简称 MOS 管；此外还有 PMOS、NMOS 和 VMOS 场效应管，以及最近刚问世的 πMOS 场效应管、VMOS 功率模块等。

结型场效应管是利用沟道两边的耗尽层宽窄，改变沟道导电特性来控制漏极电流的，其外形及结构如图 3-25 所示。

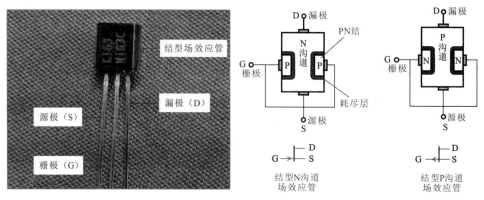

图 3-25 结型场效应管的外形及结构

绝缘栅型场效应管是利用感应电荷的多少，改变沟道导电特性来控制漏极电流的，它与结型场效应管的外形基本相同，只是型号标记不同。其外形及结构如图 3-26 所示。

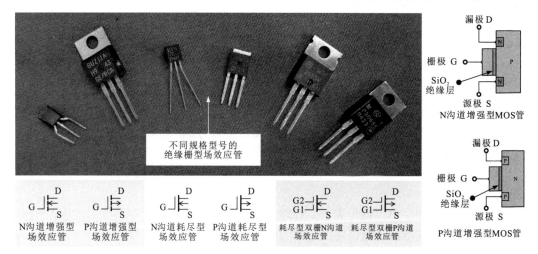

图 3-26 绝缘栅型场效应管的外形及结构

3.7 晶闸管

晶闸管又称可控硅，常用的有单向可控硅和双向可控硅，它们都属于半导体元器件。晶闸管除有单向导电的整流作用外，还可以作为可控开关使用，常用在电动机驱动控制电路中，也可在电源中当作过载保护器件。

3.7.1 晶闸管的功能

晶闸管是由 P 型和 N 型半导体交替叠合成 P-N-P-N 四层而构成的，它的 3 个引出电极分别是阳极（A）、阴极（K）和控制极（G），图 3-27 所示为晶闸管的结构和电路符号。如果只在阳极和阴极间加电压，不管哪端为正，晶闸管都是不导通的。如果在阳极接正电压，阴极接负电压，而在控制极再加不大的正向电压（相对于阴极），晶闸管就导通了。而且一旦导通，再撤去控制极电压，晶闸管仍保持原来的导通状态。如果要使导通的晶闸管截止，可以使其电流降到某个值以下，或者将阳极与阴极间的电压减小到零或负值。

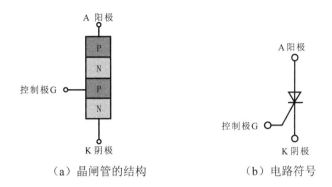

图 3-27 晶闸管的结构和电路符号

3.7.2 晶闸管的主要参数

1. 额定正向平均电流

额定正向平均电流"I_F"是指在规定的环境温度、标准散热和全导通的条件下，阴极和阳极间通过的工频（50 Hz）正弦电流的平均值。

2. 正向阻断峰值电压

正向阻断峰值电压"V_{DRM}"是指在控制极开路、正向阻断条件下，可以重复加在元器件上的正向电压峰值。

3. 反向阻断峰值电压

指当控制极开路，结温为额定值时允许重复加在元器件上的反向峰值电压，按规定为最高反向测试电压的 80%。

3.7.3 晶闸管的种类

晶闸管有单向晶闸管、双向晶闸管、逆导晶闸管、可关断晶闸管、快速晶闸管、光控晶闸管等多种类型。应用最多的是单向晶闸管和双向晶闸管。

单向晶闸管：单向晶闸管（SCR）又称单向可控硅，它是由 P-N-P-N 四层 3 个 PN 结组成的，如图 3-28 所示。

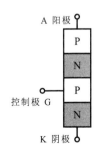  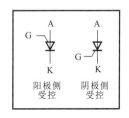

图 3-28 单向晶闸管

双向晶闸管：双向晶闸管又称双向可控硅，属于 N-P-N-P-N 五层半导体元器件，如图 3-29 所示。

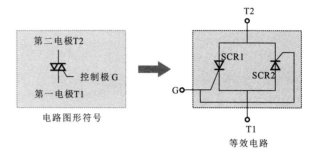

图 3-29 双向晶闸管

3.8 集成电路

3.8.1 集成电路的特点

将一个单元电路所要用到的主要元器件或全部元器件都集中在一个单晶硅片上，形成一个具备一定功能的完整电路，并封装在特制的外壳中，这样的电路称为集成电路。

集成电路具有体积小巧、质量轻、性能稳定、功耗小、集成度高等特点，它的出现使整机的电路简化，安装调整都比较简便，而且可靠性也大大提高，所以集成电路广泛地使用在各种电子产品中。集成功率放大器、运算放大器、收音放大器、录放音电路、电视信号处理电路、微处理器电路等都属于集成电路。

3.8.2 集成电路的主要参数

1. 静态工作电流

静态工作电流是指不给集成电路输入引脚加上输入信号的情况下，电源引脚回路中的电流大小，相当于三极管的集电极静态工作电流。通常，静态工作电流给出典型值、最小值、最大值 3 个指标。

2. 增益

增益是指集成电路的放大能力，通常标出开环、闭环增益，也分典型值、最小值、最大值 3 个指标。

3. 最大输出功率

最大输出功率是指在信号失真度为一定值时，集成电路输出引脚所输出的电信号功率。它主要是针对功率放大器集成电路的。

4. 电源电压

电源电压是指可以加在集成电路电源引脚与地端引脚之间电压的极限值，使用中不能超过此值。

5. 功耗

功耗是指集成电路所能承受的最大耗散功率，主要用于功率放大器集成电路。

除以上主要参数外，CMOS 电路的主要参数还有输入低电平电压、输入高电平电压、输出低电平电压、输出高电平电压等。

3.8.3 集成电路的分类和识别

1. 集成电路的分类

（1）按功能不同分类。按功能不同可以分为模拟集成电路、集成运算放大器、稳压集成电路、线性集成电路、音响集成电路、电视集成电路、电子琴集成电路、CMOS 集成电路等。

（2）按制作工艺不同分类。按制作工艺不同可以分为半导体集成电路、厚（薄）膜集成电路、混合集成电路等。

（3）按集成度高低不同分类。按集成度高低不同可以分为小规模集成电路、中规模集成电路、大规模集成电路、超大规模集成电路等。

（4）按导电类型不同分类。按导电类型不同可以分为双极性集成电路和单极性集成电路。

2. 不同种类的集成电路

集成电路的主要种类有单列直插式集成电路、功率塑封式集成电路、双列直插式集成电路、双列表面安装式集成电路、扁平矩形表面安装式集成电路、矩形引脚插入式集成电路等，如图 3-30 所示。

图 3-30 各种集成电路

第4章 常用电气部件

4.1 高压隔离开关

高压隔离开关主要用于变电站的高压输入部分，不同的变电站中高压隔离开关的结构和型号也有很大的不同，例如，工作在 10 kV 的隔离开关和工作在 300～500 kV 的隔离开关因所承受的电压不同其结构也有很大的差别。

高压隔离开关需要与高压断路器配合使用，主要用于检修时隔离电压或运行时进行倒闸操作，能起隔离电压的作用。因结构上无灭弧装置一般不能用于切断电流和投入电流，即不能进行带负荷分断的操作，目前也有一些能分断负荷的隔离开关。

4.1.1 型号含义和分类

高压隔离开关产品型号含义如图 4-1 所示。

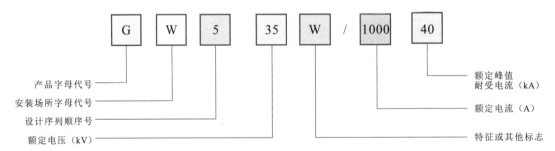

图 4-1 高压隔离开关产品型号含义

产品字母代号：G—隔离开关。
安装场所字母代号：N—户内，W—户外。
设计序列顺序号：通常用 1、2、3…表示。
特征或其他标志：D—带接地开关，G—改进型，TH—湿热带，W—污秽地区。

高压隔离开关根据安装地点不同可分为户内高压隔离开关和户外高压隔离开关；从绝缘与支柱的数量不同可分为单柱式、双柱式和三柱式等；按装设接地刀数量不同可分为不接地（无接地刀）、单接地（一侧有接地刀），双接地（两侧有接地刀）三类。

4.1.2 户内高压隔离开关

户内高压隔离开关额定电压普遍不高，一般均在 35 kV 以下，多采用三相共座式结构，如图 4-2 所示。户内隔离开关由导电部分、支持瓷瓶和转轴、底座构成。其中每相导电部分由触座、导电闸刀和静触头等组成,并安装在支持瓷瓶上端,通过支持瓷瓶固定在底座上。

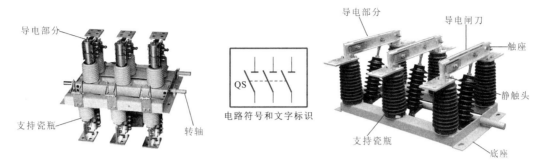

图 4-2 户内高压隔离开关的外形及电路符号

【提示】

当高压隔离开关发生故障时,无法保证检测电路与带电体之间进行隔离,可能会导致需要被隔离的电路带电,从而发生触电事故。

4.1.3 户外高压隔离开关

户外高压隔离开关与户内高压隔离开关的工作原理相同,但结构形式不同,图 4-3 所示为 35 kV 及以下户外高压隔离开关的外形及电路符号。户外高压隔离开关主要由底座、支持瓷瓶及导电部分构成。

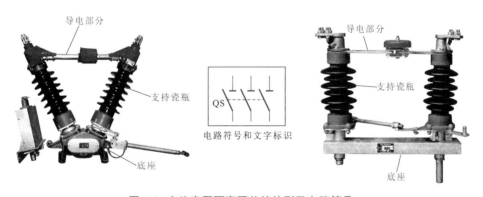

图 4-3 户外高压隔离开关的外形及电路符号

【提示】

由于户外高压隔离开关工作环境比较恶劣,在结构形式上根据环境因素有所不同,例如,应用在冰雪地区的户外高压隔离开关需装设破冰机构;应用在脏污严重的环境时为防止触头表面沉积污垢和消除氧化物的影响,触头分、合时应具有自清除功能;为防止烧伤接触面,还应采取引弧或灭弧等措施。

4.2 高压负荷开关

高压负荷开关（UGS）是一种介于高压断路器和高压隔离开关之间的电器，主要用于 3～63 kV 高压配电线路中。高压负荷开关常与高压熔断器串联使用，用于控制电力变压器或电动机等设备。具有简单的灭弧装置，能通断一定负荷的电流，但不能断开短路电流，所以要和熔断器串联使用，靠熔断器进行短路保护。

高压负荷开关在变配电设备中，是对高压电路的负载电流，变压器的励磁电流，电容充放电电流进行开关控制的装置。在其电路发生短路或有异常电流出现时，在规定的时间内可断电的装置。

4.2.1 型号含义和分类

高压负荷开关产品型号含义如图 4-4 所示。

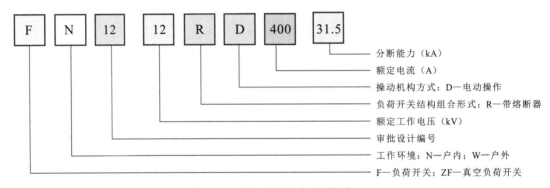

图 4-4 高压负荷开关产品型号含义

高压负荷开关根据其灭弧的方式可分为空气负荷开关、油负荷开关、真空负荷开关等多种。其中，空气负荷开关由于无线圈、价格便宜等特点而成为目前的主流产品。

4.2.2 室内用空气负荷开关

所谓空气负荷开关是指电路的开关动作是在空气中进行的。室内用空气负荷开关的外形如图 4-5 所示。这种开关作为负荷电流的开关，变压器一次侧电路的开关，进相电容器的开关，是为防止普通断路器误操作而引发故障为目的而使用的开关装置。

室内用空气负荷开关的额定电压应备有一定的裕量，如在 6.6 kV 的变配电系统中，应选择 7.2 kV 的产品。

额定电流的选择要考虑用电容量，通常负荷的变动和负荷的增加等因素，应选 2 倍于负荷电流的产品，而带熔断器的情况，还要根据容量专

图 4-5 室内用空气负荷开关的外形

门进行选择。室内用空气负荷开关的参数如表 4-1 所示。

表 4-1 室内用空气负荷开关的参数

额定电压	额定电流（A）	额定短路时间电流（kA）	额定短路投入电流（kA）	额定开关容量（A）
7.2kV	100	2.0 4.0	5.0 10.0	■负荷电流 100、200、300、400、600
	200	4.0 8.0	10.0 20.0	■励磁电流 5、10、15、20、30
	300 400 600	8.0 12.5	20.0 31.5	■充电电流 10

额定负荷开关容量是在规定电路的条件下，可进行接通、切断电流的限度。高压负荷开关在不同的电压和电流条件下结构也有很大的不同，此外，因其介质不同结构也不同，常见的有空气负荷开关 AS、真空负荷开关 VS、油负荷开关 OS。

4.2.3 带电力熔断器空气负荷开关

这种开关是空气负荷开关和电力熔断器相结合的装置，通常负荷电流和过负荷电流由这种负荷开关进行开合，而短路电流则由熔断器切断。这种开关兼有断路器、负荷开关和熔断器三种功能，其外形如图 4-6 所示。

图 4-6 带电力熔断器空气负荷开关的外形

4.3 高压断路器

高压断路器（QF）是高压供配电线路中具有保护功能的开关装置，当高压供配电的负载线路中出现短路故障时，高压断路器会自行断开，对整个高压供配电线路进行保护，防止短路造成线路中其他设备的故障。

4.3.1 型号含义和分类

高压断路器是一种工作在高压环境的设备，各种高压变配电站中都设有断路器，由于工作电压不同，其结构和型号也不同。我国对额定高压的等级划分有一定的系列标准，如3 kV、6 kV、10 kV、35 kV、60 kV、110 kV、220 kV、330 kV、500 kV、750 kV、1000 kV 等，工作在不同电压等级中的断路器的结构也有很大的不同。

1. 型号含义

高压断路器产品型号含义如图 4-7 所示。

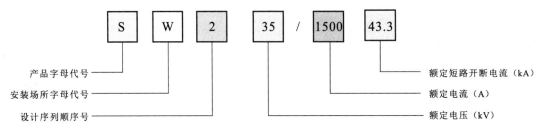

图 4-7 高压断路器产品型号含义

产品字母代号：S—"少"油断路器，D—"多"油断路器，VS 系列—户内高压真空断路器，ZN 系列—户内高压真空断路器。

安装场所字母代号：N—户内，W—户外。

设计序列顺序号：通常用 1、2、3…表示。

2. 主要参数

（1）使用环境。

断路器在变配电系统中作为主开关，在电动机供电系统中以及电容器泄放回路中，也是作为开关使用的，工作电压和负荷电流是主要参数。

（2）额定电压的选择。

额定电压的选择应考虑留有一定的裕量，如在 6.6 kV 的变配电系统中使用，应选 7.2 kV 的断路器；如在 10 kV 系统中使用，应选 12 kV 的额定值。

（3）额定电流的选择。

在一般设备中使用的断路器，其连续工作的电流应在额定电流值的 80% 以下，如在电容泄放电路中使用应在额定电流值的 60% 以下。

（4）切断容量。

断路器的切断容量表示断路器的切断能力，它与工作电压和切断电流有关，其单位是 MV·A，1 MVA=1000 kV·A。切断容量（MV·A）=$\sqrt{3}$×额定电压（V）×额定切断电流（kA）。

（5）实际断路器相关参数例。

工作环境 6.6 kV 的断路器，其额定电压为 7.2 kV，额定切断电流为 8 kA，切断容量 =$\sqrt{3}$×7.2×8kA=100 MV·A。

如果断路器的负载较重，额定切断电流的值比较高，在上述工作条件下，如果额定切断电流为 12.5 kA，则切断容量 = $\sqrt{3} \times 7.2$（kV）$\times 12.5$（kA）=160 MV·A。

高压断路器不仅可以切断或闭合高压电路中的空载电流和负载电流，当系统发生故障时通过断路器和保护装置的配合，可自动切断过载电流或短路电流，其内部具有相当完善的灭弧装置和足够的断路能力。由于在高电压或大电流的条件下开关电路在接点处会产生电弧，电弧的高热量易引发火灾，因此断路器中必须设置灭弧装置。高压断路器根据其内部灭弧介质的不同又可分为三种结构形式。

（1）油断路器：以绝缘油为灭弧介质的断路器，其中有多油断路器和少油断路器。
（2）空气断路器：以压缩空气为灭弧介质的断路器。
（3）真空断路器：灭弧装置设置在高度真空筒（箱）中，真空断路器的整体结构。

4.3.2 油断路器

图 4-8 所示是一种手动操作油断路器（油罐型）的外形结构，它将开关触片设置于钢制油罐中，通过带绝缘子的端子引出，当触点闭合时，触点所产生的电弧能对油进行热分解，从而产生油流或油气流可起到灭弧效果。所谓油断路器就是以绝缘油作为媒介在其中完成电路切断的装置。该断路器安装在配电盘的操作面板上，用手握住手柄或通过操作箱可进行开关操作。

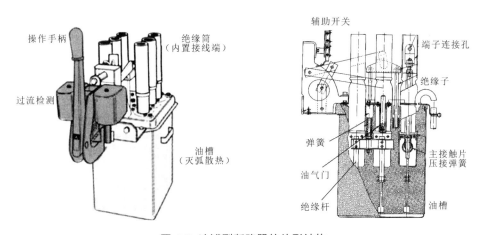

图 4-8 油罐型断路器的外形结构

4.3.3 真空断路器

真空断路器（Vacuum Circuit Breaker，VCB）是一种主断路器（CB），其触点都处在真空中，具有灭弧功能，它是当变配电设备中发生故障时切断供电电源的装置。CB 型断路器是将断路器与保护继电器组合为一体的设备，真空断路器的外形如图 4-9 所示。

(a)吊装式真空断路器

(b)支架式真空断路器

图 4-9 真空断路器的外形

真空断路器的控制电路如图 4-10 所示,该电路控制主接点的可动电极。

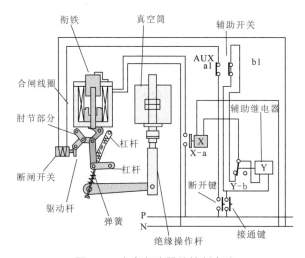

图 4-10 真空断路器的控制电路

(1)接通操作。

按下接通键,电源(PN)为接触器 X 供电,X-a 接通,合闸线圈得电,线圈中的衔铁被吸入(下移),通过杠杆推动绝缘操作杆,使真空筒中的可动电极上移,并与固定电极接通,断路器接通。

(2)断开操作。

按下断开键,断闸线圈得电,断闸线圈吸动其内部的衔铁,驱动杆随之动作,通过杠杆机构,使绝缘操作杆下移,并将真空筒中的可动电极拉下,使其断路。

4.4 高压熔断器

高压熔断器(FU)在高压供配电线路中是用于保护设备安全的装置,当高压供配电线路中出现过流的情况时,高压熔断器会自动断开电路,以确保高压供配电线路及设备的安全。

4.4.1 型号含义和分类

高压熔断器的型号含义和分类如图 4-11 所示。

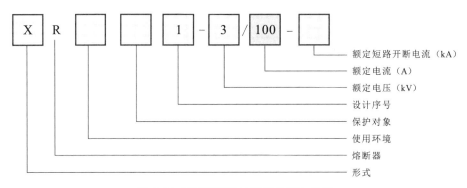

图 4-11 高压熔断器的型号含义和分类

形式：X—限流式（常见有户内高压限流熔断器），P—喷射式（常见有户外跌落式高压熔断器）。

使用环境：N—户内，W—户外。

保护对象：T—保护变压器用，M—保护电动机用。
P—保护电压互感器用，C—保护电容器用，G—不限制使用场所。

设计序列顺序号：通常用 1、2、3…表示。

在高压供配电系统中，常用的高压熔断器主要有户内高压限流熔断器和户外交流高压跌落式熔断器两种类型。

4.4.2 户内高压限流熔断器

在变配电设备中，熔断器用于高压电路和机器的短路保护，高压变压器，高压进相电容，高压电动机电路等器件发生故障时，由短路电流进行断路保护的器件就是熔断器。其中户内高压限流熔断器被广泛使用。

户内高压限流熔断器主要用于 3～35 kV，三相交流 50 Hz 电力系统中，用来对电气设备进行严重过负荷和短路电流保护。

户内高压限流熔断器的结构如图 4-12 所示。限流型熔断器，其结构兼顾熔断器和开关，使用钩棒进行操作。将断路器的闸刀制成熔断器筒进行开关。

熔断器的切断动作由绝缘筒一端的突出装置进行指示。在绝缘瓷管内设有熔断器，瓷管两端为连接导体、下端与负载端相连，制成铰链形并作为支撑点，上端金属导体处设有圆孔并镶入电源供电端的钳口中。当需要切断开关时，用绝缘杆上的挂钩勾住

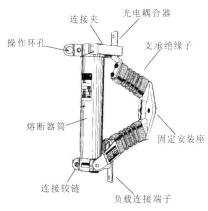

图 4-12 户内高压限流熔断器的结构

绝缘筒上的圆孔，将熔断器筒拉开即可。

4.4.3 户外交流高压跌落式熔断器

户外交流高压跌落式熔断器主要用于额定电压为 10～35 kV 的三相交流 50 Hz 电力系统中，作为配电线路或配电变压器的过载和短路保护设备。

图 4-13 所示为户外交流高压跌落式熔断器的结构及电路符号。

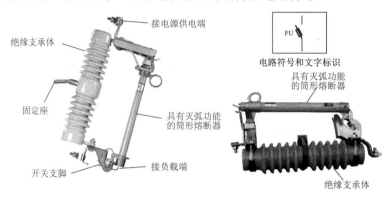

图 4-13 户外交流高压跌落式熔断器的结构及电路符号

> 【提示】
> 当高压熔断器发生故障时，可能会导致高压供配电线路中出现过流情况，从而导致该供电系统中的线缆和电气设备损坏；如果高压熔断器本体损坏，则会导致其连接的高压供电线路大面积停电。应当对该高压供配电线路中的其他电气设备进行检查，当所有的故障排除后，方可更换高压熔断器。

4.5 低压开关

低压开关是指工作在交流电压小于 1 200 V、直流电压小于 1 500 V 的电路中，并且用来对电路起通断、控制、保护及调节作用的开关。它是民用电器环境中常用的基本器件之一。

低压开关的分类如图 4-14 所示，有开启式负荷开关、封闭式负荷开关、组合开关、控制开关和功能开关五大类。

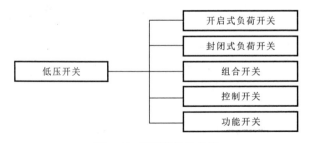

图 4-14 低压开关的分类

4.5.1 开启式负荷开关

开启式负荷开关又称胶盖闸刀开关,简称刀开关,其主要作用是在带负荷状态下可以接通或切断电路。通常应用在电气照明电路、电热回路、建筑工地供电、农用机械供电,或者是作为分支电路的配电开关。

如图 4-15 所示为开启式负荷开关的外形。通常情况下可将开启式负荷开关分为二极式和三极式两种,但其内部结构基本相似。其中二极式的额定电压为 250 V,而三极式的额定电压为 380 V,其额定电流都在 10 ~ 100 A 不等。

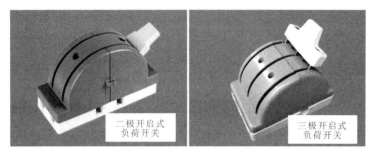

图 4-15 开启式负荷开关的外形

【提示】

在选用开启式负荷开关时,主要应考虑其型号、额定电流等。开启式负荷开关的型号含义如图 4-16 所示。

图 4-16 开启式负荷开关的型号含义

开启式负荷开关按其常用规格,主要分为 HK1 系列、HK8 系列、HH3 系列,三种系列根据其自身的不同特点应用在不同的电路中。

1. HK1 系列开启式负荷开关

HK1 系列开启式负荷开关的额定电流参数为 15 ~ 60 A,常用在电气照明电路、电热回路的控制开关中,也可用作分支电路的配电开关。

2. HK8 系列开启式负荷开关

HK8 系列开启式负荷开关用于交流 50 Hz,额定电压单相 220 V、三相 380 V,额定电流为 63 A 的电路中,常作为总开关、支路开关及电灯电热器等操作开关,在手动不频繁接通与分断的负载电路和小容量线路中还起短路保护作用。

3. HH3 系列开启式负荷开关

HH3 系列开启式负荷开关主要用于各种配电设备中,在手动不频繁操作带负载的电路,有熔断器作为短路保护。

4.5.2 封闭式负荷开关

封闭式负荷开关又称铁壳开关,通常用于电力灌溉、电热器、电气照明电路的配电设备中,即额定电压小于500 V,额定电流小于200 A的电气设备中,作为非频繁接通和分断用,其中额定电流小于60 A的,还用作异步电动机的非频繁全电压启动控制开关。封闭式负荷开关的外形如图4-17所示。

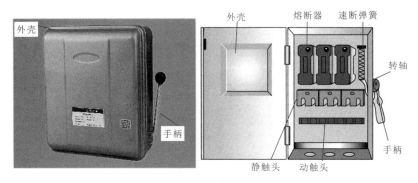

图 4-17 封闭式负荷开关的外形

封闭式负荷开关与可控制电动机容量的参数要求如表4-2所示。

表 4-2 封闭式负荷开关与可控制电动机容量的参数要求

可控电动机最大容量 (kW)	额定电流（A）				
	10	15	20	30	60
220 V	1.5	2	3.5	4.5	9.5
380 V	2.7	3	5	7	15
500 V	3.5	4.5	7	10	20

4.5.3 组合开关

组合开关又称转换开关,是一种转动式的闸刀开关,主要用于接通或切断电路、换接电源或局部照明等,图4-18所示为组合开关的外形。

图 4-18 组合开关的外形

组合开关根据其常用的型号规格,主要分为 HZ10 系列、HZ15 系列和 HZW1(3ST、3LB)系列,这几种系列组合开关根据其参数规格功能不同,应用范围也有所区别。

1. HZ10 系列组合开关

HZ10 系列组合开关一般用于电气设备中,用于不频繁接通和分断电路、换接电源和负载、测量三相电压,以及控制小容量异步电动机的正反转和星-三角的启动等,此系列开关额定电流范围为 10 A、25 A、60 A、100 A。

2. HZ15 系列组合开关

HZ15 系列组合开关主要用于交流 50 Hz、额定电压为 380 V 以下,直流额定电压为 220 V 及以下的供电线路中,用于手动操作不频繁的接通、分断,以及转换交流电路和直流电阻性负载电路(常用于控制配电电器和控制电动机)。

3. HZW1(3ST、3LB)系列组合开关

HZW1(3ST、3LB)系列组合开关用于交流 50 Hz 或 60 Hz、额定电压为 220～600 V、额定电流低于 63 A,直流 24～600 V、控制电流低于 15 A,控制电动机功率低于 22 kW 的电路中,作为三相异步电动机负载启动、变速、换向,以及主电路和辅助电路的转换用。

4.5.4 控制开关

控制开关主要用于家庭照明线路中,此种根据其内部的结构不同,主要分为单联单控开关、双联单控开关和三联双控开关等,图 4-19 所示为控制开关的外形。

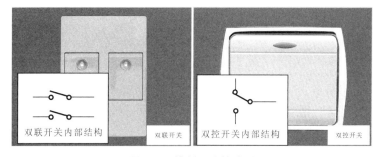

图 4-19 控制开关的外形

4.5.5 功能开关

功能开关包括触摸开关、声光控开关、光控开关等,图 4-20 所示为不同功能开关的外形。其中触摸开关是利用人体的温度控制,实现开关的通断控制功能,该开关常用于楼道照明线路中。声、光控开关是利用对声音或光线同时对照明电路的导通,常常使用在的楼道照明中,白天楼道中光线充足,照明灯无法照亮,夜晚黑暗的楼道中不方便找照明开关,使用声音即可控制照明灯照明,等待行人路过后照明灯可以自行熄灭。

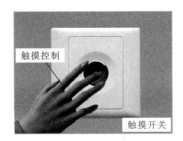 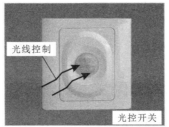 

图 4-20 不同功能开关的外形

4.6 低压断路器

低压断路器又称空气开关，它是一种既可以通过手动控制，也可自动控制的低压开关，主要用于接通或切断供电线路，这种开关具有过载、短路或欠压保护的功能，常用于不频繁接通和切断电路中。

目前，常见的低压断路器的分类如图 4-21 所示，有塑壳断路器、万能断路器和漏电保护断路器三种。

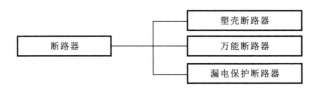

图 4-21 低压断路器的分类

4.6.1 塑壳断路器

塑壳断路器又称装置式断路器，这种断路器通常用作电动机及照明系统的控制开关、供电线路的保护开关等。图 4-22 所示为塑壳断路器的外形及电路符号。

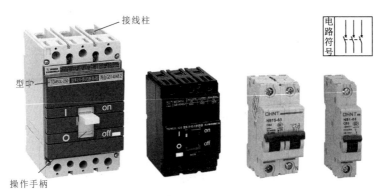

图 4-22 塑壳断路器的外形及电路符号

> 【提示】
>
> 在选择塑壳断路器时，可根据塑壳断路器的型号判断塑壳断路器的类别，图 4-23 所示为塑壳断路器的型号含义。

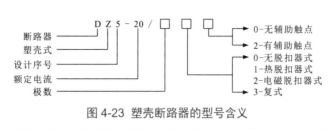

图 4-23 塑壳断路器的型号含义

目前，塑壳断路器主要有 BM 系列、C45/DPN/NC100 系列、C65 系列、SB/GM 系列、BHC 系列、M-PACT 系列、K 系列、DZ20 系列、TO/TG 系列、NZM 系列、S2/S900 系列、TM30 系列等。

◆ BM 系列塑壳断路器

BM 系列塑壳断路器主要用于 50 Hz 或 60 Hz、额定电压为 240/415 V、额定电流为 63 A 的配电线路中，用于对建筑物和类似场所的线路设施、电气设备等进行过负荷和短路保护，正常条件下也可作为线路的不频繁操作。

◆ C45/DPN/NC100 系列塑壳断路器

C45/DPN/NC100 系列塑壳断路器为小型塑壳断路器，适用于交流 50 Hz 或 60 Hz、额定电压为 240/415 V 及以下的电路中，作为线路、照明及动力设备的过负载与短路保护，以及线路和设备的通断转换，且此系列的断路器可也用于直流电路中。

◆ C65 系列塑壳断路器

C65 系列塑壳断路器属于微型断路器，适用于交流 50 Hz 或 60 Hz、额定电压为 230/400 V 及以下的系统中，作为照明和动力设备的过负荷、短路保护，以及接通或断开不频繁启动的线路和设备。在使用此系列的断路器时，应根据不同的工作电流选择不同型号的断路器。

◆ SB/GM 系列塑壳断路器

SB/GM 系列塑壳断路器用于交流 50 Hz 或 60 Hz、额定电压为 690 V、额定电压为 690 V、直流电压为 220 V 或 440 V、额定电流为 10 ~ 2 000 A 的低压电网中。此系列断路器一般作为配电用，额定电流为 400 V 及以下的断路器可用于电动机的保护，其正常情况下也可作为线路的不频繁转换及电动机的不频繁启动使用。

◆ BHC 系列塑壳断路器

BHC 系列塑壳断路器具有 3 kA、6 kA 两种断路分断能力，根据其内部结构的不同，分为 B、C 两类脱扣特性，B 类脱扣特性适用于工业及民用低感照明配电系统，C 类脱扣

77

特性适用于电动机配电及高感照明系统。

◆ M-PACT 系列塑壳断路器

M-PACT 系列塑壳断路器为空气断路器适用于 50 Hz 或 60 Hz、额定电压为 690 V、400～4000 A 的供配电线路中，用于线路和设备的过电流保护。

◆ K 系列塑壳断路器

K 系列塑壳断路器用于线路、照明及动力设备的过负载与短路保护，也可用作线路的不频繁转换盒电动机的不频繁启动，常用于宾馆、公寓、住宅和工商企业的低压配电系统中。

◆ DZ20 系列塑壳断路器

DZ20 系列塑壳断路器用于交流 50 Hz、额定电压为 380 V，直流额定电压为 220 V 及以下的配电系统中，用于配电和保护电动机。此类断路器在配电系统中用于分配电能，且作为线路和电源设备的过负载、欠压电压和短路保护。作为保护电动机用断路器在电路中用于保护笼型电动机过负载、欠电压和短路。

◆ TO/TG 系列塑壳断路器

TO/TG 系列塑壳断路器适用于交流 50 Hz 或 60 Hz、额定电压为 440 V，直流额定电压为 250 V 及以下的船用或陆用的电力线路中，用于过载欠压电压及短路保护。

◆ NZM 系列塑壳断路器

NZM 系列塑壳断路器适用于交流额定电压为 660 V 及以下的配电系统中作为配电使用，用于线路、电动机、发电机、变压器的过负载和短路保护，以及不频繁的通断操作中。

◆ S2/S900 系列塑壳断路器

S2/S900 系列塑壳断路器常用于住宅、商业和一般工业用途的终端配电线路的过电流保护。其使用的额定电压为交流 230/400 V、直流 60/110 V，额定电流为 0.5～63 A，工作温度为 −25～+55℃。

◆ TM30 系列塑壳断路器

TM30 系列塑壳断路器适用于交流 50 Hz、额定电压为 800 V、额定电压为 690 V 及以下、额定电流为 16～2 000 A 的电路中，作为电缆、变压器、发电机、电动机等的过负荷、短路、接地和欠电压保护，以及不频繁转换和不频繁启动、分断电动机使用。

4.6.2 万能断路器

万能断路器主要用于低压电路中不频繁接通和分断容量较大的电路，即适用于交流 50 Hz、额定电流为 6 300 A、额定电压为 690 V 的配电设备中。图 4-24 所示为万能断路器的实物外形。

图 4-24 万能断路器的外形

【提示】

在选用万能断路器时,主要应考虑其型号、额定电压、额定电流、允许切断的极限电流、所控制的负载性质等。图 4-25 所示为万能断路器的型号含义。

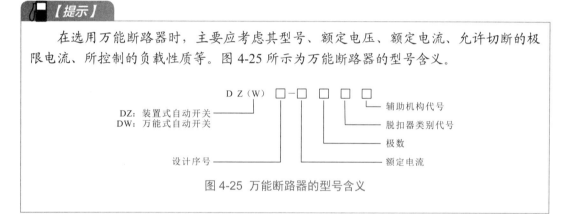

图 4-25 万能断路器的型号含义

目前,万能断路器根据常用的参数规格主要分为 3WE 系列、DW15/DW15C 系列、F 系列、ME/DW17 系列等。

◆ 3WE 系列万能断路器

3WE 系列万能断路器适用于交流 50 Hz、额定电压为 1 000 V 的配电系统中,用于分配电能和线路及电源设备的过负载、短路、欠电压保护,正常情况下,也可作为线路不频繁转换使用。

◆ DW15/DW15C 系列万能断路器

DW15/DW15C 系列万能断路器适用于交流 50 Hz、额定电流为 4000 A、额定电压为 380～1 140 V 的配电系统中,用于过负载、欠电压和短路保护。

◆ F 系列万能断路器

F 系列万能断路器适用于交流 50 Hz 或 60 Hz、额定电压为 690 V 及以下的配电系统、直流电压为 250 V 及以下的电路中,作为分配电能和设备、线路的过负载、短路、欠电压、接地故障保护,以及正常条件下线路不频繁转换使用。

◆ ME/DW17 系列万能断路器

ME/DW17 系列万能断路器适用于交流 50 Hz 或 60 Hz、额定电压为 690 V 以下的配电系统中，用于分配电能及作为线路和设备的过负载、短路、欠电压、接地故障等保护，也可用于电动机的保护和电动机的不频繁启动。

4.6.3 漏电保护断路器

漏电保护断路器实际上是一种具有漏电保护功能的断路器，如图 4-26 所示，这种开关具有漏电、触电、过载、短路的保护功能，对防止触电伤亡事故，避免因漏电而引起的火灾事故，具有明显的效果。

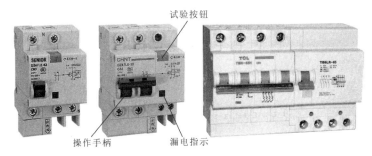

图 4-26 漏电保护断路器的外形

4.7 低压熔断器

低压熔断器是指在低压配电系统中用作线路和设备的短路及过载保护的电器。当系统正常工作时，低压熔断器相当于一根导线，起通路作用；当通过低压熔断器的电流大于规定值时，低压熔断器会使自身的熔体熔断而自动断开电路，在一定的短路电流范围内起到保护线路上其他电器设备的作用。

低压熔断器的分类如图 4-27 所示，有瓷插入式熔断器、螺旋式熔断器、无填料封闭管式熔断器、有填料封闭管式熔断器、快速熔断器等。

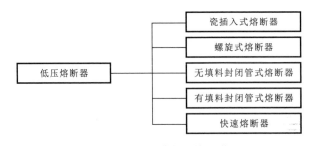

图 4-27 低压熔断器的分类

【提示】

在选择熔断器时,可根据熔断器的型号判断熔断器的类别,图 4-28 所示为熔断器的型号含义。

在选择使用熔断器时,为了能够对某一特定的实用场合选用一种合适的熔断器,应该了解熔断器的相关特性。

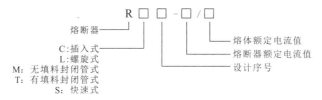

图 4-28 熔断器的型号含义

① 温度环境:指熔断器的工作温度环境,即熔断器周围的空气温度,目前在许多的场合中,熔断器内部熔丝的温度相当高。环境温度越高,熔断器在工作时就越热,其寿命也就越短。

② 分断能力:指熔断器的熔断额定值,也称短路额定容量,是熔断器在额定电压下能够确实在熔断的最大许可电流。

③ 额定电压:指熔断器长期工作所能承受的电压,如 220 V、380 V、500 V 等,允许长期工作在 100 % 额定电压。

④ 额定电流:熔断器的额定电流值由被保护电气、电路的容量确定,并规定有标准值。熔断器内部的熔丝/熔体的最小熔断电流和熔化因数。

4.7.1 瓷插入式熔断器

瓷插入式熔断器(RC)一般用于交流 50 Hz,三相 380 V 或单相 220 V、额定电流低于 200 A 的低压线路末端或分支电路中,作为电缆及电气设备的短路保护和过载保护使用。

瓷插入式熔断器主要用于民用和工业企业的照明电路中,即 220 V 单相电路和 380 V 三相电路的短路保护中,图 4-29 所示为瓷插入式熔断器在封闭式符合开关内的应用。这种熔断器因分断能力小,电弧也比较大,所以不宜用在精密电器中。

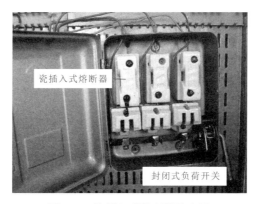

图 4-29 瓷插入式熔断器的应用

4.7.2 螺旋式熔断器

螺旋式熔断器（RL 或 PLS）主要用于交流 50 Hz 或 60 Hz、额定电压为 660 V，额定电流为 200 A 左右的电路中，主要起到对配电设备、导线等过载和短路保护的作用。

螺旋式熔断器主要由瓷帽、熔断管、上接线端、下接线端和底座等组成。熔芯内除了装有熔丝外，还填有灭弧的石英砂。熔芯上装有标有红色的熔断指示器，当熔丝熔断时，指示器跳出，从瓷帽上的玻璃窗口可检查熔芯是否完好。图 4-30 所示为螺旋式熔断器的外形。

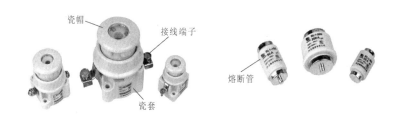

图 4-30 螺旋式熔断器的外形

这种熔断器具有体积小、结构紧凑、熔断快、分断能力强、熔丝更换方便、熔丝熔断后能自动指示等优点，常用于机床配线中的短路保护，在其内部有熔断器指示器，当熔丝熔断时指示器跳出，从而体现其自动指示的优点。

螺旋式熔断器（RL）根据其规格参数的不同，电路中所应用的参数规格也有所区别，常用的螺旋式熔断器（RL）主要分为 RL8D 系列、RL6 系列、RL7 系列、RL1 系列、RLS2 系列、RL8B 系列等几种。

◆ RL8D 系列螺旋式熔断器

RL8D 系列螺旋式熔断器主要用于交流 50 Hz、额定电压为 380 V、额定电流为 2～200 A 的电路中，作为负荷和短路保护使用。

◆ RL6、RL7 系列螺旋式熔断器

RL6、RL7 螺旋式熔断器主要用于交流 50 Hz 或 60 Hz、额定电压为 500 V（RL6 系列）、600 V（RL7 系列）的配电系统中，作为线路的过负载及系统的短路保护使用。

◆ RL1 系列螺旋式熔断器

RL1 系列螺旋式熔断器一般用于交流 50 Hz、额定电压为 380 V、额定电流为 200 A 的低压线路末端或分支电路中，作为电缆及电气设备的短路保护器起到过载保护的作用。

◆ RLS2 系列螺旋式熔断器

RLS2 系列螺旋式熔断器常用于交流 50 Hz 或 60 Hz、额定电压为 500 V 及以下的电路中作为半导体硅整流元件和晶闸管保护使用。

◆ RL8B 系列螺旋式熔断器

RL8B 系列螺旋式熔断器常用于交直流，额定电压为 600 V 及以下，额定电流为 100 A 及以下的配电、电控系统中，作为负荷保护与短路保护使用。

4.7.3 无填料封闭管式熔断器

无填料封装形式熔断器（RM）的断流能力大、保护性好，主要用于交流电压为 500 V、直流电压为 400 V、额定电流为 1 000 A 以内的低压线路及成套配电设备中，具有为短路保护和防止连续过载的功能。图 4-31 所示为无填料封闭管式熔断器的外形，其内部主要由熔体、夹座、黄铜套管、黄铜帽、插刀、钢纸管等构成。

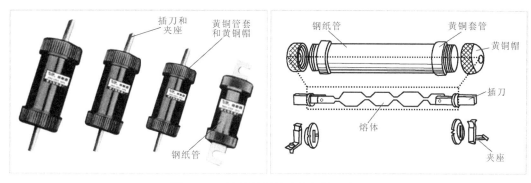

图 4-31 无填料封闭管式熔断器的外形

无填料封闭管式熔断器常用 RM10 系列和 RM7 系列，其中 RM10 系列一般用于交流 50 Hz、额定电压为 380 V、额定电流为 1 000 A 的低压线路末端或分支电路中，作为电缆及电气设备的短路保护和过载保护使用。

4.7.4 有填料封闭管式熔断器

有填料封闭管式熔断器（RT、RS、NT、NGT）是指内部填充石英砂，主要应用于交流电压为 380 V、额定电流电压为 1 000 A 以内的电力网络和成套配电装置中，图 4-32 所示为有填料封闭式熔断器的外形，它主要由熔断器和底座构成。

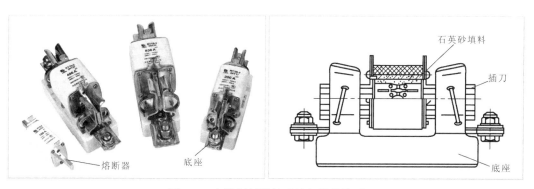

图 4-32 有填料封闭管式熔断器的外形

4.7.5 快速熔断器

快速熔断器是一种灵敏度高、快速动作型的熔断器。图4-33所示为快速熔断器的外形，它主要由熔断管和底座构成，其中熔断管为一次性使用部件。

快速熔断器主要用于保护半导体元器件，有NGT、RS系列，RSF系列，RSG系列，RST3/4系列，不同的系列用于不同的元器件保护。

图4-33 快速熔断器的外形

◆ NGT、RS系列快速熔断器

NGT、RS系列快速熔断器又称半导体元器件保护熔断器，其额定电压为380～1 000 V，额定电流为630 A及以下，额定分断能力为100 kA。该熔断器能够良好地保护半导体元器件，以及避免电子电力元器件及其成套装置的短路故障。

◆ RSF系列快速熔断器

RSF系列快速熔断器主要用于保护半导体元器件，用于交流50 Hz、额定电压为1 000 V、额定电流为2 100 A的电路中，作为大功率整流二极管、晶闸管及其成套变流装置的短路和不允许的过负载保护使用。

◆ RSG系列快速熔断器

RSG系列快速熔断器用于交流50 Hz、额定电压为250～2 000 V、额定电流为10～7 000 A的电路中，作为整流二极管、晶闸管及其由半导体元器件组成的成套装置的短路和不允许过流设备的过负荷保护使用。

◆ RST3/4系列快速熔断器

RST3/4系列快速熔断器用于交流50 Hz、额定电压为800 V及以下、额定电流为1 200 A及以下的大容量新型半导体整流电路，作为半导体元器件及其所组成的电路中的短路故障保护用，也可用于交流调压、调功中频、逆变电源等装置中。

4.8 接触器

接触器是指通过电磁机构动作，频繁地接通和分断主电路的远距离操纵装置。在电路中通常以字母"KM"表示，而在型号上通常用"C"表示。接触器按触头通过电流种类的不同进行分类，图 4-34 所示为接触器的分类。

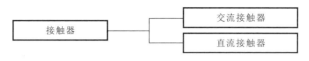

图 4-34 接触器的分类

【提示】

在选择接触器时，可根据接触器的型号判断接触器的类别，图 4-35 所示为接触器的型号含义。

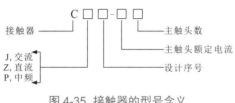

图 4-35 接触器的型号含义

4.8.1 交流接触器

交流接触器主要用于供远距离接通与分断电路，并用于控制交流电动机的频繁启动和停止。常用的交流接触器主要有 CJ0 系列、CJ12 系列、CJ18 系列、CJ20 系列、CJX 系列、CJ45 系列、SC 系列等。图 4-36 所示为交流接触器的外形。

图 4-36 交流接触器的外形

交流接触器常用于电动机控制电路中。当线圈通电后，将产生电磁吸力，从而克服弹簧的弹力使铁芯吸合，并带动触头动作，即辅助触头断开、主触头闭合；当线圈失电后，电磁铁失磁，电磁吸力消失，在弹簧的作用下触头复位。

4.8.2 直流接触器

直接接触器主要用于远距离接通与分断电路，频繁启动、停止直流电动机及控制直流电动机的换向或反接制动。常用的直流接触器主要有 3TC 系列、TCC1 系列、CZ0 系列、CZ22-63 系列等。图 4-37 所示为直流接触器的外形，每个系列的直流接触器都是按其主要用途进行设计的。在选用直流接触器时，首先应了解其使用场合和控制对象的工作参数。

图 4-37 直流接触器的外形

◆ 3TC 系列直流接触器

3TC 系列直流接触器适用于直流电压为 750 V 及以下、额定电流为 400 A 及以下的电力线路中，用于远距离接通与分断电路，频繁启动、停止直流电动机及控制直流电动机的换向或反接制动。

◆ TCC1 系列直流接触器

TCC1 系列直流接触器应用与直流电压为 110 V，额定电流为 400 A 及以下的直流电力系统中。此系列直流接触器主要用于内燃机车的各种辅助机械的驱动、电动机和励磁线路，也可用于电力机车、工矿机车、电动车组等的电力系统中。

◆ CZ0 系列直流接触器

CZ0 系列直流接触器主要用于直流电压为 440 V 及以下、额定电流为 600 A 及以下的电力线路中，用于远距离接通与分断电路，频繁启动、停止直流电动机及控制直流电动机的换向或反接制动，常用于冶金、机床等电气控制设备中。

在 CZ0 系列直流接触器中，CZ0-40C、CZ0-40D、CZ0-40C/22、CZ0-40D/22 型直流接触器主要用于供远距离瞬时接通与分断 35 kV 及以下的高压油断路器操动机构。

◆ CZ22-63 系列直流接触器

CZ22-63 系列直流接触器主要用于直流电压为 440 V、直流电流为 63 A 的直流电力系统中，用于接通和分断电路及频繁地启动和控制直流电动机。而接触器的控制电源为交流，因此该系列的直流接触器特别适用于输出电压为可调的整流设备中。

4.9 主令电器

主令电器是用来频繁地按顺序操纵多个控制回路的主指令控制电器。它具有接通与断开电路的功能，利用这种功能，可以实现对生产机械的自动控制。主令电器的分类如图 4-38 所示，有按钮、位置开关、接近开关及主令控制器等。

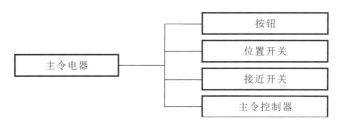

图 4-38 主令电器的分类

4.9.1 按钮

按钮可以实现在小电流电路中短时接通和断开电路的功能,是一种手动控制电路中的继电器或接触器等器件,间接起到控制主电路的功能。图 4-39 所示为几种按钮的外形。

图 4-39 几种按钮的外形

【提示】

不同类型的按钮,其内部结构也有所不同,常见的有常开按钮、常闭按钮、复合按钮三种,如图 4-40 所示。按钮主要是由按钮帽(操作头)、弹簧、桥式静触头和外壳等组成的,通常情况下会制成复合式,即同时具有动断触头和动合触头。

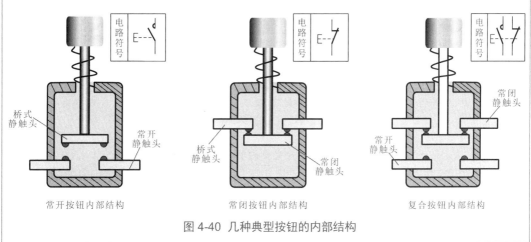

图 4-40 几种典型按钮的内部结构

在选用按钮时可根据其应用场合、用途、回路需要等几方面进行,如果是嵌装在操作面板上的按钮可选用开启式;需要显示工作状态的选用光标式;在非常重要处,为防止无关人员误操作宜用钥匙操作式;在有腐蚀性气体处要用防腐式。

根据工作状态指示或工作情况需求，可以选择按钮或指示灯的颜色：启动按钮可选用白色、灰色、黑色、绿色；急停按钮选用红色；停止按钮可选用黑色、灰色或白色，优先用黑色，也允许选用红色。

不同系列的按钮其应用范围也有所区别。

◆ LAY3 系列按钮

LAY3 系列按钮适用于交流 50 Hz/60 Hz，电压为 660 V 及直流电压为 440 V 的电磁启动器、接触器、继电器及其他电器线路中，起遥控的作用。

◆ KS 系列按钮

KS 系列按钮适用于交流 50 Hz，电压为 380 V 及直流电压为 220 V 的磁力启动器、接触器及其他电气线路中。

4.9.2 位置开关

位置开关又称行程开关或限位开关，是一种小电流电气开关。可用来限制机械运动的行程或位置，使运动机械实现自动控制，且位置开关在控制电路中摆脱了手动操作的限制，而是其内部的操作机构在机器的运动部件到达一个预订位置时进行了接通和断开电路的操作，从而达到了一定的控制要求。

位置开关的按其结构可以分为按钮式位置开关、单轮旋转式位置开关和双轮旋转式位置开关三种，如图 4-41 所示。

按钮式位置开关　　　　单轮旋转式位置开关　　　　双轮旋转式位置开关

图 4-41 位置开关的外形

应用位置开关时，可以根据使用的环境及控制对象来选择使用的类型，若是运用在有规则的控制并频繁通断的电路中，可以选择使用按钮式或单轮旋转式位置开关进行控制；若是用于无规则的通断电路中，可以选用双轮旋转式位置开关进行控制；另外，还应根据控制回路的电压和电流来选择位置开关的类型。目前，常采用的位置开关主要有 JW2 系列、JLXK1 系列、LX44 系列。

◆ JW2 系列位置开关

JW2 系列位置开关主要用于交流 50 Hz，电压为 380 V、直流电压为 220 V 的电路中，用作控制运动机构的行程或变换其运动方向或速度。JW2 系列位置开关的主要技术参数见表 4-3。

表 4-3 JW2 系列位置开关的主要技术参数

工作电压（V）	220	
	直流	交流
控制容量（V·A）	10	100
额定发热电流（A）	3	3

◆ JLXK1 系列位置开关

JLXK1 系列位置开关主要用于交流 50 Hz，电压为 380 V、直流电压为 220 V 的电路中，用作机床的自动控制、限制运动机构动作或程序控制。JLXK1 系列位置开关的主要技术参数见表 4-4。

表 4-4 JLXK1 系列位置开关的主要技术参数

型　号	JLXK1-411M	JLXK1-311M	JLXK1-211M	JLXK1-111M
结构形式	直动滚轮防护式	直动防护式	双轮防护式	单轮防护式
电压（V）	500			
电流（A）	5			
动作角度	—	—	～45°	12°～15°
行程动作（mm）	1～3	1～3	—	—
超行程动作（mm）	2～4	2～4	—	—
触头转制时间（s）	≤0.04			

◆ LX44 系列位置开关

LX44 系列位置开关主要用于交流 50 Hz，电压为 380 V、直流电压为 220 V 的电路中，用作限制 0.5～100 t 的 CD1、MD1 型一般用钢丝绳式电动葫芦作为升降运动的限位保护，可以直接分断主电路。LX44 系列位置开关的主要技术参数见表 4-5。

表 4-5 LX44 系列位置开关的主要技术参数

额定电压（V）	380		
型号	LX44-40	LX44-20	LX44-10
额定电流（A）	40	20	10
可控电动机最大功率（kW）	13	7.54	4.5
动作行程（mm）	12～14	8～10	6～8
操作力（N）	≤100	≤50	≤30
允许动作行程（mm）	≤3		

4.9.3 接近开关

接近开关也叫无触点位置开关,是当某种物体与之接近到一定距离时就发出"动作"信号,它无须施以机械力。接近开关的用途已经远远超出一般的位置开关的行程和限位保护,它还可以用于高速计数、测速、液面控制、检测金属体的存在、检测零件尺寸,无触点开关在自动控制系统中可被用作位置传感器等。

接近开关根据外形结构的不同可分为方形接近开关和圆形接近开关等,如图4-42所示。

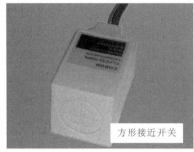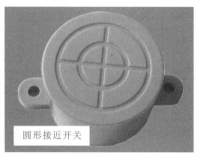

图4-42 接近开关的外形

常用的接近开关主要有电感式接近开关、电容式接近开关、光电式接近开关等,如图4-43所示。

图4-43 常见的接近开关

电感式接近开关由三大部分组成:振荡器、开关电路及放大输出电路。振荡器的信号产生一个交变磁场。当金属物体接近这一磁场,并达到感应距离时,在金属物体内产生涡流,从而导致振荡衰减,以至停振。振荡器振荡及停振的变化被后级放大电路处理并转换成开关信号,触发驱动控制器件,从而达到非接触式的检测目的。

电容式接近开关的测量通常构成电容的一个极板,而另一个极板是开关的外壳,这个外壳在测量过程中通常接地或与设备的机壳连接。当有物体移向接近开关时,不论它是否为导体,由于它的接近,总要使电容的介电常数发生变化,从而使电容量发生变化,使得和测量头相连的电路状态也随之发生变化,由此便可控制开关的接通或断开。

光电式接近开关是利用光电效应做成的开关。它将发光器件与光电器件按一定的方向装在同一个检测头内,当有反光面(被检测物体)接近时,光电器件接收到反射光后便有信号输出,由此便可"感知"有物体接近。它可用作移动物体的检测装置。

4.9.4 主令控制器

主令控制器可以实现频繁地手动控制多个回路,并可以通过接触器来实现被控电动机的启动、调速和反转。图 4-44 所示为主令控制器的外形及结构。从该图中可知,主令控制器主要是由弹簧、转动轴、手柄、接线柱、动触头、静触头及凸轮块等组成的。

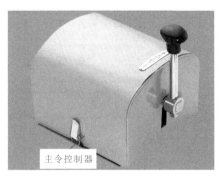 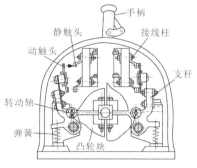

图 4-44 主令控制器的外形及结构

在选用主令控制器时应注意:根据被控电路的数量应和主令控制器的控制电路数量相同;触头闭合的顺序要有规则性;长期工作时的电流及接通或分断电路时的电流应在允许电流范围之内。选用主令控制器时,也可以参考相应的技术参数。常见 LK 系列主令控制器的技术参数见表 4-6。

表 4-6 常见 LK 系列主令控制器的技术参数

主令控制器的型号	LK4-148	LK4-658	LK5-227	LK5-051-1003
可控制电路的数量	8	5	2	10
防护式样	保护式	防水式	防水式	保护式

4.10 继电器

继电器是电气自动化的基本元器件之一,它是一种根据外界输入量来控制电路"接通"或"断开"的自动电器,当输入量的变化达到规定要求时,在电气输出电路中,使控制量发生预定的阶跃变化。其输入量可以是电压、电流等电量,也可是非电量,如温度、速度、压力等;输出量则是触头的动作。继电器主要用于控制、线路保护或信号转换。

继电器的分类如图 4-45 所示,按其用途可分为通用继电器、控制继电器和保护继电器;按其动作原理可分为电磁式继电器、电子式继电器和电动式继电器;而按其信号反应可分为中间继电器、电流继电器、电压继电器、速度继电器、热继电器、时间继电器和压力继电器等。

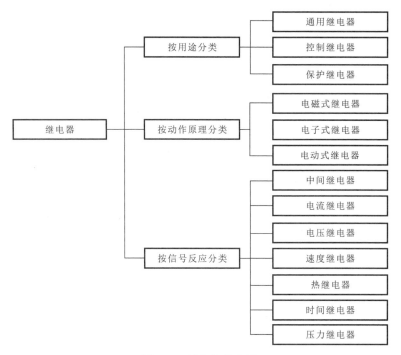

图 4-45 继电器的分类

4.10.1 通用继电器

通用继电器既可实现控制功能，也可实现保护功能。图 4-46 所示为通用继电器的外形，通用继电器可分为电磁式继电器和固态继电器。

图 4-46 通用继电器的外形

4.10.2 电流继电器

电流继电器属于保护继电器之一，是根据继电器线圈中电流大小而接通或断开电路的继电器，图 4-47 所示为电流继电器的外形。通常情况下，电流继电器分为过电流继电器、欠电流继电器、直流电流继电器、交流电流继电器、通用继电器等，根据电流继电器的应用范围的不同选择不同的电流继电器。

图 4-47 电流继电器的外形

1. 交 / 直流继电器

交 / 直流继电器常用型号有 JL14 系列、JL15 系列、JT4 系列、JTX 系列等，不同的系列应用在不同的领域中。

◆ JL14 系列交 / 直流继电器

JL14 系列交 / 直流继电器常作为过电流或欠电流保护继电器，应用于交流电压为 380 V 及以下或直流电压为 440 V 及以下的控制电路中。

◆ JL15 系列交 / 直流继电器

JL15 系列交 / 直流继电器属于一种过电流瞬时动作的电磁式继电器，此系列继电器作为电力传动系统的过电流保护元器件，应用于交流 50 Hz、电压为 380 V 及以下或直流电压 440 V 及以下、电流为 1 200 A 及以下的一次回路中。

◆ JT4 系列交 / 直流继电器

JT4 系列交 / 直流继电器作为零电压继电器、过电流继电器、过电压继电器和中间继电器，应用于交流 50 Hz 或 60 Hz、额定电压为 380 V 及以下的自动控制电路中。

◆ JTX 系列交 / 直流继电器

JTX 系列交 / 直流继电器为小型通用继电器，由直流或交流的控制电路系统控制，此系列继电器主要应用于一般的自动装置、继电保护装置、信号装置和通信设备中作为信号指示和启闭电路。

2. 直流继电器

直流继电器根据不同的应用场合、要求等，常采用 JT3 系列、JT3A 系列、JT18 系列。

◆ JT3 系列直流继电器

JT3 系列直流继电器作为电压继电器、中间继电器、电流继电器和时间继电器，主要用于交流电压为 440 V 及以下的电力传动控制系统中。此系列继电器派生的双线圈继电器具有独特的性能，应用在电气联锁繁多的自动控制系统中。

◆ JT3A 系列直流继电器

JT3A 系列直流继电器可在直流自动控制线路中作为时间（断电延时）、电压、欠电流、高返回系数的电压或电流以及中间继电器之用。

◆ JT18 系列直流继电器

JT18 系列直流继电器为直流电磁式继电器，主要用于直流电压为 440 V 的主电路中，作为断电延时时间、电压、欠电流继电器，而在直流电压为 220 V、直流电流为 630 A 的电路中，它一般作为控制继电器使用。

4.10.3 电压继电器

电压继电器属于保护继电器之一，是一种按电压值动作的继电器，常用的电压继电器为电磁式电压继电器，此种继电器线圈并联在电路上，其触头的动作与线圈电压大小有直接的关系。电压继电器在电力拖动控制系统中起电压保护和控制的作用，用于控制电路的"接通"或"断开"。图 4-48 所示为电压继电器的实物外形。

图 4-48 电压继电器的外形

电压继电器按照其线圈所接电压的不同分为交流电压继电器和直流电压继电器；按其吸合电压的不同又可分为过电压继电器和欠电压继电器。其中，过电压继电器主要用于零电压保护电路中，欠电压继电器则用于欠电压保护电路中。

电压继电器常用的有 JY-1 系列电压继电器、JY-20 系列电压继电器、DY-30/30H 系列电压继电器、DY-70 电压继电器。

◆ JY-1 系列电压继电器

JY-1 系列电压继电器用于输电线路、发电机和电动机保护线路中的过电压保护或低压闭锁的启动元件，此种继电器带红色信号牌，信号牌可以通过手动复位，且整定时可直接操作面板上的波轮开关。

◆ JY-20 系列电压继电器

JY-20 系列电压继电器作为过电压保护或低电压闭锁的启动元件，主要用于发电机、变压器和输电线路的继电保护装置中。

◆ DY-30/30H 系列电压继电器

DY-30/30H 系列电压继电器为瞬时动作电磁式继电器，该继电器作为过电压保护或低电压闭锁的动作元件，常用于继电保护线路中。

◆ DY-70 电压继电器

DY-70 电压继电器为直流电压继电器，主要作为过电压保护或低电压闭锁的动作元件，用于发电机保护中。

4.10.4 热继电器

热继电器属于保护继电器之一，是一种利用电流的热效应原理实现过热保护的一种继电器。图 4-49 所示为热继电器的外形。

图 4-49 热继电器的外形

目前，常用的热继电器主要有 JR20 系列、GR1 系列、LR1-D 系列等。

在选用热继电器时，主要是根据负载设备的额定电流来确定其型号和热元件的电流等级的，而且热继电器的额定电流通常与负载设备的额定电流相等。

◆ JR20 系列热继电器

JR20 系列热继电器是一种双金属片式热继电器，此系列继电器作为三相异步电动机的过负载和断相保护，用于交流 50 Hz、主电路电压为 660 V、电流为 160 A 的传动系统中。

◆ GR1 系列热继电器

GR1 系列热继电器用作交流电动机的过负荷和断路保护，常用于交流 50 Hz 或 60 Hz、额定电压为 660 V 及以下的电力系统中。

◆ LR1-D 系列热继电器

LR1-D 系列热继电器具有差动机构和温度补偿功能，主要用于交流 50 Hz 或 60 Hz、电压为 660 V、电流为 80 A 以下的电路中，用作交流电动机的热保护。

4.10.5 温度继电器

温度继电器属于保护继电器之一，与热继电器相比，它使用温度继电器保护电动机能够充分利用电动机的过载能力，当电动机频繁启动、反复短时工作使操作频率过高，或者电动机过电流工作，但由于电网电压过高、电动机进风口被堵等情况，热继电器不能起到有效的保护作用，而针对此问题温度继电器则能良好地解决。图 4-50 所示为温度继电器的外形。

图 4-50 温度继电器的外形

4.10.6 中间继电器

中间继电器属于控制继电器，通常用来控制各种电磁线圈使信号得到放大，将一个输入信号转变成一个或多个输出信号。图 4-51 所示为中间继电器的外形。

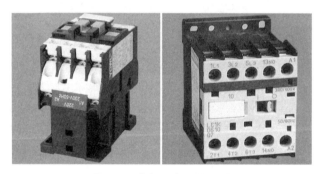

图 4-51 中间继电器的外形

中间继电器的工作原理和接触器基本相同，不同的地方是触头系统，即触头系统没有主、辅之分，各个触头所允许通过的电流大小是相等的。

中间继电器的主要特点在触头系统中，触电数量较多，在控制电路中起到中间放大触点数量和容量的作用。

选用中间继电器，主要依据控制电路的电压等级，同时还要考虑所需触头数量、种类及容量是否满足控制线路的要求。目前，常用的中间继电器主要有 JZ17 系列、JZ18 系列、DZ-430 系列、DZ-100 系列、JTZ1 系列、YZJ1 系列等。

◆ JZ17 系列中间继电器

JZ17 系列中间继电器适用于交流 50 Hz 或 60 Hz、额定电压为 380 V 及以下的控制电路中，作为信号传递、放大、联锁、转换及隔离使用。

◆ JZ18 系列中间继电器

JZ18 系列中间继电器作为信号放大和增加信号数量使用，主要用于交流 50 Hz、电压为 380 V 及以下或直流电压为 220 V 及以下的控制电路中。

◆ DZ-430 系列中间继电器

DZ-430 系列中间继电器用于交/直流操作的各种保护盒自动控制装置中，此系列的继电器以增加触点数量和触点容量对电路进行控制。

◆ DZ-100 系列中间继电器

DZ-100 系列中间继电器为电磁式快速动作继电器，用于扩大被控制的电路，主要用于直流电压不超过 110 V 的自动化线路中。

◆ JTZ1 系列中间继电器

JTZ1 系列中间继电器用于电子设备、通信设备、数字控制装置及自动控制等交/直流电路中，作为切换电路与扩大控制范围的元器件。

◆ YZJ1 系列中间继电器

YZJ1 系列中间继电器作为阀型电磁式中间继电器，主要用于继电保护的直流回路中，用作增加保护和控制回路的触点数量和触点容量。

4.10.7 速度继电器

速度继电器又称反接制动继电器，是控制继电器之一，这种继电器主要与接触器配合使用，可以按照被控制电动机的转速大小，使电动机接通或断开，用来实现电动机的反接制动。图 4-52 所示为速度继电器的外形，常见型号有 JY1 系列和 JFZ0 系列。

图 4-52 速度继电器的外形

4.10.8 时间继电器

时间继电器属于控制继电器之一，常用于控制各种电磁线圈使信号得到放大，将一个输入信号转变成一个或多个输出信号。图 4-53 所示为时间继电器的外形。常见的时间继电器主要有 DS-30H 系列、JS11 系列、JSK4 系列、JS25 系列等。

图 4-53 时间继电器的外形

◆ DS-30H 系列时间继电器

DS-30H 系列时间继电器在保护装置中用以实现保护与后备保护的选择性配合，适用于各种保护及自动装置线路中，使被控制元器件达到所需要的延时。

◆ JS11 系列时间继电器

JS11 系列时间继电器主要用于交流 50 Hz、电压为 380 V 的各种控制系统中，使控制对象按预定的时间动作。

◆ JSK4 系列时间继电器

JSK4 系列时间继电器为空气式延时继电器，它作为延时控制元器件，按预定时间接通或切断电路，适用于交流 50 Hz 或 60 Hz、额定电压为 660 V 及以下的自动控制线路中。

◆ JS25 系列时间继电器

JS25 系列时间继电器作为控制元器件，用于控制其他元器件按预定的时间动作，主要用于交流 50 Hz、电压为 380 V 及以下或直流电压为 220 V 及以下的各种控制系统中。

4.10.9 压力继电器

压力继电器属于控制继电器之一，是将压力转换成电信号的液压器件。图 4-54 所示为压力继电器的外形。压力继电器主要检测水、油、气体及蒸汽的压力等，主要用于液晶、发电、石油、化工等行业中。

图 4-54 压力继电器的外形

目前，常用的压力继电器主要有 DYK 系列差压压力继电器、SZK 系列数显回差可调型压力继电器、YKV 系列通用型真空压力继电器、YSJ 系列数字显示压力继电器、ZKA 系列滞后回差可调型半导体继电器等。

第 5 章 电工材料

5.1 绝缘材料

绝缘材料是电工行业中必不可少的,它是使元器件在电气上绝缘的材料,起到保护、隔离的作用,也称为电介质。在电压的作用下,这种材料几乎没有电流通过,一般情况下可忽略不计而认为是不导电的材料,绝缘材料的电阻率越大绝缘性能越好。

5.1.1 电工常用绝缘材料的种类及特点

电工常用绝缘材料的种类有很多,通常可按其形态或材料和制作工艺等进行分类。

1. 按形态分类

电工常用绝缘材料按形态可分为气体绝缘材料、液体绝缘材料和固体绝缘材料。电工人员常用到的绝缘材料主要以固体绝缘材料为主。

(1)气体绝缘材料。

气体绝缘材料能够自动恢复,不存在老化变质现象,常用的气体绝缘材料主要有空气、氮气、氢气、二氧化碳、甲烷、六氟化硫(SF_6)等。

(2)液体绝缘材料。

液体绝缘材料取代了气体绝缘材料,在设备中不仅起到绝缘的作用,还可起到浸渍、传热和灭弧的作用。常用的液体绝缘材料主要有矿物绝缘油(变压器油、开关油、电容器油、电缆油)、合成绝缘油(硅油、十二烷基苯、聚异丁烯、二芳基乙烷)、植物绝缘油(蓖麻油、大豆油、菜籽油)等。

(3)固体绝缘材料。

固体绝缘材料是用来隔绝不同电位导电体的,与气体绝缘材料和液体绝缘材料相比,固体绝缘材料的密度较高,击穿强度较高。常用的固体绝缘材料主要分为有机绝缘材料和无机绝缘材料。如图 5-1 所示,有机绝缘材料包括绝缘漆、绝缘胶板、绝缘虫胶、绝缘树脂、绝缘橡胶、绝缘棉纱、绝缘纸、塑料板、绝缘纤维制品、绝缘层压制品、绝缘漆布、绝缘漆管及绝缘浸渍纤维制品等。无机绝缘材料主要包括云母带、石棉、大理石绝缘壁、瓷器绝缘子、玻璃绝缘子、硫磺等,如图 5-2 所示。

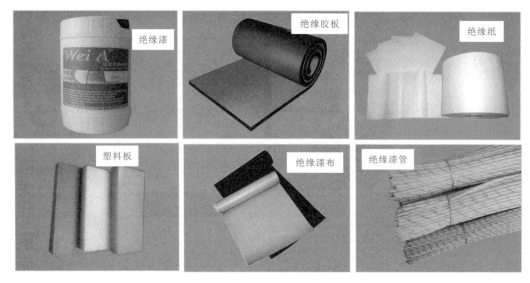

图 5-1 常用的有机绝缘材料（部分）

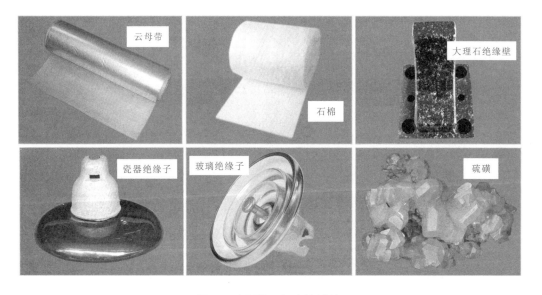

图 5-2 主要的无机绝缘材料

2. 按材料和制作工艺分类

绝缘材料按材料和制作工艺可大致分为绝缘纤维制品、浸渍纤维制品和绝缘层压制品，此种分类方法也是电工行业较普遍的。

（1）绝缘纤维制品。

绝缘纤维制品是指在电工产品中可直接应用的一类绝缘材料，主要包括绝缘纸、绝缘纸板和钢纸板，以及各种纤维织物，如丝、带、绳等。

（2）浸渍纤维制品。

浸渍纤维制品是以绝缘纤维制品为材料，浸以绝缘漆制成的，在其表面有一层光滑的漆膜。电工常用的浸渍纤维制品主要有漆布（带）和漆管两种。与普通的绝缘纤维材料相比，浸渍纤维制品的抗张强度、电气性能、耐热等级、耐潮性能等都有显著提高。它适用于电动机、电器、仪器仪表等电工产品的线圈层间的绝缘或作为衬垫与引出线或连接线的绝缘。

(3) 绝缘层压制品。

绝缘层压制品是由天然或合成的纤维纸、布等作为底材浸以不同的胶黏剂后经热压卷制而成的层状结构的绝缘材料。它主要分为层压纸板、层压布板、层压玻璃布板等类型，如图 5-3 所示。层压制品的性能取决于所用底材和胶黏剂的性质及制作工艺。一般层压制品都具有良好的电气性能和耐热、耐油、耐霉、耐电弧、防电晕等特性。

图 5-3 绝缘层压制品

5.1.2 电工常用绝缘材料的选用

在电工行业中，不同的绝缘材料应用的环境有所不同，下面按形态的分类方式分别介绍气体绝缘材料、液体绝缘材料、固体绝缘材料中常用的几种绝缘材料的选用及其应用环境。

无论选择哪种绝缘材料，都应根据其耐用等级和极限温度进行合理选用，表 5-1 所示为各种绝缘材料的耐热等级和最高允许的工作温度，可根据不同的工作环境或应用场合进行合理选用。

表 5-1 各种绝缘材料的耐热等级和最高允许的工作温度

等级	各种绝缘材料	最高允许的工作温度
Y	木材、棉花、纸、纤维等天然的纺织品，以醋酸纤维和聚酰胺为基础的纺织品，易于热分解和熔化点较低的塑料等	90℃
A	工作于矿物油中的和用油或油树脂复合胶浸渍过的 Y 级材料、漆包线、漆布、漆丝、油性漆及沥青漆等	105℃
E	聚酯薄膜和 A 级材料复合、玻璃布、油性树脂漆、聚乙烯醇缩醛高强度漆包线、乙酸乙烯耐热漆包线	120℃
B	聚酯薄膜、经合适树脂浸渍涂覆的云母制品、玻璃纤维、石棉等制品、聚酯漆、聚酯漆包线	130℃
F	以有机纤维材料补强和石棉带补强的云母片制品、玻璃丝和石棉、玻璃漆布，以玻璃丝布和石棉纤维为基础的层压制品，以无机材料做补强和石棉带补强的云母粉制品、化学热稳定性较好的聚酯和醇酸类材料，复合硅有机聚酯漆	155℃
H	无补强或以无机材料为补强的云母制品、加厚的 F 级材料、复合云母、有机硅云母制品、有机云母制品、硅有机漆、硅有机橡胶聚酰亚胺复合玻璃布、复合薄膜、聚酰亚胺漆等	180℃
C	不采用有机黏合剂和浸渍剂的无机物，如石英、石棉、云母、玻璃和电瓷材料等	180℃以上

1. 气体绝缘材料

气体绝缘材料不同于固体和液体绝缘材料，它具有密度小、介电常数小、接点损耗小、电阻率高、击穿后能够自动恢复的特点，在电工行业中，通常使用气体作为绝缘材料。图5-4所示为气体绝缘材料的应用。

图5-4 气体绝缘材料的应用

2. 液体绝缘材料

液体绝缘材料通过浸渍和填充消除空气及气隙，提高绝缘介质的绝缘强度，它主要应用在油变压器、油开关、电容器和电缆等电气设备中，如图5-5所示。

图5-5 液体绝缘材料的应用

3. 固体绝缘材料

（1）有机固体绝缘材料。

① 绝缘漆。

绝缘漆是以高分子聚合物为基础，在一定的条件下固化成绝缘膜或绝缘整体的绝缘材料，它是漆类中一种特殊的漆。通常由漆基、稀释剂和辅助材料等组成，可分为浸渍漆、覆盖漆、硅钢片漆、防电晕漆等。

选择绝缘漆时，绝缘漆应具有良好的介电性能、较高的绝缘电阻及电气强度。它通常用于电动机、电器的线圈和绝缘零部件，来填充线圈间隙和微孔，提高线圈的耐热性能、机械性能、耐磨性能、导热性能和防潮性能等，如图5-6所示。

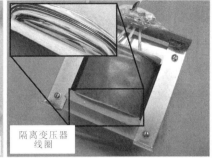

图 5-6 绝缘漆应用于电动机线圈内

② 绝缘橡胶。

绝缘橡胶是对提取的橡胶树、橡胶草等植物的胶乳进行加工，制成具有高弹性、绝缘性、不透水的橡胶绝缘材料。可分为天然橡胶和合成橡胶，电工领域中的绝缘手套、绝缘防尘套、绝缘垫都是通过橡胶制成的，如图 5-7 所示。

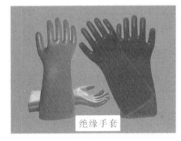

图 5-7 绝缘橡胶的应用

③ 绝缘纸。

绝缘纸主要是由未漂白的硫酸盐木浆（植物纤维）或合成纤维为材料制成的，根据其组成材料可分为植物纤维纸和合成纤维纸。图 5-8 所示为绝缘纸在隔离变压器上的应用。

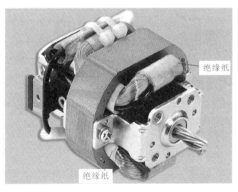

图 5-8 绝缘纸在隔离变压器上的应用

【提示】

绝缘纸的特点是价格低廉，物理性能、化学性能、电气性能、耐老化性能等综合性能良好。选用时，应根据绝缘纸的应用场合进行选择。图5-9所示为各类绝缘纸的主要应用场合。

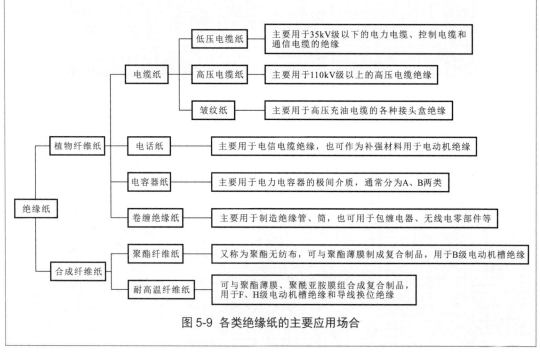

图5-9 各类绝缘纸的主要应用场合

④ 塑料。

塑料是一种用途广泛的合成高分子材料，具有可塑性、耐腐蚀性、绝缘性，并具有较高的强度和弹性。在电工行业应用十分广泛，如室内的开关、插座等都是使用塑料进行绝缘的，如图5-10所示。

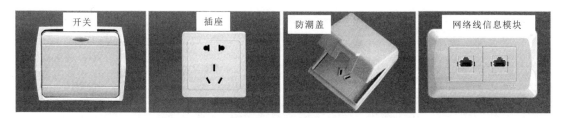

图5-10 塑料的应用

⑤ 绝缘漆布。

绝缘漆布是由不同材料浸以不同的绝缘漆制成的。电工材料中常采用的漆布主要有黄漆带（厚度为0.15～0.3 mm）、黄漆绸（厚度为0.04～0.15 mm）、醇酸玻璃漆布等，如图5-11所示。常见绝缘漆布的特点及应用见表5-2。

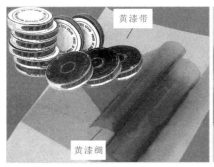
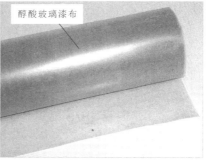

图 5-11 绝缘漆布

表 5-2 常用绝缘漆布的特点及应用

型 号	耐热等级	特点及应用
黄漆带（2010 型）	A	柔软性较好，但不耐油，可用于一般电动机、电器的衬垫或线圈绝缘
黄漆带（2012 型）	A	耐油性好，可用于在侵蚀环境中工作的电动机、电器的衬垫或线圈绝缘
黄漆绸（2210 型）	A	具有较好的电气性能和良好的柔软性，可用于电动机、电器的薄层衬垫或线圈绝缘
黄漆绸（2212 型）	A	具有较好的电气性能和良好的柔软性，可用于电动机、电器的薄层衬垫或线圈绝缘，也可用于在侵蚀环境中工作的电动机、电器的薄层衬垫或线圈绝缘
醇酸玻璃漆布（2432 型）	B	具有良好的电气性、耐热性、耐油性和防霉性，常用作油浸变压器、油断路器等设备的线圈绝缘
黄玻璃漆布或油性玻璃漆布（2412 型）	A	用于电动机、电气衬垫或线圈绝缘以及在油中工作的变压器、电器的线圈绝缘
黑玻璃漆布或沥青醇酸玻璃漆布（2430 型）	B	耐潮性较好，但耐油性较差，可用于一般电动机、电器衬垫和线圈绝缘
有机硅玻璃漆布（2450 型）	H	具有较高的耐热性和良好的柔软性，耐霉、耐油和耐寒性都较好，适用于 H 级电动机、电器的衬垫和线圈绝缘
聚酰亚胺玻璃漆布（2560 型）	C	具有很高的耐热性，良好的电气性能，耐溶剂和耐辐射性好，但较脆。适用于工作温度高于 200℃ 的电动机槽绝缘和端部衬垫绝缘，以及电器线圈和衬垫绝缘

⑥ 绝缘漆管。

绝缘漆管是由棉、涤纶、玻璃纤维管等浸以不同的绝缘漆制成的，常用的绝缘漆管为 2730 型醇酸玻璃漆管，通常称为黄腊管，该材料具有良好的电气性能和机械性能，耐油、耐热、耐潮性能较好，主要用作电动机、电器的引出线或连接线的绝缘套管。图 5-12 所示为绝缘漆管的应用。

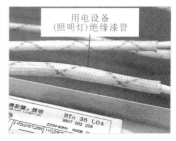

图 5-12 绝缘漆管的应用

⑦ 绝缘层压制品。

绝缘层压制品是由两层或多层浸有树脂的纤维或织物经叠合、热压结合成的绝缘整体，具有良好的电气性能、耐热、耐油、耐霉、耐电弧、防电晕等特性，广泛应用在电动机、变压器、高低压电器、电工仪表和电子设备中，通常可分为层压纸板、层压布板和层压玻璃布板等。

层压纸板主要是指酚醛层压纸板，其厚度为 0.2～60 mm，如图 5-13 所示。一般可在电气设备中用作绝缘结构零部件。常用层压纸板的特点及应用见表 5-3。

图 5-13 酚醛层压纸板

表 5-3 常用层压纸板的特点及应用

型 号	耐热等级	特点及应用
3020、3021 型	E	具有良好的耐油性，可用作电工设备中的绝缘结构零部件，并可在变压器油中使用
3022 型	E	具有较高的耐潮性，可用作在潮湿条件下工作的电工设备中的绝缘结构零部件
3023 型	E	该型号层压纸板介质损耗低，可用作无线电、电话和高频设备中的绝缘结构零部件

层压布板通常称为酚醛层压布板，如图 5-14 所示，通常可用在电气设备中的绝缘零部件。常用层压布板的特点及应用见表 5-4。

图 5-14 酚醛层压布板

表 5-4 常用层压布板的特点及应用

型 号	耐热等级	特点及应用
3025 型	E	机械强度和耐油性较高，适用于电气设备中的绝缘零部件，并可在变压器油中使用
3027 型	E	电气性能较好，吸水性小，适用于高频无线电装置中的绝缘结构件

层压玻璃布板的类型较多，常见的电工用层压玻璃布板主要有酚醛层压玻璃布板和环氧酚醛玻璃布板等，如图 5-15 所示。常用层压玻璃布板的特点及应用见表 5-5。

图 5-15 层压玻璃布板

表 5-5 常用层压玻璃布板的特点及应用

型　号	耐热等级	特点及应用
酚醛层压玻璃布板 （型号：3230）	B	相对层压纸、布板来说，酚醛层压玻璃布板机械性能、耐水和耐压性更好，但其黏合强度低，适用于电工设备中的绝缘结构件，并可在变压器油中使用
环氧酚醛玻璃布板 （型号：3240）	F	具有很高的机械强度、耐热性、耐水性、电气性能良好，且浸水后电气性能较稳定。适用于高机械强度、高介电性能及耐水性好的电动机、电气的绝缘结构件，并可在变压器油中使用

（2）无机固体绝缘材料。

① 云母。

云母是一种板状、片状、柱状的晶体造岩矿物，具有良好的绝缘性、隔热性、弹性、韧性、耐高温性、抗酸性、抗碱性、抗压性等特点，还具有较大的电阻、较低的电介质损耗和抗电弧、耐电晕等介电性能，且质地坚硬、机械强度高。通常可分为白云母、黑云母和锂云母三类，其中白云母包括白云母及其亚种（绢云母）和较少见的钠云母；黑云母包括金云母、黑云母、铁黑云母和锰黑云母；锂云母包括含有氧化锂的各种云母的细小鳞片。在电工行业中常用的云母为白云母和金云母，可通过云母碎和云母粉加工成云母带、云母板等绝缘材料，如图 5-16 所示。

图 5-16 云母的应用

在电工行业中主要是利用云母的绝缘性和耐高温性,其绝缘性是由云母的电气性能决定的,当云母片厚度为 0.015 mm 时,平均击穿电压为 2.0～5.7 kV,平均击穿强度为 133～407 kV/mm,此数据为我国矿区对云母的测试结果;而耐高温性通过测试白云母加热在 100～600℃时,弹性和表面性质均不变,加热在 700～800℃时,脱水、机械、电气性能有所改变、弹性丧失,加热在 1 050℃时,结构才会被破坏;金云母相对白云母来讲,加热在 700℃左右时,电气性能较好。除此之外,在电工行业中也会利用云母的抗酸、抗碱和耐压特性。

② 石棉。

石棉是天然纤维状的硅质矿物,是一种天然矿物纤维,具有良好的绝缘性、隔热性、抗压性、耐水、耐酸、耐化学腐蚀等特点,在电工行业中常用于热绝缘和电绝缘材料。它可通过加工制成纱、线、绳、布、衬垫、刹车片等,如图 5-17 所示。

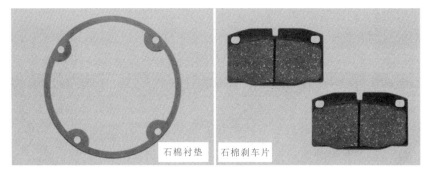

图 5-17 石棉的应用

石棉虽然具有很多的优良性能,但石棉对人体的健康有一定的影响,进入人体内的石棉纤维会有致病的可能性,因此,在石棉粉尘严重的环境中应注意防护。

③ 陶瓷。

陶瓷是以黏土、石英、长石等天然矿物为原料加工制成的多晶无机绝缘材料。它具有电阻率高、介电常数小、介电损耗小、机械强度高、热膨胀系数小、热导率高、抗热冲击性好等性能。在电力、电子工业中广泛用于电器的安装、支撑、绝缘、隔离、连接等,图 5-18 所示为低压架空的绝缘子。

图 5-18 低压架空的绝缘子

陶瓷还可用于电阻机体、线圈框架、晶闸管外壳、绝缘衬套、集成电路基片、电真空器件、电热设备等绝缘的环境中，常见陶瓷的特点及应用见表 5-6。

表 5-6 常见陶瓷的特点及应用

类 型	特 点	应 用
高低压电磁	耐辐射性能、电气性能、机械性能好	主要用于高低压输变电设备绝缘子和线路的绝缘等
高频陶瓷	在高频状态下电气性能稳定、耐热性能好	主要用于高频设备中的绝缘器件、电真空器件、晶闸管外壳、电阻机体等
电热高温陶瓷	耐高温性能好、膨胀系数小、耐点弧性能好	主要用于电炉盘、电热设备绝缘、线圈框架、开关灭弧罩绝缘等

④ 玻璃。

玻璃是由二氧化硅、氧化钙、氧化钠、三氧化二硼等原料加工制成的无晶玻璃体，在电工、电子行业中得到广泛应用，图 5-19 所示是由玻璃制成的玻璃绝缘子。

图 5-19 玻璃绝缘子

将玻璃进行高温熔制、拉丝、络纱、织布等工艺后，形成的玻璃纤维具有耐温高、耐腐蚀、隔热、不燃、绝缘等特点，但其耐磨性差，在电工行业中常用于电绝缘材料，如图 5-20 所示。玻璃纤维的类型较多，按其特点和应用可分为不同的级别，常用几种不同级别玻璃纤维的特点和应用见表 5-7，但在电工行业中常用的为 E 级玻璃纤维。

图 5-20 玻璃纤维

表 5-7 常用几种不同级别玻璃纤维的特点和应用

级别	特点	应用
C 级玻璃纤维（中碱玻璃）	与无碱玻璃相比，其耐酸性较高，但电气性能较差，机械强度较低	主要用于生产玻璃纤维表面毡、玻璃钢的增强及过滤织物等
D 级玻璃纤维（介电玻璃）	介电强度好	主要用于生产介电强度好的低介电玻璃纤维
E 级玻璃纤维（无碱玻璃）	硼硅酸盐玻璃，具有良好的电气绝缘性和机械性能，但易被无机酸侵蚀	主要用于生产电绝缘玻璃纤维和生产玻璃钢，不适合在酸性环境中使用

玻璃纤维可通过加工生产出不同的玻璃纤维织物，如玻璃布、玻璃带、玻璃纤维绝缘套管等，如图 5-21 所示，常用玻璃纤维织物的特点及应用见表 5-8。

图 5-21 玻璃纤维织物

表 5-8 常用玻璃纤维织物的特点及应用

织物名称	应用
玻璃布	主要用于生产各种绝缘材料，如绝缘层压板、印制电路板等
玻璃带	主要用于生产高强度、介电性能良好的电气设备零部件
玻璃纤维绝缘套管	在玻璃纤维编织管上涂树脂材料制成的各种绝缘套管，用于各种电气设备的绝缘

5.2 导电材料

导电材料也是电工行业中必不可少的，它是用来传输电力信号的材料，大部分由金属材料构成，其导电性好，有一定的机械强度，不易氧化和腐蚀，并且容易加工和焊接。

5.2.1 电工常用导电材料的种类及特点

电工常用导电材料的种类很多，按照其性能和使用特点可分为裸导线、电磁导线、绝缘导线和电缆等，具体分类如图 5-22 所示。

① 裸导线是指没有绝缘层的导线，按其形状可分为圆单线、裸绞线、软接线和型线四种类型。

② 电磁线通常用来绕制电动机、变压器、电气设备的绕组或线圈，有时也称为绕组线。常见的电磁线主要有漆包线、绕包线、特种电磁线四种类型。

图 5-22 电工常用导电材料的具体分类

③ 绝缘导线是在裸导体外层包有绝缘材料的导线，一般可分为绝缘硬导线和绝缘软导线两种。按照其绝缘层材料的不同又可分为塑料（即聚氯乙烯，一般用字母"V"表示）绝缘导线和橡胶（一般用字母"X"表示）绝缘导线。

④ 电缆的种类很多，按其结构及作用可分为电力电缆、控制电缆、通信电缆、同轴电缆等；按电压等级可分为低压电缆（小于 1 kV）和高压电缆（1 kV、6 kV、10 kV 等）两类。

【提示】

电工用导电材料一般采用纯铜和纯铝作为主要的导电金属材料。纯铜外观呈紫红色，一般也称紫铜，它的密度为 8.89g/cm^3，具有良好的导电性、导热性和耐腐蚀性；有一定的机械强度，无低温脆性，易于焊接；塑性强，便于承受各种冷、热压力加工，导电用铜通常选用含铜量为 99.90% 的工业纯铜。纯铝是一种银白色的轻金属，其特点是密度小、导电性和导热性较好、耐酸、易于加工，容易被碱和盐雾腐蚀，铝资源丰富，价格比铜低。导电用铝通常选用含铝为 99.50% 的工业纯铝。

在各类导线的产品型号中，铜线标识为"T"，硬铜标识为"TV"，软铜标识为"TR"，铝线标识为"L"，硬铝标识为"LV"，软铝标识为"LR"。另外，在一些标识中可将铜的标识"T"省略。若产品型号中没有"T"或"L"的标识，则表示该材料为铜导线。图 5-23 所示为导线材料标准产品的型号及规格的标识方法，选择导线时可将导线绝缘皮上的参数标识与图中相对照，了解导线的性能参数。

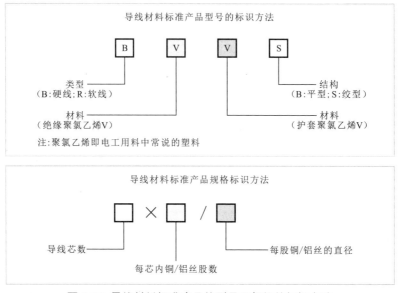

图 5-23 导线材料标准产品的型号及规格的标识方法

下面为几种常见导线材料的标准产品型号：BV 是铜芯聚氯乙烯绝缘电线；BLV 是铝芯聚氯乙烯绝缘电线；BVR 是铜芯聚氯乙烯绝缘软电线；BVV 是铜芯聚氯乙烯绝缘护套电线；BLVVB 是铝芯聚氯乙烯绝缘护套平型电线；RV 是铜芯聚氯乙烯绝缘软线；RVV 是聚氯乙烯绝缘、聚氯乙烯护套软电缆；RVS 是铜芯聚氯乙烯绝缘绞型软线。

5.2.2 电工常用导电材料的选用

1. 裸导线

一般裸导线具有良好的导线性能和机械性能，可作为各种电线、电缆的导电芯线或在电动机、变压器等电气设备中作为导电部件使用，此外高压输电铁塔上的架空线远离人群，也使用裸导线输送配电，如图 5-24 所示。

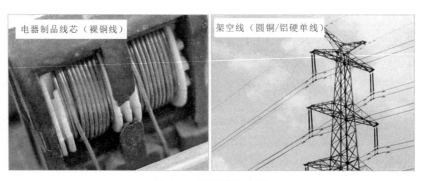

图 5-24 裸导线的应用

裸导线的应用范围很广，规格型号多种多样，各种裸导线的型号、规格、特性及其应用。注意，很多裸导线表面涂有高强度绝缘漆，以抗氧化和绝缘。

表 5-9 各种裸导线的型号、规格、特性及其应用

类型	名称	型号	线径范围（mm）	特性	应用
圆单线	硬圆铝线 半硬圆铝线 软圆铝线	LY LYB LR	0.06～6.00	硬线抗拉强度较大，比软线大一倍；半硬线有一定的抗拉强度和延展性；软线的延展性最高	硬线主要用作架空导线；半硬线和软线用于电线、电缆及电磁线的线芯；软线用作电动机、电器及变压器绕组等
	硬圆铜线 软圆铜线	TY TR	0.02～6.00		
裸绞线	铝绞线 铝合金绞线 钢芯铝绞线	LJ HLJ LGJ	10～600	导电性和机械性能良好，且钢芯绞线承受拉力较大	低压或高压架空输电线（基于成本考虑使用铝绞线较多）
	硬铜绞线 镀锌钢绞线	TJ GJ	2～260		
软接线	铜电刷线 软铜电刷线 纤维编织镀锡	TS TSR TSX	—	软接线的最大特性为柔软，耐弯曲性强	铜电刷线或软铜电刷线为多股铜线或镀锡铜线绕制而成，柔软且耐弯曲，多用于在电动机、电器及仪表线路上连接电刷； 除此之外，软接线多用于引出线、接地线及电工用电气设备部件间的连接线等
	软铜绞线 镀锡铜软绞线 铜编织线 镀锡铜编织线	TJR TJRX TZ TZX			
型线	硬铝扁线 软铝扁线	LBY LBR	—	铜、铝扁线的机械性能与圆单线基本相同，扁线的结构形状为矩形	铜、铝扁线主要用于电动机、电器中的线圈或绕组
	硬铜扁线 软铜扁线	TBY TBR	—		

2. 电磁导线

（1）漆包线。

漆包线具有漆膜均匀、光滑柔软，且利于线圈的绕制等特点，广泛应用于中小型电动机及微电动机、干式变压器和其他电工产品中，漆包线的典型应用如图 5-25 所示。

图 5-25 漆包线的典型应用

电工常用的漆包线主要有油性漆包线、缩醛漆包线及聚酯漆包线等,具体型号、规格、性能参数及其应用见表 5-10。

表 5-10 常用漆包线型号、规格、性能参数及其应用

类型	名称	型号	耐热等级	线芯直径(mm)	特性	应用
油性漆包线	油性漆包圆铜线	Q	A	0.02~2.50	漆膜均匀,但耐刮性、耐溶剂性较差	适用于中、高频线圈的绕制及电工用仪表、电器的线圈等
缩醛漆包线	缩醛漆包圆铜线	QQ	E	0.02~2.50	漆膜热冲击性、耐刮性、耐水性能较好	多用于普通中、小型电动机、微电动机绕组和油浸变压器的线圈,以及电气仪表线圈等
	缩醛漆包扁铜线	QQB		窄边:0.8~5.60 宽边:2.0~18.0		
聚酯漆包线	聚酯漆包圆铜线(电工用料中最为常用)	QZ	B	0.06~2.50	耐电压击穿性好,但耐水性较差	多用于普通中、小型电动机的绕组、干式变压器和电气仪表的线圈等
	聚酯漆包扁铜线	QZB		窄边:0.8~5.60 宽边:2.0~18.0		

(2)无机绝缘电磁线。

无机绝缘电磁线的特点是耐高温、耐辐射,主要用于高温、辐射等场合。无机绝缘电磁线的种类、型号、特点及其应用见表 5-11。

表 5-11 无机绝缘电磁线的种类、型号、特点及其应用

类型	名称	型号	线芯直径(mm)	特性 优点	特性 局限性	应用
氧化膜绝缘电磁线	氧化膜圆铝线	YML YMLC	0.05~5.0	耐高温、耐辐射好,质量轻	弯曲性、耐刮性、耐酸碱性差	起重电磁铁、高温制动器、干式变压器线圈和耐辐射场合
	氧化膜扁铝线	YMLB YMLBC	窄边:1.0~4.0 宽边:2.5~6.3			
	氧化膜铝带(箔)	YMLD	厚:0.08~1.00 宽:20~900			
陶瓷绝缘电磁线	陶瓷绝缘线	TC	0.06~0.50	耐高温、耐化学腐蚀、耐辐射性好	弯曲性、耐潮湿性差	用于高温及有辐射的场合

(3)绕包线。

绕包线是指用天然丝、玻璃丝、绝缘纸或合成树脂薄膜等紧密绕包在导电线芯上,形成绝缘层,或者直接在漆包线上再绕包一层绝缘层。绕包线通常应用于大、中型电工产品中。绕包线的种类、型号、特点及其应用见表 5-12。

表 5-12 绕包线的种类、型号、特点及其应用

类型	名称	型号	耐热等级	线芯直径（mm）	特性	应用
纸包线	纸包圆铜线	Z	A	1.0～5.60	耐击穿性能好、价格低廉	应用于变压器绕组等
	纸包圆铝线	ZL		1.0～5.60		
	纸包扁铜线	ZB		窄边：0.9～5.60 宽边：2.0～18.0		
	纸包扁铝线	ZLB				
玻璃丝包线及玻璃丝包漆包线	双玻璃丝包圆铜线	SBEC	B	0.25～6.0	过负载性、耐电晕性、耐潮湿性好	适用于电动机、电器产品的绕组等
	双玻璃丝包扁铜线	SBECB		窄边：0.9～5.60 宽边：2.0～18.0		
	硅有机漆双玻璃丝包圆铜线	SBEG	H			
丝包线	双丝包圆铜线	SE	A	0.05～0.25	机械强度好，介质损耗小，电性能好	适用于仪表、电信设备的线圈和采矿电缆的线芯等
	单丝包油性漆包圆铜线	SQ				
	单丝包聚酯漆包圆铜线	SQZ				

（4）特种电磁线。

特种电磁线是指具有特殊绝缘结构和性能的一类电磁线，如耐水的多层绝缘结构，耐高温、耐辐射的无机绝缘结构等。特种电磁线适用于在高温、高湿度、高磁场、超低温环境中工作的仪器、仪表等电工产品中作为导电材料。特种电磁线的种类、型号、特点及其应用见表 5-13。

表 5-13 特种电磁线的种类、型号、特点以其应用

类型	名称	型号	耐热等级	线芯直径（mm）	特性	应用
高频绕组线	单丝包高频绕组线	SQJ	Y	由多根漆包线绞制成线芯	柔软性好	稳定、介质损耗小的仪表电器线圈等
	双丝包高频绕组线	SEQJ				
中频绕组线	玻璃丝包中频绕组线	QZJBSB	B H	宽：2.1～8.0 高：2.8～12.5	柔软性好、嵌线工艺简单	用于 1 000～8 000 Hz 的中频变频机绕组等
换位导线	换位导线	QQLBH	A	窄边：1.56～3.82 宽边：4.7～1.80	简化绕制线圈工艺	大型变压器绕组等
塑料绝缘绕组线	聚氯乙烯绝缘潜水电动机绕组线	QQV	Y	线芯截面面积 0.6～11.0（mm²）	耐水性好	潜水电动机绕组等
	聚氯乙烯绝缘尼龙护套湿式潜水电动机绕组线	—		线芯截面面积 0.5～7.5（mm²）	耐水性好、机械强度较高	

3. 绝缘导线

塑料和橡胶绝缘导线广泛应用于交流 500 V 和直流 1 000 V 电压及以下的各种电器、仪表、动力线路及照明线路中。塑料/橡胶绝缘硬线多作为企业及工厂中固定敷设用电线，线芯多采用铜线或铝线，而作为移动使用的电缆和电源软接线等通常采用多股铜芯的绝缘软线。

（1）塑料绝缘导线。

塑料绝缘导线是电工用导电材料中应用最多的导线之一，目前几乎所有的动力和照明线路都采用塑料绝缘电线。按照其用途及特性不同可分为塑料绝缘硬线、塑料绝缘软线、铜芯塑料绝缘安装导线和塑料绝缘屏蔽导线四种类型。

① 塑料绝缘硬线。

塑料绝缘硬线的线芯数较少，通常不会超过 5 芯。在其规格型号标识中，首字母通常为"B"。

常见塑料绝缘硬线的规格型号、性能及其应用见表 5-14。

表 5-14 常见塑料绝缘硬线的规格型号、性能及其应用

名　称	型　号	允许最大工作温度（℃）	应　用
铜芯塑料绝缘导线	BV	65	用于敷设室内外及电气设备内部，家装电工中的明敷或暗敷用导线，最低敷设温度为 -15℃
铝芯塑料绝缘导线	BLV		
铜线塑料绝缘护套导线	BVV		用于敷设潮湿的室内和机械防护要求高的场合，可明敷、暗敷和直埋地下
铝芯塑料绝缘护套导线	BLVV		
铜芯塑料绝缘护套平行线	BVVB		适用于各种交流、直流电气装置，电工仪器、仪表、动力及照明线路故障敷设
铝芯塑料绝缘护套平行线	BLVVB		
铜芯耐热 105℃ 塑料绝缘导线	BV-105	105	用于敷设高温环境的场所，可明敷和暗敷，最低敷设温度为 -15℃
铝芯耐热 105℃ 塑料绝缘导线	BLV-105		

② 塑料绝缘软线。

塑料绝缘软线的型号字母开头为"R"，通常其线芯较多，导线本身较柔软，耐弯曲性较强，多用于电源软接线使用。

常见塑料绝缘软线的规格型号、性能及其应用见表 5-15。

表 5-15 常见塑料绝缘软线的规格型号、性能及应用

名　称	型　号	允许最大工作温度（℃）	应　用
铜芯塑料绝缘软线	RV	65	用于各种交流、直流移动电气、仪表等设备接线，也可用于动力及照明设备的连接，安装环境温度不低于 -15℃
铜芯塑料绝缘平行软线	RVB		
铜芯塑料绝缘绞型软线	RVS		
铜芯塑料绝缘护套软线	RVV		该导线的用途与 RV 等导线的基本相同，该导线可用于潮湿和机械防护要求较高，以及经常移动和弯曲的场合
铜芯耐热 105℃ 塑料绝缘软线	RV-105	105	该导线的用途与 RV 等导线的基本相同，但该导线可用于 45℃ 以上的高温环境
铜芯塑料绝缘护套平行软线	RVVB	70	用于各种交流、直流移动电气、仪表等设备接线，也可用于动力及照明设备的连接，安装环境温度不低于 -15℃

③ 铜芯塑料绝缘安装导线。

铜芯塑料绝缘安装导线型号以"AV"系列为主，多应用于交流额定电压为 300 V 或 500 V 及以下的电气或仪表、电子设备和自动化装置的安装导线。与塑料绝缘导线相比，"AV"系列铜芯塑料绝缘安装导线多用于电气设备等。"AV"系列铜芯塑料绝缘安装导线的规格型号、性能及其应用见表 5-16。

表 5-16 "AV"系列铜芯塑料绝缘安装导线的规格型号、性能及其应用

名　称	型　号	允许最大工作温度（℃）	应　用
铜芯塑料绝缘安装导线	AV	AV-105、AVR-105 型号的安装导线应不超过 105℃；其他规格导线应不超过 70℃	适用于交流额定电压 300 V 或 500 V 及以下的电气、仪表和电子设备和自动化装置中的安装导线
铜芯耐热 105℃塑料绝缘安装导线	AV-105		
铜芯塑料绝缘安装软导线	AVR		
铜芯耐热 105℃塑料绝缘安装软导线	AVR-105		
铜芯塑料安装平行软导线	AVRB		
铜芯塑料安装绞型软导线	AVRS		
铜芯塑料绝缘护套安装软导线	AVVR		

④ 塑料绝缘屏蔽导线。

塑料绝缘屏蔽导线是在绝缘软/硬导线的绝缘层外绕包了一层金属箔或编织金属丝等作为屏蔽层使用。这样做可以减少外界电磁波对绝缘导线内电流的干扰，也可减少导线内电流产生的磁场对外界的影响。

塑料绝缘屏蔽导线由于其屏蔽层的特殊功能，广泛应用于要求防止相互干扰的各种电气、仪表、电信设备、电子仪器及自动化装置等线路中。常见塑料绝缘屏蔽导线规格型号、性能及其应用见表 5-17。

表 5-17 常见塑料绝缘屏蔽导线的规格型号、性能及其应用

名　称	型　号	允许最大工作温度（℃）	应　用
铜芯塑料绝缘屏蔽导线	AVP	65	固定敷设，适用于 300 V 或 500 V 及以下电气、仪表、电子设备等线路中；安装使用时环境温度不低于 -15℃
铜芯耐热 105℃塑料绝缘屏蔽导线	AVP-105	105	
铜芯塑料绝缘屏蔽软线	RVP	65	移动使用，也适用于 300 V 或 500 V 及以下电气、仪表、电子设备等线路中，而且可用于环境较潮湿或要求较高的场合
铜芯耐热 105℃塑料绝缘屏软导线	RVP-105	105	
铜芯塑料绝缘屏蔽塑料护套软导线	RVVP	65	

（2）橡胶绝缘导线。

橡胶绝缘导线主要是由天然丁苯橡胶绝缘层和导线线芯构成的。常见的电工用橡胶绝缘导线多为黑色且较粗（成品线径为 4.0～39.0 mm）。它多用于企业电工、农村电工中的动力线敷设，也可用于照明装置的固定敷设等。常见橡胶绝缘导线的规格型号、性能及

其应用见表 5-18。

表 5-18 常见橡胶绝缘导线的规格型号、性能及其应用

名 称	型 号	允许最大工作温度（℃）	应 用
铜芯橡胶绝缘导线	BX	长期允许工作温度不超过 65℃，环境温度不超过 25℃	适用于交流电压 500 V 及以下或直流 1 000 V 及以下的电气装置和动力、照明装置的固定敷设
铝芯橡胶绝缘导线	BLX		
铜芯橡胶绝缘软导线	BXR		适用于室内安装及要求柔软的场合
铜芯氯丁橡胶导线	BXF		适用于交流 500 V 及以下或直流 1 000 V 及以下的电气设备和照明装置
铝芯氯丁橡胶导线	BLXF		
铜芯橡胶绝缘护套导线 铝芯橡胶绝缘护套导线	BXHF BLXHF		适用于敷设在较潮湿的场合，可用于明敷和暗敷

4. 电缆

电缆适用于有腐蚀性气体和易燃易爆物的场所。电缆的基本结构主要由三部分组成：一是导电线芯，用于传输电能；二是绝缘层，使线芯与外界隔离，保证电流沿线芯传输；三是保护层，主要起保护密封的作用，使绝缘层不被潮气侵入，不受外界损伤，保持绝缘性能。在某些电缆的保护层中还会加入钢带或钢丝（铝带或铝丝）铠装。图 5-26 所示为无铠电缆和有铠电缆的结构图。

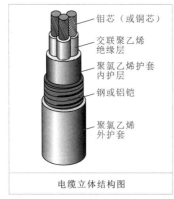

图 5-26 无铠电缆和有铠电缆的结构图

【提示】

如图 5-27 所示，高层建筑、地铁、电站及重要的公共建筑物的防火问题很重要，这些场所需要采用防火电缆，该电缆可在 950～1 000℃ 的火焰中安全使用 3 h 以上。

图 5-27 防火电缆的结构图

电缆的种类很多，按其结构及作用可分为电力电缆、控制电缆、通信电缆、同轴电缆等。

（1）电力电缆。

电力电缆不易受外界风、雨、冰雹的影响和人为损伤，供电可靠性高，但其材料和安装成本较高。电力电缆通常按一定电压等级制造出厂，其中 1 kV 电压等级的电力电缆使用最为普遍，3～35 kV 电压等级的电力电缆常用于大、中型建筑内的主要供电线路。

> **【重点提示】**
>
> 电力电缆的导电芯有 5 种：分别为单芯、二芯、三芯、四芯、五芯。
>
> 单芯电缆用于传送单相交流电、直流电及高压电动机引出线；二芯电缆多用于传送单相交流电或直流电；三芯电缆用于三相交流电网，广泛用于 35 kV 以下的电缆线路；四芯电缆用于低压配电线路、中性点接地的 TT 方式和 TN-C 方式供电系统；五芯电缆用于低压配电线路、中性点接地的 TN-S 方式供电系统。

（2）控制电缆。

控制电缆主要用于配电装置中连接电气仪表、继电保护装置和自动控制设备，以传导操作电流或信号。控制电缆属于低压电缆，线芯多且较细，工作电压一般在 500 V 以下。

（3）通信电缆。

通信电缆按结构可分为对称式通信电缆和同轴式通信电缆。

对称式通信电缆的传输频率较低（一般为几百赫兹），其线对的两根绝缘线结构相同，而且对称于线对的纵向轴线。

同轴式通信电缆的传输频率可达几十兆赫兹，主要用于距离几百千米以上的通信线路，它的线对是同轴的，两根绝缘线分别为内导线和外导线，内导线在外导线的轴心上。

（4）同轴电缆。

同轴电缆又称射频电缆，在电视系统中用于传输电视信号。它由同轴的内外两个导体组成，内导体是单股实心导线，外导体为金属丝网，内外导体之间充有高频绝缘介质，外面包有塑料护套。

5.3 常用磁性材料的规格与应用

磁性材料是由铁磁性物质或亚铁磁性物质组成的，现已广泛应用在日常生活中，如变压器中的铁芯、计算机用磁记录软盘等。

5.3.1 电工常用磁性材料的种类及特点

电工常用磁性材料按其特性及应用范围可分为软磁性材料、硬磁性材料和特殊磁性材料三大类，具体分类如图 5-28 所示。

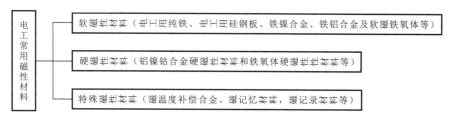

图 5-28 磁性材料具体分类

1. 软磁性材料

软磁性材料也是一种导磁材料,这种材料在较弱的外界磁场作用下也能传导磁性,且随外界磁场的增强而增强,并能够快速达到磁饱和状态;同样,软磁性材料也会随外界磁场的减弱而减弱,当撤掉外界磁场后,其磁性基本也会消失。常见的软磁性材料主要有电工用纯铁、电工用硅钢板、铁镍合金、铁铝合金及软磁铁氧体等,如图 5-29 所示。

 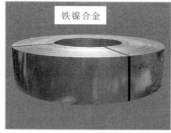 

图 5-29 软磁性材料

2. 硬磁性材料

硬磁性材料又称永磁性材料,该材料在外界磁场的作用下也能产生较强的磁感应强度,但当其达到磁饱和状态时,去掉外界磁场后,还能在较长时间内保持较强和稳定的磁性。常见的硬磁性材料主要有铝镍钴合金硬磁性材料和铁氧体硬磁材料等,如图 5-30 所示。

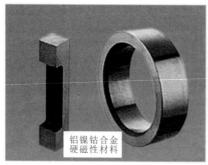 

图 5-30 硬磁性材料

3. 特殊磁性材料

特殊磁性材料是指具有特殊用途及性能的一类磁性材料。如磁温度补偿合金、磁记忆材料、磁记录材料等，如图 5-31 所示。

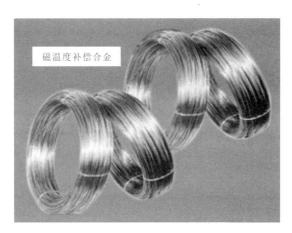

图 5-31 特殊磁性材料（磁温度补偿合金）

5.3.2 电工常用磁性材料的选用

磁性材料的应用很广泛，可用于电表、电动机中，也可作为记忆元件、微波元件等。

1. 软磁性材料

根据软磁性材料的特性，它通常应用在电动机、扬声器、变压器中作为铁芯导磁体，或者在变压器、扼流圈、继电器中作为铁芯，如图 5-32 所示。

（a）软磁性材料在电动机中的应用　（b）软磁性材料在扬声器中的应用　（c）软磁性材料在变压器中的应用

图 5-32 软磁性材料的应用

电工用纯铁、电工用硅钢板、铁镍合金、铁铝合金及软磁铁氧体等，是电工材料中常见的软磁性材料，其具体应用如下。

（1）电工用纯铁。

电工用纯铁一般轧制成厚度不超过 4 mm 的板材，其饱和磁感应强度高，冷加工性能好，但其电阻率较低，一般只用于直流磁场或低频条件下。

> 【提示】
>
> 常见电工用纯铁的型号主要有 DT3、DT4、DT5、DT6 几种，其中字母"DT"与数字构成电工纯铁的牌号。"DT"表示电工用纯铁，数字表示不同牌号的顺序号。在有些型号中，数字后又加上字母，如"DT3A"，其中所加字母表示该纯铁的电磁性能：A 为高级，E 为特级、C 为超级。

（2）电工用硅钢板。

电工用硅钢板的电阻率比电工用纯铁高很多，但热导率低，硬度高，适用于各种交变磁场的环境。它是电动机、仪表、电信等工业部门广泛应用的重要磁性材料，通常又可细分为热轧硅钢板和冷轧硅钢板两种。常用的硅钢板厚度有 0.35 mm 和 0.5 mm 两种，多在交/直流电动机、变压器、继电器、互感滤波器、开关等产品中作为铁芯使用。

（3）铁镍合金。

铁镍合金俗称坡莫合金，与上述两种软磁性材料相比，其磁导率极高，适用于工作在频率为 1 MHz 以下的弱磁场中。

（4）铁铝合金和软磁铁氧体。

铁铝合金多用于弱磁场和中等磁场下工作的元器件中。软磁铁氧体是一种复合氧化物烧结体，其硬度高，耐压性好，电阻率也较高，但饱和磁感应强度低，温度热稳定性也较差，适用于高频或较高频范围内的电磁元器件。

2. 硬磁性材料

根据硬磁性材料的特性，它常作为储存和提供磁能的永久磁铁，如磁带、磁盘和微电动机的磁钢等，如图 5-33 所示。

（a）硬磁性材料应用于磁带中　　（b）硬磁性材料应用于磁盘中　　（c）硬磁性材料应用于微电机中

图 5-33 硬磁性材料的应用

铝镍钴合金硬磁性材料和铁氧体硬磁性材料等是电工材料中常用的硬磁性材料，其具体应用如下：

（1）铝镍钴合金硬磁材料。

铝镍钴合金硬磁性材料是电动机工业中应用很广的一种材料，该材料的磁感应强度受温度影响小，具有良好的磁特性，但其热稳定性和加工工艺较差。它主要用来制造永磁电动机和微电动机的磁极铁芯以及电信工业中的微波器件等。

（2）铁氧体硬磁性材料。

铁氧体硬磁性材料以氧化铁为主，该材料的电阻率高、磁感应强度受温度的影响大、硬度高、脆性大。它主要用于在动态条件下工作的硬磁体，如仪表电动机、磁疗器械及电声部件等的永磁体。

3. 特殊磁性材料

磁温度补偿合金、磁记忆材料、磁记录材料等都是电工材料中的特殊磁性材料，其具体应用如下。

① 磁温度补偿合金是一种磁感应强度随温度升高而急剧变小的一种磁性材料，一般在风向风速表、电压调整器、里程速度表及电能表中应用。

② 磁记忆材料在目前电子信息化时代中应用较为广泛，这种材料的工作频率高、制造工艺简单、成本低，常用于电子计算机中作为存储元件的磁芯。

③ 磁记录材料是指磁头材料，该材料的磁导率高、电阻率大、耐磨损，常用作记录、存储和再现信息的磁性材料。

第 6 章 安全用电与触电急救

6.1 触电类型

在电工作业过程中,触电是常见的一类事故。它主要是指人体接触或接近带电体时,电流对人体造成的伤害。

根据伤害程度的不同,触电的伤害主要表现为"电伤"和"电击"两大类。其中,"电伤"是指电流通过人体某一部分或电弧效应而造成的人体表面伤害,主要表现为烧伤或灼伤。而"电击"则是指电流通过人体内部而造成内部器官的损伤。相比较来说,"电击"对人体造成的伤害更大。

根据专业机构的统计测算,通常情况下,当交流电流达到 1 mA 或直流电流达到 5 mA 时,人体就可以感觉到,这个电流值称为"感觉电流"。当人体触电时,能够自行摆脱的最大交流电流约为 16 mA(女子约为 10 mA),最大直流电流为 50 mA,这个电流值称为"摆脱电流"。也就是说,如果所接触的交流电流不超过 16 mA 或直流电流不超过 50 mA,一般不会对人体造成伤害,个人自身即可摆脱。

一旦触电电流超过摆脱电流时,就会对人体造成不同程度的伤害,通过心脏、肺及中枢神经系统的电流强度越大,触电时间越长,后果也越严重。一般来说,当通过人体的交流电流超过 50 mA 时,人就会发生昏迷,心脏可能停止跳动,并且会出现严重的电灼伤。而当通过人体的交流电流达到 100 mA 时,会很快导致死亡。

另外,值得一提的是,触电电流频率的高低,对触电者人身造成的损害也会有所差异。根据实践证明,触电电流的频率越低,对人身的伤害越大。频率为 40~60 Hz 的交流电更为危险,随着频率的增高,触电危害的程度会随之下降。

除此之外,触电者自身的身体状况也在一定程度上影响触电造成的伤害。身体的健康状况、精神状态,以及表面皮肤的干燥程度、触电的接触面积和穿着服饰的导电性都会对触电伤害造成影响。

对于电工来说,常见的触电形式主要有单相触电、两相触电、跨步触电三种类型,下面我们就通过实例来对不同的触电状况进行说明。这对于建立安全操作意识,掌握规范操作方法都是十分重要的。

6.1.1 单相触电

单相触电是指人体在地面上或其他接地体上,手或人体的某一部分触及三相线中的其中一根相线,在没有采用任何防范措施的情况下时,电流就会从接触相线经过人体流入大地,这种情形称为单相触电。

1. 室内单相触电实例

(1) 维修带电断线时单相触电实例。

通常情况下,家庭触电事故大多属于单相触电。例如,在未关断电源的情况下,手触及断开电线的两端将造成单相触电。图6-1所示为维修带电断线时单相触电示意图。

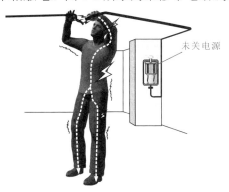

图 6-1 维修带电断线时单相触电示意图

(2) 维修插座时单相触电实例。

在未拉闸时修理插座,手接触螺丝刀的金属部分,图6-2所示是维修插座时单相触电示意图。

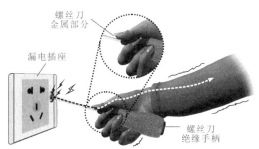

图 6-2 维修插座时单相触电示意图

2. 室外单相触电实例

当人体触碰掉落的或裸露的电线所造成的事故也属于单相触电。图6-3所示为户外单相触电示意图。

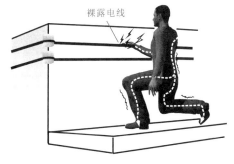

图 6-3 户外单相触电示意图

6.1.2 两相触电

两相触电是指人体的两个部位同时触及三相线中的两根导线所发生的触电事故。

如图 6-4 所示，加在人体的电压是电源的线电压，电流将从一根导线经人体流入另一相导线。

图 6-4 两相触电

两相触电的危险性比单相触电更大。如果发生两相触电，在抢救不及时的情况下，可能会造成触电者死亡。

6.1.3 跨步触电

当高压输电线掉落到地面上时，由于电压很高，掉落的电线断头会使得一定范围（例如半径为 8～10 m）的地面带电，以电线断头处为中心，离电线断头越远，电位越低。如果此时有人走入这个区域便会造成跨步触电。而且，步幅越大，造成的危害也越大。

图 6-5 所示为跨步触电的实际案例，架空线路的一根高压电线断落在地上，电流便会从电线的落地点向大地流散，于是地面上以相线落地点为中心，形成了一个特定的带电区域，离电线落地点越远，地面电位越低。人进入带电区域后，当跨步前行时，由于前后两只脚所在地的电位不同，两脚间就有了电压，两条腿便形成了电流的通路，这时就有电流通过人体，造成跨步触电。

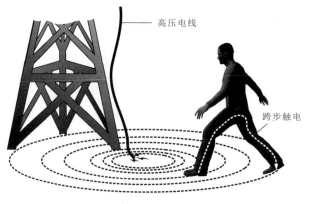

图 6-5 跨步触电的实际案例

可以想象，步伐迈得越大，两脚间的电位差就越大，通过人体的电流也越大，对人体的伤害便越严重。

因此，从理论上讲，如果感觉自己误入了跨步电压区域，应立即将双脚并拢或采用单脚着地的方式跳离危险区。

6.2 安全用电与防护

电工工种对于职业技能的要求十分严格，这其中除具备专业知识和专业操作技能外，用电的安全和操作时的防护措施也是电工必须掌握的重要内容。否则，不仅会造成设备的损坏，而且极易引发人员伤亡，严重时还会导致重大事故的发生。

因此，对于电工来说，一定要树立安全第一的意识，养成良好规范的操作及用电习惯，掌握具体的防护措施。

6.2.1 安全用电常识

安全用电常识是电工必须具备的基础技能，了解电的特性及其危害，建立良好的用电安全意识对于电工而言尤为重要，它也是电工从业者的首要前提条件之一。

1. 确保用电环境的安全

电气设备的用电环境十分重要。电工在作业前一定要对用电环境进行细致核查，尤其是对于环境异常的情况更要仔细，如线路连接复杂、用电环境潮湿等。

（1）检查用电线路连接是否良好。在进行电工作业前，一定要对电力线路的连接进行仔细核查。例如，检查线路有无改动的迹象，检查线路有无明显破损、断裂的情况。

（2）检查设备环境是否良好。由于电力设备在潮湿的环境下极易引发短路或漏电等情况，因此，在进行电工作业前一定要观察用电环境是否潮湿，地面有无积水等情况。如果现场环境潮湿，有存水，那么一定要按规范操作，切勿盲目作业，否则极易造成触电。

（3）如果是进行户外电力系统的检修，不要随意触碰电力支架，并且尽量避免在风雨天气进行电工作业。

2. 确保设备工具的安全

电工作业对设备和工具的要求很高，一定要定期严格检查检测设备、工具及佩戴的绝缘物品，尤其是个人佩戴的绝缘物品（如绝缘手套、绝缘鞋等），一定要确保其性能良好，并且保证定期更换。

在电工作业过程中，电工所使用的设备和工具是电工人身安全的最后一道屏障，如果设备或工具出现问题，则很容易造成人员的伤亡事故。

3. 确保他人人身的安全

电工在进行电力系统检修的过程中，除确保自身和设备的安全外，还要确保他人人身的安全。由于电是无形的，因此常常会使不知情的人放松警惕性，这往往会成为事故的隐患。因此，在进行电工作业时，要采用必要的防护措施，对于临时搭建的线路要严格按照电工操作规范处理，切忌不要沿地面随意连接电力线路，否则线路由于踩踏或磕绊极易造成破损或断裂，从而诱发触电或火灾等事故。

4. 确保用电及操作的安全

电工在电工作业过程中，一定要严格按照电工操作规范进行。操作过程中一定要穿着工作服、绝缘鞋，佩戴绝缘手套、安全帽等；如果是户外高空作业，除必要的安全工具外，还要注意操作的规范性，尤其要注意两线触电的情况。

6.2.2 电工操作的防护

电工除具备安全用电的常识外，还要针对不同情况采取必要的防护措施，将安全操作落到实处。

1. 操作前的防护措施

操作前的防护措施主要是指针对具体的作业环境所采取的防护设备和防护方法。

（1）穿着绝缘鞋、工作服，佩戴绝缘手套以确保人体和地面绝缘。严禁在衣着不整的情况下进行工作。对于更换灯泡或熔断器等细致工作，因不便佩戴绝缘手套而需徒手操作时，要先切断电源，并确保检修人员与地面绝缘（如穿着绝缘鞋、站立在干燥的木凳或木板上等）。

（2）在进行设备检修前，一定要先切断电源。不要带电检修电气设备或电力线路。即使确认目前停电，也要将电源开关断开，以防止突然来电之后造成损害。

（3）检修前应使用试电笔检测设备是否带电，确认没电方可工作。

（4）如果作业的环境存有积水，应先切断环境设备的电力供应，然后将水淘净、擦干，再进行作业。

（5）如发现电气设备或线路有裸露情况，应先对裸露部位缠绕绝缘带或加装设罩盖。如按钮盒、闸刀开关罩盖、插头、插座及熔断器等有破损而使带电部分外露时，应及时更换，切不可继续使用。图 6-6 所示为插头电源线裸露示意图。

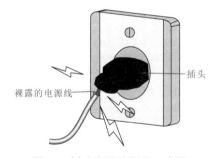

图 6-6 插头电源线裸露示意图

（6）一定要确保检测设备周围环境干燥、整洁，如果杂物太多，要及时搬除，方可检修，以避免火灾事故的发生。

2. 操作中的防护措施

操作中的防护措施主要是指针操作的规范及具体处理原则。

（1）在电工作业过程中，要使用专用的电工工具，如电工刀、电工钳等，因为这些专用的电工工具都采用了防触电保护设计的绝缘柄,不可以用湿手接触带电的灯座、开关、导线和其他带电体。

（2）在用电操作时,除注意避免触电外,还要确保使用安全的插座,切忌不可超负荷用电。

（3）在合上或断开电源开关前,首先核查设备情况,然后再进行操作。对于复杂的操作要通常要由两个人执行,其中一个人负责操作,另一个人作为现场监督,如果发生突发情况以便及时处理。

（4）移动电气设备时,一定要先拉闸断电,再移动设备,绝不要带电移动。移动完毕,经核查无误,方可继续使用。

（5）在进行电气设备安装连接时,正确接零、接地非常重要。严禁采取将接地线代替零线或将接地线与零线短路等方法。

例如,在进行家用电器连接时,将家用电器的零线和地线接在一起,这样容易发生短路事故,并且火线和零线形成回路会使家用电器的外壳带电而造成人员或宠物触电。

在进行照明设备安装连接时,若将铁丝等导电体接地代替零线也会造成短路和触电等事故。

（6）电话线与电源线不要使用同一根电线,并要离开一定的距离。

（7）在户外进行电工作业时,如发现有落地的电线,一定要采取良好的绝缘保护措施后（如穿着绝缘鞋）方可接近作业区。

（8）在进行户外电力系统检修时,为确保安全,要及时悬挂警示标志,并且对于临时连接的电力线路要采用"架高连接"的方法。图 6-7 所示为常见的警示标志。

图 6-7 常见的警示标志

（9）在安装或维修高压设备时（如变电站中的高压变压器、电力变压器等）,导线的连接、封端、绝缘恢复、线路布线以及架线等基本操作,要严格遵守相关的规章制度。

3. 操作后的防护措施

操作后的防护措施主要是指,电工作业完毕所采取的常规保护方法以避免意外情况的发生。

（1）电工操作完毕,要悬挂相应的警示牌以告知其他人员,对于重点和危险的场所和区域要妥善管理,并采用上锁或隔离等措施禁止非工作人员进入或接近,以免发生意外。

（2）电工操作完毕,要对现场进行清理。保持电气设备周围的环境干燥、清洁,并确保电气设备的散热通风良好,禁止将材料和工具等遗留在电气设备中。

（3）除要对当前操作的电气设备运行情况进行调试外,还要对相关的电气设备和线路进行仔细核查,重点检查有无元器件老化、电气设备运转是否正常等。

（4）要确保电气设备接零、接地正确，以防止触电事故的发生。同时，要设置漏电保护装置，即安装漏电保护器。漏电保护器又叫漏电保安器、漏电开关，它是一种能防止人身触电的保护装置。漏电保护器是利用人在触电时产生的触电电流，使漏电保护器感应出信号，经过电子放大线路或开关电路，推动脱扣机构，将电源开关断开，切断电源，从而保证安全。

（5）对防雷设施要仔细检查，这一点对于室外电工和农村电工来说十分重要。雷电对电气设备和建筑物有极大的破坏力。一定要对建筑物和相关电气设备的防雷装置进行检查，发现问题及时处理。

（6）检查电气设备周围的消防设施是否齐全、可用，如果发现问题，应及时上报。

6.3 触电急救

触电急救的要点是救护迅速、方法正确。若发现有人触电，首先应让触电者脱离电源，但不能在没有任何防护的情况下直接与触电者接触，这时就需要了解触电急救的具体方法。下面通过触电者在触电时与触电后的情形来说明具体的急救方法。

6.3.1 触电时的急救

触电主要发生在有电线、电器、用电设备等场所。这些触电场所的电压一般为低压或高压，因此，可将触电时的急救方法分为低压触电急救法和高压触电急救法。

1. 低压触电急救法

通常情况下，低压触电急救法是指触电者的触电电压低于1 000 V的急救方法。这种急救法就是让触电者迅速脱离电源，然后再进行救治。下面讲述脱离电源的具体方法。

（1）若救护者在开关附近，则应立即断开电源开关。

（2）若救护者无法及时关闭电源开关，则切忌直接用手去拉触电者，可使用绝缘斧将电源供电一侧的线路斩断。具体操作如图6-8所示。

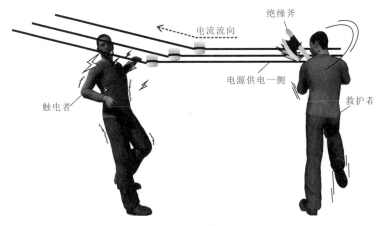

图6-8 切断电源线

（3）若触电者无法脱离电线，则应利用绝缘物体使触电者与地面隔离。比如，用干燥的木板塞垫在触电者身体底部，直到身体全部隔离地面，这时救护者就可以将触电者脱离电线，如图6-9所示。操作时救护者不应与触电者接触，以防"连电"。

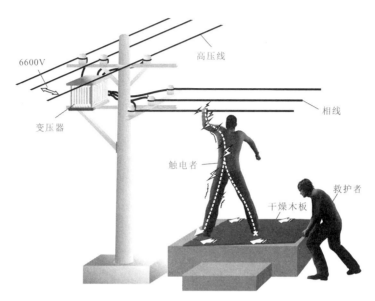

图6-9 将干燥的木板塞垫在触电者身下

（4）若电线压在触电者身上，则可以利用干燥的木棍、竹竿、塑料制品、橡胶制品等绝缘物挑开触电者身上的电线，如图6-10所示。

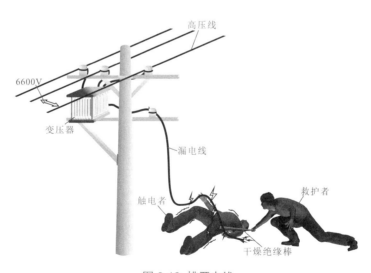

图6-10 挑开电线

【提示】

在急救时，严禁直接使用潮湿物品或直接拉开触电者，以免救护者触电。

2. 高压触电急救法

高压触电急救法是指电压达到1 000 V以上的高压线路和高压设备的触电事故急救方法。

当发生高压触电事故时，其急救方法应比低压触电更加谨慎，因为高压已超出安全电压范围，接触高压时一定会发生触电事故，而且在不接触时，靠近高压线或高压设备也会发生触电事故。下面讲述高压触电急救的具体方法。

（1）应立即通知有关动力部门断电，在没有断电的情况下，不能接近触电者。否则，有可能会产生电弧，导致抢救者烧伤。

（2）在高压的情况下，一般的低压绝缘材料会失去绝缘效果，因此不能用低压绝缘材料去接触带电部分，需利用高电压等级的绝缘工具拉开电源。例如，高压绝缘手套、高压绝缘鞋等。

（3）抛金属线（钢、铁、铜、铝等），先将金属线的一端接地，然后抛出金属线的另一端，这里注意抛出的金属线另一端不要碰到触电者或其他人，同时救护者应与断线点保持8～10 m的距离，以防"跨步电压"伤人，如图6-11所示。

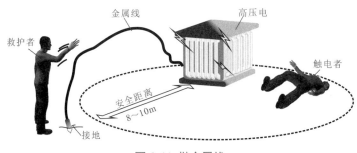

图6-11 抛金属线

6.3.2 触电后的急救

当触电者脱离电源后，不要将其随便移动，应将触电者仰卧，并迅速解开触电者的衣服、腰带等保证其正常呼吸，疏散围观者，保证周围空气畅通，同时拨打120急救电话。做好以上准备工作后，就可以根据触电者的情况，做相应的救护。

1. 常用救护法

（1）若触电者神志清醒，但有心慌、恶心、头痛、头昏、出冷汗、四肢发麻、全身无力等症状，不要移动受害者，应让其仰卧，等待医生到来。

（2）当触电者已经失去知觉，但仍有轻微的呼吸及心跳，这时应把触电者衣服及有碍于其呼吸的腰带等物解开帮助其呼吸。

（3）当天气炎热时，应将触电者移至阴凉的环境下休息。天气寒冷时应帮触电者保温并等待医生的到来。

2. 人工呼吸救护法

通常情况下，当触电者无呼吸，但仍然有心跳时，应采用人工呼吸救护法进行救治。下面了解一下人工呼吸法的具体操作方法。

(1)人工呼吸法的准备工作。
◆ 首先使触电者仰卧,头部尽量后仰并迅速解开触电者的上衣、腰带等,使触电者的胸部和腹部能够自由收张。
◆ 除去口腔中的黏液、食物、假牙等杂物。
◆ 尽量将触电者头部后仰,鼻孔朝天,颈部伸直。用一只手捏紧触电者的鼻子,使鼻孔紧闭,用另一只手掰开触电者的嘴巴。如果触电者牙关紧闭,无法将嘴张开,则采取口对鼻吹气法。
◆ 如果触电者的舌头后缩,则应把舌头拉出来,使其呼吸畅通。

(2)人工呼吸救护。

做完前期准备后,即可对触电者进行口对口人工呼吸法,具体操作示意图如图6-12所示。

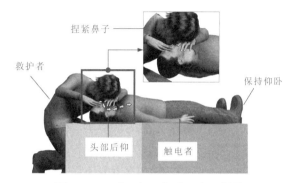

图6-12 口对口人工会呼吸法示意图

① 救护者首先深吸一口气,紧贴着触电者的嘴巴大口吹气,使其胸部膨胀,然后救护者换气,放开触电者的鼻子,使触电者自动呼气,如此反复,吹气时间为2～3s,放松时间为2～3s,5s左右为一个循环。重复操作,中间不可间断,直到触电者苏醒为止。

② 在进行人工呼吸时,救护者在吹气时要捏紧鼻子,紧贴嘴巴,不能漏气,放松时,应能使触电者自动呼气,对体弱者和儿童吹气时只可小口吹气,以免肺泡破裂。

3. 牵手呼吸法

若触电者嘴或鼻被电伤,无法对触电者进行口对口人工呼吸法或口对鼻吹气法,也可以采用牵手呼吸法进行救治,具体抢救方法如下。

(1)使触电者仰卧,将其肩部垫高,最好用柔软物品(如衣服等),这时头部应后仰,具体示意图如图6-13所示。

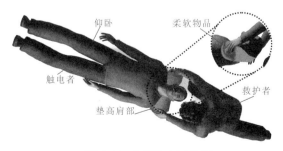

图6-13 肩部垫高示意图

(2)救护者蹲跪在触电者头部附近,两只手握住触电者的两只手腕,让触电者两臂在其胸前弯曲,让触电者呼气,如图6-14所示。注意在操作过程中不要用力过猛。

图6-14 牵手呼气法(一)

(3)救护者将触电者两臂从头部两侧向头顶上方伸直,让触电者吸气,如图6-15所示。

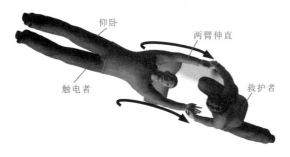

图6-15 牵手吸气法(二)

牵手呼吸法比较消耗体力,需要几名救护者轮流对触电者进行救治,以免救护者疲劳而耽误救治时机。

4. 胸外心脏按压法

胸外心脏按压法又叫胸外心脏挤压法,它是在触电者心音微弱,或者心跳停止、脉搏短而不规则的情况下帮助触电者恢复心跳的有效方法。具体操作方法如图6-16所示。

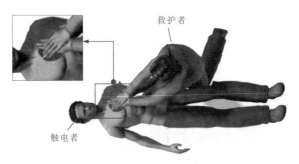

图6-16 胸外心脏按压

(1)让触电者仰卧,解开衣服和腰带,救护者跪在触电者腰部两侧或跪在触电者一侧。
(2)救护者将左手掌放在触电者的心脏上方(胸骨处),中指对准颈部凹陷的下端,右手掌压在左手掌上,用力垂直向下按压。成人胸外按压频率为 100 次 /min。一般在实际救治时,应每按压 30 次后,实施两次人工呼吸。

在抢救过程中,要不断观察触电者的面部动作,若嘴唇稍有开合,眼皮微微活动,喉部有吞咽动作,则说明触电者已有呼吸,可停止救助。如果触电者仍没有呼吸,则需要同时利用人工呼吸和胸外心脏按压法。如果触电者身体僵冷,需由专业医生确定是否能继续救治。反之,如果触电者瞳孔变小,皮肤变红,则说明抢救有效,应继续救治。

5. 药物救护法

在发生触电事故后,如果医生还没有到来,而且人工呼吸的救护方法和胸外心脏按压的救护方法都不能够使触电者的心跳再次跳动起来,这时可以用肾上腺素进行救治。

肾上腺素能使停止跳动的心脏再次跳动起来,也能够使微弱的心跳变得强劲起来。但使用时要特别小心,如果触电者的心跳没有停止就使用肾上腺素容易导致触电者的心跳停止甚至死亡。

6. 包扎救护法

在触电的同时,触电者的身体上也会伴有不同程度的电伤,如果被电伤可以采用以下的治疗方法。

(1) 在触电者心跳恢复后,送医院前应将电灼伤的部位用医用酒精(乙醇)洗净,用凡士林或油纱布(或干净手巾等)包扎好并稍加固定,如图 6-17 所示。

图 6-17 包扎伤口

(2) 对于高压触电来说,触电时的电热温度高达数千摄氏度,往往会造成严重的烧伤,因此为了减少伤口感染和及时治疗,最好用医用酒精棉球或酒精沙布先擦洗伤口再包扎。

6.4 外伤急救

在电工作业过程中,触碰尖锐利器、电击、高空作业等可能会造成电工作业人员被割伤、摔伤和烧伤等外伤事故,对不同的外伤要采用不同的急救措施。

1. 割伤

电工作业人员在被割伤出血时,需要用棉球蘸取少量的医用酒精将伤口清洗干净,为了保护伤口,用纱布(或干净的毛巾等)包扎。

如果有血液慢慢渗出,则应多包几层纱布,并用绷带稍加固定,并将割伤部位放在比心脏高的部位。

> 【提示】
>
> 若经初步救护还不能止血或血液大量渗出，则要赶快呼叫救护车。在救护车到来之前，要压住割伤部位接近心脏的血管，并可用下列方法进行急救。
>
> （1）手指割伤出血：割伤者可用另一只手用力压住割伤部位的两侧。
>
> （2）手、手肘割伤出血：割伤者需要用四根手指用力压住上臂内侧隆起的肌肉，若压住后仍然出血不止，则说明没有压住出血的血管，需要重新改变手指的位置。
>
> （3）上臂、腋下割伤出血：必须借助救护者来完成。救护者拇指向下、向内用力压住受伤者锁骨下凹处的位置即可。
>
> （4）脚、胫部割伤出血：需要借助救护者来完成。首先让割伤者仰卧，将脚部微微垫高，救护者用两只拇指压住割伤者的股沟、腰部、阴部间的血管即可。
>
> 指压方式止血只是临时应急措施。若将手松开，则血还会继续流出。因此，一旦发生事故，要尽快呼叫救护车。在医生尚未到来时，若有条件，最好使用止血带止血，即割伤部位距离心脏较近的部位用止血带绑住，并用木棍固定，便可达到止血效果。止血带每隔 30 min 左右就要松开一次，以便让血液循环；否则，割伤部位被捆绑的时间过长，会对割伤者的末端肌体造成危害。
>
> 禁止用电线、钢丝、细绳等作为止血带。
>
> 不宜在上臂中部使用止血带，以免损伤神经。
>
> 使用止血带止血时，先将消毒纱布或割伤者的衣服等叠起放在止血带的下面，用止血带扎紧肢体端的动脉，以脉搏消失为佳。
>
> 若伤口出血呈喷射状或有鲜红的血液涌出，则应立即用清洁的手指压迫出血点的上方（近心端），使血流中断，并将出血的肢体举高或抬高，以减少出血量。

2. 摔伤

在电工作业过程中，摔伤主要发生在一些登高作业中。摔伤急救的原则是先抢救、后固定。首先快速准确观察摔伤者的状态，然后根据受伤程度和部位进行相应的急救，如图 6-18 所示。

图 6-18 不同程度摔伤的急救措施

若摔伤者是从高处坠落的，并受挤压等，则可能造成胸内或腹腔内器官破裂出血，需采取恰当的急救措施，如图 6-19 所示。

图 6-19 摔伤的急救

【提示】

对于摔伤,应在 6~8h 内进行处理,并缝合伤口。如果摔伤的同时有异物刺入体内,则切忌擅自将异物拔出,要保持异物与身体相对固定,并及时送往医院。

从外观看,若摔伤者并无明显出血,但有脸色苍白、脉搏细弱、全身出冷汗、烦躁不安,甚至神志不清等症状,则首先让摔伤者迅速平躺,用椅子将下肢垫高,并保持肢体温暖,然后迅速送往医院救治。若送往医院的路途较远,则可给摔伤者饮用少量的糖盐水。

当肢体骨折时,一般使用夹板、木棍、竹竿等将骨折处的上、下两个关节固定,也可与身体固定,如图 6-20 所示,以免骨折部位移动,减少摔伤者的疼痛,防止伤势恶化。

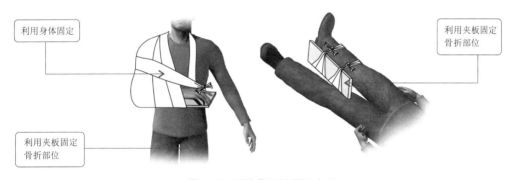

图 6-20 肢体骨折的固定方法

图 6-21 所示为颈椎和腰椎骨折的急救措施。

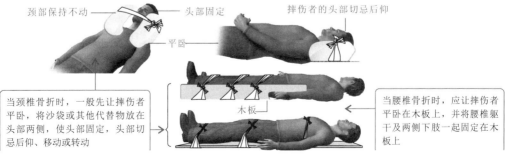

图 6-21 颈椎和腰椎骨折的急救措施

> 【提示】
>
> 值得注意的是，若为开放性骨折或大量出血，则应先止血、后固定，并用干净的布片覆盖伤口，迅速送往医院，切勿将外露的断骨推回伤口内。若没有出现开放性骨折，则最好也不要自行或让非医务人员揉、拉、捏、掰等，应等医生或到医院后让医务人员救治。

3. 烧伤

烧伤多是由触电及火灾事故引起的。一旦出现烧伤，应及时对烧伤部位进行降温处理（烧伤部位用冷水冲 20～30 min），并在降温的过程中小心除去衣物，以降低伤害。

6.5 消防安全

电工作业中可能遇到电气火灾。电气火灾通常是由短路、过载、漏电等造成的，如设备或线路发生短路故障、过载引起电气设备过热、接触不良引起过热、通风散热不良、加热型电气设备使用不当、操作中的电火花和电弧遇到易燃易爆物品等。

（1）正确选择隔热、耐热、易散热、易冷却装置，以防止电气火灾的发生。

（2）正确安装电气设备，电气设备周围不可堆放易燃易爆物品，对易产生电弧、电火花的设备保持足够的防火距离，避免安全隐患。

（3）定期检查电气设备，发现隐患及时排除，确保电气设备正常运行。

（4）配备足够的消防器材，放置在明显、方便位置，不得埋压或随意挪动，要定期检查维修，保持完好，图 6-22 所示为消防器材的安放。

图 6-22 消防器材的安放

（5）普及消防知识，做到人人会报警，会正确使用灭火器材，会扑救初起的火灾。

当维修电工面临火灾事件时，一定要沉着、冷静。及时拨打119，并立即采取措施切断电源，使用灭火器灭火，以防电气设备发生爆炸，防止火灾蔓延、防止在救火时造成触电事故。

值得注意的是，火灾发生后，由于温度、烟等诸多原因，设备的绝缘性能会随之降低，拉闸断电时一定要佩戴绝缘手套，或使用绝缘拉杆等干燥绝缘器材拉闸断电。

在进行火灾扑救时尽量使用干粉灭火器，切忌不要用泼水的方式救火，否则可能会引发电气设备故障或触电。

不同的灭火器使用的方法也有所差异,见表 6-1。

表 6-1 灭火器的使用方法

灭火器种类	灭火范围	使用方法
二氧化碳灭火器	电气设备、仪器仪表、酸性物质、油脂类物质	一手握住喷头对准火源,一手拧开开关
四氯化碳灭火器	电气设备	一手握住喷头对准火源,一手拧开开关
干粉灭火器	电气设备,石油、油漆、天然气等易燃物	将喷头对准火源,提起环状开关
1211 灭火器	电气设备、化工化纤原料、油脂类物质	拔下铅封锁,用力压手柄
泡沫灭火器	可燃性物体、油脂类物质	倒置摇动,将喷头对准火源,拧开开关

对空中线路进行灭火时,人体应与带电物体最少保持 45°,以防导线或其他设备掉落危及人身安全。具体操作如图 6-23 所示。

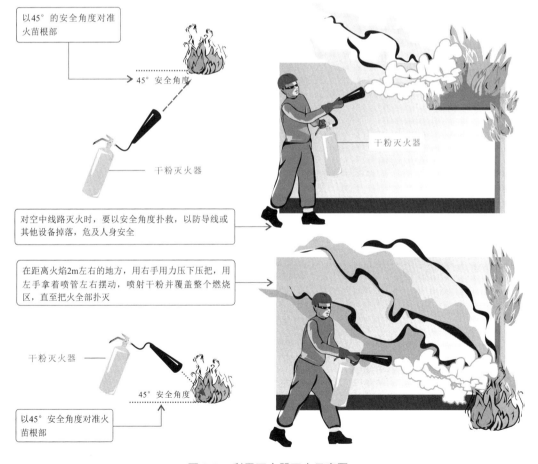

图 6-23 利用灭火器灭火示意图

第 7 章 导线的加工与连接

7.1 导线剥线加工

导线的材料不同,剥线加工方法也不同。下面以塑料硬导线、塑料软导线、塑料护套线为例介绍具体的剥线加工方法。

7.1.1 塑料硬导线的剥线加工

塑料硬导线通常使用钢丝钳、剥线钳、斜口钳或电工刀等操作工具进行剥线加工。

1. 使用钢丝钳剥线加工

使用钢丝钳剥线加工塑料硬导线是在电工操作中经常使用的一种简单快捷的操作方法,一般适用于剥线加工横截面积小于 4 mm² 的塑料硬导线,如图 7-1 所示。

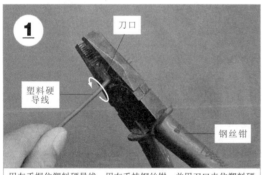

用左手握住塑料硬导线,用右手持钢丝钳,并用刀口夹住塑料硬导线旋转一周,切断需剥掉处的塑料绝缘层。

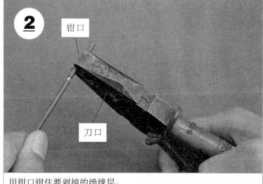

用钳口钳住要剥掉的绝缘层。

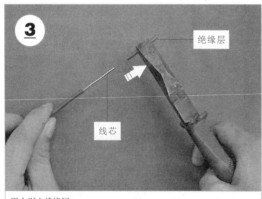

用力剥去绝缘层。

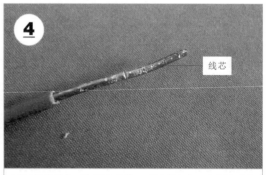

在剥去绝缘层时,不可在钢丝钳刀口处加剪切力,否则会切伤线芯。剥线加工的线芯应保持完整,若有损伤,应重新剥线加工。

图 7-1 使用钢丝钳剥线加工塑料硬导线

2. 使用剥线钳剥线加工

使用剥线钳剥线加工塑料硬导线也是电工操作中比较规范和简单的方法，一般适用于剥线加工横截面积大于 4 mm² 的塑料硬导线，如图 7-2 所示。

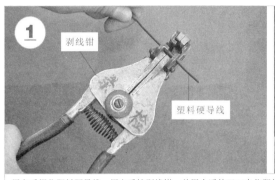

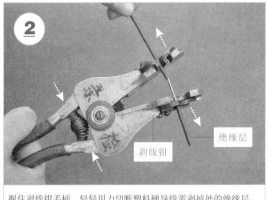
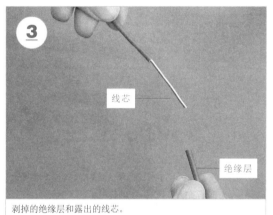

图 7-2 使用剥线钳剥线加工塑料硬导线

3. 使用电工刀剥线加工

一般横截面积大于 4 mm² 的塑料硬导线可以使用电工刀剥线加工，如图 7-3 所示。

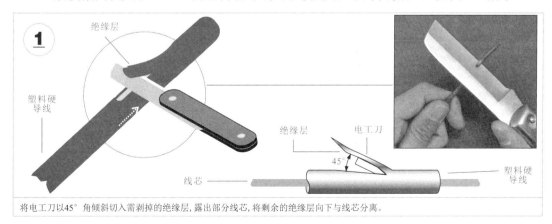

图 7-3 使用电工刀剥线加工塑料硬导线

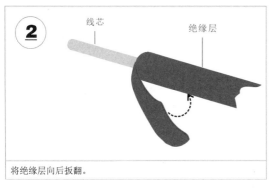
将绝缘层向后扳翻。

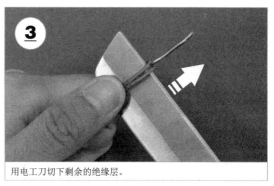
用电工刀切下剩余的绝缘层。

图 7-3 使用电工刀剥线加工塑料硬导线（续）

7.1.2 塑料软导线的剥线加工

塑料软导线的线芯多是由多股细铜（铝）丝组成的，不适宜用电工刀剥线加工，在实际操作中，多使用剥线钳和斜口钳剥线加工，具体操作方法如图 7-4 所示。

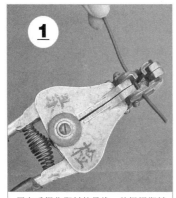
用左手握住塑料软导线，并根据塑料软导线的直径将其放在剥线钳合适的刀口中。

握住剥线钳手柄，轻轻用力切断塑料软导线需剥掉处的绝缘层。

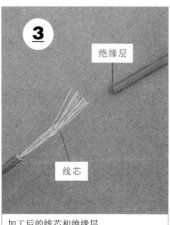
加工后的线芯和绝缘层。

图 7-4 塑料软导线的剥线加工

【提示】

在使用剥线钳剥线加工塑料软导线时，切不可选择小于塑料软导线线芯直径的刀口，否则会导致多根线芯与绝缘层一同被剥掉，如图 7-5 所示。

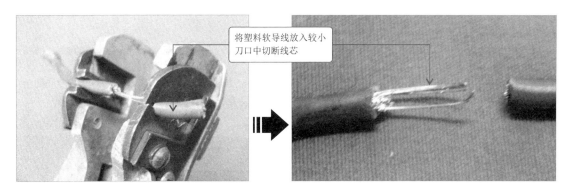

图 7-5 塑料软导线剥线加工时的错误操作

7.1.3 塑料护套线的剥线加工

塑料护套线是将两根带有绝缘层的导线用护套层包裹在一起的导线。在剥线加工时,要先剥掉护套层,再分别剥掉两根导线的绝缘层,具体操作方法如图 7-6 所示。

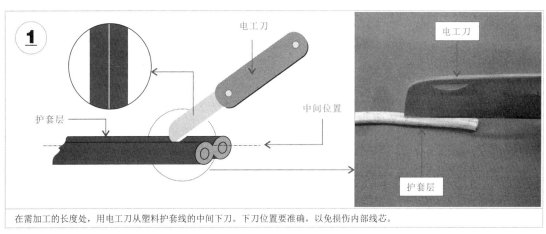

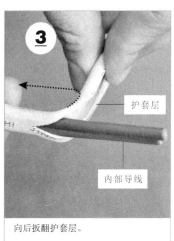
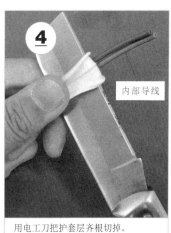

图 7-6 塑料护套线的剥线加工

7.2 导线连接

电工人员在实际操作过程中,若导线的长度不够或需要连到分接支路、连接端子时,需要进行导线之间的连接、导线与连接端子之间的连接等。

下面分别讲述导线的缠绕连接、导线的铰接连接、导线的扭绞连接、导线的绕接连接及导线的线夹连接。

7.2.1 导线的缠绕连接

导线的缠绕连接包括单股导线缠绕式对接、单股导线缠绕式 T 形连接、两根多股导线缠绕式对接、两根多股导线缠绕式 T 形连接。

1. 单股导线缠绕式对接

当连接两根较粗的单股导线时,通常选择缠绕式对接方法,如图 7-7 所示。

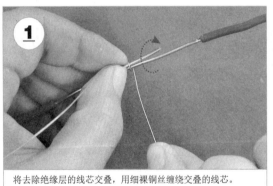
将去除绝缘层的线芯交叠,用细裸铜丝缠绕交叠的线芯。

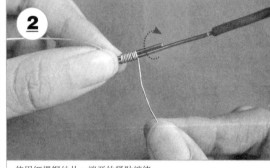
使用细裸铜丝从一端开始紧贴缠绕。

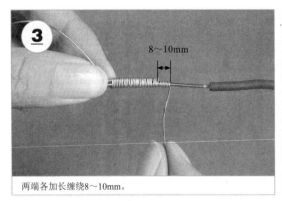
两端各加长缠绕8~10mm。

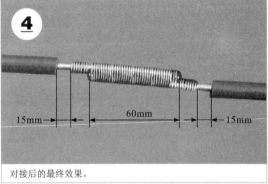
对接后的最终效果。

图 7-7 单股导线缠绕式对接

> 【提示】
>
> 值得注意的是，若单股导线的直径为 5 mm，则缠绕长度应为 60 mm；若单股导线的直径大于 5 mm，则缠绕长度应为 90 mm；缠绕好后，还要在两端的单股导线上各自再缠绕 8～10 mm。

2. 单股导线缠绕式 T 形连接

当一根支路单股导线和一根主路单股导线连接时，通常采用缠绕式 T 形连接，如图 7-8 所示。

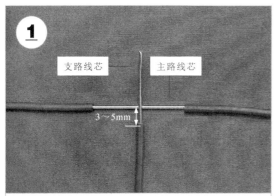
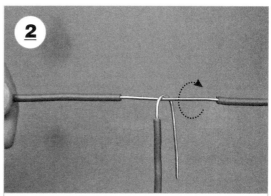
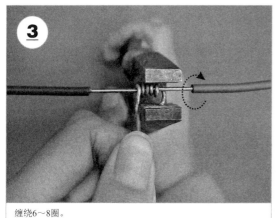

图 7-8 单股导线缠绕式 T 形连接

3. 两根多股导线缠绕式对接

当连接两根多股导线时，可采用缠绕式对接的方法，如图 7-9 所示。

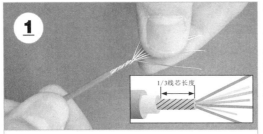

1. 将两根多股导线的线芯散开拉直,在靠近绝缘层1/3线芯长度处铰紧线芯。

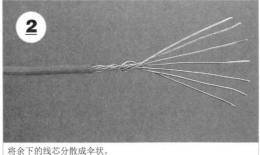

2. 将余下的线芯分散成伞状。

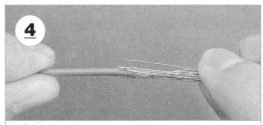

3. 将两根伞状线芯交叉。

4. 捏平线芯。

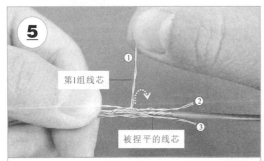

5. 将一端交叉捏平的线芯平均分成3组,将第1组线芯扳起,按顺时针方向紧压交叉捏平的线芯缠绕两圈,将余下的线芯与其他线芯捏在一起。

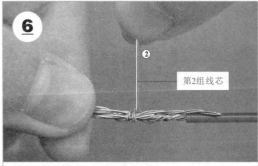

6. 同样,将第2、3组线芯依次扳起,按顺时针方向紧压交叉捏平的线芯缠绕3圈。

7. 将多余的线芯从根部切断,钳平线端。

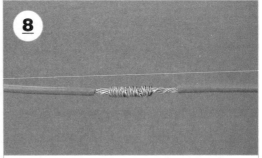

8. 使用同样的方法连接另一端线芯,即可完成两根多股导线缠绕式对接。

图 7-9 两根多股导线缠绕式对接

4. 两根多股导线缠绕式 T 形连接

当一根支路多股导线与一根主路多股导线连接时，通常采用缠绕式 T 形连接，如图 7-10 所示。

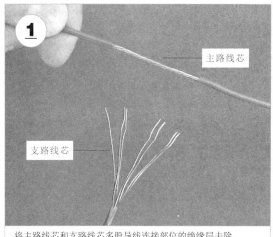
将主路线芯和支路线芯多股导线连接部位的绝缘层去除。

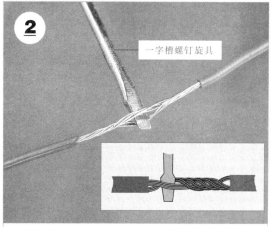
将一字槽螺钉旋具插入主路线芯的多股导线去掉绝缘层的线芯中心。

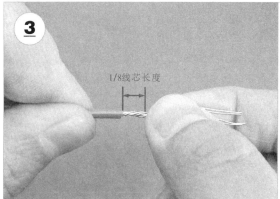
散开支路多股导线线芯，在距绝缘层的1/8线芯长度处将线芯铰紧，并将余下的7/8线芯长度的线芯分为两组。

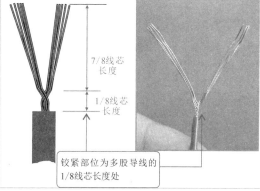
将支路线芯的一组插入主路线芯的中间，将另一组放在前面。

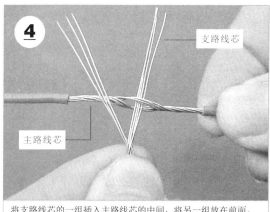
将放在前面的支路线芯沿主路线芯按顺时针方向缠绕。

图 7-10 两根多股导线缠绕式 T 形连接

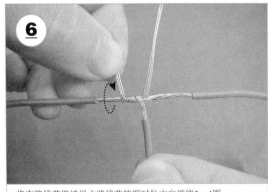
将支路线芯继续沿主路线芯按顺时针方向缠绕3~4圈。

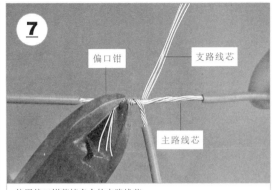
使用偏口钳剪掉多余的支路线芯。

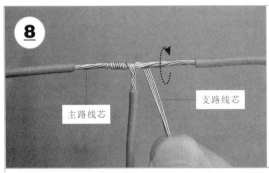
使用同样的方法将另一组支路线芯沿主路线芯按顺时针方向缠绕。

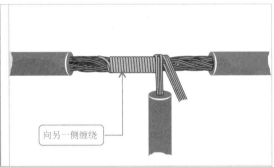

使用偏口钳剪掉多余的线芯。

将支路线芯继续沿主路线芯按顺时针方向缠绕3~4圈。

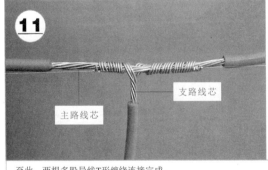
至此,两根多股导线T形缠绕连接完成。

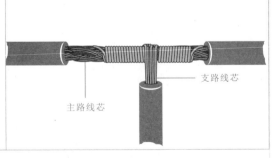

图 7-10 两根多股导线缠绕式 T 形连接（续）

7.2.2 导线的铰接连接

当两根横截面积较小的单股导线连接时，通常采用铰接连接，如图 7-11 所示。

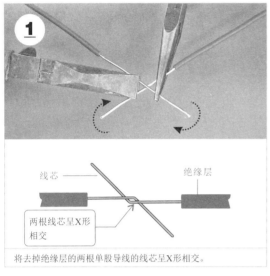
将去掉绝缘层的两根单股导线的线芯呈X形相交。

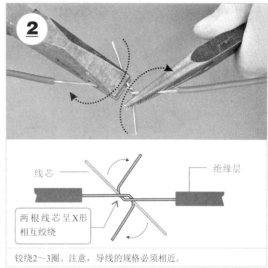
铰绕2～3圈。注意，导线的规格必须相近。

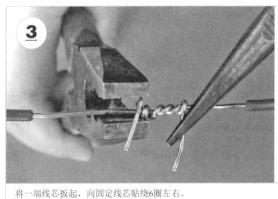
将一端线芯扳起，向固定线芯贴绕6圈左右。

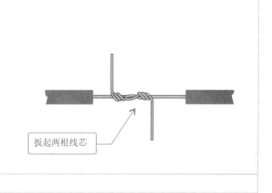
将另一根线芯扳起，向固定线芯贴绕6圈左右。

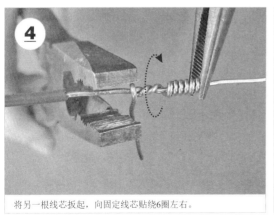

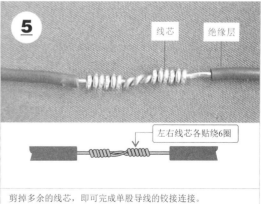
剪掉多余的线芯，即可完成单股导线的铰接连接。

图 7-11 单股导线的铰接连接

7.2.3 导线的扭绞连接

扭绞连接是将待连接的导线线芯平行同向放置后，将线芯同时互相缠绕，如图7-12所示。

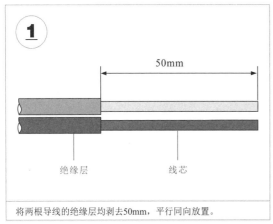
将两根导线的绝缘层均剥去50mm，平行同向放置。

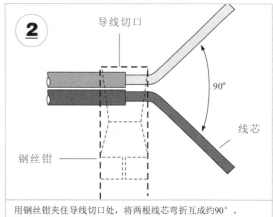
用钢丝钳夹住导线切口处，将两根线芯弯折互成约90°。

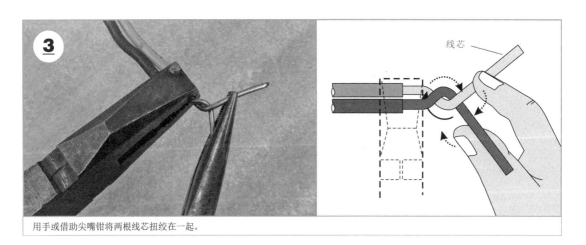
用手或借助尖嘴钳将两根线芯扭绞在一起。

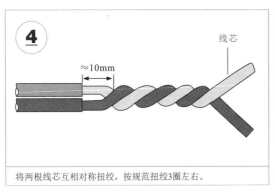
将两根线芯互相对称扭绞，按规范扭绞3圈左右。

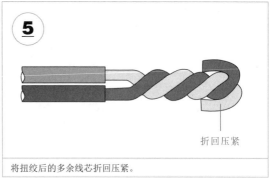
将扭绞后的多余线芯折回压紧。

图7-12 导线的扭绞连接

7.2.4 导线的绕接连接

绕接连接也称并头连接,一般适用于三根导线的连接,将第三根导线的线芯绕接在另外两根导线的线芯上,如图7-13所示。

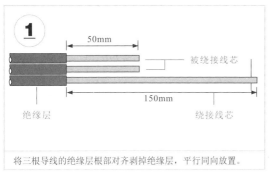

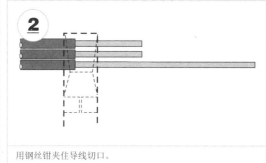

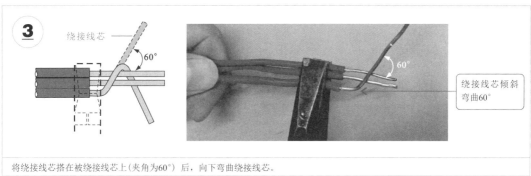

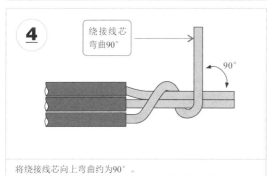

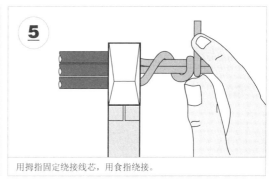

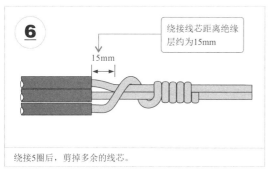

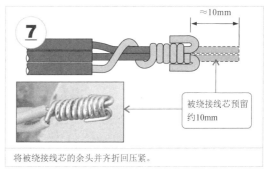

图7-13 导线的绕接连接

7.2.5 导线的线夹连接

在电工操作中，常用线夹连接硬导线，操作简单，牢固可靠，如图 7-14 所示。

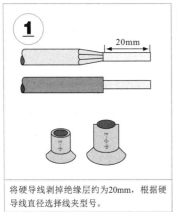

将硬导线剥掉绝缘层约为20mm，根据硬导线直径选择线夹型号。

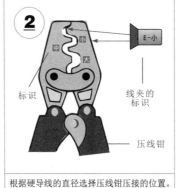

根据硬导线的直径选择压线钳压接的位置。

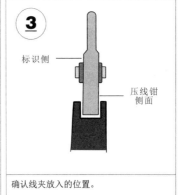

确认线夹放入的位置。

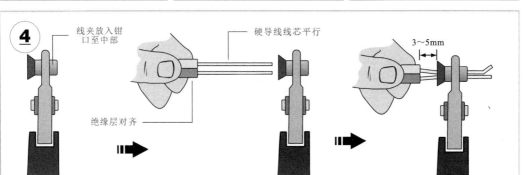

将线夹放入压线钳中，先轻轻夹持确认具体的操作位置，然后将硬导线的线芯平行插入线夹中，线夹与硬导线绝缘层的间距为3～5mm，用力夹紧，使线夹牢固压接在硬导线的线芯上。

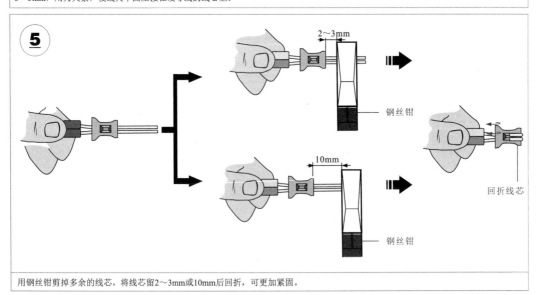

用钢丝钳剪掉多余的线芯，将线芯留2～3mm或10mm后回折，可更加紧固。

图 7-14 导线的线夹连接

7.3 导线连接头的加工

在导线的连接中,加工处理导线连接头是电工操作中十分重要的一项技能。导线连接头的加工根据导线类型可分为塑料硬导线连接头的加工和塑料软导线连接头的加工。

7.3.1 塑料硬导线连接头的加工

塑料硬导线一般可以直接连接,当需要平接时,就需要使用连接头,即将塑料硬导线的线芯加工为大小合适的连接环,如图 7-15 所示。

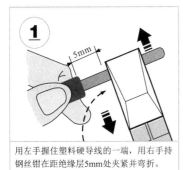
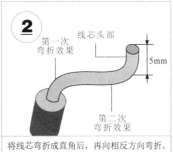

图 7-15 塑料硬导线连接头的加工

【提示】

在加工塑料硬导线的连接头时应当注意,若尺寸不规范或弯折不规范,都会影响接线质量。在实际操作过程中,若出现不合规范的连接头,则需要剪掉,重新加工,如图 7-16 所示。

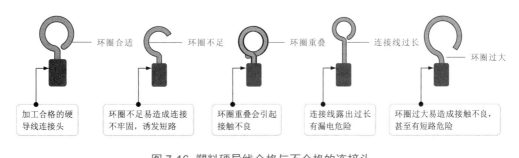

图 7-16 塑料硬导线合格与不合格的连接头

7.3.2 塑料软导线连接头的加工

塑料软导线连接头的加工有绞绕式连接头的加工、缠绕式连接头的加工及环形连接头的加工。

1. 绞绕式连接头的加工

绞绕式连接头的加工是用一只手握住导线的绝缘层处，用另一只手向一个方向捻线芯，使线芯紧固整齐，如图7-17所示。

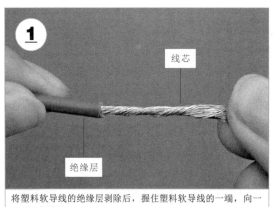

图7-17 绞绕式连接头的加工

2. 缠绕式连接头的加工

将塑料软导线的线芯插入连接孔时，常常由于线芯过细，无法插入，所以需要在绞绕的基础上，将其中一根线芯沿一个方向由绝缘层处开始缠绕，如图7-18所示。

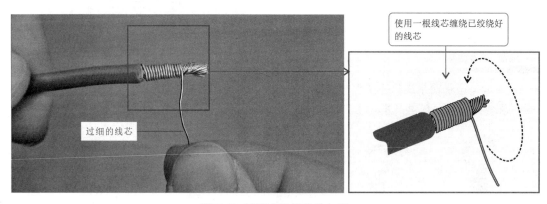

图7-18 缠绕式连接头的加工

3. 环形连接头的加工

若要将塑料软导线的线芯加工为环形，则首先将离绝缘层根部1/2处的线芯绞绕，然后弯折，并将弯折的线芯与塑料软导线并紧，再将弯折线芯的 1/3 拉起，环绕其余的线芯和塑料软导线，如图 7-19 所示。

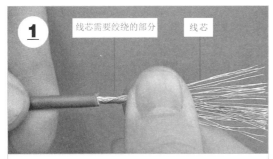
捏住去掉绝缘层的线芯向一个方向绞绕。

绞绕好的线芯长度应为总线芯长度的1/2（距离绝缘层根部），应紧固整齐。

将绞绕好的线芯弯折为环形。

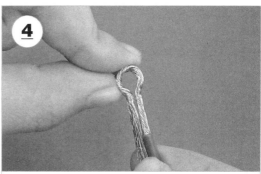
将1/3长度的线芯弯曲成圆形。

将并紧线芯的1/3拉起。

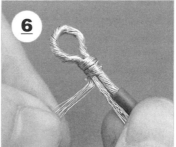
按顺时针方向缠绕2圈。

剪掉多余的线芯，完成环形连接头的加工。

图 7-19 环形连接头的加工

7.4 导线的焊接与导线绝缘层的恢复

导线的焊接主要是将两段（或更多段）的导线连接在一起。绝缘层的恢复主要是将焊接部分进行绝缘处理，以避免因外露造成漏电故障。

7.4.1 导线的焊接

导线完成连接后,为确保导线连接牢固,需要对连接端进行焊接处理,使其连接更牢固。焊接时,需要对连接处上锡,再用加热的电烙铁将线芯焊接在一起,如图 7-20 所示。

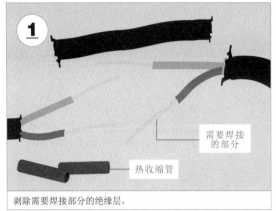

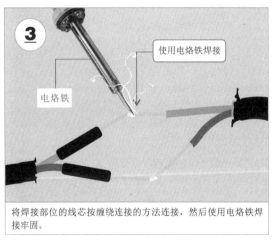
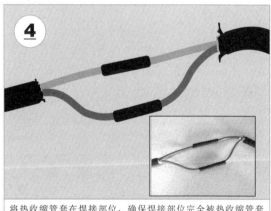

图 7-20 导线的焊接

【资料】

导线的焊接除使用绕焊外,还有钩焊、搭焊。其中,钩焊是将导线弯成钩形勾在接线端子上,用钢丝钳夹紧后再焊接,强度低于绕焊,操作简便;搭焊是用焊锡将导线搭到接线端子上直接焊接,仅用在临时连接或不便于缠、勾的地方及某些接插件上,搭焊方便,但强度和可靠性差。

7.4.2 导线绝缘层的恢复

导线连接或绝缘层遭到破坏后,必须恢复绝缘性能才可以正常使用,并且恢复后,绝缘强度应不低于原有绝缘层。常用导线绝缘层的恢复方法有两种:一种是使用热收缩管,另一种是使用绝缘材料包缠法。

1. 使用热收缩管

使用热收缩管恢复导线的绝缘层是一种简便、高效的操作方法，如图 7-21 所示。

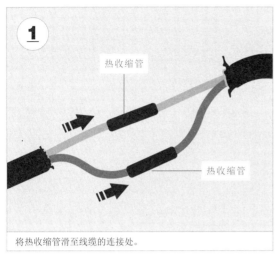 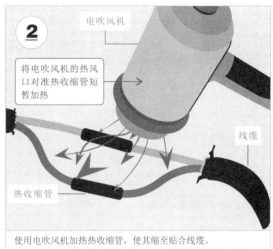

图 7-21 使用热收缩管恢复导线的绝缘层

2. 使用绝缘材料包缠法

使用绝缘材料包缠法是使用绝缘材料（黄腊带、涤纶薄膜带、胶带）缠绕导线线芯，使导线恢复绝缘功能，如图 7-22 所示。

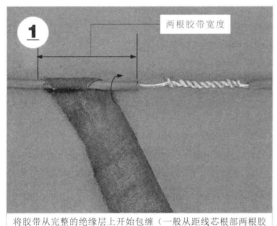 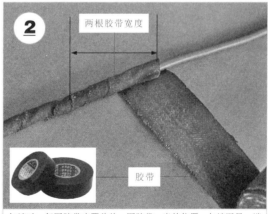

图 7-22 使用绝缘材料包缠法恢复导线的绝缘层

在一般情况下，在恢复 220 V 线路导线的绝缘性能时，应先包缠一层黄腊带或涤纶薄膜带，再包缠一层胶带；在恢复 380 V 线路导线的绝缘性能时，先包缠两三层黄腊带或涤纶薄膜带，再包缠两层胶带，如图 7-23 所示。

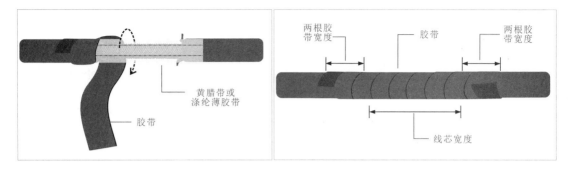

图 7-23 220 V 和 380 V 线路绝缘层的恢复

导线绝缘层的恢复是较为普通和常见的，在实际操作中还会遇到分支导线连接点绝缘层的恢复，此时需要从距分支导线连接点两根胶带宽度的位置开始包缠胶带，如图 7-24 所示。

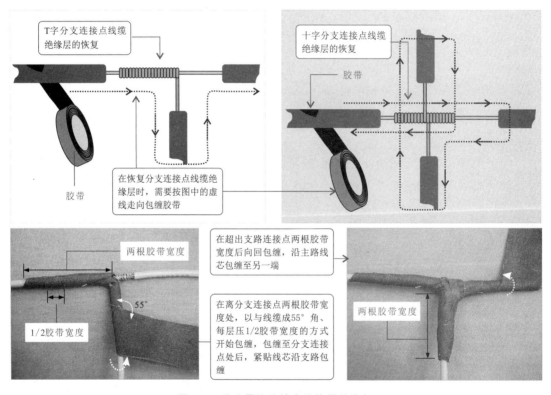

图 7-24 分支导线连接点绝缘层的恢复

在包缠胶带时，间距应为 1/2 胶带宽度，当胶带包缠至分支连接点时，应紧贴线芯沿支路包缠，当超出连接点两根胶带宽度后向回包缠，沿干线线芯包缠至另一端。

第 8 章 焊接操作

8.1 电焊

电焊是利用电能,通过加热、加压,借助金属原子的结合与扩散作用,使两件或两件以上的焊件(材料)牢固地连接在一起的一种操作工艺。

8.1.1 电焊工具

1. 焊接工具

(1) 电焊机。

电焊机根据输入电流形式的不同,可以分为直流电焊机和交流电焊机,如图 8-1 所示,交流电焊机的电源使用了一种特殊的降压变压器,它具有结构简单、噪声小、价格便宜、使用可靠、维护方便等优点;直流电焊机电源输出端有正、负极之分,焊接时电弧两端极性不变。

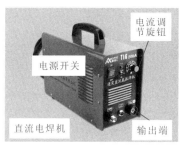 

图 8-1 电焊机的外形

【资料】

随着技术的发展,有些电焊机将直流和交流集合于一体,既可以当作直流电焊机使用也可以当作交流电焊机使用,如图 8-2 所示,通常该类电焊机的功能旋钮相对较多,根据不同的需求可以调节相应的功能。

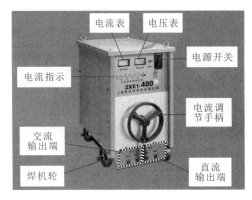

图 8-2 交直流两用电焊机

（2）电焊钳。

电焊钳需要结合电焊机同时使用，主要是用来夹持焊条，在焊接操作时，用于传导焊接电流的一种器械。

电焊钳的外形如图 8-3 所示，该工具的外形像一个钳子，其手柄通常采用塑料或陶瓷材料，具有防护、防电击、耐高温、耐焊接飞溅及耐跌落等多重保护功能，其夹子采用铸造铜制成，主要用来夹持或是操纵焊条。

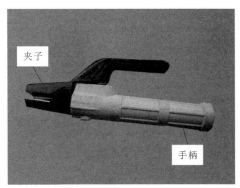

图 8-3 电焊钳的外形

（3）焊条。

焊条主要是由焊芯和药皮两部分构成的，如图 8-4 所示，其头部为引弧端，尾部有一段无涂层的裸焊芯，便于电焊钳夹持和利于导电，焊芯可作为填充金属实现对焊缝的填充连接，药皮具有助焊、保护、改善焊接工艺的作用。

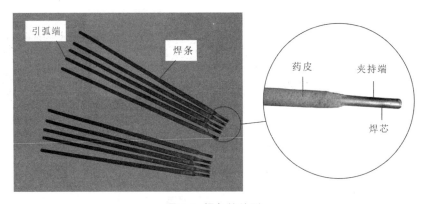

图 8-4 焊条的外形

> 【资料】
>
> 焊条的种类、规格等可通过焊条包装上的型号和牌号进行识别,型号是国家标准中规定的各种系列品种的焊条代号,而牌号是焊条行业统一规定的各种系列品种的焊条代号,属于比较常用的叫法。例如,型号 E4303,"E" 表示焊条,"43" 表示焊缝金属的抗拉强度等级,"0" 表示适用于全位置焊接,"3" 表示涂层为钛钙型,用于交流或直流正、反接。
>
> 例如,型号 J422,"J" 表示结构钢焊条,"42" 表示焊缝金属的抗拉强度大于或等于 420 Mpa,"2" 表示涂层为钛钙型,用于交流或直流正、反接。
>
> 需要根据焊件的厚度选择适合大小的焊条,其选配原则见表 8-1。

表 8-1 焊条选配原则

焊件厚度(mm)	2	3	4~5	6~12	>12
焊条直径(mm)	2	3.2	3.2~4	4~5	5~6

2. 防护工具

为了提高操作人员在焊接工作过程中的人身安全,通常会用到一些相应的防护工具,如防护面罩、防护手套、电焊服、绝缘橡胶鞋、防护眼镜和焊接衬垫等,如图 8-5 所示。

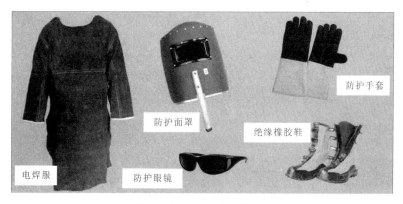

图 8-5 保护工具的实物外形

(1)防护面罩。

防护面罩是指在焊接过程中起到保护操作人员的一种安全工具,主要用来保护操作人员的面部和眼睛,防止电焊的强光伤害眼睛或电焊灼伤皮肤等。

(2)防护手套。

防护手套是操作人员在焊接操作过程中,为了避免操作人员的手部被火花(焊渣)溅伤的一种防护工具,具有隔热、耐磨、防止飞溅物烫伤、阻挡辐射等特点,并拥有一定的绝缘性能。

(3)电焊服。

电焊服是操作人员工作时需要的一种具有防护性能的服装,主要用来防止人身受到电焊的灼伤，可以在高温、高辐射等条件下作业。

通常电焊服具有耐磨、隔热和防火性能，对于重点受力的部位则采用双层皮及锅钉进行加固。

（4）绝缘橡胶鞋。

绝缘橡胶鞋是采用橡胶类绝缘材质制作的一种安全鞋，虽然不是直接接触带电部分，但可以防止"跨步电压"对操作人员的伤害，可以保护操作人员在操作过程中的安全。

绝缘橡胶鞋根据外形的不同，可以分为绝缘橡胶鞋和绝缘橡胶靴两种。绝缘橡胶鞋外层底部的厚度在不含花纹的情况下，不应小于 4 mm；耐实验电压 15 kV 以下的绝缘橡胶鞋，应用在工频（50～60 Hz）1 000 V 以下的作业环境中，15 kV 以上的试验电城市的电绝缘胶鞋，适用于工频 1 000 V 以上作业环境中。

（5）防护眼镜。

防护眼镜是一种起特殊作用的眼镜，当焊接操作完成后，通常需要对焊接处进行敲渣操作，此时，应佩戴防护眼镜，以避免飞溅的焊渣伤到操作人员的眼睛。

（6）焊接衬垫。

焊接衬垫是一种为了确保焊接部位背面成型的衬托垫，它通常是由无机材料（高土，滑石等）按比例混合加压烧结而成的陶瓷制品。

图 8-6 所示为焊接衬垫的外形，焊接衬垫能够在焊接时维持稳定状态，防止金属熔落，从而在焊件背面形成良好的焊缝。

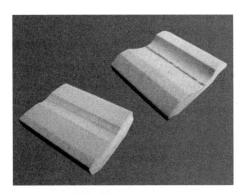

图 8-6 焊接衬垫的外形

【资料】

图 8-7 所示为几种焊接衬垫的应用方式。根据焊件的接口形式选用适合的焊接衬垫，可有效提高焊缝的质量。

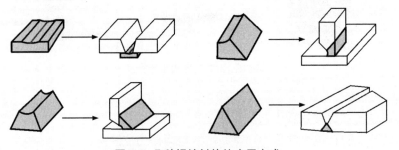

图 8-7 几种焊接衬垫的应用方式

3. 焊缝处理工具

（1）敲渣锤。

敲渣锤是锤子的一种，在焊接过程中主要用来对焊接处进行除渣处理。通常情况下，敲渣时操作人员应佩戴防护眼镜进行操作。

如图8-8所示,敲渣锤一般都为钢制品,头部分两端的一端为圆锥头,另一端为平錾口,而手柄采用螺纹弹簧把手,具有减震的功能。

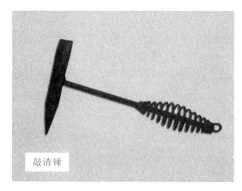

图 8-8 敲渣锤的外形

（2）钢丝轮刷。

钢丝轮刷是专门用来对焊缝进行打磨处理及去除焊渣的工具,如图8-9所示。钢丝轮刷需要安装到砂轮机上,通过砂轮机带动钢丝轮刷转动,从而对焊缝进行打磨。

图 8-9 钢丝轮刷的外形

（3）焊缝抛光机。

焊缝抛光机是专门用来对焊缝进行清洁、抛光处理的仪器,使用焊缝抛光机时,还需要配合使用专用抛光液才可对焊缝进行抛光处理,如图8-10所示。

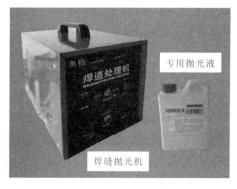

图 8-10 焊缝抛光机和抛光液的外形

163

8.1.2 焊接操作方法

1. 焊接前的准备工作

（1）电焊环境。

在进行电焊操作前应当对施焊现场进行检查，图 8-11 所示为在施焊操作周围 10 m 范围内不应设有易燃、易爆物，并且保证电焊机放在清洁、干燥的地方，焊接区域中配置灭火器。

图 8-11 电焊环境

> 【提示】
>
> 在进行电焊操作时，应当将电焊机远离水源，并且做好接地、绝缘等防护处理。

（2）操作工具的准备。

在进行电焊操作前，操作人员应穿戴电焊服、绝缘橡胶鞋和防护手套，并手持防护面罩，这样可以保证操作人员的人身安全。

在大口管路等封闭区域中进行焊接时，管路必须可靠接地，并且通风良好，管路外应有人监护，监护人员应熟知焊接操作规程和抢救方法。

> 【提示】
>
> 在穿戴防护工具前，可以使用专用的防护手套检测仪对防护手套的抗压性能进行检查，还应当使用专业的检测仪器对绝缘橡胶鞋进行耐高压等特性进行测试。只有当防护工具检测合格时，方可使用。

（3）电焊工具的连接。

在进行电焊作业前应当准备电焊工具，图 8-12 所示为将电焊钳通过连接线缆与电焊机上电焊钳连接端口进行连接（通常带有标识），接地夹通过连接线缆与电焊机上的接地夹连接端口进行连接，将焊件放在焊接衬垫上，再将"接地夹"夹至焊件的一端，然后将焊条的加持端夹在电焊钳口上即可。

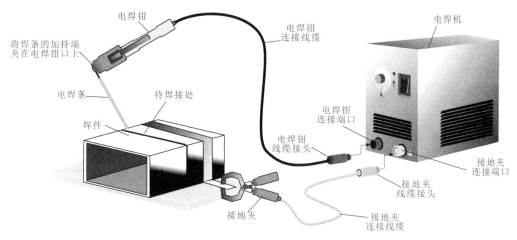

图 8-12 连接电焊钳与接地夹

【提示】

在使用连接线缆将电焊钳、接地夹与电焊机进行连接时，连接线缆的长度应在 20～30 m 为佳。若连接线缆的长度过长，则会增大电压；若连接线缆的长度过短，则可能会导致操作不便。

将电焊机的外壳进行保护性接地或接零，如图 8-13 所示，接地棒可以使用铜管或无缝钢管，将其埋入地下深度应大于 1 m，接地电阻应当小于 4 Ω，然后使用一根导线一端连接在接地装置上，另一端连接在电焊机的外壳接地端上。

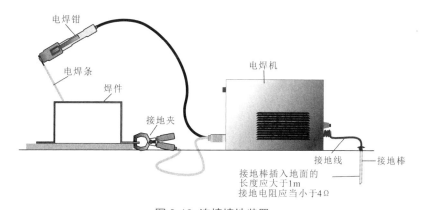

图 8-13 连接接地装置

将电焊机与配电箱通过连接线进行连接，并且保证连接线的长度为 2～3 m，在配电箱中应设有过载保护装置及闸刀开关等，可以对电焊机的供电进行单独控制，如图 8-14 所示。

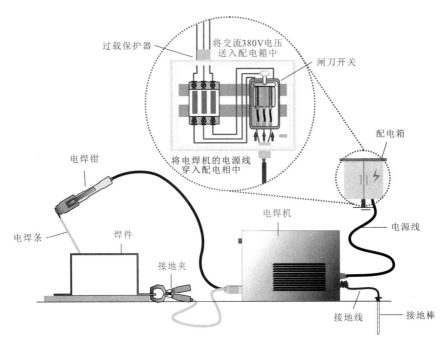

图 8-14 电焊机与配电箱进行连接

【提示】

当电焊机连接完成后,应检查其连接是否正确,并且应对连接线缆进行检查,查看连接线缆的绝缘皮外层是否有破损现象,以防止在电焊作业中发生触电事故。

2. 焊接操作

(1) 焊件的连接。

将焊接设备连接完成后,就需要对焊接的焊件进行连接,根据焊件厚度、形状和使用条件的不同,基本的焊接接头形式有对接接头、搭接接头、角接接头、T 形接头,如图 8-15 所示。其中,对接接头受力比较均匀,使用最多,重要的受力焊缝应尽量选用对接接头。

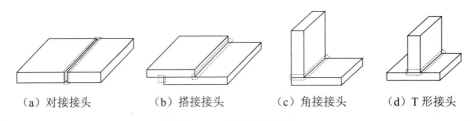

(a) 对接接头　　(b) 搭接接头　　(c) 角接接头　　(d) T 形接头

图 8-15 焊接接头形式

为了焊接方便,在对对接接头形式的焊件进行焊接前,需要对两个焊件的接口进行加工,如图 8-16 所示,对于较薄的焊件需将接口加工成 I 形或单边 V 形,进行单层焊接;对于较厚的焊件需加工成 V 形、U 形或 X 形,以便进行多层焊接。

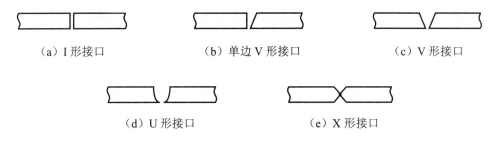

图 8-16 对接接口的选择

（2）电焊机的参数设置。

进行焊接时，应先将配电箱内的开关闭合，再打开电焊机的电源开关。操作人员在闭合配电箱中的电源开关时，必须戴绝缘手套。在选择输出电流时，输出电流的大小应根据焊条的直径、焊件的厚度、焊缝的位置等进行调节。在焊接过程中不能调节电流，以免损坏电焊机，并且调节电流时，旋转调节按钮的速度不能过快。

> 【提示】
>
> 电焊机工作负荷不应超出额定参数，即在允许的负载值下持续工作，不得长时间超载运行。当电焊机温度达到 60～80℃ 时，应停机降温后再进行焊接。

焊接电流是手工电弧焊中最重要的参数，它主要受焊条直径、焊接位置、焊件厚度及焊接人员的技术水平影响。焊条直径越大，熔化焊条所需热量越多，所需焊接电流越大。每种直径的焊条都有一个合适的焊接电流范围，见表 8-2。在其他焊接条件相同的情况下，平焊位置可选择偏大的焊接电流，横焊、立焊、仰焊的焊接电流应减小 10%～20%。

表 8-2 焊条直径与焊接电流范围

焊条直径（mm）	1.6	2.0	2.5	3.2	4.0	5.0	5.8
焊接电流（A）	25～40	40～65	50～80	100～130	160～210	220～270	260～300

> 【提示】
>
> 设置的焊接电流太小，电弧不易引出，燃烧不稳定，弧声变弱，焊缝表面呈圆形，高度增大，熔深减小。设置的焊接电流太大，焊接时弧声强，飞溅增多，焊条往往变得红热，焊缝表面变尖，熔池变宽，熔深增加，焊薄板时易烧穿。

（3）焊接操作。

焊接操作主要包括引弧、运条和灭弧，焊接过程中应注意焊接姿势、焊条运动方式及运条速度。

① 引弧操作。

在电弧焊中，包括两种引弧方法，即划擦法和敲击法。如图 8-17 所示，划擦法是将焊条靠近焊件，然后将焊条像划火柴似的在焊件表面轻轻划擦，引燃电弧，然后迅速将焊条提起 2～4 mm，并使之稳定燃烧；而敲击法是将焊条末端对准焊件，然后手腕下弯，使焊条轻微碰一下焊件，再迅速将焊条提起 2～4 mm，引燃电弧后手腕放平，使电弧保持稳定燃烧。敲击法不受焊件表面大小、形状的限制，是电弧焊中主要采用的引弧方法。

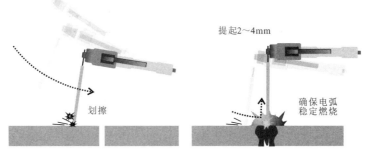

（a）划擦法

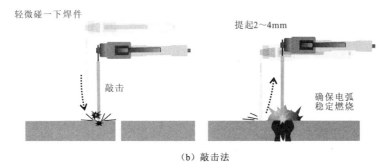

（b）敲击法

图 8-17 引弧方式

【提示】

在焊接时，通常会采用平焊（蹲式）操作，如图 8-18 所示。操作人员蹲姿要自然，两脚间夹角为 70°～85°，两脚间距离约为 240～260 mm。持电焊钳的手臂半伸开悬空进行焊接操作，另一只手握住电焊面罩，保护好面部。

 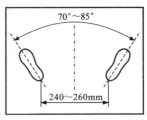

图 8-18 平焊（蹲式）操作

② 运条操作。

由于焊接起点处温度较低，引弧后可先将电弧稍微拉长，对起点处预热，然后再适当缩短电弧进行正式焊接。在焊接时，需要匀速推动焊条，使焊件的焊接部位与焊条充分熔化、混合，形成牢固的焊缝。焊条的移动可分为三种基本形式：沿焊条中心线向熔池送进、沿焊接方向移动、焊条横向摆动。焊条移动时，应向前进方向倾斜10°～20°，并根据焊缝大小横向摆动焊条，图8-19所示为焊条移动方式。注意在更换焊条时，必须佩戴防护手套。

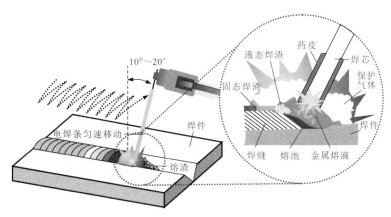

图8-19 焊条移动方式

【资料】

在对较厚的焊件进行焊接时，为了获得较宽的焊缝，焊条应沿焊缝横向做规律摆动。如图8-20所示，根据摆动规律的不同，通常有以下运动方式。

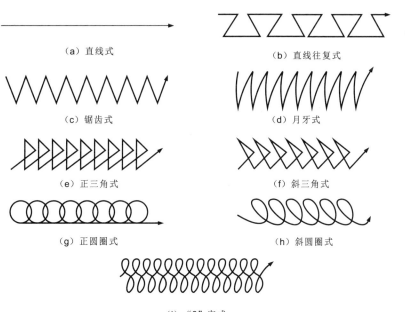

图8-20 焊条的摆动方式

- ◆ 直线式：常用于I形坡口的对接平焊，多层焊的第一层焊道或多层多道焊的第一层焊。
- ◆ 直线往复式：焊接速度快、焊缝窄、散热快，适用于薄焊件或接头间隙较大的多层焊的第一层焊道。
- ◆ 锯齿式：焊条做锯齿形连续摆动，并在两边稍停片刻，这种方法容易掌握，生产应用较多。
- ◆ 月牙式：这种运条方法的熔池存在时间长，易于熔渣和气体析出，焊缝质量高。
- ◆ 正三角式：这种方法一次能焊出较厚的焊缝断面，不易夹渣，生产率高，适用于开坡口的对接焊缝。
- ◆ 斜三角式：这种运条方法能够借助焊条的摇动来控制熔化金属，促使焊缝成形良好，适用于T形接头的平焊和仰焊及开有坡口的横焊。
- ◆ 正圆圈式：这种方法熔池存在时间长，温度高，便于熔渣上浮和气体析出，一般只用于较厚焊件的平焊。
- ◆ 斜圆圈式：这种运条方法有利于控制熔池金属不外流，适用于T形接头的平焊和仰焊及对接接头的横焊。
- ◆ "8"字式：这种方法能保证焊缝边缘得到充分加热，熔化均匀，适用于带有坡口的厚焊件焊接。

在焊接过程中，焊条沿焊接方向移动的速度，即单位时间内完成的焊缝长度，称为焊接速度。速度过快会造成焊缝变窄、高低不平、未焊透、熔合不良等缺陷；速度过慢会造成热量输入多、热影响区变宽、接头晶粒组过大、力学性能降低、焊接变形加大等缺陷，因此，焊条的移动应根据具体情况保持均匀适当的速度。

③ 灭弧操作。

焊接的灭弧就是一条焊缝焊接结束时如何收弧，通常有画圈法、反复断弧法和回焊法。其中，画圈法是在焊条移至焊道终点时，利用手腕动作使焊条尾端做圆圈运动，直到填满弧坑后再拉断电弧，此法适用于较厚焊件的收尾；反复断弧法是反复在弧坑处熄弧、引弧多次，直至填满弧坑，此法适用于较薄的焊件和大电流焊接；回焊法是焊条移至焊道收尾处即停止，但不熄弧，改变焊条角度后向回焊接一段距离，待填满弧坑后再慢慢拉断电弧。图8-21所示为焊接收尾的方式。

【提示】

焊接操作完成后，应先断开电焊机电源，再放置焊接工具，然后清理焊件及焊接现场。在消除可能引发火灾的隐患后，再断开总电源，离开焊接现场。

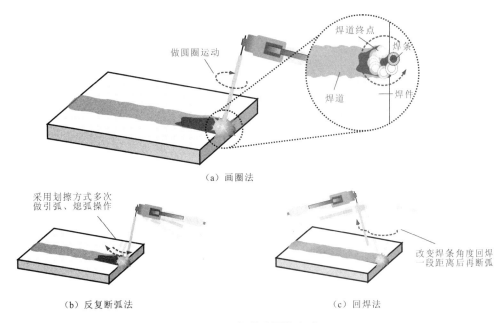

(a) 画圈法

(b) 反复断弧法　　　　　　　　　　　(c) 回焊法

图 8-21 焊接收尾的方式

3. 焊接验收

(1) 整理现场。

如图 8-22 所示,检查焊接现场,使各种焊接设备断电、冷却并摆放整齐,同时要仔细检查现场是否存在火种的迹象,若有,应及时处理,以杜绝火灾隐患。

(2) 焊件处理。

使用敲渣锤、钢丝轮刷和焊缝抛光机(处理机)等工具和设备,对焊接部位进行清理、抛光,图 8-23 所示为使用焊缝抛光机清理焊缝的效果。该设备可以有效地去除毛刺,使焊接部件平整光滑。

图 8-22 清理操作场地,并消灭火种

图 8-23 使用焊缝抛光机清理焊缝的效果

（3）检查焊接质量。

清除焊渣后，要仔细对焊接部位进行检查，如图 8-24 所示。检查焊缝是否存在裂纹、气孔、咬边、未焊透、未熔合、夹渣、焊瘤、塌陷、凹坑、焊穿及焊接面积不合理等缺陷。若发现焊接缺陷、变形等，应分析产生原因，重新使用新焊件进行焊接，原缺陷焊件应废弃不能使用。

图 8-24 焊件的检查

8.2 气焊

气焊是利用可燃气体与助燃气体混合燃烧生成的火焰作为热源，将金属管路焊接在一起的。而电焊是利用电弧的原理，在焊枪与被焊物体之间产生高温电弧，熔化焊条进行焊接的。

8.2.1 气焊设备

图 8-25 所示为气焊设备的外形。气焊设备主要由氧气瓶、燃气瓶和焊枪构成。氧气瓶上装有控制阀门和气压表，其总阀门通常位于氧气瓶的顶部。燃气瓶内装有液化石油气，在它的顶部也设有控制阀门和压力表，燃气瓶和氧气瓶通过软管与焊枪相连。

图 8-26 所示为焊枪的外形。焊枪的手柄末端有两个端口，它们通过软管分别与燃气瓶和氧气瓶相连，在手柄处有两个旋钮，分别用来控制燃气和氧气的输送量。

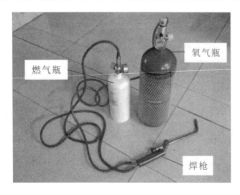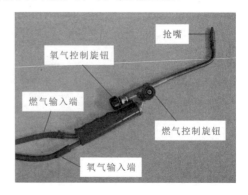

图 8-25 气焊设备的外形　　　　　　图 8-26 焊枪的外形

8.2.2 气焊焊接规范

1. 打开钢瓶阀门

先打开氧气瓶总阀门，通过控制阀门调节氧气输出压力，使输出压力为 0.3～0.5 MPa，然后再打开燃气瓶总阀门，通过该阀门控制燃气输出压力为 0.03～0.05 MPa，如图 8-27 所示。

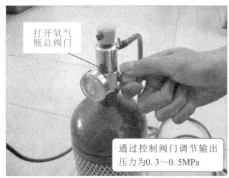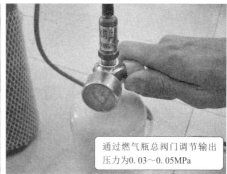

图 8-27　打开钢瓶阀门

2. 打开焊枪手柄阀门

打开焊枪手柄控制阀门时要注意，一定要先打开燃气阀门，然后使用明火靠近焊枪嘴，点燃焊枪嘴，再打开氧气阀门，如图 8-28 所示。

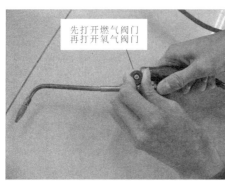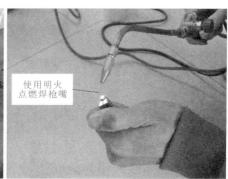

图 8-28　打开焊枪阀门并点燃

3. 调整火焰

在使用气焊设备对电冰箱的管路进行焊接时，气焊设备的火焰一定要调整到中性焰才能进行焊接。中性焰的火焰既不要离开焊枪嘴，也不要出现回火的现象，中性焰如图 8-29 所示。

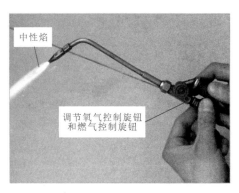

图 8-29 将火焰调节为中性焰

【提示】

中性焰焰长 20～30 cm，其外焰呈橘红色，内焰呈蓝紫色，焰芯呈白亮色，如图 8-30 所示。内焰温度最高，在焊接时应将管路置于内焰附近。

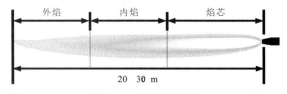

图 8-30 中性焰外形

当氧气与燃气的输出比小于 1∶1 时，焊枪火焰会变为碳化焰；当氧气与燃气的输出比大于 1∶2 时，焊枪火焰会变为氧化焰；若氧气控制旋钮开得过大，焊枪会出现回火现象；若燃气控制旋钮开得过大，会出现火焰离开焊嘴的现象，如图 8-31 所示。调整火焰时，不要用这些火焰对管路进行焊接，这会对焊接质量造成影响。

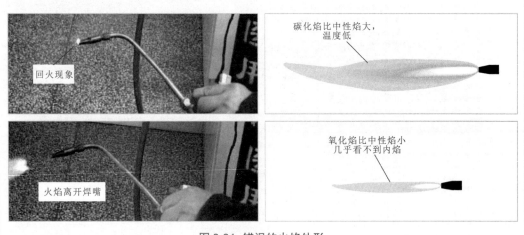

图 8-31 错误的火焰外形

4. 焊接管路

将焊枪对准管路的焊口均匀加热,当管路被加热到一定程度(呈暗红色)时,把焊条放到焊口处,待焊条熔化并均匀地包围在两根管路的焊接处时即可将焊条取下,如图 8-32 所示。

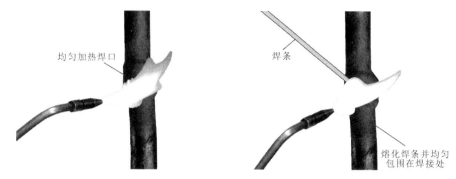

图 8-32 焊接管路

5. 关闭阀门

焊接完成后,先关闭焊枪的燃气阀门,再关闭氧气阀门,最后将氧气瓶和燃气瓶的阀门关闭,如图 8-33 所示。

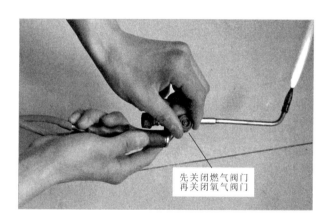

图 8-33 关闭阀门

8.3 热熔焊

8.3.1 焊接工具

线缆的配管分为塑料管路和金属管路,对塑料管路进行焊接时会用到热熔焊枪。

1. 热熔焊枪

热熔焊枪利用电热原理将电能转化成热能，对焊枪的金属部分进行加热，从而熔化接触的塑料器材。图 8-34 所示为典型热熔焊枪的外形，热熔焊枪可更换不同样式的加热模头，并且某些类型的热熔焊枪还可控制加热温度。

2. 加热模头

热熔焊枪可更换不同样式的加热模头，对塑料管材进行焊接时，应选配不同直径的圆形加热模头，如图 8-35 所示。

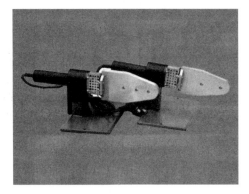

图 8-34 典型热熔焊枪的外形

图 8-35 不同直径的圆形加热模头

8.3.2 焊接规范

1. 安装加热模头

使用内六角螺丝刀将将适合的圆形加热模头固定到热熔焊枪加热板上，如图 8-36 所示。一侧安装的加热模头比塑料管材的直径略大，另一侧安装的则略小。

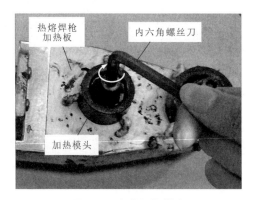

图 8-36 安装加热模头

2. 设置温度

将热熔焊枪通电,然后调节加热温度至 260℃ 左右,如图 8-37 所示。

3. 切割管路

使用割管刀将塑料管路的多余部分切除,如图 8-38 所示,然后使用干净的软布对需要焊接的部位进行清洁,接下来便可进行加热操作。

图 8-37 设置温度

图 8-38 切割管路

4. 加热管口

同时对管路和接头进行加热。将接头的管口用力套在加热模头(直径较小)上,在高温高压的作用下,接头管口内部会熔化;将管路插入另一侧加热模头(直径较大)中,管路的管口外侧会被熔化,如图 8-39 所示。

5. 对接管路

加热几秒后,拔下塑料管路和接头,迅速将两者对接在一起,即管路插入接头中,待管口冷却后,管路和接头便焊接在一起了,如图 8-40 所示。

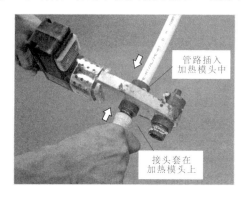

图 8-39 加热管口

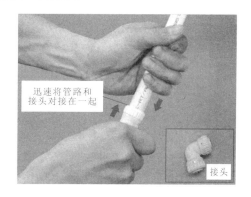

图 8-40 对接管路

第 9 章 控制及保护器件的安装

9.1 交流接触器的安装

交流接触器也称电磁开关，安装时需要注意交流接触器的连接方式，图 9-1 所示为交流接触器的外形和连接方式。该接触器的 A1 和 A2 引脚为内部线圈引脚，L1 和 T1、L2 和 T2、L3 和 T3、NO 连接端分别为内部开关引脚。当内部线圈通电时，内部开关触点闭合；当内部线圈断电时，内部开关触点断开。

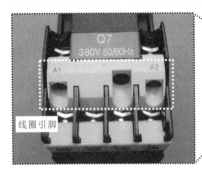  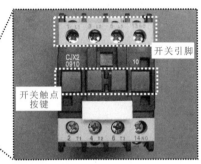

图 9-1 交流接触器的外形和连接方式

【资料】

交流接触器一般安装在控制电动机、电热设备、电焊机等中，是电工行业使用最广泛的电气部件之一，它通过电磁机构的动作频繁接通和断开主电路供电的装置，其典型应用如图 9-2 所示。

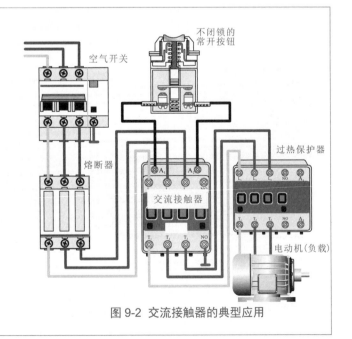

图 9-2 交流接触器的典型应用

9.1.1 交流接触器安装前的准备

在对交流接触器安装时,首先了解交流接触器在控制电路中的连接关系,如图9-3所示。

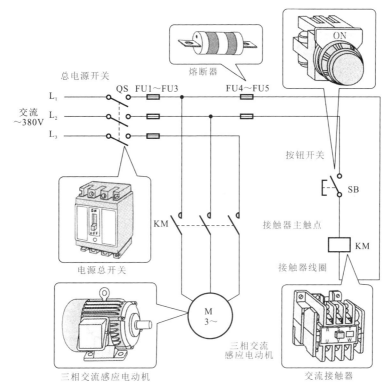

图9-3 交流接触器的连接关系

安装交流接触器前,一般应进行检查。

(1)安装前应仔细检查交流接触器铭牌和线圈的参数(如额定电压、额定电流、工作频率和通电持续率等)是否符合实际使用要求。

(2)如果使用旧的交流接触器,则需要擦净铁芯极面上的防锈油,以免油垢黏滞而造成接触器线圈断电后铁芯不释放。

(3)检查交流接触器有无机械损伤,可用手推动交流接触器的活动部分,检查动作是否灵活,有无卡涩现象。

(4)检查接触器在85%额定电压时能否正常动作,是否卡住,在失压和电压过低时能否释放。

(5)可用500 V兆欧表检测交流接触器的绝缘电阻,测得的绝缘电阻值一般不应低于0.5 MΩ。

(6)使用万用表检查线圈是否有断线,并按压接触器,检查辅助触点接触是否良好。

下面以典型交流电动机控制电路为例,介绍交流接触器及相关器件的安装方法。首先选择好安装的器件,接下来规划安装交流接触器的位置,规划好交流接触器的安装位置和线路的走向后,进行交流接触器的连接操作。

9.1.2 交流接触器的安装

1. 空气开关入端的连接

380 V 交流电源供电线首先接到空气开关的输出端，为了安全要在断电状态下进行，空气开关要置于断开状态，同时应将接地端与本地的地线连接起来，具体操作如图 9-4 所示。

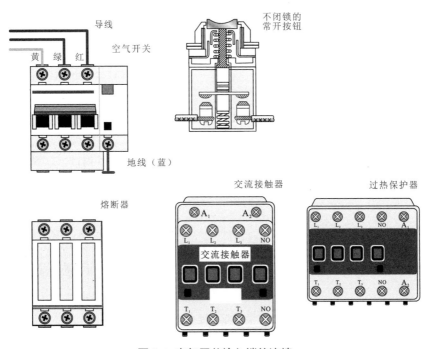

图 9-4 空气开关输入端的连接

2. 空气开关、熔断器和交流接触器的连接

完成空气开关输入端的连接后，接下来将空气开关输出端输出的导线与熔断器连接，再将熔断器输出端的导线与交流接触器开关引脚输入端连接，具体操作如图 9-5 所示。

3. 交流接触器与相关部件的连接

完成熔断器和交流接触器的连接后，接下来将交流接触器输入线圈引脚的导线与常开按钮引脚端连接，完成交流接触器线圈引脚与常开按钮的连接后，将交流接触器输出开关引脚的导线与过热保护器连接，同时将地线接地，具体操作如图 9-6 所示。

第9章 控制及保护器件的安装

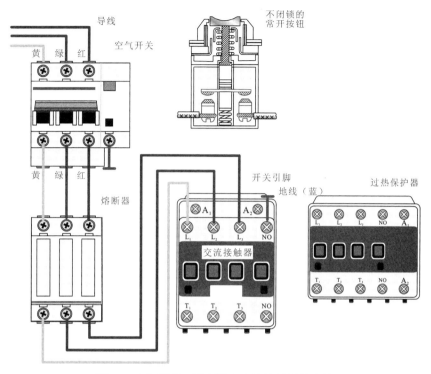

图 9-5 空气开关、熔断器和交流接触器的连接

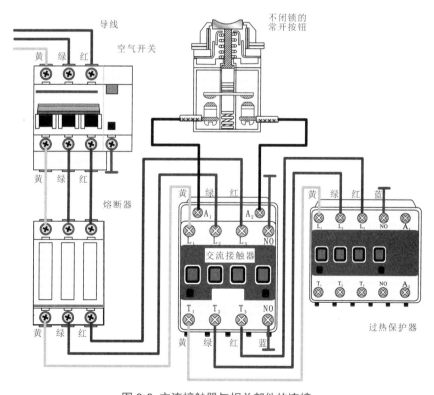

图 9-6 交流接触器与相关部件的连接

181

交流接触器开关引脚和过热保护器的连接完成后,将过热保护器的输出端与电动机的供电线连接起来。安装好的交流接触器,如图9-7所示。

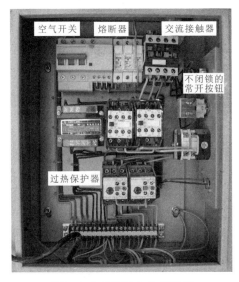

图9-7 安装好的交流接触器

【提示】

在安装交流接触器时,应注意以下几点。

(1)在确定交流接触器的安装位置时,应考虑以后检查和维修的方便性。

(2)在安装交流接触器时,应垂直安装,其底面与地面应保持平行。安装CJO系列的交流接触器时,应使有孔的两面处于上下方向,以利于散热,应留有适当空间,以免烧坏相邻电器。

(3)安装孔的螺栓应装有弹簧垫圈和平垫圈,并拧紧螺栓,以免因振动而松脱。安装接线时,勿使螺栓、线圈、接线头等脱落,以免落入接触器内部而造成卡住或短路现象。

(4)安装完毕,检查接线正确无误后,应在主触点不带电的情况下,先使吸引线圈通电分合数次,检查其动作是否可靠。只有确认接触器处于良好状态,才可投入运行。

9.2 熔断器的安装

对于熔断器的安装,这里以典型的快速熔断器为例,讲解熔断器的安装操作,一般将熔断器安装在火线上,在总断路器的后面,其外形如9-8所示。

1. 选择合适的熔断器

首先了解熔断器的基本结构和熔断器的连接方式,之后用合适的螺丝刀将接线端的固定螺钉拧松,如图9-9所示。

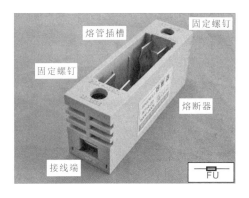
图 9-8 熔断器的外形

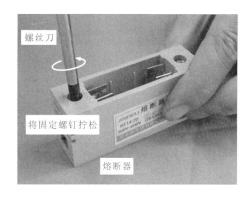
图 9-9 选择合适的熔断器

2. 加工连接导线

熔断器两端的接线端用来与导线连接，因此应将预连接的两个导线用剥线钳将绝缘层部分剥除。若连接端子太长，使用偏口钳将多余的线芯剪断，如图 9-10 所示。

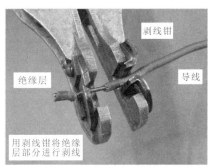
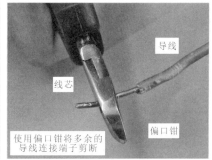

图 9-10 加工连接导线

3. 连接并固定导线

接下来即可用剥好的导线端头插入熔断器的输入接线端内，并用螺丝刀拧紧输入接线端的螺钉，如图 9-11 所示。

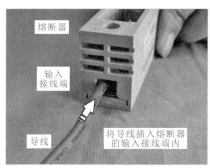
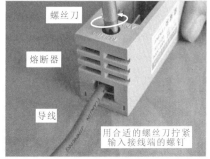

图 9-11 连接并固定导线

4. 安装熔断器的熔管

用同样的方法将输出接线端的导线进行连接，待接线端导线安装完成后，再将熔管安装在插槽内，之后该熔断器的线路就连接好了，如图 9-12 所示。

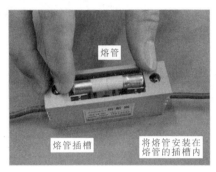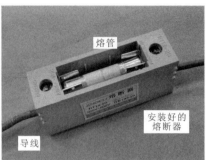

图 9-12 安装熔断器的熔管

至此，典型熔断器的安装方法基本完成。

9.3 热继电器的安装

安装热继电器时，需要选择适当的热继电器，下面以典型热继电器为例，介绍其安装操作。

热继电器是一种保护器件，在电气电路中主要起保护作用，在三相交流电路中，热继电器是一个不可缺少的器件之一。安装时要注意热继电器的连接方式，如图 9-13 所示。

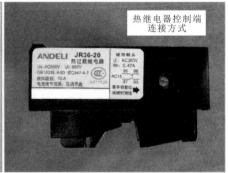

图 9-13 热继电器的外形和连接方式

热继电器应用在需要进行过热保护的电路中，其典型应用如图 9-14 所示。

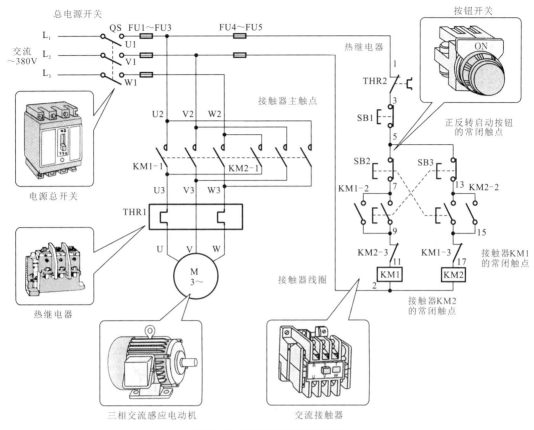

图 9-14 热继电器的典型应用

1. 导线的加工

选择适当规格的导线,用剥线钳将导线端头进行剥除。另外,由于热继电器的接线端采用的是瓦型接线柱,所以在进行具体连接操作前,首先将导线线芯弯成 U 形,如图 9-15 所示,其余导线的处理方法与此相同。

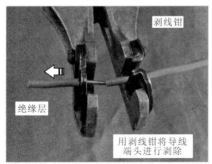
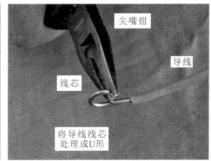

图 9-15 导线的加工

2. 拧松接线柱

待导线加工完成后，用适当的螺丝刀将热继电器的接线柱拧松，如图 9-16 所示。

图 9-16 拧松接线柱

3. 输入端导线的连接

输入端接线柱拧松后，将导线的连接端子固定在输入端接线柱上，将热继电器输入端子的所有接线柱端子进行固定，如图 9-17 所示。

图 9-17 输入端导线的连接

4. 输出端导线的连接

将输入端的导线连接完成后，对输出端的导线进行连接，直到将输入/输出端的导线全部安装完成，如图 9-18 所示。

图 9-18 输出端导线的连接

5. 控制端导线的连接

完成输入/输出端的电路连接后,再对控制端(辅助触头)的导线进行连接,连接时要根据继电器上的符号标识,弄清楚各控制端的连接关系,如图 9-19 所示。

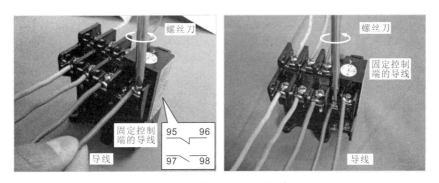

图 9-19 控制端导线的连接

6. 热继电器的固定

控制端的导线连接完成后,该热继电器的连接就完成了,下面就可以对热继电器进行固定,如图 9-20 所示。

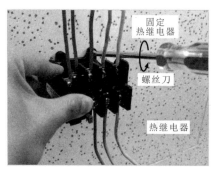

图 9-20 热继电器的固定

此时，典型热继电器的安装基本完成。

9.4 漏电保护器安装

漏电保护器实际上是一种具有漏电保护功能的开关，图 9-21 所示为漏电保护器的外形及电路符号。

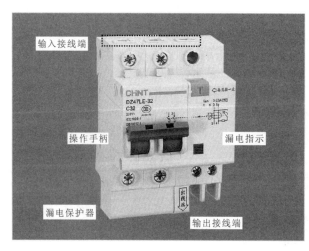
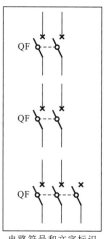

图 9-21 漏电保护器的外形及电路符号

图 9-22 所示漏电保护器的典型应用，漏电保护器安装在低压供电电路的开关电路中，具有漏电、触电、过载、短路的保护功能，对防止触电伤亡事故的发生，避免因漏电而引起的火灾事故，具有明显的效果。

第9章 控制及保护器件的安装

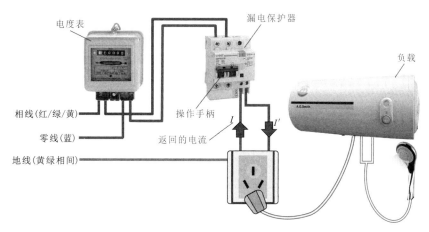

图 9-22 漏电保护器的典型实用

下面以典型漏电保护器为例,介绍漏电保护器的安装方法。

1. 电度表输入端的连接

220 V 交流电压首先经电度表,其中相线(红/绿/黄)和零线(蓝)接入电度表的输入端,为了安全,应将建筑物的底线与室内的底线接好,如图 9-23 所示。

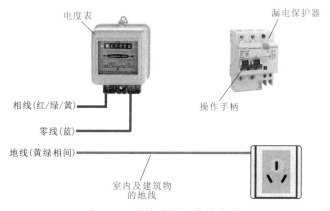

图 9-23 电度表输入端的连接

2. 电度表与漏电保护器的连接

完成电度表输入端的连接后,接下来将电度表输出端输出的导线与漏电保护器进行连接,如图 9-24 所示。

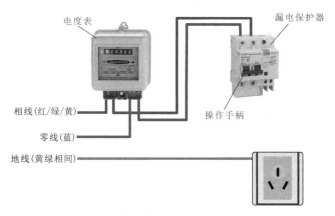

图 9-24 电度表与漏电保护器的连接

3. 漏电保护器输出端的连接

漏电保护器的输入端连接完成（这里要注意左零右火的原则）后，再将漏电保护器输出端的导线与插座等器件进行连接，如图 9-25 所示。

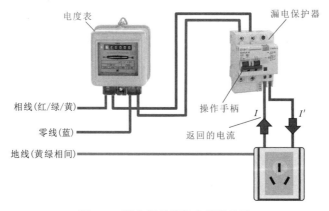

图 9-25 漏电保护器输出端的连接

在进行漏电保护器的安装过程中，为确保人身安全，必须在切断供电电源条件下进行，并将漏电保护器的操作手柄处于断开状态。

9.5 接地装置安装

接地装置主要由接地体和接地线组成，通常，直接与土壤接触的金属导体称为接地体；电气设备与接地线之间连接的金属导体称为接地线。因此，对接地装置的安装就包括接地体的安装和接地线的安装。

9.5.1 接地体的安装

在安装接地体时，应尽量选择自然接地体进行连接，这样可以节约材料和费用。在自然接地体不能利用时，再选择人工接地体。

1. 自然接地体的安装

自然接地体包括直接与大地可靠接触的金属管道、建筑物与地连接的金属结构、钢筋混凝土建筑物的承重部分、金属外皮的电缆。包有黄麻、沥青等绝缘材料的电缆不可作为接地体，通用可燃气体或液体的金属管道也不可作为接地体，图 9-26 所示为自然接地体。

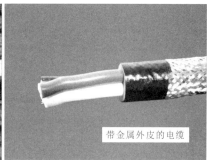

图 9-26 自然接地体

利用自然接地体时，应注意以下几点。
- 应用不少于两根导体在不同接地点与接地线相连。
- 在直流电路中，不应利用自然接地体接地。
- 自然接地体的接地阻值符合要求时，一般不再安装人工接地体，但发电厂和变电所及爆炸危险场所除外。
- 当同时使用自然、人工接地体时，应分开设置测试点。

管道一类的自然接地体，不能使用焊接的方式进行连接，应采用金属抱箍或夹头的压接方法。金属抱箍适用于管径较大的管道，而金属夹头适用于管径较小的管道，如图 9-27 所示。金属夹头与金属抱箍在安装之前需进行镀锡或镀锌等防锈处理。

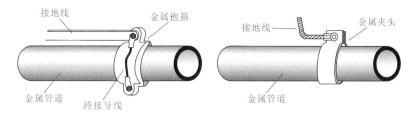

图 9-27 管道自然接地体的连接

在建筑物钢筋等金属体上连接接地线时，应采用焊接的方式进行连接，也允许采用螺钉压接，但必须先进行防锈处理。

2. 人工接地体的安装

人工接地体应选用钢材制作，一般常用角钢与钢管作为人工接地体。而在有腐蚀性的土壤中，应使用镀锌钢材或者增大接地体的尺寸。图 9-28 所示为人工接地体的外形。

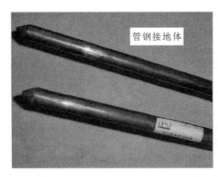
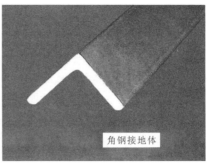

图 9-28 人工接地体的外形

（1）人工接地体的制作。

对于垂直安装的人工接地体，角钢材料一般选用 40 mm×40 mm×5 mm 或 50 mm×50 mm×5 mm 两种规格，而管钢材料一般选用直径为 50 mm、壁厚不小于 3.5 mm 的管材。对于水平安装的人工接地体，一般选用扁钢或圆钢，扁钢厚度一般不小于 4 mm，截面积不小于 48 mm^2，圆钢的直径不小于 8 mm。

人工接地体长度应为 2.5～3.5 m。接地体下端呈尖脚状，角钢的尖脚应保持在角脊线上，尖点的两条斜边要求对称。钢管的下端应单面削尖，形成一个尖点便于安装时打入土中。接地体的上端部可与扁钢（40 mm×4 mm）或圆钢（直径 16 mm）进行焊接，用作接地体的加固，以及作为接地体与接地线之间的连接板，如图 9-29 所示。

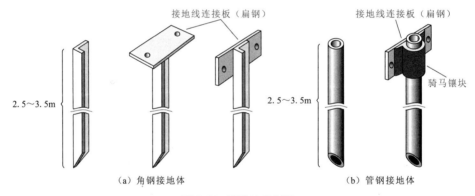

图 9-29 接地体的制作

（2）挖沟。

接地体必须埋入地下一定的深度，才可稳定电气设备的接地体，避免损坏。所以安装接地体之前需要沿着接地体的线路挖沟，以便打入接地体和敷设连接地线。通常沟深为 0.8～1 m，宽为 0.5 m，沟的上部稍宽，底部渐窄，若有石子应清除，如图 9-30 所示。

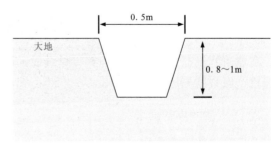

图 9-30 挖沟

(3)打桩。

采用打桩法将接地体打入地下,接地体应与地面垂直,不可倾斜,如图 9-31 所示。接地体打入地面的深度不小于 2 m。将接地体打入地下后,应在其四周用土壤填入并夯实,以减小接触电阻。

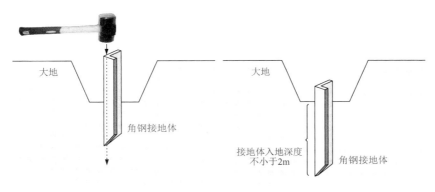

图 9-31 打桩

【资料】

对于接地要求较高并且接地设备较多的场所,可采用多极安装布置方式,除满足接地设备的数量外,还可以进一步降低接地电阻。图 9-32 所示为多极安装布置方式。多极接地或接地网的接地体之间应保持在 2.5 m 以上的直线距离。

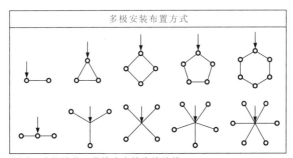

图中 ○ 为接地体,带箭头直线为接地线

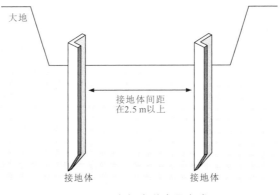

图 9-32 多极安装布置方式

9.5.2 接地线的安装

在安装接地线时,应首先选择自然接地线,其次再考虑人工接地线,这样可以节约接线的费用。

1. 自然接地线的安装

接地装置的接地线应尽量选用自然接地线,如建筑物的金属结构、配电装置的构架、配线用钢管(壁厚不小于 1.5 mm)、电力电缆的铅包皮或铝包皮、金属管道(1 kV 以下的电气设备可用,输送可燃液体或可燃气体的管道不得使用)。图 9-33 所示为自然接地线。

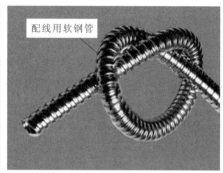

图 9-33 自然接地线

利用自然接地线可以减少人工接地线的使用量,减少接地线的材料费用。自然接地线的流散面积很大,如果要为较多的设备提供接地需要时,则只要增加引接点,并将所有引接点连成带状或网状,每个引接点通过接地线与电气设备进行连接即可,如图 9-34 所示。

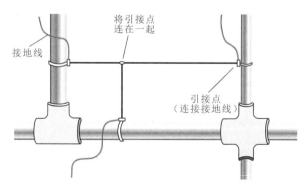

图 9-34 自然接地线的连接

> 【提示】
>
> 在使用配线钢管作为自然接地线时，在接头的接线盒处应采用跨接线连接方式。当钢管直径在 40 mm 以下时，跨接线应采用 6 mm 直径的圆钢；当钢管直径在 50 mm 以上时，跨接线应采用 25 mm×24 mm 的扁钢，其连接如图 9-35 所示。
>
>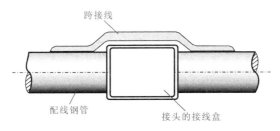
>
> 图 9-35 配线钢管作为接地线的连接

2. 人工接地线的安装

（1）接地线的选用。

人工接地线通常使用铜、铝、扁钢或圆钢材料制成的裸线或绝缘线。图 9-36 所示为常见的人工接地线。

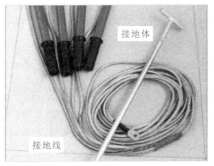 

图 9-36 常见的人工接地线

> 【资料】
>
> 用于输配电系统的工作接地线应满足下列要求。
> - 10 kV 避雷器的接地支线应采用多股导线，接地干线可选用铜芯或铝芯的绝缘电线或裸线，也可使用扁钢、圆钢或多股镀锌绞线，截面积不小于 16 mm^2。
> - 用作避雷针或避雷线的接地线，截面积不应小于 25 mm^2。接地干线通常用扁钢或圆钢，扁钢截面积不小于 48 mm^2，圆钢直径不应小于 6 mm。
> - 配电变压器低压侧中性点的接地线，要采用裸铜导线，截面积不小于 35 mm^2；变压器容量在 100 kV·A 以下时，接地线的截面积为 25 mm^2。
>
> 保护接地线的选用应满足下列要求：不同材质的保护接地线，其类别不同，线的截面积也有所不同，具体可参见表 9-1。

表 9-1 接地线的截面积规定

材 料	接地线类别	最小截面积（mm²）	最大截面积（mm²）
铜	移动电具引线的接地芯线	生活用：0.12	25
		生常用：1.0	
	绝缘铜线	1.5	
	裸铜线	4.0	
铝	绝缘铝线	2.5	35
	裸铝线	6.0	
扁钢	户内：厚度不小于 3 mm	24.0	100
	户外：厚度不小于 4 mm	48.0	
圆钢	户内：厚度不小于 5 mm	19.0	100
	户外：厚度不小于 6 mm	28.0	

（2）接地干线的安装。

接地干线是接地体之间的连接导线，或者是指一端连接接地体，另一端连接各接地支线的连接线。

① 接地干线与接地体的连接。

接地干线与接地体应采用焊接方式，焊接处添加镶块，增大焊接面积。没有条件使用焊接设备，也允许用螺钉压接，但接触面必须经过镀锌或镀锡等防锈处理，螺钉也要采用大于 M12 的镀锌螺钉。在有振动的场所，螺钉上应加弹簧垫圈，如图 9-37 所示。

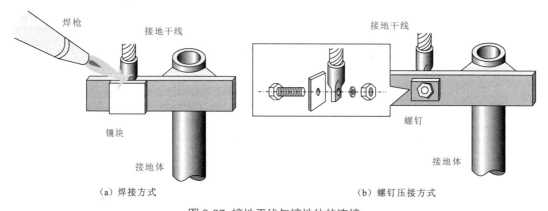

(a) 焊接方式　　　　　　　　(b) 螺钉压接方式

图 9-37 接地干线与接地体的连接

【提示】

电力配电变压器接地线的连接点一般埋入地下 600～700 mm 处，在接地干线引出地面 2～2.5 m 处断开，再用螺钉压紧，以便检测接地电阻，如图 9-38 所示。

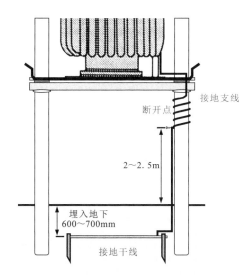

图 9-38 电力配电变压器接地干线的连接

② 多极接地和接地网接地体之间的连接。

多极接地和接地网接地体之间接地干线的连接应安装在图 9-39 所示的沟槽中，沟槽上应盖有沟盖。接地干线应埋入地下 300 mm 处，并在地面标识出地线走向和连接点，便于检查修理。

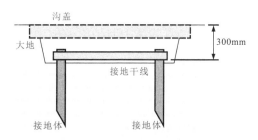

图 9-39 接地干线连接沟槽

③ 接地干线延长。

采用扁钢或圆钢作为接地干线，需要延长时，必须用电焊焊接，不宜用螺钉压接，并且扁钢的搭接长度为其宽度的 2 倍；圆钢的搭接长度为其直径的 6 倍，如图 9-40 所示。

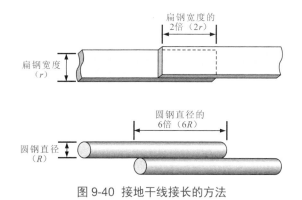

图 9-40 接地干线接长的方法

④ 接地干线沿墙敷设。

采用扁钢作为室内接地干线时，如图 9-41 所示，可用支架沿墙敷设，接地干线与墙壁保持 10～15 mm 的间距，与地面保持 200～250 mm 的间距，扁钢与支架之间通过螺钉进行固定。

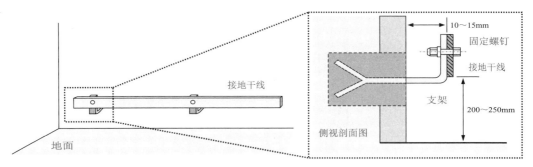

图 9-41 接地干线沿墙敷设

（3）接地支线的安装。

① 配电箱接地支线的连接。

接地支线是接地干线与设备接地点之间的连接线。电气设备都需要用一根接地支线与接地干线进行连接。如图 9-42 所示，在配电箱中，使用一根接地线（支线）将配电箱接地点与建筑主体接地干线进行连接。

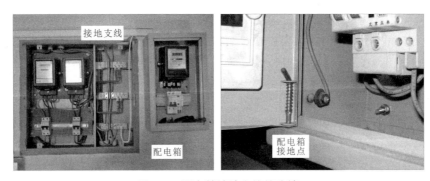

图 9-42 配电箱接地支线的连接

② 电动机接地支线的连接。

图 9-43 所示为电动机接地线（接地支线）的连接。若电动机所用的配线管路是金属管，则可作为自然接地体使用，从电动机引出的接地支线可直接连接到金属管上，再进行接地。

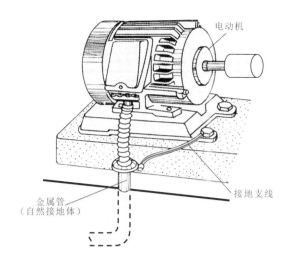

图 9-43 电动机接地线（接地支线）的连接

③ 插座接地线的连接。

插座的接地线必须由接地干线和接地支线组成，当安装 6 个以下的插座，且总电流不超过 30 A 时，接地干线的一端需要与接地体连接；当安装 6 个以上的插座时，接地干线的两端分别需要与接地体连接，如图 9-44 所示。插座的接地支线与接地干线之间，应按 T 形连接法进行连接，连接处要用锡焊进行加固。

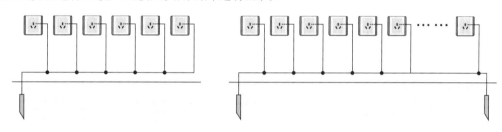

（a）6 个插座以下的连接方式　　　　（b）6 个插座以上的连接方式

图 9-44 插座接地线的连接

【提示】

接地支线的安装应注意以下几点。

- 每台设备的接地点只能用一根接地支线与接地干线单独连接。
- 在户内容易被触及的地方，接地支线应采用多股绝缘绞线；在户外或户内不容易被触及的地方，应采用多股裸绞线；移动电具从插头至外壳处的接地支线，应采用铜芯绝缘软线。
- 接地支线与接地干线或电气设备连接点的连接处，应采用接线端子。
- 铜芯的接地支线需要延长时，要用锡焊加固。
- 接地支线在穿墙或楼板时，应套入配管内加以保护，并且应与相线和中性线相区别。
- 采用绝缘电线作为接地支线时，必须恢复连接处绝缘层。

第 10 章 电工布线

10.1 瓷夹配线与瓷瓶配线

10.1.1 瓷夹配线

瓷夹配线也称夹板配线，是指用瓷夹板来支持导线，使导线固定并与建筑物绝缘的一种配线方式，一般适用于正常干燥的室内场所和房屋挑檐下的室外场所。通常情况下，使用瓷夹配线时，其线路的截面积一般不要超过 10 mm²。

瓷夹在固定时可以将其埋设在坚固件上，或是使用胀管螺钉进行固定，用胀管螺钉进行固定时，应先在需要固定的位置上进行钻孔（孔的大小应与胀管粗细相同，其深度略长于胀管螺钉的长度），然后将胀管螺钉放入瓷夹底座的固定孔内，进行固定，接着将导线固定在瓷夹内的槽内，最后使用螺钉固定好瓷夹的上盖即可。

图 10-1 所示为瓷夹的固定方法。

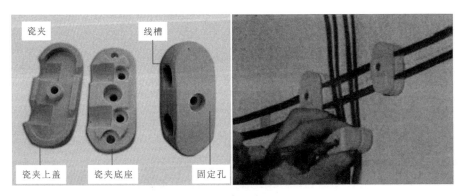

图 10-1 瓷夹的固定方法

图 10-2 所示为瓷夹配线时遇建筑物的操作规范。瓷夹配线时，通常会遇到一些建筑物，如水管、蒸汽管或转角等，对该类情况进行操作时，应进行相应的保护。例如，在与导线进行交叉敷设时，应使用塑料管或绝缘管对导线进行保护，并且在塑料管或绝缘管的两端导线上必须用瓷夹板夹牢，以防止塑料管移动；在跨越蒸汽管时，应使用瓷管对导线进行保护，瓷管与蒸汽管保温层外必须有 20 mm 的距离；若是使用瓷夹在进行转角或分支配线时，应在距离墙面 40～60 mm 处安装一个瓷夹，用来固定线路。

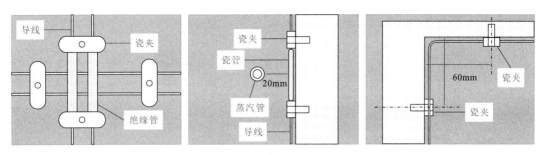

图 10-2 瓷夹配线时遇建筑物的操作规范

【提示】

使用瓷夹配线时,若是需要连接导线,则将其连接头尽量安装在两瓷夹的中间,避免将导线的接头压在瓷夹内。而且使用瓷夹在室内配线时,绝缘导线与建筑物表面的最小距离不应小于 5 mm;使用瓷夹在室外配线时,不可以应用在雨雪能落到导线的地方进行敷设。

图 10-3 所示为瓷夹配线穿墙或穿楼板的操作规范。在瓷夹配线过程中,通常会遇到穿墙或是穿楼板的情况,在进行该类操作时,应按照相关的规定进行操作。例如,线路穿墙进户时,一根瓷管内只能穿一根导线,并应有一定的倾斜度,在穿过楼板时,应使用保护钢管,并且在楼上距离地面的钢管高度应为 1.8 m。

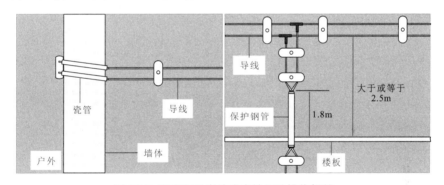

图 10-3 瓷夹配线穿墙或穿楼板的操作规范

10.1.2 瓷瓶配线

瓷瓶配线也称为绝缘子配线,是利用瓷瓶支持并固定导线的一种配线,常用于线路的明敷。瓷瓶配线绝缘效果好,机械强度大,主要适用于用电量较大且较潮湿的场合,允许导线截面积较大。通常情况下,当导线截面积在 25 mm² 以上时,可以使用瓷瓶进行配线。

1. 瓷瓶与导线的绑扎规范

使用瓷瓶配线时,需要将导线与瓷瓶进行绑扎,在绑扎时通常会采用双绑、单绑以及绑回头几种方式,如图 10-4 所示,双绑方式通常用于受力瓷瓶的绑扎,或者导线的截面积在 10 mm² 以上的绑扎;单绑方式通常用于不受力瓷瓶或导线截面积在 6 mm² 及以下的绑扎；绑回头的方式通常用于终端导线与瓷瓶的绑扎。

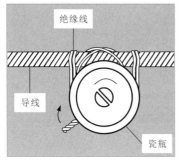 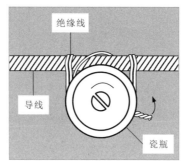 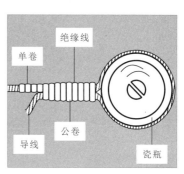

（a）双绑法　　　　　　（b）单绑法　　　　　　（c）绑回头

图 10-4　绝缘子与导线的绑扎规范

【提示】

在瓷瓶配线时，应先将导线校直，将导线的其中一端绑扎在瓷瓶的颈部，然后在导线的另一端将导线收紧，并绑扎固定，最后绑扎并固定导线的中间部位。

2. 瓷瓶与导线的敷设规范

在瓷瓶配线的过程中，难免会遇到导线之间的分支、交叉或拐角等操作，对该类情况进行配线时，应按照相关的规范进行操作。例如，导线在分支操作时，需要在分支点处设置瓷瓶，以支持导线，不使导线受到其他张力；导线相互交叉时，应在距建筑物较近的导线上套绝缘保护管；导线在同一平面内进行敷设时，若遇到有弯曲的情况，瓷瓶需要敷设在导线曲折角的内侧。瓷瓶与导线的敷设规范如图 10-5 所示。

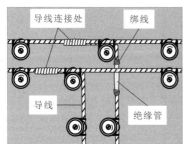 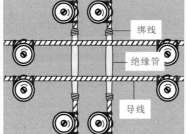

（a）导线分支时操作规范　　　　　　（b）导线交叉及弯曲时的操作规范

图 10-5　瓷瓶与导线的敷设规范

【提示】

瓷瓶配线时，若是两根导线平行敷设，应将导线敷设在两个瓷瓶的同一侧或者在两瓷瓶的外侧，如图 10-6 所示，在建筑物的侧面或斜面配线时，必须将导线绑在瓷瓶的上方，严禁将两根导线置于两瓷瓶的内侧。

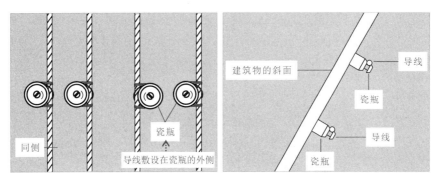

图 10-6 瓷瓶配线中导线的敷设规范

【提示】

无论是瓷夹配线还是瓷瓶配线，在对导线进行敷设时，都应该使导线处于平直、无松弛的状态，并且导线在转弯处避免有急弯的情况。

3. 瓷瓶固定时的规范

使用瓷瓶配线时，对瓷瓶位置的固定是非常重要的，在进行该操作时应按相关的规范进行。例如，在室外，瓷瓶在墙面上固定时，固定点之间的距离不应超过 200 mm，并且不可以固定在雨、雪等能落到导线的地方；固定瓷瓶时，应使导线与建筑物表面的最小距离大于或等于 10 mm，如图 10-7 所示，瓷瓶在配线时不可以将瓷瓶倒装。

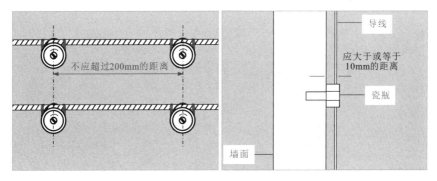

图 10-7 瓷瓶固定时的规范

10.2 金属管配线

10.2.1 金属管配线的明敷操作

金属管配线的明敷操作规范是指使用金属材质的管制品，将线路敷设于相应的场所，是一种常见的配线方式，室内和室外都适用。采用金属管配线可以使导线能够很好地受到保护，并且能减少因线路短路而发生的火灾。

在使用金属管明敷于潮湿的场所时，由于金属管会受到不同程度的锈蚀，为了保障线路的安全，应采用较厚的水、煤气钢管；若是敷设于干燥的场所，则可以选用金属电线管。金属管的选用如图10-8所示。

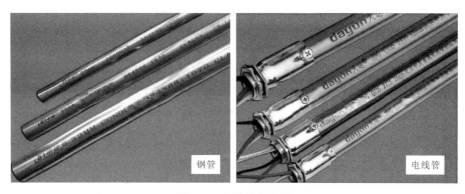

图10-8 金属管的选用

【提示】

选用金属管进行配线时，其表面不应有穿孔、裂缝和明显的凹凸不平等现象，其内部不允许出现锈蚀的现象，尽量选用内壁光滑的金属管。

图10-9所示为金属管管口的加工规范。在使用金属管进行配线时，为了防止穿线时金属管口划伤导线，其管口的位置应使用专用工具进行打磨，使其没有毛刺或尖锐的棱角。

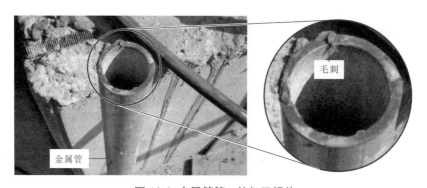

图10-9 金属管管口的加工规范

在敷设金属管时，为了减少配线时的困难程度，应尽量减少弯头出现的总量，如每根金属管的弯头不应超过3个，直角弯头不应超过2个。

图10-10所示为金属管弯头的操作规范。使用弯管器对金属管进行弯管操作时，应按相关的操作规范执行。例如，金属管的平均弯曲半径，不得小于金属管外径的6倍，在明敷且只有一个弯时，可将金属管的弯曲半径减少为金属管外径的4倍。

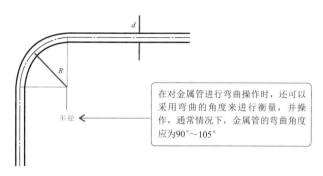

图 10-10 金属管弯头的操作规范

图 10-11 所示为金属管使用长度的规范。金属管配线连接，若管路较长或有较多弯头，则需要适当加装接线盒。通常对于无弯头情况，金属管的长度不应超过 30 m；对于有一个弯头情况，金属管的长度不应超过 20 m；对于有两个弯头情况，金属管的长度不应超过 15 m；对于有三个弯头情况，金属管的长度不应超过 8 m。

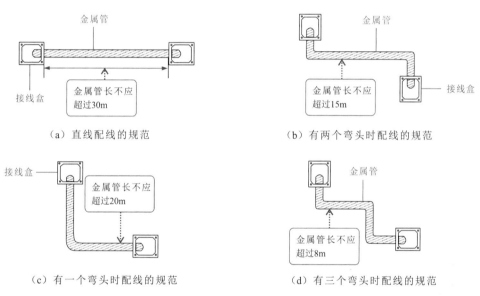

图 10-11 金属管使用长度的规范

图 10-12 所示为金属管配线时的固定规范。金属管配线时，为了美观和方便拆卸，在对金属管进行固定时，通常会使用管卡进行固定。若是没有设计要求，则对金属管卡的固定间隔不应超过 3 m；在距离接线盒 0.3 m 的区域，应使用管卡进行固定；在弯头两边也应使用管卡进行固定。

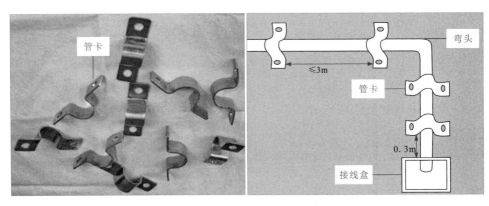

图 10-12 金属管配线时的固定规范

10.2.2 金属管配线的暗敷

暗敷是指将导线穿管并埋设在墙内、地板下或顶棚内进行配线,该操作对于施工要求较高,对于线路进行检查和维护时较困难。

在金属管配线的过程中,若遇到有弯头的情况,金属管的弯头弯曲的半径不应小于管外径的 6 倍;敷设于地下或混凝土的楼板时,金属管的弯曲半径不应小于管外径的 10 倍。

【提示】

金属管在转角时,其角度应大于 90°,为了便于导线穿过,敷设金属管时,每根金属管的转弯点不应多于两个,并且不可以有 S 形拐角。

由于金属管配线时,其内部穿线的难度较大,所以选用的管径要大一点,一般管内填充物最多为总空间的 30% 左右,以便于穿线。

图 10-13 所示为金属管管口的操作规范。金属管配线时,通常会采用直埋操作,为了减小直埋管在沉陷时连接管口处对导线的剪切力,在加工金属管管口时可以将其做成喇叭形;若是将金属管口伸出地面,则应距离地面 25～50 mm。

图 10-13 金属管管口的操作规范

图 10-14 所示为金属管的连接规范。连接金属管时，可以使用管箍，也可以使用接线盒。采用管箍连接两根金属管时，将钢管的丝扣部分按应按顺螺纹的方向缠绕麻丝绳后再拧紧，以加强其密封程度；采用接线盒进行连接两金属管时，钢管的一端应在连接盒内使用锁紧螺母夹紧，以防止脱落。

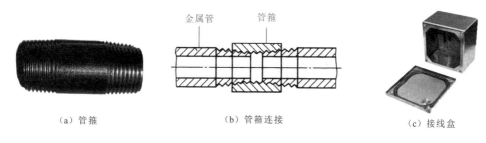

（a）管箍　　　　　　　（b）管箍连接　　　　　　　（c）接线盒

图 10-14 金属管的连接规范

10.3 线槽配线

10.3.1 金属线槽配线的明敷

金属线槽配线用于明敷时，一般适用于正常环境的室内场所，带有槽盖的金属线槽，具有较强的封闭性，其耐火性能也较好，可以敷设在建筑物顶棚内，但对于金属线槽有严重腐蚀的场所不可以采用该类配线方式。

金属线槽配线时，其内部的导线不能有接头。若是在易于检修的场所，可以允许在金属线槽内有分支的接头，并且在金属线槽内配线时，其内部导线的截面积不应超过金属线槽内截面积的 20%，载流导线不宜超过 30 根。

图 10-15 所示为金属线槽的安装规范。金属线槽配线时，遇到特殊情况时，需要设置安装支架或吊架。线槽的接头处，直线敷设金属线槽的长度为 1～1.5 m 处；金属线槽的首端、终端以及进出接线盒的 0.5 m 处。

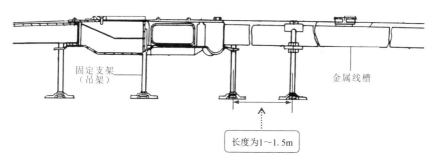

图 10-15 金属线槽的安装规范

10.3.2 金属线槽配线的暗敷

金属线槽配线用于暗敷时，通常适用于正常环境下大空间且隔断变化多、用电设备移动性大或敷设有多种功能的场所，主要是敷设于现浇混凝土地面、楼板或楼板垫层内。

图 10-16 所示为金属线槽配线时接线盒的使用规范。金属线槽配线时，为了便于穿线，金属线槽在交叉/转弯或分支处配线时应设置分线盒；金属线槽配线时，若直线长度超过 6 m，则采用分线盒进行连接。并且为了日后线路的维护，分线盒应能够开启，并采取防水措施。

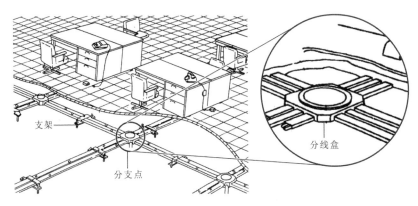

图 10-16 金属线槽配线时接线盒的使用规范

图 10-17 所示为金属线槽配线时环境的规范。金属线槽配线时，若是敷设在现浇混凝土的楼板内，要求楼板的厚度不应小于 200 mm；若是敷设在楼板垫层内，要求垫层的厚度不应小于 70 mm，并且避免与其他的管路有交叉的现象。

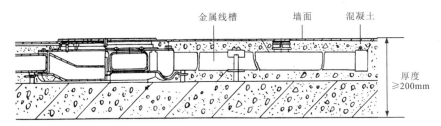

图 10-17 金属线槽配线时环境的规范

10.3.3 塑料线槽配线

塑料线槽配线是指将绝缘导线敷设在塑料槽板的线槽内，上面使用盖板把导线盖住，该类配线方式适用于办公室、生活间等干燥房屋内的照明，也适用于工程改造时更换线路，通常该类配线方式是在墙面抹灰粉刷后进行的。

图 10-18 为塑料线槽配线实例。塑料线槽配线时，其内部的导线填充率及载流导线的根数，应满足导线的安全散热要求，并且在塑料线槽的内部不可以有接头、分支接头等；若有接头的情况，可以使用接线盒进行连接。

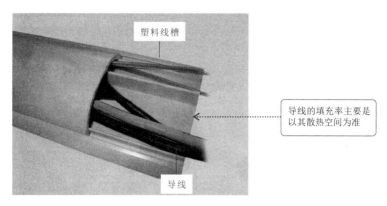

图 10-18 塑料线槽配线实例

【提示】

如图 10-19 所示,有些电工为了节省成本和减少劳动强度,将强电导线和弱电导线放置同一线槽内进行敷设,这样会对弱电设备的通信传输造成影响,是错误的行为。另外,线槽内的线缆也不宜过多,通常规定在线槽内的导线或电缆的总截面积不应超过线槽内总截面积的 20%。有些电工在使用塑料线槽敷设线缆时,线槽内的导线数量过多,且接头凌乱,这样会为日后用电留下安全隐患,必须将线缆理清重新设计敷设方式。

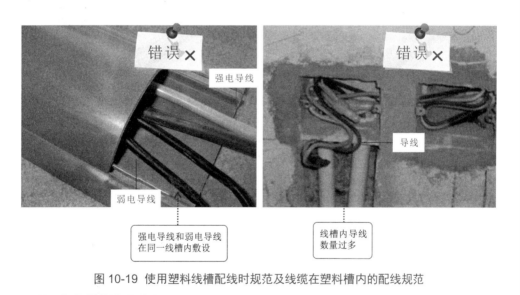

图 10-19 使用塑料线槽配线时规范及线缆在塑料槽内的配线规范

图 10-20 所示为使用塑料线槽配线时导线的操作规范。线缆水平敷设在塑料线槽中可以不绑扎,其槽内的缆线应顺直,尽量不要交叉,线缆在导线进出线槽的部位及拐弯处应绑扎固定。若导线在线槽内是垂直配线,则应每间隔 1.5 m 的距离固定一次。

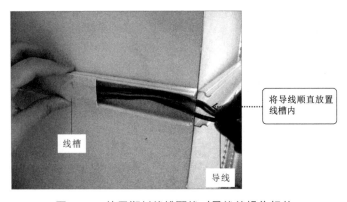

图 10-20 使用塑料线槽配线时导线的操作规范

【提示】

为方便塑料线槽的敷设连接，目前，市场上有很多塑料线槽的敷设连接配件，如阴转角、阳转角、分支三通、直转角等，如图 10-21 所示，使用这些配件可以为塑料线槽的敷设连接提供方便。

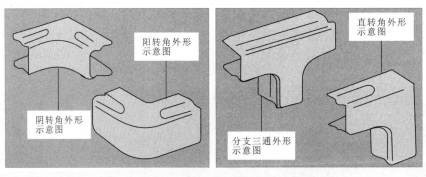

图 10-21 塑料线槽配线时用到的相关附件

图 10-22 所示为塑料线槽的固定规范。对线槽的槽底进行固定时，其固定点之间的距离应根据线槽的规格而定。例如，塑料线槽的宽度为 20～40 mm 时，其两固定点间的最大距离应 80 mm，可采用单排固定法；塑料线槽的宽度为 60 mm 时，其两固定点的最大距离应为 100 mm，可采用双排固定法并且固定点纵向间距为 30 mm；塑料线槽的宽度为 80～120 mm 时，其固定点之间的距离应为 80 mm，可采用双排固定法并且固定点纵向间距为 50 mm。

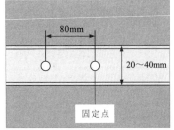
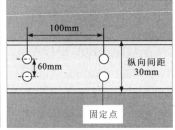
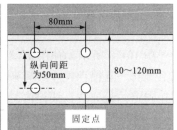

图 10-22 塑料线槽的固定规范

10.4 线管配线

10.4.1 塑料线管配线的明敷

塑料线管配线明敷的操作方式具有配线施工操作方便、施工时间短，抗腐蚀性强等特点，适合应用在腐蚀性较强的环境中。在使用塑料管进行配线时可分为硬质塑料管和半硬质塑料管。

图 10-23 所示为塑料线管配线的固定规范，塑料管配线时，应使用管卡进行固定、支撑。在距离塑料管始端、终端、开关、接线盒或电气设备 150～500 mm 处时应固定一次，当多条塑料管敷设时要保持其间距均匀。

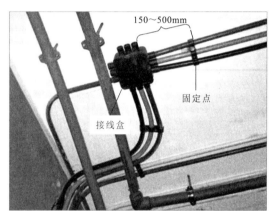 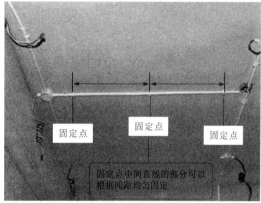

图 10-23 塑料线管配线的固定规范

【提示】

塑料管配线前，应先对塑料管本身其进行检查，其表面不可以有裂缝、凹陷的现象，其内部不可以有杂物，而且保证明敷塑料管的管壁厚度不小于 2 mm。

图 10-24 所示为塑料线管的连接规范。塑料管之间的连接可以采用插入法和套接法，插入法是指将黏接剂涂抹在 A 塑料硬管的表面，然后将 A 塑料硬管插入 B 塑料硬管内约 A 塑料硬管外径的 1.2～1.5 倍深度即可；套接法则是同直径的硬塑料管扩大成套管，其长度约为硬塑料管外径的 2.5～3 倍；插接时，先将套管加热至 130℃左右，1～2 min 后使套管变软后，同时将两根硬塑料管插入套管即可。

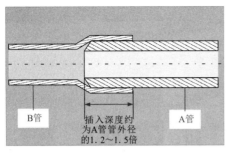

(a) 插入法　　　　　　　　　(b) 套接法

图 10-24　塑料线管的连接规范

【提示】

在使用塑料管敷设连接时，可使用辅助连接配件进行连接弯曲或分支等操作，如直接头、正三通头、90°弯头、45°弯头、异径接头等，如图 10-25 所示，在安装连接过程中，可以根据其环境的需要使用相应的配件。

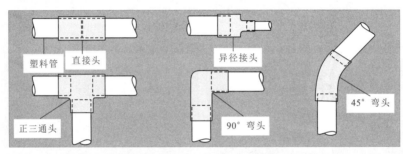

图 10-25　塑料管配线时用到的配件

10.4.2　塑料线管配线的暗敷

塑料线管配线的暗敷操作是指将塑料管埋入墙壁内的一种配线方式。

图 10-26 所示为塑料线管的选用规范。在选用塑料管配线时，首先应检查塑料管的表面是否有裂缝或是凹陷的现象，若存在该现象则不可以使用；然后检查塑料管内部是否存有异物或是尖锐的物体，若有该情况，则不可以选用；将塑料管用于暗敷时，要求其管壁的厚度应不小于 3 mm。

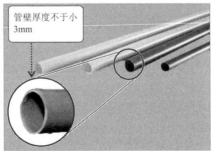

图 10-26　塑料线管的选用规范

图 10-27 所示为塑料线管弯曲时的操作规范。为了便于导线的穿越，塑料管的弯头部分的角度一般不应小于 90°，要有明显的圆弧，不可以出现管内弯瘪的现象。

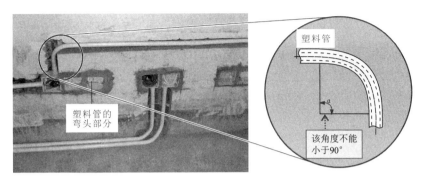

图 10-27 塑料线管弯曲时的操作规范

图 10-28 所示为塑料线管在砖墙及混凝土内敷设的操作规范。线管在砖墙内暗线敷设时，一般在土建砌砖时预埋，否则应先在砖墙上留槽或开槽，然后在砖缝里打入木榫并钉上钉子，再用铁丝将线管绑扎在钉子上，并进一步将钉子钉入；若是在混凝土内暗线敷设，可用铁丝将管子绑扎在钢筋上，将管子用垫块垫高 10～15 mm，使管子与混凝土模板间保持足够距离，并防止浇灌混凝土时把管子拉开。

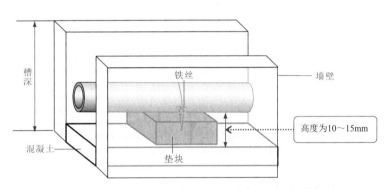

图 10-28 塑料线管在砖墙及混凝土内敷设时的操作规范

【提示】

塑料线管配线时，两个接线盒之间的塑料管为一个线段，每线段内塑料管口的连接数量要尽量减少，并且根据用电的需求，使用塑料管配线时，应尽量减少弯头的操作。

第 11 章 照明系统的安装与调试

11.1 常用照明线路

照明系统是依靠控制开关来实现对照明灯启停控制的系统。

在室内灯控照明系统的施工过程中,对室内灯控照明线路的设计是首要且重要的环节。电工要在施工前熟悉施工环境,并按用户要求,确定好线路的规划,然后在此基础上,选配整个线路系统所需要的灯具和控制部件,并制定整体的施工方案。

照明线路主要有单控开关控制单个照明灯、单控开关控制多个照明灯、多控开关控制单个照明灯和多控开关控制多个照明灯四种,下面分别对这几种形式进行介绍。

11.1.1 单控开关控制单个照明灯

单控开关控制单个照明灯的线路是家庭室内照明中最常用的一种控制线路,顾名思义,单控开关就是指只对一条照明线路进行控制的开关,控制一个照明灯的亮灭,如卧室的照明控制线路,不需要多个控制开关,只需在门口处设置一个单控开关对照明灯进行控制即可,如图 11-1 所示。

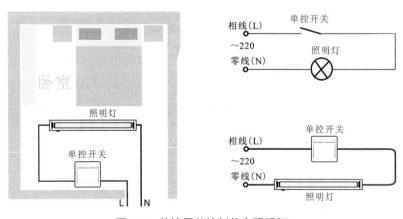

图 11-1 单控开关控制单个照明灯

11.1.2 单控开关控制多个照明灯

单控开关控制多个照明灯是指使用一个单控开关，对室内的两个或两个以上的照明灯进行控制，这种控制线路多用于大型地下室等一些空间较大，使用一个照明灯无法照亮整个空间的地方，如图11-2所示。

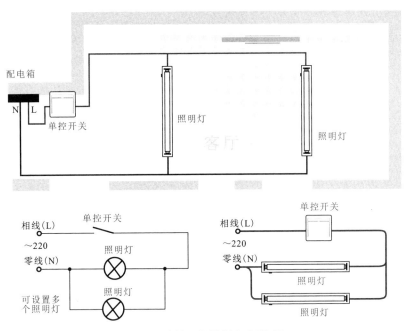

图 11-2 单控开关控制多个照明灯

11.1.3 多控开关控制单个照明灯

多控开关控制单个照明灯是指使用双控开关或三控开关，对一个照明灯进行控制，这种控制线路一般用于需要多个方位对一个照明灯进行控制的地方。例如，客厅、卧室等地，客厅的空间较大，需要在门口和卧室门口各设置一个开关，对客厅内的照明灯进行控制，就需要两个多控开关对单个照明灯进行控制，如图11-3所示。

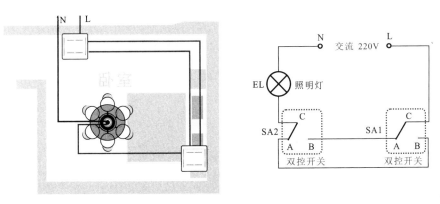

图 11-3 多控开关控制单个照明灯

【资料】

在有些需要三地控制一个照明灯的地方，可以采用一个两位双控开关和两个单位双控开关进行控制，如图 11-4 所示。

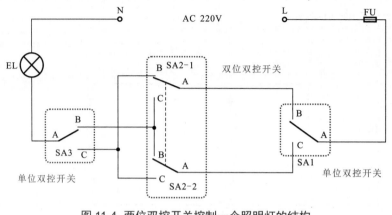

图 11-4 两位双控开关控制一个照明灯的结构

11.1.4 多控开关控制多个照明灯

多控开关控制多个照明灯是指使用一个多控开关，对多个照明灯进行控制，该控制线路一般用于家庭的走廊与客厅等，需要多控开关对多个照明灯进行控制的环境中，如图 11-5 所示。

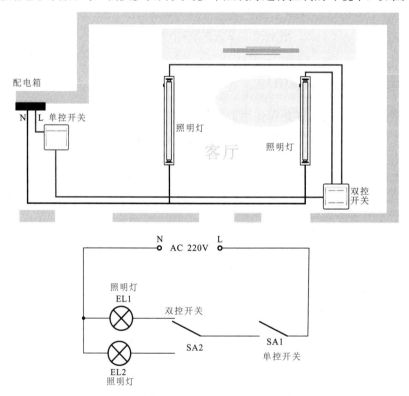

图 11-5 多控开关控制多个照明灯

11.2 照明设备的安装

11.2.1 控制开关的安装

1. 单控开关的安装方法

首先对单控开关进行安装，安装时应根据其安装形式和设计安装要求，对其进行安装，如图11-6所示。对单控开关进行安装时要将室内总断路器断开，以防止触电。

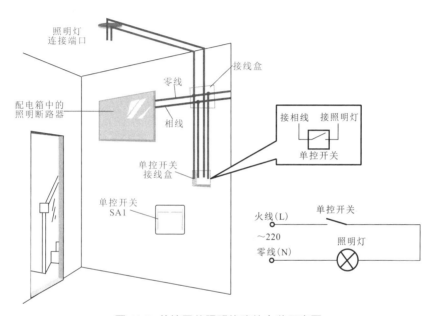

图11-6 单控开关照明线路的安装示意图

（1）取下接线盒挡片。

根据布线时预留的照明支路导线端子的位置，将接线盒的挡片取下，如图11-7所示。

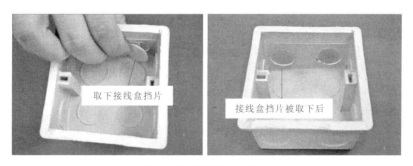

图11-7 取下接线盒挡片

（2）嵌入接线盒。

接下来，将接线盒嵌入墙的开槽中，如图11-8所示，嵌入时要注意接线盒不允许歪斜，在嵌入时，要将接线盒的外部边缘处与墙面保持齐平。

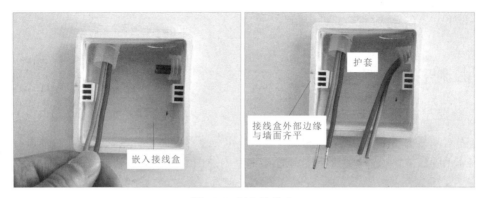

图 11-8 嵌入接线盒

按要求将接线盒嵌入墙内后，再使用水泥砂浆填充接线盒与墙之间的多余空隙。

（3）取下单控开关两侧护板。

使用一字螺丝刀分别将单控开关两侧的护板卡扣撬开，将护板取下，如图 11-9 所示。

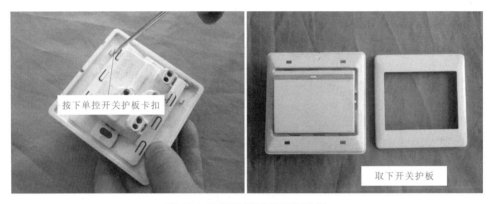

图 11-9 取下单控开关两侧护板

（4）将单控开关调至关闭状态。

检查单控开关是否处于关闭状态，如果单控开关处于开启状态，则要将单控开关拨动至关闭状态，如图 11-10 所示。

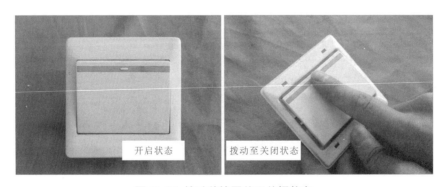

图 11-10 拨动单控开关至关闭状态

(5)连接零线并进行绝缘处理。

此时,单控开关的准备工作已经完成。然后再将接线盒中的电源供电及照明灯的零线(蓝色)进行连接。可借助剥线钳剥除零线导线的绝缘层,并使用绝缘胶带对其进行绝缘处理,如图 11-11 所示。

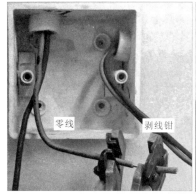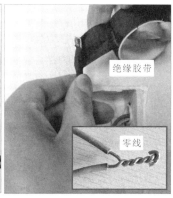

图 11-11 连接零线并进行绝缘处理

(6)剪断多余的连接线。

由于在布线时,预留出的接线端子长于开关连接的标准长度,因此需要使用偏口钳将多余的连接线剪断,预留长度应当为 50 mm 左右,如图 11-12 所示。

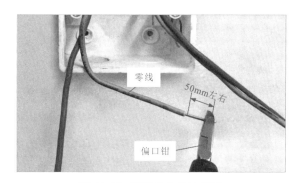

图 11-12 剪断多余的连接线

(7)连接相线。

使用剥线钳按相同要求剥除电源供电预留相线连接端头的绝缘层,将电源供电端的相线端子穿入一开单控开关的一根接线柱中(一般先连接入线端再连接出线端),避免将线芯裸露在外部,使用螺钉旋具拧紧接线柱固定螺钉,固定电源供电端的相线,如图 11-13 所示。

图 11-13 连接相线

（8）将连接好的导线盘绕在接线盒中。

至此，开关的相线（红色）部分便已连接完成，为了在以后的使用过程中方便对开关进行维修及更换，通常会预留比较长的连接端子。因此，在开关线路连接后，要将连接线盘绕在接线盒中，如图 11-14 所示。

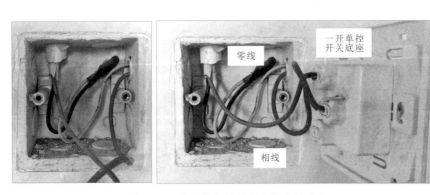

图 11-14 将连接好的导线盘绕在线盒中

（9）对开关进行固定。

将开关底座的固定点摆放位置与接线盒两侧的固定点相对应放置开关，然后选择合适的紧固螺钉将开关底座进行固定，如图 11-15 所示。

第11章 照明系统的安装与调试

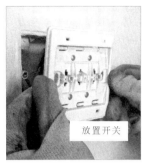

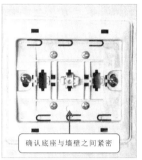

图 11-15 对开关进行固定

（10）开关安装完成。

将开关的护板安装到开关上，至此，开关便已经安装完成，如图 11-16 所示。

图 11-16 开关安装完成

【提示】

在家装电工线路连接时，导线的连接要求采用并头连接的方式。其中，2 根单股铜芯导线连接时，需将 2 根线芯捻绞几圈后，留适当长度余线折回压紧；3 根及以上导线连接时，需要用其中的一根线芯缠绕其他线芯至少 5 圈后剪断，把其他线芯的余头并齐折回压紧的缠绕线上；另外，还有一种目前较常用的并头帽连接，即将待连接的线芯并头连接后使用并头帽压紧和绝缘，如图 11-17 所示。

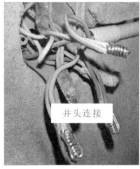

图 11-17 家装中导线的并头连接

2. 双控开关的安装方法

双控开关控制照明线路时，按动任何一个双控开关面板上的开关按钮，都可控制照明灯的点亮和熄灭，也可按动其中一个双控开关面板上的按钮点亮照明灯，然后通过另一个双控开关面板上的按钮熄灭照明灯，如图 11-18 所示。

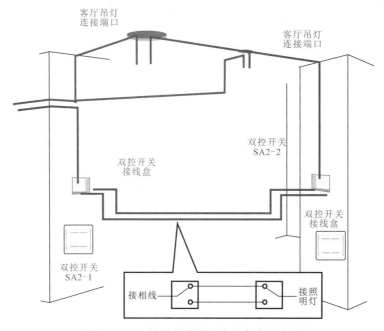

图 11-18 双控开关照明线路的安装示意图

（1）检测连接线和双控开关是否齐全。

在进行双控开关的安装前，应首先对连接线和两个双控开关进行检查。双控开关一般有两个，其中一个双控开关的接线盒内预留 5 根导线，其中 2 根为零线，在接线时应首先将零线进行连接，还有 1 根相线和 2 根控制线；另一个双控开关接线盒内只需预留 3 根导线，分别为 1 根相线和 2 根控制线，即可实现双控（两地对一个照明灯进行控制）。连接时，需根据接线盒内预留导线的颜色正确连接。如图 11-19 所示。

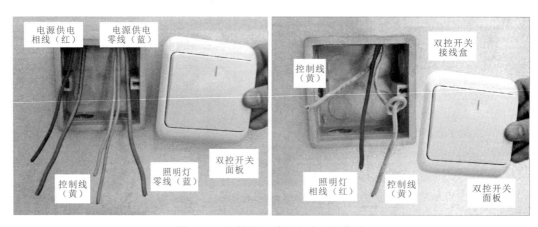

图 11-19 双控开关接线盒内预留导线

双控开关接线盒的安装方法同单控开关接线盒的安装方法相同,在此不再赘述。

(2)双控开关的接线。

双控开关安装时也应做好安装前的准备工作,将其开关的护板取下,便于拧入固定螺钉将开关固定在墙面上,如图11-20所示。使用一字螺丝刀插入双控开关护板和双控开关底座的缝隙中,撬动双控开关护板,将其取下,取下后,即可进行线路的连接了。

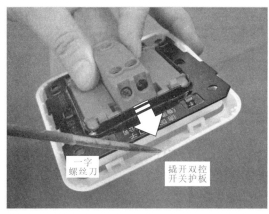 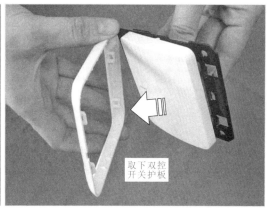

图 11-20 双控开关护板的拆卸方法

双控开关的接线操作需分别对两地的双控开关进行接线和安装操作,安装时,应严格按照开关接线图和开关上的标识进行连接,以免出现错误连接,不能实现双控功能。

(3)导线绝缘层的剥削。

由于双控开关接线盒内预留的导线接线端子长度不够,需使用剥线钳分别剥去预留 5 根导线一定长度的绝缘层,用于连接双控开关的接线柱,导线绝缘层的剥削如图 11-21 所示。

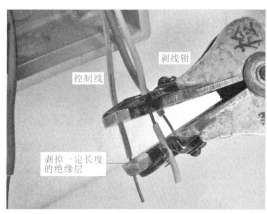 

图 11-21 导线绝缘层的剥削

(4)连接零线并进行绝缘处理。

剥线操作完成后将双控开关接线盒中电源供电的零线(蓝)与照明灯的零线(蓝)进行连接,由于预留的导线为硬铜线,所以在连接零线时需要借助尖嘴钳进行连接,并使用绝缘胶带对其进行绝缘处理,如图11-22所示。

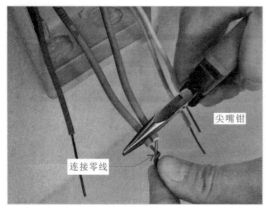
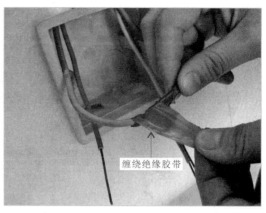

图 11-22 连接零线并进行绝缘处理

（5）剪掉多余的连接线。

将连接好的零线盘绕在接线盒内，然后进行双控开关的连接，由于与双控开关连接的导线的接线端子过长，所以需要将多余的连接线剪断，如图 11-23 所示。

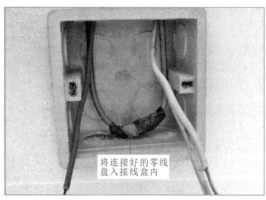
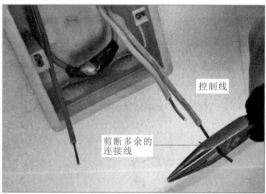

图 11-23 剪断多余的连接线

（6）拧松接线柱固定螺钉。

对双控开关进行连接时，使用合适的螺丝刀将三个接线柱上的固定螺钉分别拧松，以进行线路的连接，如图 11-24 所示。

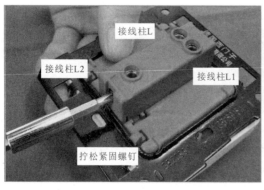
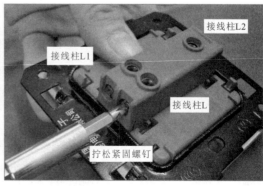

图 11-24 拧松开关接线柱固定螺钉

（7）连接电源供电端相线。

将电源供电端相线（红）的预留端子插入双控开关的接线柱 L 中，插入后，选择合适的十字螺丝刀拧紧该接线柱的紧固螺钉，固定电源供电端的相线，如图 11-25 所示。

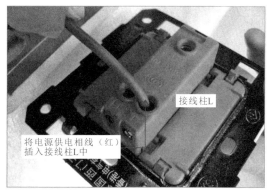

图 11-25 连接电源供电端相线（红）

（8）连接控制线。

将两根控制线（黄）的预留端子分别插入双控开关的接线柱 L1 和 L2 中，插入后，选择合适的十字螺丝刀拧紧该接线柱的固定螺钉，固定控制线，如图 11-26 所示。

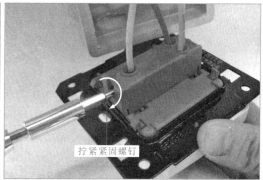

图 11-26 连接控制线（黄）

（9）另一个双控开关的连接。

另一个双控开关的连接方法与第一个双控开关的连接方法基本相同，即首先将导线进行加工，再将加工完毕后的导线依次连接到双控开关的接线柱上，并拧紧紧固螺钉，如图 11-27 所示。

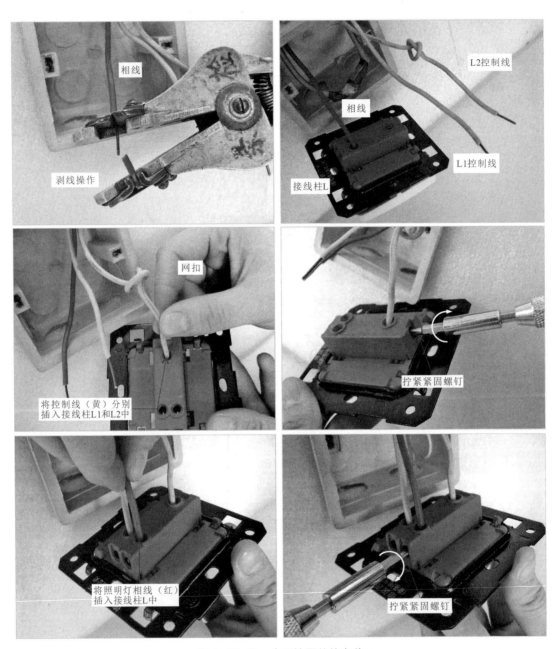

图 11-27 另一个双控开关的安装

（10）盘绕多余导线并取下开关按板。

双控开关接线完成后，将多余的导线盘绕到双控开关接线盒内，并将双控开关放到双控开关接线盒上，使其双控开关面板的固定点与双控开关接线盒两侧的固定点相对应，但发现双控开关的固定孔被双控开关的按板遮盖住，此时，需将双控开关按板取下，如图11-28所示。

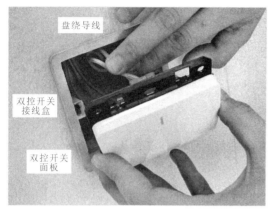 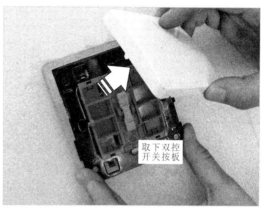

图 11-28　盘绕双控开关导线并取下双控开关按板

（11）固定双控开关。

取下双控开关按板后，在双控开关面板与双控开关接线盒的对应固定孔中拧入紧固螺钉，固定双控开关，然后安装双控开关按板，如图11-29所示。

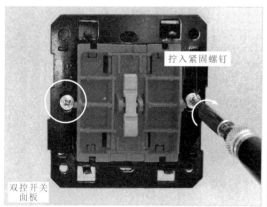 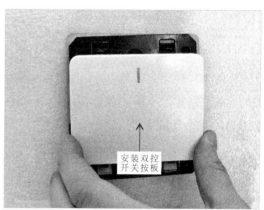

图 11-29　固定双控开关

（12）开关的安装完成。

将双控开关护板安装到双控开关面板上，使用同样的方法安装另一个双控开关面板，至此，双控开关面板的安装便完成了，如图11-30所示。

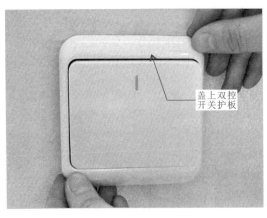 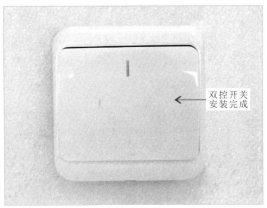

图 11-30 双控开关安装完成

安装完成后,要对安装后的双控开关进行检验操作,将室内的电源接通,按下其中一个双控开关,照明灯被点亮,然后按下另一个双控开关,照明灯熄灭,因此,说明双控开关安装正确,可以使用。

11.2.2 照明灯的安装

1. 吸顶灯的安装方法

吸顶灯是目前家庭照明线路中应用最多的一种照明灯,主要包括底座、镇流器、灯管和灯罩几部分,如图 11-31 所示。

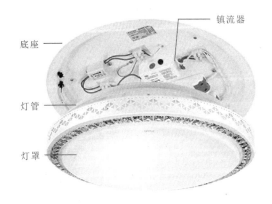 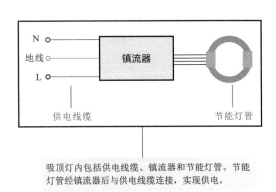

吸顶灯内包括供电线缆、镇流器和节能灯管。节能灯管经镇流器后与供电线缆连接,实现供电。

图 11-31 吸顶灯的结构和接线关系示意图

吸顶灯的安装与接线操作比较简单,可先将吸顶灯的灯罩、灯管和底座拆开,然后将底座固定在屋顶上,将屋顶预留相线和零线与底座上的连接端子连接,重装灯管和灯罩即可,如图 11-32 所示。

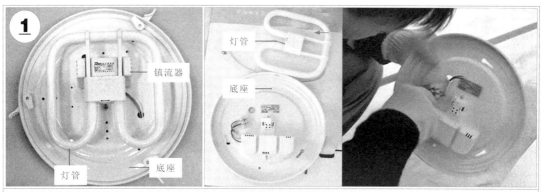

为了防止在安装过程不小心将灯管打碎,安装吸顶灯前,首先拆卸灯罩,取下灯管(灯管和镇流器之间一般都是由插头直接连上的,拆装十分方便)。

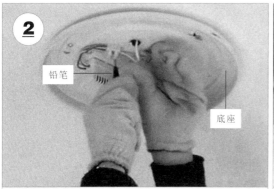

用一只手将底座托住并按在需要安装的位置上,然后用铅笔插入螺钉孔,画出螺钉的位置。

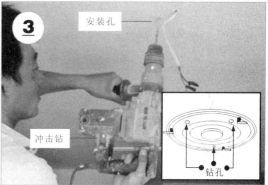

使用冲击钻在之前画好钻孔位置的地方打孔(实际的钻孔个数根据灯座的固定孔确定,一般不少于三个)。

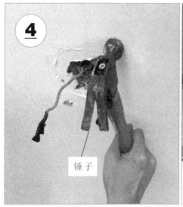

孔位打好之后,将塑料膨胀管按入孔内,并使用锤子将塑料膨胀管固定在墙面上。

将预留的导线穿过电线孔,底座放在之前的位置,螺钉孔位要对上。

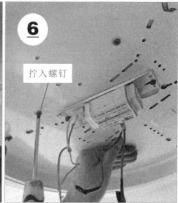

用螺钉旋具把一个螺钉拧入空位,不要拧得过紧,固定后,检查安装位置并适当调节,确定好后,将其余的螺钉拧好。

图 11-32 吸顶灯的安装方法

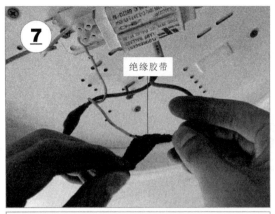
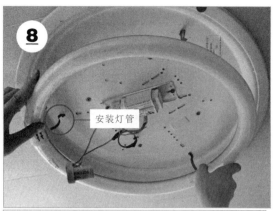

将预留的导线与吸顶灯的供电线缆连接,并使用绝缘胶带缠绕,使绝缘性能良好。

将灯管安装在底座上,并使用固定卡扣将灯管固定在底座上。

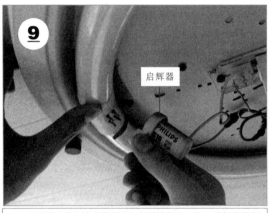
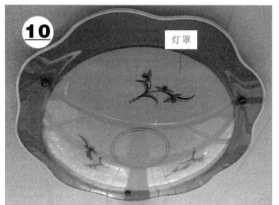

通过特定的插座将启辉器与灯管连接在一起,确保连接紧固。

通电检查是否能够点亮(通电时,不要触摸吸顶灯的任何部位),确认无误后扣紧灯罩,安装完成。

图 11-32 吸顶灯的安装方法(续)

【提示】

吸顶灯的安装施工操作需注意以下几点。

◆ 安装时,必须确认电源处于关闭状态。

◆ 在砖石结构中安装吸顶灯时,应采用预埋螺栓或用膨胀螺栓、尼龙塞或塑料塞固定,不可使用木楔,承载能力应与吸顶灯的质量相匹配,确保吸顶灯固定牢固、可靠,并可延长使用寿命。

◆ 如果吸顶灯使用螺口灯管安装,则接线还要注意以下两点:相线应接在中心触点的端子上,零线应接在螺纹端子上,灯管的绝缘外壳不应有破损和漏电情况,以防更换灯管时触电。

◆ 当采用膨胀螺栓固定时,应按吸顶灯尺寸的技术要求选择螺栓规格,钻孔直径和埋设深度要与螺栓规格相符。

◆ 安装时,要注意连接的可靠性,连接处必须能够承受相当于吸顶灯 4 倍质量的悬挂而不变形。

2. LED 照明灯的安装方法

LED 照明灯是指由 LED（半导体发光二极管）构成的照明灯具。目前，LED 照明灯是继紧凑型荧光灯（普通节能灯）后的新一代照明光源。

（1）LED 照明灯的特点和安装方法。

LED 照明灯比普通节能灯具有环保（不含汞）、成本低、功率小、光效高、寿命长、发光面积大、无眩光、无重影、耐频繁开关等特点。

目前，用于室内照明的 LED 灯，根据安装形式主要有 LED 日光灯、LED 吸顶灯、LED 节能灯等几种，如图 11-33 所示。

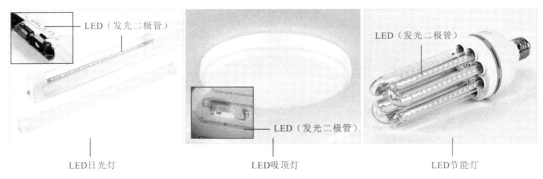

图 11-33 常见照明用 LED 照明灯

LED 照明灯的安装方法比较简单。以 LED 日光灯为例，一般直接将 LED 日光灯接线端与交流 220 V 照明控制线路（经控制开关）预留的相线和零线连接即可，如图 11-34 所示。

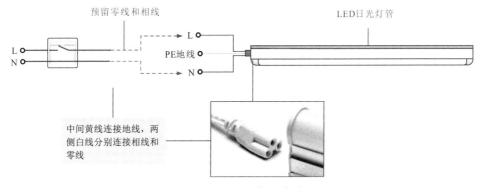

图 11-34 LED 照明灯的安装方法

（2）LED 日光灯的安装方法。

下面以 LED 日光灯为例，介绍其安装方法。图 11-35 所示为 LED 照明灯的安装方法示意图。

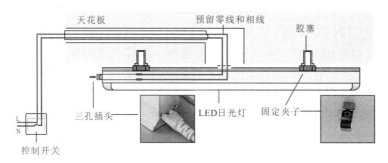

图 11-35 LED 日光灯安装方法示意图

在实际应用环境中，若照明面积较大，可将多支 LED 灯管串联，即用连接柱把两根灯管之间对接构成串联电路，如图 11-36 所示，注意收尾的地方为防止触摸触电需盖上堵头盖子。

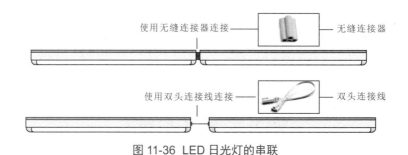

图 11-36 LED 日光灯的串联

多根 LED 灯管可根据实际安装环境组合成不同的形状，用以体现较好的照明效果，如图 11-37 所示。

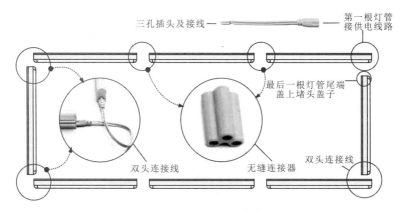

图 11-37 多根 LED 灯管串联

串联安装时，应计算出可串联 LED 灯管的最大数量。例如，若每根 LED 灯管的功率是 7W，LED 灯管里面的连接线采用的是电子线时，可以连接 157 根左右的 LED 灯管（线径 * 额定电压值 * 额定允许通过的电流 / 功率 =LED 灯管的数量），预留一部分空间，也可以并联 100 根左右的 LED 灯管。

11.3 照明系统调试

照明系统安装完毕后,并不能立即使用,还要对安装后的照明线路进行调试与检测,以免日光灯、开关损坏,或者有接线错误等情况的发生,造成设备损坏或人身伤害。

11.3.1 卫生间照明线路的调试与检测

图 11-38 所示为卫生间的照明线路,该线路是由单控开关和节能灯组成的。当卫生间照明线路安装完毕后,需要按下开关,看照明灯是否被点亮。若可以点亮照明灯则说明安装正确;若无法点亮照明灯,则说明照明线路中有损坏的部件,应进行检测。

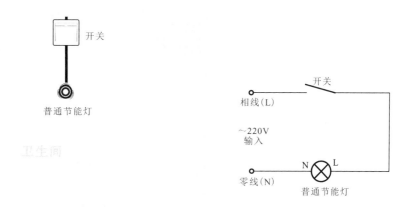

图 11-38 卫生间的照明线路

1. 照明灯的检测

当卫生间照明灯无法被点亮时,应首先对照明灯进行检测,将照明灯的灯罩取下后可以看到其内部的照明灯为节能灯。在断电的情况下,将节能灯慢慢拧下,查看其外观是否正常。若节能灯损坏,其内部可能会出现黑色污染物。

除了通过对节能灯外观的检查判断其好坏,还可以在通电的状态下检测节能灯灯座处的电压,用来判断故障部位是节能灯,还是开关部分,如图 11-39 所示。正常情况下,该灯座处应有 220 V 的供电电压,若供电电压正常,照明灯不亮,则说明照明灯本身损坏;若供电电压不正常,则应检查开关及供电线路是否正常。

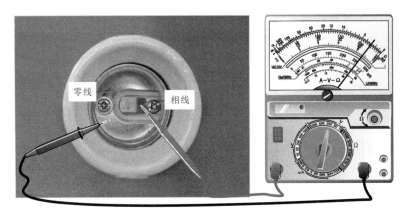

图 11-39 灯座处供电电压的检测方法

2. 单控开关的检测

在节能灯正常的情况下，若供电电压不正常，则应首先对单控开关进行检测，首先按动几下开关，正常情况下应该可以感觉到弹片拨动的动作，若无则可能是开关损坏。

如果使用触摸方法无法确定开关的好坏，应将其拆卸后进行检测，首先检查单控开关的连接线（两根相线）连接是否正确，若接线错误或连接不牢固，则应重新进行连接，如图 11-40 所示。

图 11-40 单控开关安装接线的检查

【提示】

此外，也可以通过检测单控开关不同状态时的电阻值，来判断单控开关的好坏，如图 11-41 所示。将万用表调至电阻挡，两个表笔分别搭在连接线端的引脚触点上，正常情况下，当单控开关处于断开状态时，电阻值为无穷大；再将单控开关调至接通状态，当单控开关处于接通状态时，电阻值应为零，若接通状态时电阻值还为无穷大，则说明单控开关已经损坏。

第11章 照明系统的安装与调试

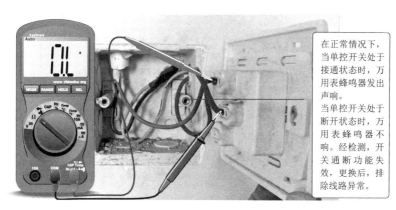

在正常情况下，当单控开关处于接通状态时，万用表蜂鸣器发出声响。
当单控开关处于断开状态时，万用表蜂鸣器不响。经检测，开关通断功能失效，更换后，排除线路异常。

图 11-41 单控开关的检测方法

11.3.2 客厅照明线路的调试与检测

客厅中的照明线路一般为日光灯，为了保证全部空间都能够被照亮，一般采用多个日光灯（吸顶灯），并在电视柜处设置一个壁灯，并采用双位单控开关进行控制，如图11-42所示。当客厅内的照明线路安装完毕后，需要进行检查。按下开关，看照明灯是否亮，若亮则说明安装正确；若不亮，则说明照明线路中有损坏的部件，应进行检测。

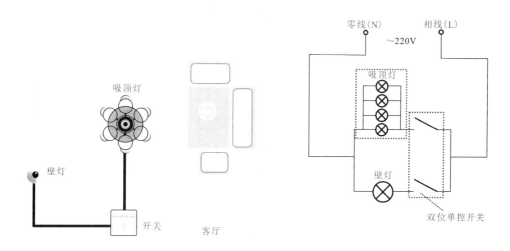

图 11-42 客厅照明线路

1. 双位单控开关的检测

由于客厅的照明灯有两种，即吸顶灯和壁灯，使用一个双位单控开关进行控制，首先分别按下两个按钮，观察照明灯是否被点亮，若全部不亮，则说明接线错误或供电线路有故障；若只有一路照明灯不亮，则应对双位单控开关的相应控制按钮进行检查。

2. 日光灯的检测

客厅照明线路的日光灯有多个，但其类型相同，若某个日光灯不亮，则可能是日光灯本身或配件有故障，也可能是接线错误，应首先检查日光灯本身是否有黑色污染物，并查看与镇流器的接线是否正常。

若从日光灯外观上无法判断其好坏，可将日光灯拆下，并使用已知性能良好的日光灯进行代换，看是否正常。若正常，则是日光灯损坏；若不正常，则应对镇流器进行检测。

对镇流器进行检测时，应首先检测其接线是否正常，在接线正常的情况下，则应将镇流器拆下，并使用万用表检测其引线之间的阻值，如图 11-43 所示。正常情况下，镇流器两个引线端的阻值大约为 50 Ω，若出现阻值为零的情况，则说明其内部短路，应进行更换。

图 11-43 镇流器的检测方法

【提示】

若检测后无法判断镇流器的好坏，则可使用代换法，用已知性能良好的镇流器进行代换，若代换后正常，则说明镇流器本身损坏，应进行更换。在更换镇流器时，应当注意镇流器上所标注的额定电压、额定电流和额定功率值，新的镇流器要与原镇流器上的标注值相同。

第 12 章 小区供电系统的安装与调试

12.1 小区供电系统

12.1.1 小区供电系统的特点

小区供电系统就是将外部高压干线送来的高压电，经高压供配电系统降压后，降为低压供配电系统所需的电压（380V/220V），然后再由低压供配电系统进行供电和分配，如图 12-1 所示。

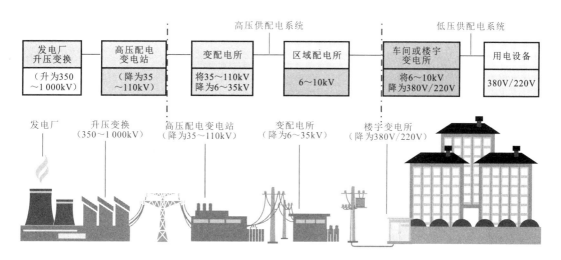

图 12-1 小区供电系统的功能特点

在电力变压器将高压电变换成 380 V 三相交流电或 220 V 单相交流电后被分成多路。其中，380 V 交流电为电梯、水泵等动力设备供电，220 V 单相交流电则为住户提供生活用电。如图 12-2 所示，在小区供电系统中，应尽量均衡地将单相负载（家庭用电设备）分别接到三相电路中。

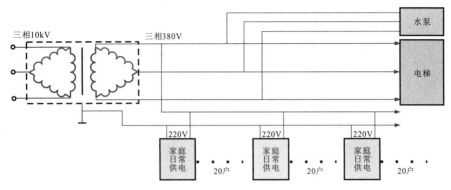

图 12-2 供电系统的配电形式

在实际应用中,小区供电系统会受供电安全性、可靠性及环境因素、人为用电因素等诸多方面因素的影响。

为确保供电安全、可靠,小区供电系统要确保具有两个供电系统,且每个供电系统来自不同的变电所,如图 12-3 所示。

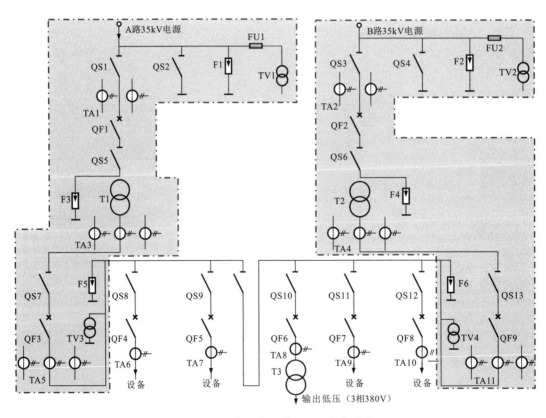

图 12-3 两个供电系统的小区供电系统

特别要求供配电安全稳定的小区供电系统应具有两个供电系统,并可设计成互为备用电源,以确保用电安全,如图 12-4 所示。

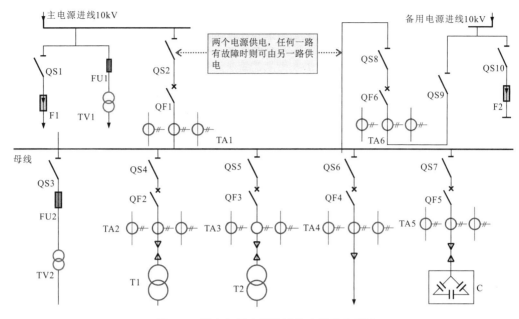

图 12-4 具有备用电源设计的小区供电系统

12.1.2 小区供电系统的接线与分配

如图 12-5 所示，在配电方式上，小区供电系统采用混合式接线，由低压配电柜送来的低压支路直接进入楼层配电箱，然后由低压配电箱直接分配给动力配电箱、公共照明配电箱及各楼层配电箱。图 12-5 所示为典型楼宇供电系统的接线形式。

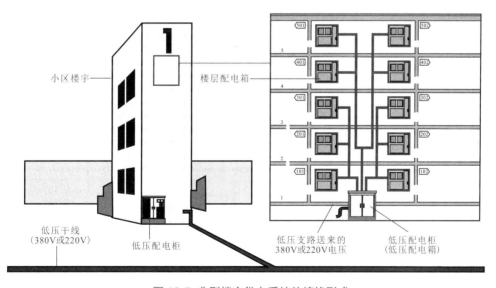

图 12-5 典型楼宇供电系统的接线形式

如果是普通住宅楼，则在配电方式上会以单元作为单位进行配电，先由低压配电柜分出多组支路分别接到单元内的总配电箱，再由单元内的总配电箱向各楼层配电箱供电，如图 12-6 所示。

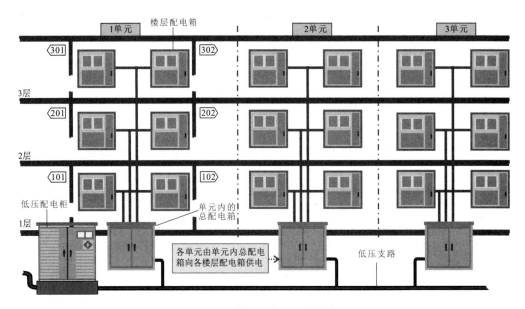

图 12-6 普通住宅楼配电方式

如果是高层建筑物,则在配电方式上会针对不同的用电特性采用不同的配电连接方式。用于住户用电的配电线路多采用放射式和链式混合的接线方式;用于公共照明的配电线路则采用树干式接线方式;对于用电不均衡的部分,则会采用增加分区配电箱的混合配电方式,接线方式上也多为放射式与链式组合的形式,如图 12-7 所示。

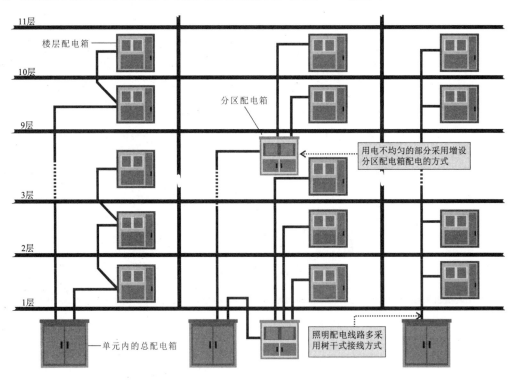

图 12-7 高层住宅楼配电方式

图 12-8 所示为典型小区配电线路的主要设备与接线关系。楼宇配电系统的设计规划需要先对楼宇的用电负荷进行周密的考虑，通过科学的计算方法，计算出建筑物用户及公共设备的用电负荷范围，然后根据计算结果和安装需要选配适合的供配电器件和线缆，如图 12-8 所示。

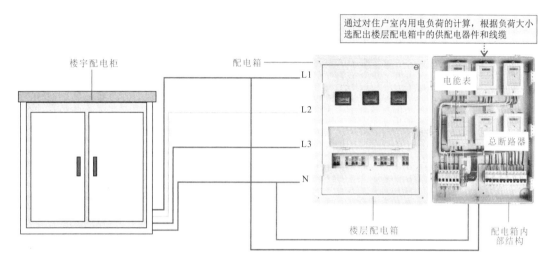

图 12-8 典型小区配电线路的主要设备与接线关系

12.2 供电设备安装

小区供电设备的安装主要包括变配电室、低压配电柜的安装。

12.2.1 变配电室的安装

小区的变配电室是配电系统中不可缺少的部分，也是供配电系统的核心。变配电室应架设在牢固的基座上，如图 12-9 所示，且敷设的高压输电电缆和低压输电电线必须用金属套管进行保护，施工过程一定要注意在断电的情况下进行。

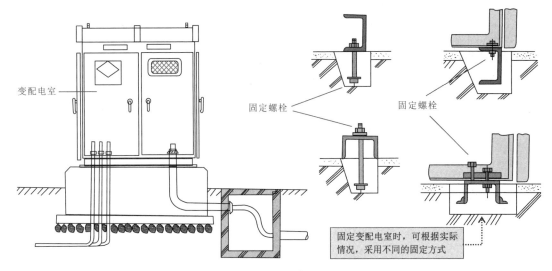

图 12-9 小区供配电系统中变配电室的架设与固定

12.2.2 低压配电柜的安装

在小区供配电系统中，低压配电柜一般安装在楼体附近，如图 12-10 所示，用于对送入的 380 V 或 220 V 交流低压进行进一步分配后，分别送入小区各楼宇中的各动力配电箱、照明（安防）配电箱及各楼层配电箱中。楼宇配电柜的安装、固定和连接应严格按照施工安全要求进行。

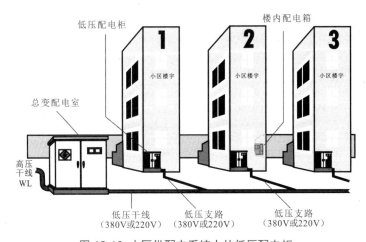

图 12-10 小区供配电系统中的低压配电柜

对小区配电柜进行安装连接时，应先确认安装位置、固定深度及固定方式等，然后根据实际的需求，确定所有选配的配电设备、安装位置并确定其安装数量等，如图 12-11 所示。

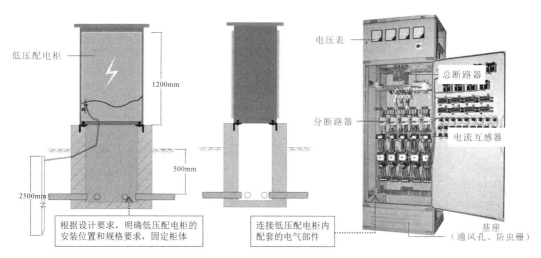

图 12-11 低压配电柜的固定与安装接线

固定低压配电柜时，可根据它的外形尺寸进行定位，并使用起重机将低压配电柜吊起，并放在需要固定的位置，校正位置后，应用螺栓将柜体与基础型钢紧固，如图 12-12 所示，低压配电柜单独与基础型钢连接时，可采用铜线将柜内接地排与接地螺栓可靠连接，并且必须加弹簧垫圈进行防松处理。

图 12-12 低压配电柜的固定

12.3 小区供电系统的调试

图 12-13 所示为典型小区供电系统的结构。

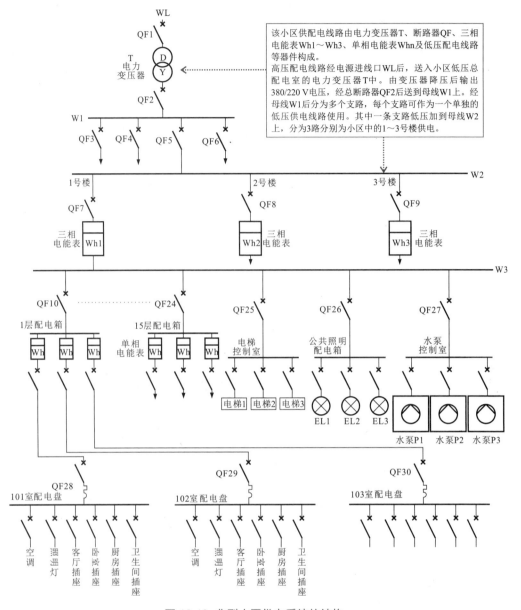

图 12-13 典型小区供电系统的结构

在图 12-13 中，高压电源经电源进线口 WL 输入后，送入小区低压配电室的电力变压器 T 中。由 T 降压后输出 380/220 V 电压，经小区内总断路器 QF2 后送到母线 W1 上。经母线 W1 后分为多条支路，每条支路可作为一个单独的低压供电电路使用。其中一条支路低压加到母线 W2 上，分为 3 路分别为小区中的 1 号楼至 3 号楼供电。每一路上安装有一只三相电能表，用于计量每栋楼的用电总量。

由于每栋楼有 15 层，除住户用电外，还包括电梯用电、公共照明等用电及供水系统的水泵用电等。小区中的配电柜将电源电压送到楼内配电间后分为 18 条支路。15 条支路分别为 15 层住户供电，另外 3 条支路分别为电梯控制室、公共照明配电箱和水泵控制室供电。每条支路首先经一条支路总断路器后再分配。

系统安装完成后，首先根据电路图、接线图逐级检查电路的连接情况，有无错接、漏接，然后根据小区供配电线路的功能逐一检查总配电室、低压配电柜、楼内配电箱内部件的连接关系是否正确、控制及执行部件的动作是否灵活等，对出现异常部位进行调整，使其达到最佳工作状态，如图12-14所示。

调试线路，验证线路功能。调试线路分为断电调试和通电调试两个方面。通过调试确保线路能够完全按照设计要求实现控制功能，并正常工作。	断电调试	通电调试
	首先要根据技术图纸核对元器件型号，校验搭接点力矩，并做标识	拆除测试用短接线，清理工作现场。对高压电容器自动补偿部分进行调试
	按照电路图从电源端开始，逐段确认接线有无漏接、错接之处，检查导线接点的连接是否符合工艺要求，相间距是否符合标准。用万用表检查主回路、控制回路连接有无异常	合上电力变压器高压侧断路器QF1，向变压器送电，观察变压器工作状态
	检查母线及引线连接是否良好；检查电缆头、接线桩头是否牢固可靠；检查接地线接线桩头是否紧固；检查所有二次回路接线连接是否可靠，绝缘是否符合要求	合上低压侧配电柜的断路器QF2、QF5，向母排线送电，查看送电是否正常
	操作开关操作机构是否到位。检验高压电容放电装置、控制电路的接线螺钉及接地装置是否到位	合上低压配电柜各支路断路器QF7、QF10，观察电流表、电压表指示是否正常
	手动调试断路器机械联锁分合闸是否准确	

紧固接线桩头

观察电能表及连接

调整断路器接线

检验仪表指示状态

图12-14 小区低压供电系统的调试

检查小区供配电线路中无电压送出，怀疑总配电室内电气设备异常。断开高压侧总断路器，打开配电室门进行检修，如图14-15所示。

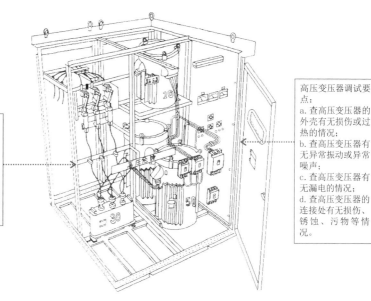

图12-15 小区低压供配电系统的检修

第13章 电力拖动系统的安装与调试

13.1 电力拖动系统

13.1.1 电力拖动系统的功能特点

电力拖动系统是指通过电动机拖动生产机械完成一定工作要求的设备统称,实际上就是通过控制电动机的旋转方式,从而使电动机所带动的机械设备完成诸如运输、加工等工作目的。下面我们从功能与应用两方面对电力拖动系统进行介绍。电力拖动系统主要是由控制器件(控制按键、按钮、传感、保护器件等)、动力部件(电动机)和机械传动等部分构成的。这些部件和装置按设定的控制关系通过电路连接在一起,使得电动机能够在控制器件的控制下完成相应的运转动作,进而带动机械传动装置动作,实现传送、推拉、升降、抽放等工作。

电力拖动系统主要用来控制电动机的工作状态,系统中控制电动机的部件及部件间的连接方式有很多种,使电动机具有启动、运转、变速、制动、正转、反转和停机等多种工作状态,从而满足电动机拖动设备的工作需求。

图13-1所示为典型电力拖动系统的电路控制关系。

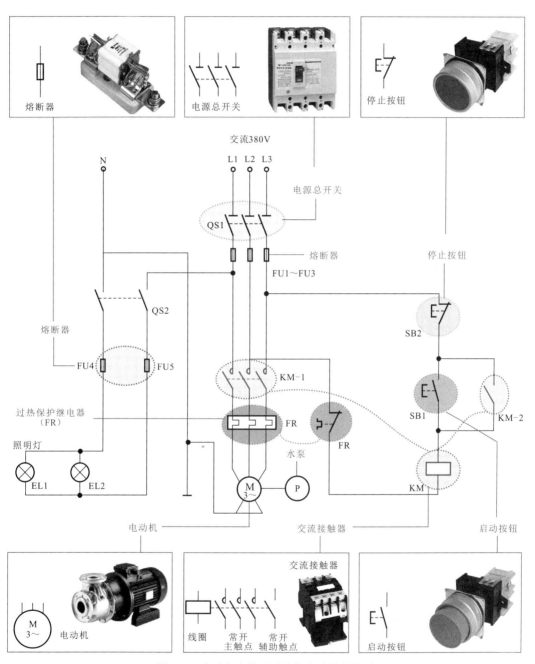

图 13-1 典型电力拖动系统的电路控制关系

13.1.2 电力拖动系统的结构形式

电力拖动系统的控制方式多样，操作控制比较简单，广泛应用于日常生产、生活中。电力拖动系统主要应用于工业和农业生产中，如加工机床、水源运输等，而日常生活中的这类电路比较少，比较常见的电力拖动系统包括电梯、小区自动门等。

图 13-2 所示为工业生产中的电力拖动系统，工业生产中的加工机床、货物升降机、电动葫芦、给排水控制设备等都需要电动机进行拖动，针对不同的机械设备，电动机的控制方式也有很多种。

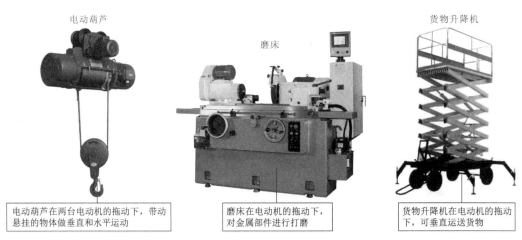

图 13-2 工业生产中的电力拖动系统

图 13-3 所示为农业生产中的电力拖动系统，农业生产中的排灌设备、农产品加工设备、粮食传送设备等都需要电动机提供动力，电动机的控制电路要满足相应设备的工作需求，才可使设备正常工作。

图 13-3 农业生产中的电力拖动系统

图 13-4 所示为日常生活中的电力拖动系统，日常生活中的电梯、自动门等设备的主要动力源是电动机，通过控制电路对电动机的工作状态进行控制，来满足人们的生活需要，提供更加快捷、方便的生活方式。

图 13-4 日常生活中的电力拖动系统

13.2 电力拖动系统的安装

以典型水泵控制系统为例，图 13-5 所示为水泵控制系统的电路图，该水泵的抽水控制为点动连续控制方式，当按下启动按钮后，电动机便会旋转，带动水泵抽水；按下停止按钮后，电动机便会停机，水泵便停止工作。

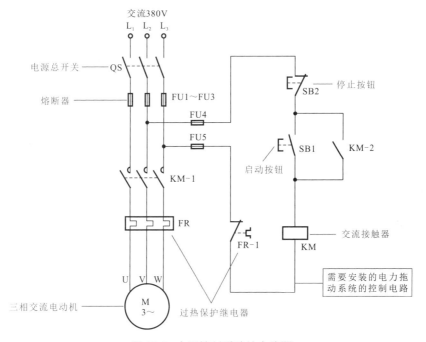

图 13-5 水泵控制系统的电路图

图 13-6 所示为水泵控制系统的安装方案示意图。根据实际安装环境，规划出具体的安装方案，这样电工人员便可根据方案逐步对电力拖动系统进行安装。

识读电力拖动系统的控制电路设计图，并确认所有的安装细节后，准备好安装工具和设备，开始对电力拖动系统进行安装。这里将安装操作分为敷设线缆、安装电动机及拖动设备、安装控制箱和安装连接控制部件四部分。

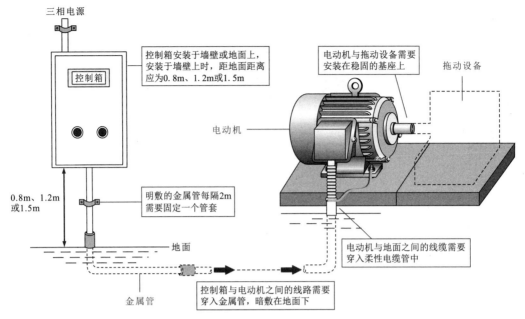

图 13-6 水泵控制系统的安装方案示意图

13.2.1 敷设线缆

首先对电动机与控制箱之间的线缆及控制箱的供电线缆进行敷设,为确保供电设备的安全性(包含防水、防尘),需对电路采取严格的防护措施,三相 380 V 供电引线应穿入金属管进行敷设。图 13-7 所示为电动机、控制箱的线缆敷设连接。

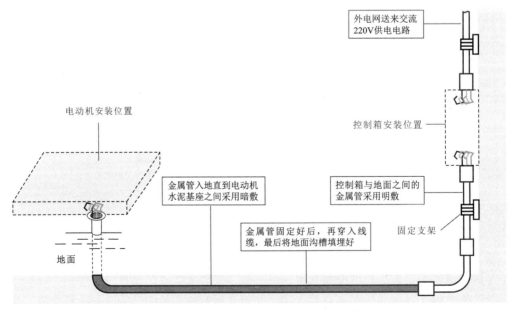

图 13-7 电动机、控制箱的线缆敷设连接

13.2.2 安装电动机及拖动设备

1. 制作机座

电动机和水泵通常安装在一个机座上,由于电动机和水泵转轴的高度不同,因此机座上电动机的部分要比水泵高(具体尺寸参考电动机和水泵转轴的高度差),并且要根据电动机和水泵底座固定孔的位置尺寸,在机座上打出安装孔,如图13-8所示。

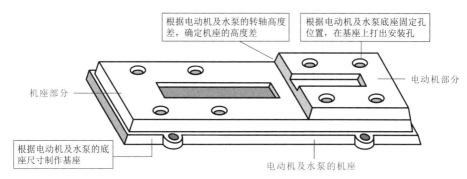

图 13-8 制作机座

2. 安装电动机

制作好机座后,先使用锤子将联轴器分别安装到电动机转轴和水泵转轴上,如图13-9所示。

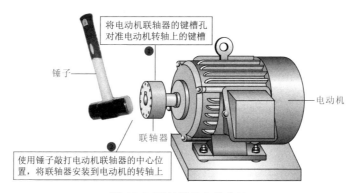

图 13-9 联轴器的安装方法

【提示】

敲打位置不对或敲打时用力过猛,会损伤转轴并且会导致联轴器与转轴歪斜。大型电动机直接用锤子很难将联轴器装到电动机上,安装时可以先将联轴器加热,采用油煮、喷灯等方法加热,使其膨胀后快速套在转轴上,再借助锤子敲打安装。

然后使用吊装设备将电动机和水泵吊起,放到机座上,如图 13-10 所示,对齐安装孔,拧入固定螺栓,使电动机与水泵固定到机座上。

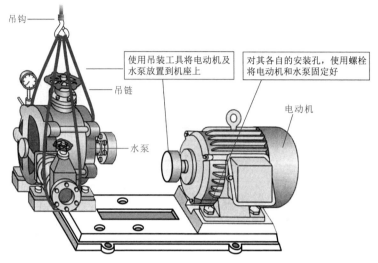

图 13-10 安装固定电动机和水泵

3. 制作基础平台

电动机和水泵不能直接放置于地面上,应安装固定在水泥基础平台上。图 13-11 所示为水泥基础平台的尺寸。水泥基础平台高出地面 100 ～ 150 mm,长、宽尺寸要比电动机和安装设备的机座多 100 ～ 150 mm,水泥基坑深度一般为地脚螺栓长度的 1.5 ～ 2 倍,以保证地脚螺栓有足够的抗震强度。

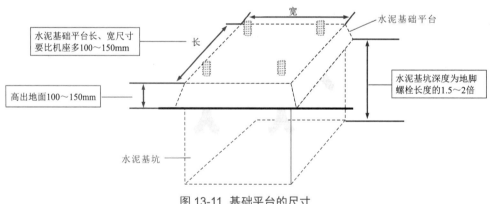

图 13-11 基础平台的尺寸

确定安装位置后,制作水泥基础平台,如图 13-12 所示。根据安装机座的长、宽大小,在指定位置开始挖掘基坑,挖到足够深度后,使用工具夯实坑底,然后在坑底铺一层石子,用水淋透并夯实,再注入水泥,同时将地脚螺栓迈入水泥中。根据机座的安装孔位置尺寸,调整好地脚螺栓的位置,并将露出地表的水泥座部分砌成梯形。

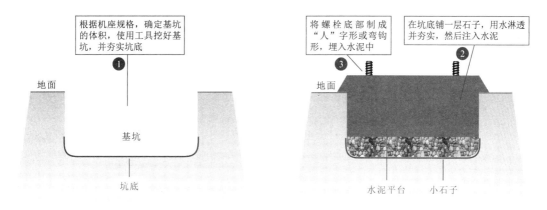

图 13-12 挖基坑制作基础平台

4. 固定机座

再次使用吊装设备,将电动机、水泵连同机座一起放到水泥基础平台上,注意机座安装孔要对齐螺栓,如图 13-13 所示。放置好机座后,使用扳手将螺母拧到螺栓上,使机座固定到水泥基础平台上。

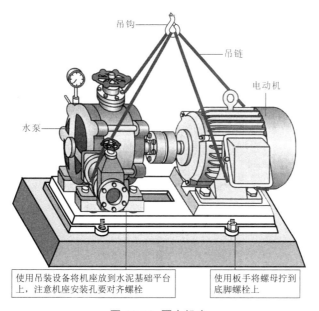

图 13-13 固定机座

5. 调整联轴器

联轴器是由两个法兰盘构成的,一个法兰盘与电动机转轴固定,另一个法兰盘与水泵转轴固定,将电动机转轴与水泵转轴的轴线位于一条直线后,再将两个法兰盘用螺栓固定为一体进行动力的传动。图 13-14 所示为联轴器的连接方法示意图。

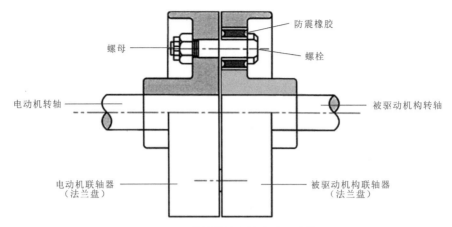

图 13-14 联轴器的连接方法示意图

联轴器是连接电动机和水泵轴的机械部件,借此传递动力。在这种结构中,必须要求电动机的轴与水泵的轴保持同心同轴。如果偏心过大会对电动机或水泵机构有较大损害,并会引起机械振动。因此,在安装联轴器时必须同时调整电动机的位置使偏心度和平行度符合设计要求。图 13-15 所示为联轴器的连接和调整示意图。

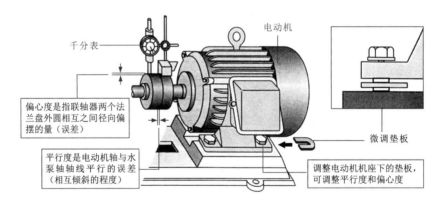

图 13-15 联轴器的连接和调整示意图

(1) 偏心误差的调整。

将电动机与水泵安装好后,在两个法兰盘中先插入一个螺栓,然后将千分表支架固定在任意一个法兰盘上,如 B 法兰盘测量 A 法兰盘外圆在转动一周时的跳动量(误差值),同时对电动机的安装垫板进行微调使误差在允许的范围内,注意偏心度为千分表读数的 1/2。图 13-16 所示为偏心误差的调整方法。

(2) 平行度误差的调整。

平行度是指测量两个法兰盘端面相互之间的偏摆量,即平行度为千分表读数的 1/2。如果偏差较大,则需通过调整电动机的倾斜度(调垫板)和水平方位使两轴平行。图 13-17 所示为平行度误差的精密调整方法。

两个法兰盘的偏心度和平行度的误差在允许范围内后,将两个法兰盘之间的固定螺栓的螺母拧紧,完成联轴器的连接与调整。

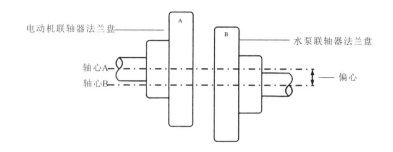

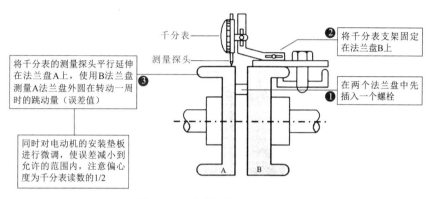

图 13-16 偏心误差的调整方法

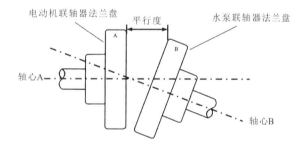

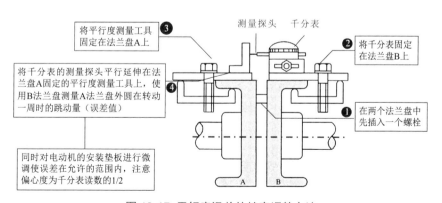

图 13-17 平行度误差的精密调整方法

【提示】

若在安装联轴器过程中没有千分表等精密测量工具,则可通过量规和测量板对两个法兰盘的偏心度和平行度进行简易的调整,使其符合联轴器的安装要求。

6. 供电线缆的连接

将电动机固定好以后,就需要将供电线缆的三根相线连接到三相异步电动机的接线柱上。普通电动机一般将三相端子共6根导线引出到接线盒内。电动机的接线方法一般有两种,星形(Y)接法和三角形(△)接法。如图13-18所示,将三相异步电动机的接线盖打开,在接线盖内侧标有该电动机的接线方式。

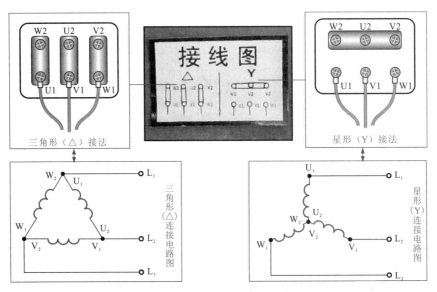

图 13-18 电动机的接线方式

【资料】

我国小型电动机的有关标准规定,3 kW以下的单相电动机,其接线方式为三角形(△)接法,而三相电动机,其接线方式为星形(Y)接法;3 kW以上的电动机所接电压为380 V时,接线方式为三角形(△)接法。

(1)拆下接线盒盖。

使用螺丝刀将电动机接线盒盖上的四颗固定螺钉拧下,然后取下接线盒盖,如图13-19所示。取下接线盒盖,可以看到内部的接线柱。

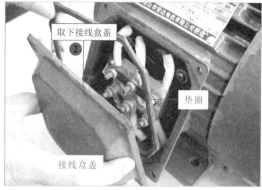

图 13-19 拆下接线盖

（2）查看连接方式。

取下三相异步电动机接线盒盖后，在其内侧可找到接线图，对照电动机接线柱可知该电动机采用的是星形（Y）接线方式，如图 13-20 所示。

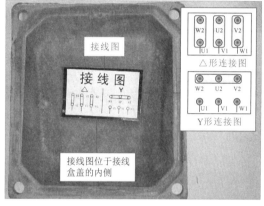

图 13-20 查看连接方式

（3）连接线缆。

根据星形（Y）接线方式，将三根相线（L1、L2、L3）分别与接线柱（U1、V1、W1）进行连接，如图 13-21 所示。将线缆内的铜芯缠绕在接线柱上，然后将紧固螺母拧紧。

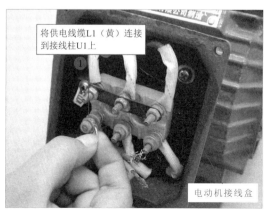
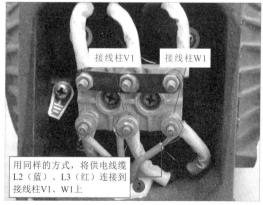

图 13-21 连接线缆

供电线缆连接好后，一定不要忘记在电动机接线盒内的接地端或外壳上，连接导电良好的接地线，如图 13-22 所示，没有连接接地线，在电动机运行时，可能会由于电动机外壳带电引发触电事故。

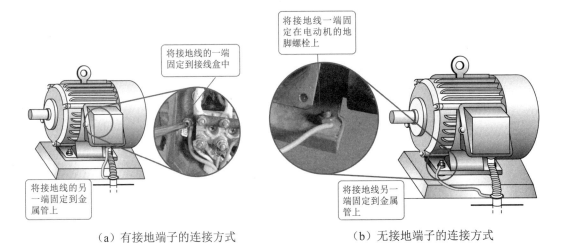

（a）有接地端子的连接方式　　　　　　（b）无接地端子的连接方式

图 13-22　接地线

13.2.3 安装控制箱

将电动机安装好后，接下来需要对控制箱进行安装固定。如图 13-23 所示，在规划好的位置，将控制箱固定在墙面上，确保控制箱与地面保持水平，若由于环境不能与地面保持水平，其倾斜度也不可以超过 5°，并且要做好防水的措施。

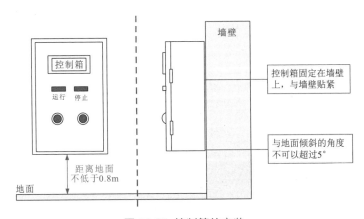

图 13-23　控制箱的安装

13.2.4 安装连接控制部件

1. 控制部件的安装

在对控制部件进行安装布局时,应根据控制流程排序并遵循排列整齐、美观的原则,可靠地安装,那些必须安装在特定位置上的器件,必须安装在指定的位置上,如手动控制开关(按钮)、指示灯和测量器件等,可以安装在控制箱的门上,以方便操作和观察,如图 13-24 所示。

图 13-24 部件安装布局的原则

【提示】

对发热的电气部件进行布局时,应考虑散热效果及对其他器件的影响,必要时还可以进行隔离或采用风冷措施。

2. 控制部件之间的连接

在对控制部件进行连接时,导线应平直、整齐,连接方式应合理。所有导线从一个端子到另一个端子进行连接时,应是连续的,中间不可以出现有接头的现象,并且所有的导线连接必须牢固,不能松动。

(1)供电电路的连接。

在连接控制部件时,可以先对供电线路中的控制部件进行连接。连接时,应尽可能减少直线通道的使用,如图 13-25 所示,严格按照控制电路图进行连接操作,且应根据不同电气部件的连接要求选用适当规格型号的导线进行连接。

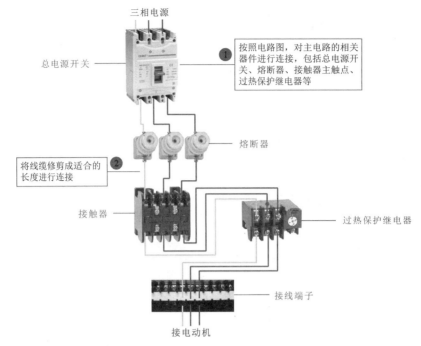

图 13-25 供电电路的连接

（2）控制电路的连接。

将供电路连接完成后，接下来需要对控制部分进行接线操作，如图 13-26 所示，严格参照电路图，不要将线缆接错，以免控制功能失常。

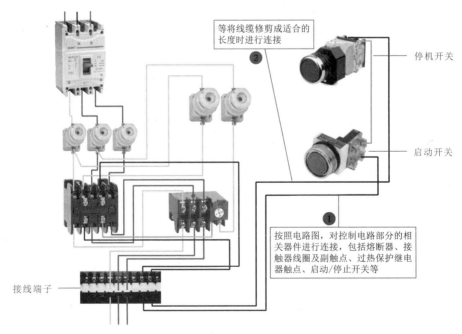

图 13-26 控制电路的连接

【提示】

在连接控制箱内的电气部件时，还应遵循以下原则。

（1）若控制箱内电气部件之间的连接采用的是线槽配线，则线槽内的连接导线不应超过线槽容积的70%，以便安装与维修。

（2）一个接线端子上连接导线的数量不得超过两根。

（3）对于较为复杂的电路，可以将连接导线的两端安装套管，并对其进行编码，方便日后的维护或调整。

13.3 电力拖动系统的调试

将电力拖动的电气部件连接好后，便需要对其进行检验，以保证各部件能正常运转。对电力拖动系统进行检验时，可以分为断电检验和通电检验两部分。

13.3.1 断电调试

对电力拖动系统进行调试时，应在断电的情况下检查各电气部件的连接是否与电路原理图相同、各接线端子是否连接牢固及绝缘电阻是否符合要求等。如图13-27所示，在对其进行断电检验时，主要是查看各个部件的代号、标记是否与原理图一致、各电气部件的安装是否正确和牢固等。

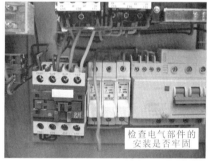

图13-27 断电时的检验

【提示】

在断电检验时，在连接端子与导线之间的接触电阻应小于0.1Ω，导线之间或端子之间的绝缘电阻应大于1MΩ（用500V兆欧表测量）。

13.3.2 通电调试

确定电路连接无误后，即可对其进行通电测试操作。在实际操作过程中要严格执行安全操作规程中的有关规定，确保人身安全。下面以典型电动机正、反转控制系统为例介绍通电时需要调试的内容。

1. 运行检验

通电后，应先按下按钮 SB2，检验电动机的正转是否正常，并验证电气部件的各个部分工作顺序是否正常、电动机的正转工作是否正常。当按下按钮 SB3 时，查看电动机的运转是否朝反方向转动，若电动机可以正常反转，则该控制系统的正、反转正常。运行检验如图 13-28 所示。

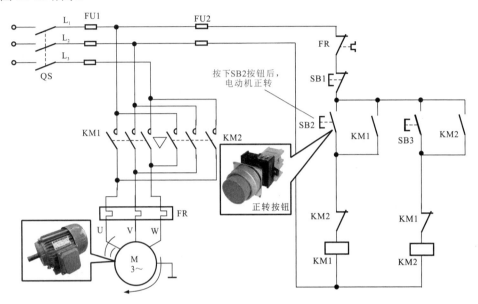

(a) 电动机正转检验

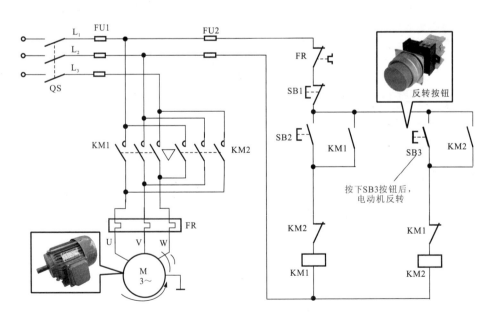

(b) 电动机反转检验

图 13-28 运行检验

2. 制动检验

在对电力拖动控制系统进行检验时，电动机制动检验也是非常重要的环节，这关系到该控制系统在以后的工作过程中的安全性。当遇到特殊情况需要急停时，如果可以正常制动，则能够提高并确保人身及设备的安全。检验时，应在电动机正常运转的情况下，按下制动按钮，如图 13-29 所示，若电动机可以正常停止转动，则符合电路的设计原理，说明该控制电路连接正确。

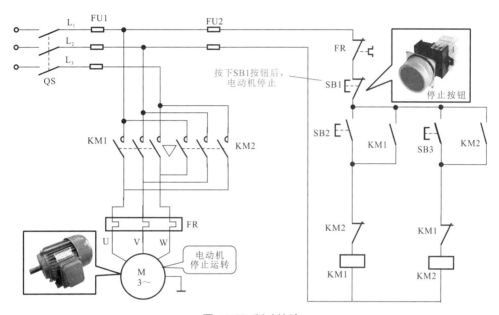

图 13-29 制动检验

此外，对电动机还要使用钳形表测量其运行电流是否正常，同时检查电动机的振动与噪声是否在规范范围内。若有异常，应及时停机，进行相应的调整工作，如图 13-30 所示。

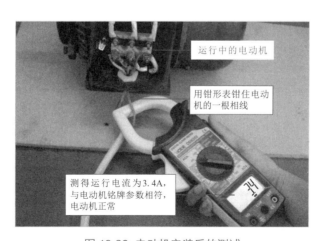

图 13-30 电动机安装后的测试

第 14 章 照明控制电路

14.1 光控照明电路

光控照明电路的结构如图 14-1 所示,该光电传感器采用的是光敏电阻器作为光电测控元件,光敏电阻器是一种对光敏感的元件,其阻值随入射光线的强弱发生变化。

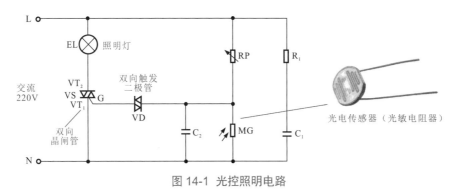

图 14-1 光控照明电路

当环境光较强时,光电传感器 MG 的阻值较小,使电位器 RP 与光电传感器 MG 处的分压值变低,不能达到双向触发二极管 VD 的触发电压值,双向触发二极管 VD 截止,进而使双向晶闸管 VS 也截止,照明灯 EL 熄灭。

当环境光较弱时,光电传感器 MG 的阻值变大,使电位器 RP 与光电传感器 MG 处的分压值变高,随着光照强度的逐渐增强,光电传感器 MG 的阻值逐渐变大,当电位器 RP 与光电传感器 MG 处的分压值达到双向触发二极管 VD 的触发电压时,双向二极管 VD 导通,进而触发双向晶闸管 VS 也导通,照明灯 EL 点亮。

14.2 走廊灯延时熄灭电路

图 14-2 所示是走廊灯延时熄灭控制电路。该灯 EL 受继电器触点 KA-1 控制,当按下灯开关 EB 时,交流 220 V 经变压器降压,整流器整流后为控制电路供电。直流电压经 R_1 为 C_2 充电,当充电电压上升后使单结晶体管 VT1 导通,VT2、VT3 导通,继电器得电,KA-1 接通,照明灯维持点亮。经过一定时间 C_2 放电后 VT1 截止,VT2、VT3 截止,

KA-1 断开，照明灯熄灭。

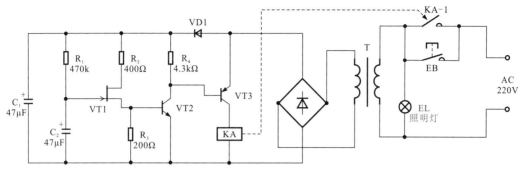

图 14-2 走廊灯延时熄灭控制电路

14.3 触摸式灯控电路

触摸式灯控电路是对照明灯、LED 灯、装饰彩灯等的亮/灭进行控制的电路。
图 14-3 所示是典型的触摸式灯控电路。

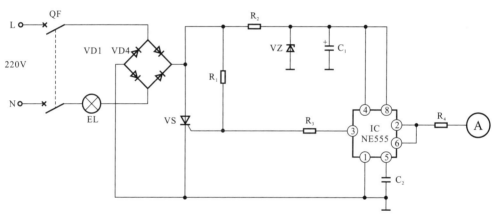

图 14-3 触摸式灯控电路

需要点亮照明灯时，用手碰触触摸开关 A。

手的感应信号经电阻器 R_4 加到时基集成电路 IC 的②脚和⑥脚。

时基集成电路 IC 得到感应信号后，内部触发器翻转，其③脚输出高电平。

单向晶闸管 VS 的控制极有高电平输入，触发 VS 导通，照明灯 EL 形成供电回路，照明灯被点亮。

14.4 超声波遥控照明电路

超声波遥控照明电路如图 14-4 所示，它主要是由超声波遥控信号发射电路和超声波遥控信号接收及控制电路两部分组成的。其中，超声波遥控信号发射电路是由电池供电电路、控制电路和超声波发射电路等构成的；超声波遥控信号接收和控制电路是由供电电路、控制电路、超声波接收电路和照明灯等构成的。

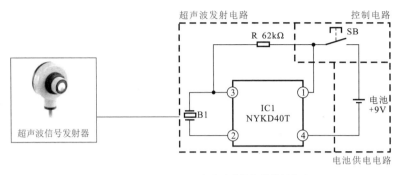

（a）超声波遥控信号发射电路

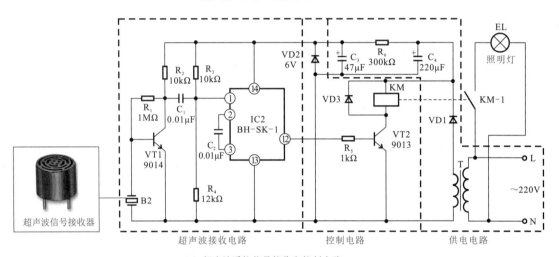

（b）超声波遥控信号接收和控制电路

图 14-4 超声波遥控照明电路

该电路中的遥控按钮 SB、超声波发生芯片 IC1、超声波信号发射器 B1、信号处理芯片 IC2、超声波信号接收器 B2、晶体三极管 VT1、VT2、直流接触器 KM、照明灯 EL 等为超声波遥控照明的核心部件。

超声波信号发射器：超声波信号发射器是专门用来发出超声波的器件。超声波信号发射器内部有一个压电晶片，对其施加脉冲信号后，晶片会不断振动从而发出特定频率的超声波。

超声波信号接收器：超声波信号接收器与超声波信号发射器结构类似，它可以接收特定频率的超声波，并将声波信号转换成电信号送到接收电路中。

1. 待机状态

交流 220 V 电压经变压器 T 降压，二极管 VD1 整流变为直流电压。

经整流后的直流电压再经电容器 C_4、C_3 滤波，电阻器 R_4 限流后，输出稳定的直流电压。

输出的直流电压加到信号处理芯片 IC2 的⑭脚，为其供电，IC2 开始工作。

2. 点亮状态

当需要点亮照明灯时，按下遥控按钮 SB。

电池输出的 9 V 直流电压经遥控按钮 SB 为超声波发生芯片 IC1 供电，IC1 开始工作。

超声波发生芯片 IC1 的②脚、③脚向超声波信号发射器 B1 输出脉冲信号。

超声波信号发射器 B1 振荡，发出特定频率的超声波。遥控接收电路中的 B2 收到遥控信号经 VT1 放大后送到 IC2 的①脚，IC2 的⑫脚输出高电平，VT2 导通，继电器 KM 动作，KM-1 接通，照明灯点亮。

当需要熄灭照明灯时，再按一下遥控按钮 SB。

超声波信号发射器 B1 发出特定频率的超声波。

超声波信号接收器 B2 将声波信号转换成电信号输出。

电信号经过晶体三极管 VT1 放大后，送到信号处理芯片 IC2 中。

IC2 的⑫脚的输出由高电平变为低电平。

晶体三极管 VT2 的基极变为低电平，VT2 截止，直流接触器 KM 线圈失电。

14.5 红外遥控照明电路

图 14-5 所示是红外遥控照明电路，采用家电遥控发射器发出遥控信号，再设置遥控接收器接收遥控信号，并利用该信号去控制晶闸管，对照明灯的亮 / 灭进行控制。当用户按下遥控器的任意按钮后，照明灯便会点亮，再按一下按钮，照明灯便会熄灭。该电路中 IC2（CD4020）是用来产生触发信号的电路。

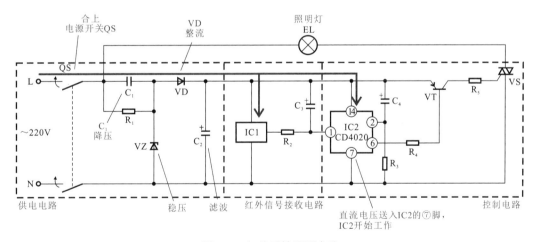

图 14-5 红外遥控照明电路

当 IC1 收到遥控信号后输出脉冲信号送到串行计数器 IC2 中，IC2 的⑥脚输出低电平。

三极管 VT 的基极变为低电平，VT 导通。

双向晶闸管 VS 控制极得电，VS 导通，照明灯 EL 被点亮。

14.6 光控门灯电路

光控门灯电路是根据外界光线强度对门前照明灯的亮/灭进行自动控制的电路。当天黑（外界光照较弱）时，照明灯便会点亮；当天亮（外界光照较强）时，照明灯便会熄灭。

图 14-6 所示为典型光控门灯电路。

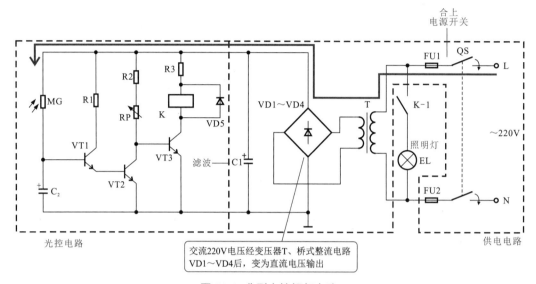

图 14-6 典型光控门灯电路

光控门灯电路主要是由供电电路、光控电路和照明灯等构成的。

该电路中的电源开关 QS、光敏电阻器 MG、晶体三极管 VT1～VT3、继电器 K、照明灯 EL 等为核心部件。

光敏电阻器是一种对光敏感的元件，其阻值可随入射光线的强弱发生变化。当光线增强时，其阻值减小；当光线减弱时，其阻值增大。

合上电源开关 QS，接通电源。

交流 220 V 电压经变压器 T 降压，桥式整流电路 VD1～VD4 整流、滤波电容器 C_1 滤波后变为直流电压。

直流电压送到光控电路中，为电路中的元器件供电。

当天黑（外界光照较弱）时，光敏电阻器 MG 阻值升高，经过 MG 的电流减小。

晶体三极管 VT1 基极电流减小，VT1 截止，晶体三极管 VT2 基极无电流输入，VT2 截止。

晶体三极管 VT3 基极有电流送入，VT3 导通。

直流电压经继电器 K 线圈、晶体三极管 VT3 形成回路，继电器 K 线圈得电。

继电器 K 线圈得电，常开触点 KM-1 闭合。

照明灯 EL 接通电源，照明灯被点亮。

14.7 声控照明电路

声控照明电路如图 14-7 所示。该电路是通过声音感应器接收声音信号后使晶体三极管 VT 导通,经集成电路芯片 DC SL517A 处理后控制照明灯开启或熄灭的电路,当声控开关接收声音信号后照明灯便被点亮,延时一段时间后会熄灭。

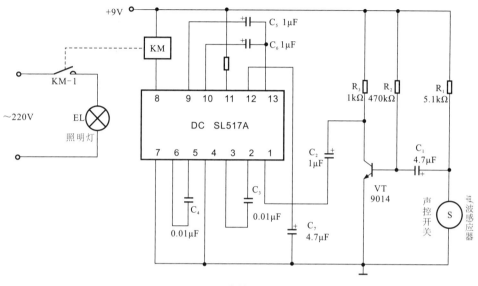

图 14-7 声控照明电路

14.8 三方控制照明灯电路

三方控制照明灯电路是设在不同位置的三个开关可控制一个照明灯,如安装在家庭中,照明灯位于客厅中,三个开关分别设置在客厅和两个不同的卧室中,任何一个开关都可对照明灯进行控制。

三方控制照明灯的电路如图 14-8 所示。

该电路由 AC 220 V 交流供电,控制电路由双控开关 SA1、SA3,双控联动开关 SA2 组成,照明灯为 EL,保护器件有熔断器 FU。电路中任何一个开关动作,都可以对照明灯进行控制。

该照明电路处于图 14-8 所示状态时,开关 SA1 的 A 点与 B 点连接,双联开关 SA2-1 的 A 点和 B 点连接和 SA2-2 的 A 点和 B 点连接,开关 SA3 的 A 点连接 B 点,照明电路处于断路状态,照明灯 EL 不亮。

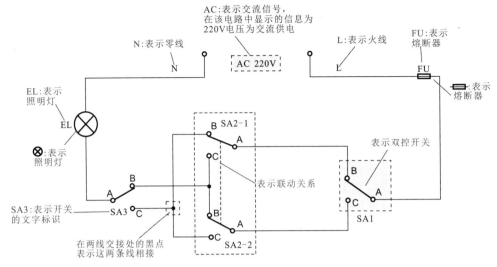

图 14-8 三方控制照明灯的电路

14.9 触摸式照明灯控制电路

触摸式照明灯控制电路比较适合用于楼道的照明或公共场合的短时间照明，当该电路收到感应信号后，开始工作，经过一段时间后电容器内的电量降低，照明灯自动熄灭，电路进入初始状态，电容器进行充电，等待照明灯再一次被点亮。

触摸式照明灯控制电路结构如图 14-9 所示。

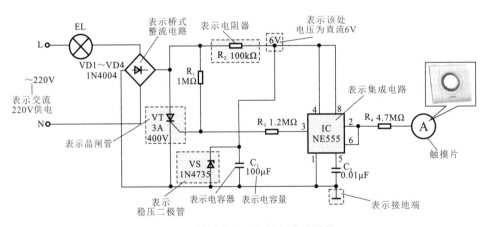

图 14-9 触摸式照明灯控制电路结构

触摸照明灯控制电路由 AC 220 V 交流供电，电源电路由桥式整流堆、稳压二极管、电容器 C_3 构成；触摸控制电路由触摸开关、集成电路 IC NE555、晶闸管 VT、稳压二极管 VS 等构成。触摸开关控制照明灯 EL 的点亮与熄灭。

14.10 光控照明灯电路

图 14-10 所示为采用光敏传感器（光敏电阻）的光控照明灯电路。

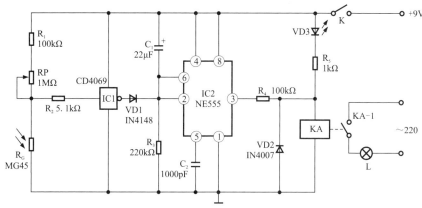

图 14-10 采用光敏传感器（光敏电阻）的光控照明灯电路

1. 电路功能和结构

该电路适用于路灯、门灯、走廊照明灯等场合。在白天，照明灯泡不亮；当光照较弱时，照明灯可自动被点亮。

该电路可大致划分为两部分：光照检测电路和控制电路。

光照检测电路是由光敏电阻 R_G、电位器 RP、电阻器 R_1、R_2 及非门集成电路 IC1 组成的。

控制电路是由时基集成电路 IC2、二极管 VD1、VD2、电阻器 R_3～R_5、电容器 C_1、C_2 以及继电器线圈 KA、继电器常开触点 KA-1 组成的。

2. 工作过程

当白天光照较强时，光敏电阻器 R_G 的阻值较小，则 IC1 输入端为低电平，输出端为高电平，此时 VD1 导通，IC2 的②、⑥脚为高电平，③脚输出低电平，发光二极管 VD2 亮，但继电器线圈 KA 不吸合，照明灯 L 不亮。

当光线较弱时，R_G 的阻值变大，此时 IC1 输入端电压变为高电平，输出低电平，使 VD1 截止；此时，电容器 C_1 在外接直流电源的作用下开始充电，使 IC2 的②、⑥脚电位逐渐降低，③脚输出高电平，使继电器线圈 KA 吸合，带动常开触点闭合，照明灯 L 接通电源，被点亮。

14.11 自动应急灯电路

图 14-11 所示为一种采用电子开关集成电路的自动应急灯电路。用该电路制作的自动应急灯在白天光线充足时不工作，当夜间光线较低时能自动被点亮。

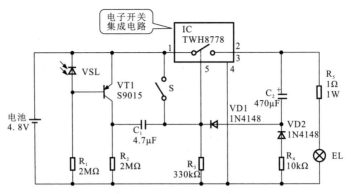

图 14-11 自动应急灯电路

自动应急灯电路，主要由电源供电电路、光控电路和电子开关电路等部分构成。在白天或光线强度较高时，光敏晶体管 VSL 阻值较小，晶体管 VT1 处于截止状态，后级电路不动作，灯 EL 不亮；当到夜间光线较暗时，VSL 阻值变大，使晶体管 VT1 基极获得足够促使其导通的电压值，后级电路开始进入工作状态，电子开关集成电路 IC 内部的电子开关接通，灯 EL 被点亮。

第 15 章 供配电电路

15.1 具有过流保护功能的低压配电控制电路

如图 15-1 所示，具有过流保护功能的低压配电控制电路用于为低压动力用电设备提供交流 380 V 电源。具有过流保护功能的低压配电控制电路主要由低压输入电路、低压配电箱、输出电路等部分构成。

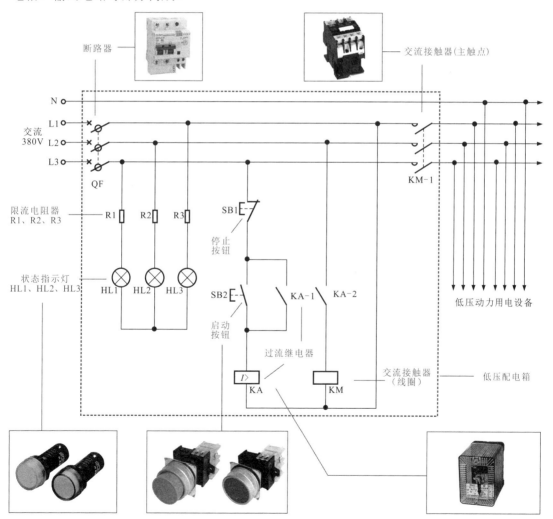

图 15-1 具有过流保护功能的低压配电控制电路

（1）闭合总断路器 QF，380 V 三相交流电接入电路中。

（2）三相电源分别经电阻器 R1～R3 为指示灯 HL1～HL3 供电，指示灯全部被点亮。指示灯 HL1～HL3 具有缺相指示功能，任何一相电压不正常，其对应的指示灯便会熄灭。

（3）按下启动按钮 SB2，其常开触点闭合。

（4）过电流保护继电器 KA 线圈得电。

（5）常开触点 KA-1 闭合，实现自锁功能。同时，常开触点 KA-2 闭合，接通交流接触器 KM 线圈供电电路。

（6）交流接触器 KM 线圈得电，常开主触点 KM-1 闭合，电路接通，为低压用电设备接通交流 380 V 电源。

（7）当不需要为动力设备提供交流供电电压时，可按下停止按钮 SB1。

（8）过电流保护继电器 KA 线圈失电。

（9）常开触点 KA-1 复位断开，解除自锁。常开触点 KA-2 复位断开。

（10）交流接触器 KM 线圈失电，常开主触点 KM-1 复位断开，切断交流 380 V 低压供电。此时，该低压配电电路中的配电箱处于准备工作状态，指示灯仍亮，为下一次启动做好准备。

15.2 双路互相供电方式的配电控制电路

如图 15-2 所示，双路互相供电方式的配电控制电路主要用来对低电压进行传输和分配，为低压用电设备供电。在该电路中，一路作为常用电源，另一路则作为备用电源。当两路电源均正常时，黄色指示灯 HL1、HL2 均亮；若指示灯 HL1 不亮，则说明常用电源出现故障或停电，此时需要使用备用电源进行供电，使该低压配电柜能够维持正常工作。

（1）HL1 亮，常用电源正常。

（2）合上断路器 QF1，接通三相电源。

（3）接通开关 SB1，其常开触点闭合。

（4）交流接触器 KM1 线圈得电。

① KM1 常开触点 KM1-1 接通，向母线供电。

② 常闭触点 KM1-2 断开，防止备用电源接通，起联锁保护作用。

③ 常开触点 KM1-3 接通，红色指示灯 HL3 点亮。

当常用电源供电电路正常工作时，KM1 的常闭触点 KM1-2 处于断开状态，因此备用电源不能接入母线。

（5）当常用电源出现故障或停电时，交流接触器 KM1 线圈失电，常开、常闭触点复位。

（6）此时接通断路器 QF2、开关 SB2，交流接触器 KM2 线圈得电。

（7）KM2 常开触点 KM2-1 接通，向母线供电；常闭触点 KM2-2 断开，防止常用电源接通，起联锁保护作用；常开触点 KM2-3 接通，红色指示灯 HL4 亮。

当常用电源恢复正常后，由于交流接触器 KM2 的常闭触点 KM2-2 处于断开状态，因此交流接触器 KM1 不能得电，常开触点 KM1-1 不能自动接通，此时需要断开开关 SB2 使交流接触器 KM2 线圈失电，常开、常闭触点复位，为交流接触器 KM1 线圈再次工作提供条件，此时再操作 SB1 才起作用。

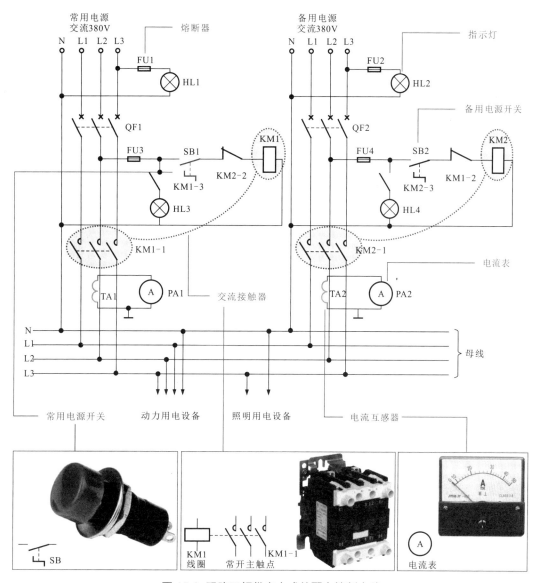

图 15-2 双路互相供电方式的配电控制电路

15.3 三相双电源自动互供控制电路

图 15-3 所示是一种三相双电源自动互供控制电路,该电路是由主电源和副电源两套供电系统(三相四线制)构成的。当主电源发生故障或停电时,自动切换到副电源,使负

载能正常供电。

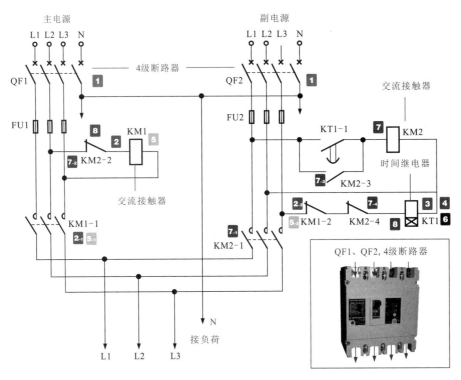

图 15-3 三相双电源自动互供控制电路

【1】工作时，先将4级断路器QF1、QF2接通。

【1】→【2】交流接触器KM1线圈得电。

　　【2₋₁】常开主触点KM1-1闭合，主电源为负载供电。

　　【2₋₂】常闭辅助触点KM1-2断开。

【1】→【3】时间继电器KT1线圈与KM1线圈同时得电。

【2₋₂】+【3】→【4】时间继电器KT1线圈又断电。

【5】当主电源停电时，交流接触器KM1线圈失电。

　　【5₋₁】常开主触点KM1-1复位断开，切断主电源的供电。

　　【5₋₂】常闭辅助触点KM1-2复位闭合。

【5₋₂】→【6】时间继电器KT1线圈得电，延迟2～5s后KT1-1闭合（延迟闭合）。

【6】→【7】交流接触器KM2线圈得电。

　　【7₋₁】常开主触点KM2-1闭合，副电源为负载供电。

　　【7₋₂】常闭辅助触点KM2-2断开，防止KM1线圈得电。

　　【7₋₃】常开辅助触点KM2-3闭合自锁。

　　【7₋₄】常闭辅助触点KM2-4断开。

【7₋₄】→【8】时间继电器KT1线圈失电，其触点KT1-1复位。

【9】副电源供电期间，如果也出现供电失常或停电，则KM2断电，使KM2-1断开副电源，KM2-2闭合，又使KM1得电，KM1-1接通，电路自动切换到主电源供电。

15.4 楼宇低压供配电电路

如图 15-4 所示,楼宇低压供配电电路是一种典型的低压供配电电路,一般由高压供配电电路经变压器降压后引入,经小区中的配电柜进行初步分配后,送到各个住宅楼单元中为住户供电,同时为整个楼宇内的公共照明、电梯、水泵等设备供电。

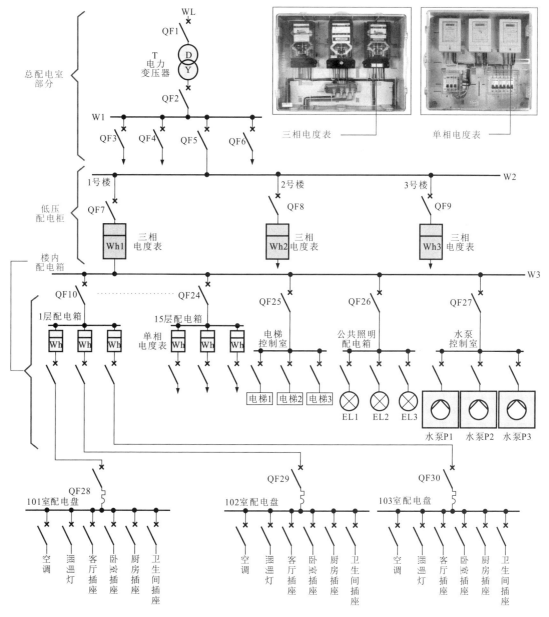

图 15-4 楼宇低压供配电电路的结构

（1）高压配电电路经电源进线口 WL 后，送入小区低压配电室的电力变压器 T 中。

（2）变压器降压后输出 380/220 V 电压，经小区内总断路器 QF2 后送到母线 W1 上。

（3）经母线 W1 后分为多个支路，每个支路可作为一个单独的低压供电电路使用。

（4）其中一条支路低压加到母线 W2 上，分为 3 路分别为小区中 1～3 号楼供电。

（5）每一条路上安装有一只三相电度表，用于计量每栋楼的用电总量。

（6）由于每栋楼有 16 层，除住户用电外，还包括电梯用电、公共照明等用电及供水系统的水泵用电等。小区中的配电柜将供电电路送到楼内配电间后，分为 18 个支路。15 个支路分别为 15 层住户供电，另外 3 个支路分别为电梯控制室、公共照明配电箱和水泵控制室供电。

（7）每条支路首先经过一个支路总断路器后，再进行分配。以 1 层住户供电为例，低压电经支路总断路器 QF10 分为三路，分别经三只电能表后，由进户线送至三个住户室内。

15.5 楼层配电箱供配电电路

图 15-5 所示为楼层配电箱供配电电路。该配电电路中的电源引入线（380/220 V 架空线）选用三相四线制，有 3 根相线和 1 根零线。进户线有 3 根，分别为 1 根相线、1 根零线和 1 根地线。

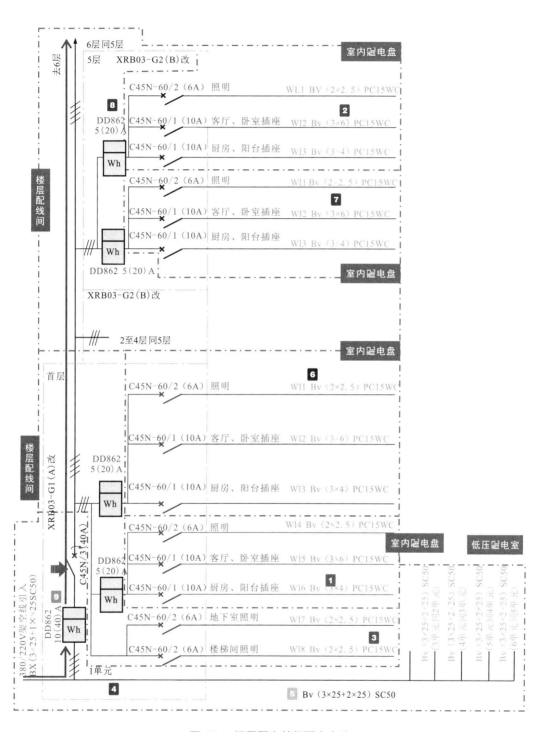

图 15-5 楼层配电箱供配电电路

【1】一个楼层一个单元有两个用户,将进户线分为两条,每一条都经过一个电度表DD862 5(20)A,经电度表后分为三路。

【2】一路经断路器C45N-60/2(6A)为照明灯供电。

另外两路分别经断路器C45N-60/1(10 A)后,为客厅、卧室、厨房和阳台的插座供电。

【3】此外还有一条进户线经两个断路器C45N-60/2(6 A)后,为地下室和楼梯间的照明灯供电。

【4】进户线规格为BX(3×25+1×25SC50),表示进户线为铜芯橡胶绝缘导线(BX)。其中,3根截面积为25 mm^{2}的相线,1根25 mm^{2}的零线,采用管径为50 mm的焊接钢管(SC)敷设。

【5】同一层楼不同单元门的电路规格为BV(3×25+2×25)SC50,表示该电路为铜芯塑料绝缘导线(BV)。其中,3根截面积为25 mm^{2}的相线,2根25 mm^{2}的零线,采用管径为50 mm的焊接钢管(SC)穿管敷设。

【6】某一用户照明电路的规格为WL1 BV(2×2.5)PC15WC,表示该电路的编号为WL1,线材类型为铜芯塑料绝缘导线(BV),2根截面积为2.5 mm^{2}的导线,采用管径为15 mm的硬塑料导管(PC15)暗敷设在墙内(WC)。

【7】某客厅、卧室插座电路的规格为WL2 BV(3×6)PC15WC,表示该电路的编号为WL2,线材类型为铜芯塑料绝缘导线(BV),3根截面积为6 mm^{2}的导线,采用管径为15 mm的硬塑料导管(PC15)暗敷设在墙内(WC)。

【8】每户使用独立的电度表,电度表规格为DD862 5(20)A,第一个字母D表示电度表;第二个字母D表示为单相;862为设计型号,5(20)A表示额定电流为5~20A。

【9】住宅楼设有一只总电度表,规格标识为DD862 10(40)A,10(40)A表示额定电流为10~40A。

15.6 10 kV 高压配电柜控制电路

图15-6所示为10 kV高压配电柜控制电路。

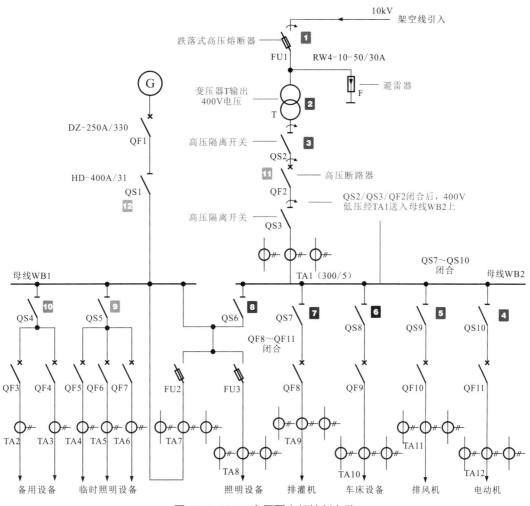

图 15-6 10 kV 高压配电柜控制电路

【1】合上跌落式高压熔断器 FU1，10 kV 高压经架空线送入电力变压器 T 的输入端。

【2】电力变压器 T 输出端输出 400 V（三相 380 V）的低压。

【3】先合上隔离开关 QS2、QS3 后，再闭合断路器 QF2，400 V 低压经 QS2、QF2、QS3 及电流互感器 TA1 送入母线 WB2 上。

母线 WB2 上连接了多个支路。

【4】合上隔离开关 QS10 和断路器 QF11 后，400 V 低压经 QS11、QF11 和电流互感器 TA12 为电动机供电。

【5】合上隔离开关 QS9 和断路器 QF10 后，400 V 低压经 QS9、QF10 和电流互感器 TA11 为排风机供电。

【6】合上隔离开关 QS8 和断路器 QF9 后，400 V 低压经 QS8、QF9 和电流互感器 TA10 为车床设备供电。

【7】合上隔离开关 QS7 和断路器 QF8 后，400 V 低压经 QS7、QF8 和电流互感器 TA9 为排灌机设备供电。

【8】合上隔离开关 QS6 后，母线 WL2 与母线 WL1 连接。

【9】合上隔离开关 QS5，为临时照明设备供电。

【10】合上隔离开关 QS4，为备用设备供电。

【11】当高压架空供电电路故障停电时，断开高压断路器 QF2，再断开高压隔离开关 QS3、QS2。

【12】闭合隔离开关 QS1，再闭合高压断路器 QF1，接通发电机，为母线提供电能。

15.7 35 kV 高压变配电控制电路

35 kV 高压变配电控制电路主要是由 35 kV 电源进线控制电路、35 kV/10 kV 降压变换电路和高低压输出分配电路三部分构成的。

图 15-7 所示为 35 kV 高压变配电控制电路。

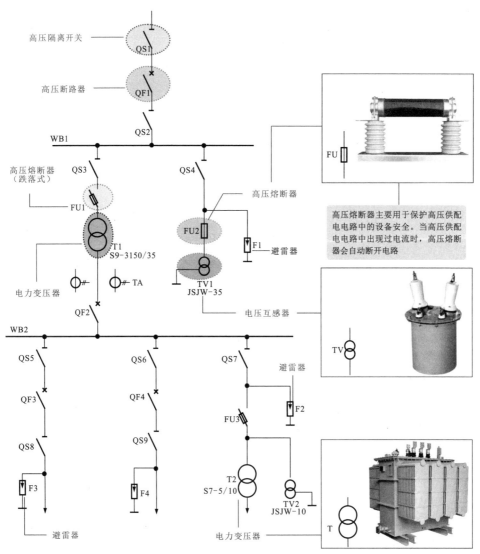

图 15-7　35 kV 高压变配电控制电路

（1）35 kV 电源电压经高压架空线路引入后，送至高压变电所供配电电路中。

（2）根据高压配电电路倒闸操作要求，先闭合电源侧隔离开关、负荷侧隔离开关，再闭合断路器，依次接通高压隔离开关 QS1、高压隔离开关 QS2、高压断路器 QF1 后，35 kV 电压加到母线 WB1 上，为母线 WB1 提供 35 kV 电压，35 kV 电压经母线 WB1 后分为两路：一路经高压隔离开关 QS4 后，连接 FU2、TV1 及避雷器 F1 等高压设备；另一路经高压隔离开关 QS3、高压跌落式熔断器 FU1 后，送至电力变压器 T1。

（3）电力变压器 T1 将 35 kV 电压降为 10 kV，再经电流互感器 TA、QF2 后加到 WB2 母线上。

（4）10 kV 电压加到母线 WB2 后分为三个支路：

第一个支路和第二个支路相同，均经高压隔离开关、高压断路器后送出，并在电路中安装避雷器；

第三个支路首先经高压隔离开关 QS7、高压跌落式熔断器 FU3，送至电力变压器 T2 上，经变压器 T2 降压为 0.4 kV 电压后输出。

（5）在变压器 T2 前部安装有电压互感器 TV2，由电压互感器测量配电电路中的电压。

15.8 楼宇变电柜高压开关设备控制电路

楼宇变电柜高压开关设备控制电路是一种应用在高层住宅小区或办公楼中的变电柜，其内部采用多个高压开关设备对电路的通断进行控制，从而为高层的各个楼层进行供电。

图 15-8 所示为楼宇变电柜高压开关设备控制电路。

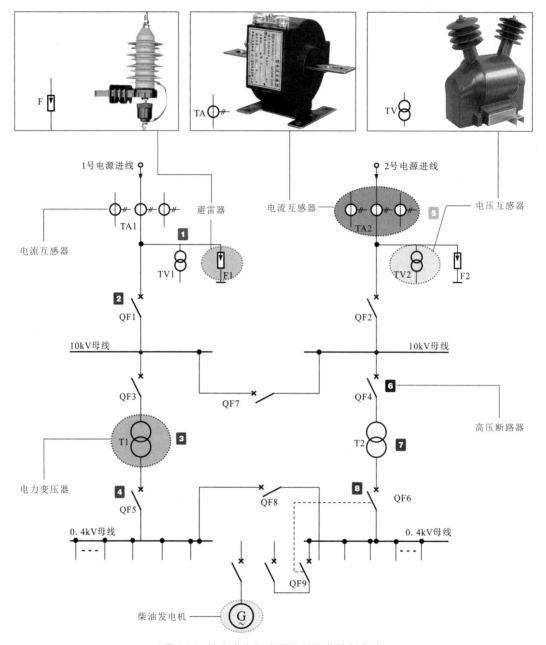

图 15-8 楼宇变电柜高压开关设备控制电路

【1】10 kV 高压经电流互感器 TA1 送入，在进线处安装有电压互感器 TV1 和避雷器 F1。

【2】合上高压断路器 QF1 和 QF3，10 kV 高压经母线后送入电力变压器 T1 的输入端。

【3】电力变压器 T1 输出端输出 0.4 kV 低压。

【3】→【4】合上低压断路器 QF5 后，0.4 kV 低压为用电设备供电。

【5】10 kV 高压经电流互感器 TA2 送入，在进线处安装有电压互感器 TV2 和避雷器 F2。

【6】合上高压断路器 QF2 和 QF4，10 kV 高压经母线后送入电力变压器 T2 的输入端。

【7】电力变压器 T2 输出端输出 0.4 kV 低压。

【7】→【8】合上低压断路器 QF6 后，0.4 kV 低压为用电设备供电。

【提示】

当 1 号电源电路中的电力变压器 T1 出现故障时，1 号电源电路停止工作。合上低压断路器 QF8，由 2 号电源电路输出的 0.4 kV 电压便会经 QF8 为 1 号电源电路中的负载设备供电，可维持正常工作。此外，在该电路中还设有柴油发电机 G，在两路电源均出现故障后，可启动柴油发电机临时供电。

15.9 具有备用电源的 10 kV 变配电柜控制电路

图 15-9 所示是具有备用电源的 10 kV 变配电柜控制电路，该控制电路主要是由电源进线电路、高压配电柜及备用电源进线电路等构成的，是企业供电系统中的主要电路。

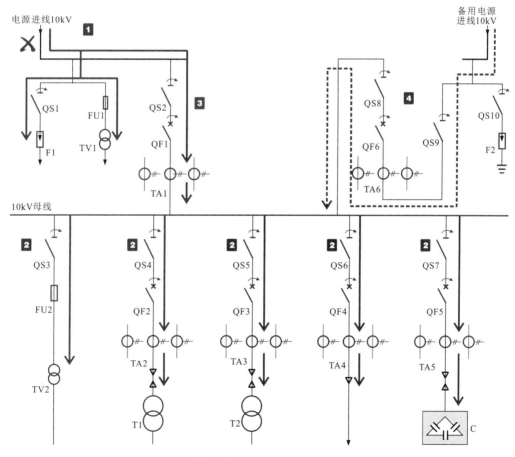

图 15-9 具有备用电源的 10 kV 变配电柜控制电路

【1】10 kV 电源送入配电柜中，经开关和电流检测变压器后送到母线上，从母线再引出，为各个支路进行供电。

【2】在每个分支供电电路中，都设有控制供电的开关（高压隔离开关和高压断路器），可单独进行控制。

【3】当主电源电路出现故障后，可先断开 QF1，断开 QS2 后，再合上高压隔离开关 QS8 和 QS9，以及高压断路器 QF6。

【4】备用电源的 10 kV 高压经 TA6 为母线继续供电，确保高压配电柜能够继续工作。

15.10　35 kV 变电站高压开关设备控制电路

图 15-10 所示为 35 kV 变电站高压开关设备控制电路，该控制电路主要是由 35 kV 供电电路、双路降压控制电路和多路输出控制电路构成的。高压隔离开关 QS1～QS6、高压断路器 QF1～QF3、避雷器 F1～F3、电压互感器 TV1～TV4、电流互感器 TA1～TA6、电力变压器 T1～T3 等为 35 kV 变电站高压开关设备控制电路的核心元器件。

第15章 供配电电路

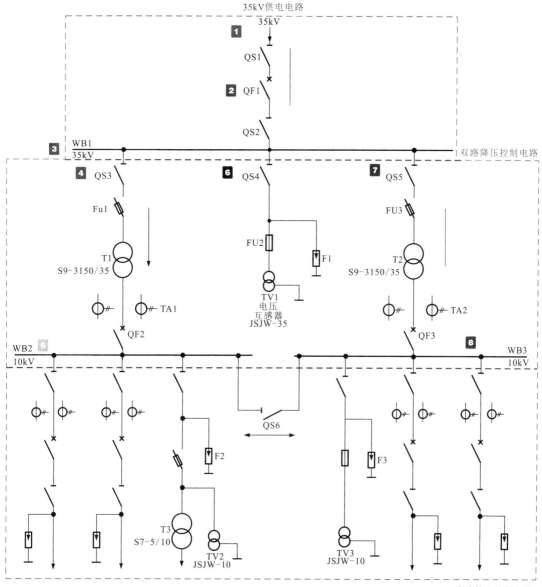

图 15-10 35 kV 变电站高压开关设备控制电路

【1】35 kV 电源电压经高压架空线引入后，送至电路中。

【2】先闭合高压隔离开关 QS1、QS2，再闭合高压断路器 QF1 后，35 kV 电源电压加到母线 WB1 上，为母线 WB1 提供 35 kV 电压。

【3】经母线 WB1 后，该电压分为三个支路。

【4】第一路经高压隔离开关 QS3、高压跌落式熔断器 FU1 后送至电力变压器 T1。

【5】电力变压器 T1 将 35 kV 高压降为 10 kV，再经电流互感器 TA1、高压断路器 QF2 后加到 WB2 母线上。

【6】第二路经高压隔离开关 QS4 后，连接高压熔断器 FU2、电压互感器 TV1 及避雷器 F1 等高压设备。

287

【7】第三路经高压隔离开关 QS5、高压跌落式熔断器 FU3 后送至电力变压器 T2。

【8】电力变压器 T2 将 35 kV 高压降为 10 kV，再经电流互感器 TA2、高压断路器 QF3 后也加到 WB2 母线上。

15.11 高低压配电开关设备控制电路

图 15-11 所示为高低压配电开关设备控制电路。该控制电路主要是由进线和变压电路、低压配电电路等构成的。隔离开关 QS1～QS9、电力变压器 T、避雷器 F、断路器 QF1～QF8、熔断器式隔离开关 FU2～FU8 等为高低压配电开关设备控制电路的核心元器件。

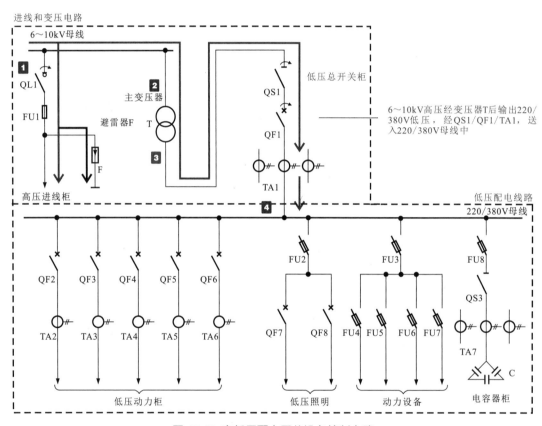

图 15-11 高低压配电开关设备控制电路

【1】在 6～10 kV 母线的进线处设置有避雷器 F，合上高压负荷隔离开关 QL1，便可将 F 连入母线中。

【2】6～10 kV 高压送入电力变压器 T 的输入端。

【3】电力变压器 T 输出端输出 220/380 V 低压。

【4】合上隔离开关 QS1、断路器 QF1 后，220/380 V 低压经 QS1、QF1 和电流互感器 TA1 送入 220/380 V 母线中。

第 16 章 电动机控制电路

16.1 直流电动机正/反转控制电路

图 16-1 所示为直流电动机正/反转连续控制电路。该控制电路是指通过启动按钮控制直流电动机长时间正向运转和反向运转。

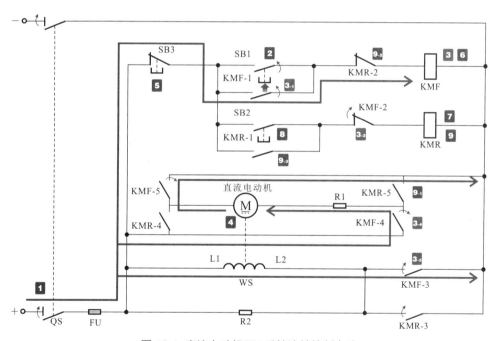

图 16-1 直流电动机正/反转连续控制电路

【1】合上总电源开关 QS，接通直流电源。

【2】按下正转启动按钮 SB1，正转直流接触器线圈得电。

【3】正转直流接触器 KMF 的线圈得电，其触点全部动作。

　　【3-1】KMF 的常开触点 KMF-1 闭合，实现自锁功能。

　　【3-2】KMF 的常闭触点 KMF-2 断开，防止反转直流接触器 KMR 的线圈得电。

　　【3-3】KMF 的常开触点 KMF-3 闭合，直流电动机励磁绕组 WS 得电。

【3₋₄】KMF 的常开触点 KMF-4、KMF-5 闭合,直流电动机得电。

【3₋₄】→【4】电动机串联启动电阻器 R1,正向运转。

【5】需要电动机正转停机时,按下停止按钮 SB3。

【6】直流接触器 KMF 的线圈失电,其触点全部复位。

【7】切断直流电动机供电电源,直流电动机停止正向运转。

【8】需要直流电动机进行反转启动时,按下反转启动按钮 SB2。

【9】反转直流接触器 KMR 的线圈得电,其触点全部动作。

【9₋₁】KMR 的触点 KMR-3、KMR-4、KMR-5 闭合,电动机得电,反向运转。

【9₋₂】KMR 的触点 KMR-2 断开,防止正转直流接触器线圈得电。

【9₋₃】KMR 的常开触点 KMR-1 闭合实现自锁功能。

当需要直流电动机反转停机时,按下停止按钮 SB3。反转直流接触器 KMR 线圈失电,其常开触点 KMR-1 复位断开,解除自锁功能;常闭触点 KMR-2 复位闭合,为直流电动机正转启动做好准备;常开触点 KMR-3 复位断开,直流电动机励磁绕组 WS 失电;常开触点 KMR-4、KMR-5 复位断开,切断直流电动机供电电源,直流电动机停止反向运转。

16.2 直流电动机的启动控制电路

图 16-2 所示为根据速度控制直流电动机的启动控制电路。在电路中设置两个直流接触器 KM2、KM3,用于检测直流电动机电枢端的反电势,从而根据速度短路电枢中串联的电阻。

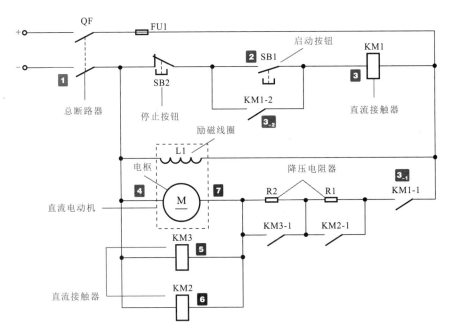

图 16-2 根据速度控制直流电动机的启动控制电路

【1】闭合总断路器 QF，接入直流电源，为电路进入工作状态做好准备。

【2】按下启动按钮 SB1，其常开触点闭合。

【3】直流接触器 KM1 线圈得电。

【3-1】常开触点 KM1-1 闭合，直流电源经限流电阻R1、R2 为直流电动机的电枢供电，电动机开始降压启动。

【3-2】常开触点 KM1-2 闭合，实现自锁。

【4】直流电动机启动后，速度开始上升，随着电动机转速的升高，反电势增大，电枢两端的电压也逐渐升高。此时直流接触器 KM2、KM3 线圈依次得电。

【4】→【5】直流接触器 KM2 线圈得电后，其常开触点 KM2-1 闭合，将 R1 短接。

【4】→【6】直流接触器 KM3 线圈得电后，其常开触点 KM3-1 闭合，将 R2 短接。

【5】+【6】→【7】外部电压全部加到电枢两端，完成启动进入全速工作状态。

直流接触器 KM2、KM3 的规格应根据直流电动机的工作特点，选取适当的吸合电压。

16.3 单相交流电动机的启 / 停控制电路

图 16-3 所示为单相交流电动机的启 / 停控制电路。

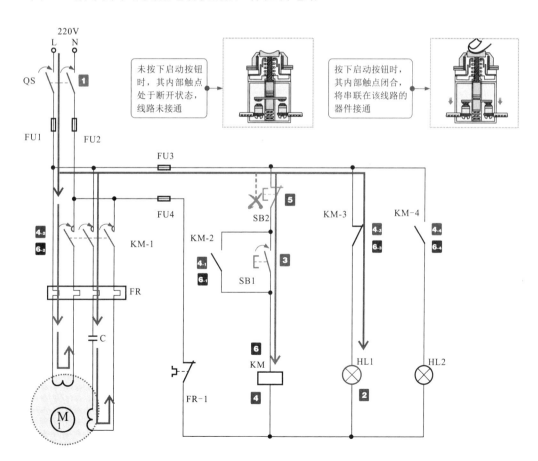

图 16-3 单相交流电动机的启 / 停控制电路

【1】合上总电源开关 QS，接通单相电源。

【2】电源经常闭触点 KM-3 为停机指示灯 HL1 供电，点亮 HL1。

【3】按下启动按钮 SB1。

【4】交流接触器 KM 线圈得电。

　　【4_{-1}】KM 的常开辅助触点 KM-2 闭合，实现自锁功能。

　　【4_{-2}】KM 的常开主触点 KM-1 闭合，电动机接通单相电源，开始启动运转。

　　【4_{-3}】KM 的常闭辅助触点 KM-3 断开，切断停机指示灯 HL1 的供电电源，HL1 熄灭。

　　【4_{-4}】KM 的常开辅助触点 KM-4 闭合，运行指示灯 HL2 点亮，指示电动机处于工作状态。

【5】当需要电动机停机时，按下停止按钮 SB2。

【6】交流接触器 KM 线圈失电。

　　【6_{-1}】KM 的常开辅助触点 KM-2 复位断开，解除自锁功能。

　　【6_{-2}】KM 的常开主触点 KM-1 复位断开，切断电动机的供电电源，电动机停止运转。

　　【6_{-3}】KM 的常闭辅助触点 KM-3 复位闭合，停机指示灯 HL1 点亮，指示电动机处于停机状态。

　　【6_{-4}】KM 的常开辅助触点 KM-4 复位断开，切断运行指示灯 HL2 的电源供电，HL2 熄灭。

16.4 单相交流电动机正 / 反转控制电路

图 16-4 所示为采用限位开关的单相交流电动机正 / 反转控制电路。该控制电路通过限位开关对电动机的运转状态进行控制。当电动机带动的机械部件运动到某一位置，触碰到限位开关时，限位开关便会断开供电电路，使电动机停止运转。

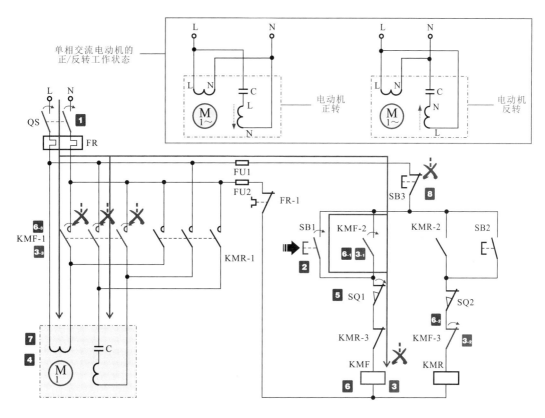

图 16-4 采用限位开关的单相交流电动机正/反转控制电路

【1】合上总电源开关 QS，接通单相电源。

【2】按下正转启动按钮 SB1。

【3】正转交流接触器 KMF 线圈得电。

　　【3_1】常开辅助触点 KMF-2 闭合，实现自锁功能。

　　【3_2】常闭辅助触点 KMF-3 断开，防止 KMR 得电。

　　【3_3】常开主触点 KMF-1 闭合。

【3_3】→【4】电动机主绕组接通电源相序 L、N，电流经启动电容器 C 和辅助绕组形成回路，电动机正向启动运转。

【5】当电动机驱动对象到达正转限位开关 SQ1 限定的位置时，触动正转限位开关 SQ1，其常闭触点断开。

【6】正转交流接触器 KMF 线圈失电。

　　【6_1】常开辅助触点 KMF-2 复位断开，解除自锁。

　　【6_2】常开辅助触点 KMF-3 复位闭合，为反转启动做好准备。

　　【6_3】常开主触点 KMF-1 复位断开。

【7】切断电动机供电电源，电动机停止正向运转。同样，按下反转启动按钮，工作过程与上述过程相似。

【8】若在电动机正转过程中按下停止按钮 SB3，其常闭触点断开，正转交流接触器

KMF线圈失电,常开主触点KMF-1复位断开,电动机停止正向运转。反转停机控制过程同上。

16.5 三相交流电动机点动/连续控制电路

图16-5所示为由复合开关控制的三相交流电动机点动/连续控制电路。由复合开关控制的三相交流电动机点动/连续控制电路既能点动控制又能连续控制。当需要短时运转时,按住点动控制按钮,电动机转动;松开点动控制按钮,电动机停止转动;当需要长时间运转时,按下连续控制按钮后再松开,电动机进入持续运转状态。

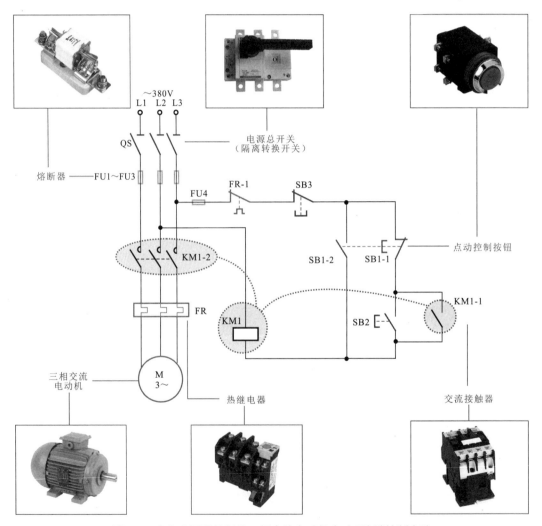

图16-5 由复合开关控制的三相交流电动机点动/连续控制电路

由复合开关控制的三相交流电动机点动/连续控制电路的运行过程包括点动启动、连续启动和停机三个基本过程。可结合电路的控制功能,根据电路中各主要部件的工作特点和部件之间的连接关系,完成对电动机点动/连续控制电路的工作过程分析。

图16-6所示为由复合开关控制的三相交流电动机点动/连续控制电路的工作过程分析。

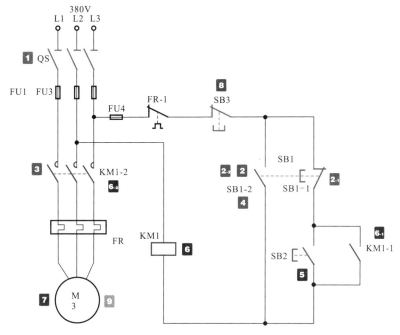

图 16-6 由复合开关控制的三相交流电动机点动/连续控制电路的工作过程分析

【1】合上总电源开关 QS，接通三相电源。

【2】按下点动控制按钮 SB1。

　　【2_{-1}】常闭触点 SB1-1 断开，切断 SB2，此时 SB2 不起作用。

　　【2_{-2}】常开触点 SB1-2 闭合，交流接触器 KM1 线圈得电。

【2_{-1}】→【3】KM1 常开主触点 KM1-2 闭合，电源为三相交流电动机供电，电动机 M 启动运转。

【4】松开 SB1，触点复位，交流接触器 KM1 线圈失电，电动机 M 电源断开，电动机停转。

【5】按下连续控制按钮 SB2，触点闭合。

【5】→【6】交流接触器 KM1 的线圈得电。

　　【6_{-1}】常开辅助触点 KM1-1 闭合自锁。

　　【6_{-2}】常开主触点 KM1-2 闭合。

【6_{-2}】→【7】接通三相交流电动机电源，电动机 M 启动运转。当松开按钮后，由于 KM1-1 闭合自锁，电动机仍保持得电运转状态。

【8】当需要电动机停机时，按下停止按钮 SB3。

【8】→【9】交流接触器 KM1 线圈失电，内部触点全部释放复位，即 KM1-1 断开解除自锁；KM1-2 断开，电动机停转；松开按钮 SB3 后，电路中未形成通路，电动机仍处于失电状态。

【资料】

在电路中，熔断器 FU1～FU4 起保护电路的作用。其中，FU1～FU3 为主电路熔断器，FU4 为支路熔断器。若 L1、L2 两相中的任意一相熔断器熔断，接触器线圈就会因失电而被迫释放，切断电源，电动机停止运转。另外，若接触器的线圈出现短路等故障，支路熔断器 FU4 也会因过流熔断，切断电动机电源，起到保护电路的作用。如果采用具有过流保护功能的交流接触器，则 FU4 可以省去。

16.6 两台三相交流电动机交替工作控制电路

图 16-7 所示为两台三相交流电动机交替工作控制电路。在该电路中，利用时间继电器延时动作的特点，交替控制两台电动机的工作，达到电动机交替工作的目的。

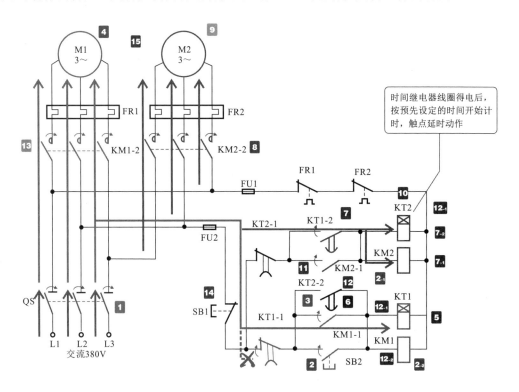

图 16-7 两台三相交流电动机交替工作控制电路

【1】合上总电源开关 QS，接通三相电源。

【2】按下启动按钮 SB2，其触点闭合。

　　【2-1】时间继电器 KT1 的线圈得电，开始计时。

　　【2-2】交流接触器 KM1 的线圈得电。

【3】KM1 常开触点 KM1-1 闭合，实现自锁功能。KM1 常开主触点 KM1-2 闭合，接通电动机 M1 三相电源。

【4】电动机 M1 得电启动运转。

【5】继电器 KT1 达到设定时间后，触点动作。

【5】→【6】延时常闭触点 KT1-1 断开，交流接触器 KM1 的线圈失电，其触点复位，电动机 M1 停止运转。

【5】→【7】延时常开触点 KT1-2 闭合。

　　【7-1】交流接触器 KM2 的线圈得电。

　　【7-2】时间继电器 KT2 的线圈得电，开始计时。

【7-1】→【8】KM2 常开触点 KM2-1 闭合，实现自锁功能。KM2 常开主触点 KM2-2 闭合，接通电动机 M2 三相电源。

【8】→【9】电动机 M2 得电启动运转。

【10】时间继电器 KT2 达到设定时间后，其触点动作。

【11】KT2-1 断开，接触器 KM2 线圈失电，触点复位，电动机 M2 停止。

【12】一段时间后，延时常开触点 KT2-2 闭合。

　　【12-1】时间继电器 KT1 的线圈得电，开始计时。

　　【12-2】交流接触器 KM1 的线圈再次得电，其触点全部动作。

【13】电动机 M1 再次接通交流 380V 电源启动运转。

【14】需要电动机停机时，按下停止按钮 SB1，接触器线圈断电。

【15】各触点复位，切断电动机供电，无论电动机 M1 还是 M2 都会停机。

第 17 章 农机控制电路

17.1 水泵控制电路

农机控制电路是指使用在农业生产中所需要设备的控制电路,如排灌设备、农产品加工设备、养殖和畜牧设备等,不同农机控制电路选用的控制器件、功能部件、连接部件等基本相同,但根据选用部件数量的不同及器件间的不同组合,可以实现不同的控制功能。

图 17-1 所示为水泵控制电路。

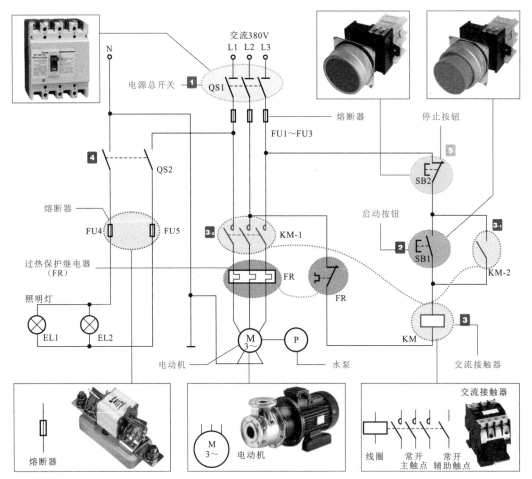

图 17-1 水泵控制电路

【1】合上电源总开关 QS1,接通三相电源。
【2】按下启动按钮 SB1,触点闭合。

【3】交流接触器 KM 的线圈得电,触点全部动作。

【3-1】KM 常开辅助触点 KM-2 闭合自锁。

【3-2】KM 常开主触点 KM-1 闭合,接通电动机三相电源。电动机得电启动运转,带动水泵开始工作。

【4】在需要照明时,合上电源开关 QS2,照明灯 EL1、EL2 接通电源,开始发光,不需要照明时,可关闭电源开关 QS2。

【5】需要停机时,按下停止按钮 SB2,交流接触器 KM 的线圈失电,触点全部复位,切断电动机供电电源,电动机及水泵停止运转。

17.2 禽蛋孵化箱控制电路

禽蛋孵化箱控制电路用来控制恒温箱内的温度保持恒定温度值。当恒温箱内的温度降低时,自动启动加热器加热;当恒温箱内的温度达到预定温度时,自动停止加热器加热,保证恒温箱内的温度恒定。

图 17-2 所示为禽蛋孵化箱控制电路。

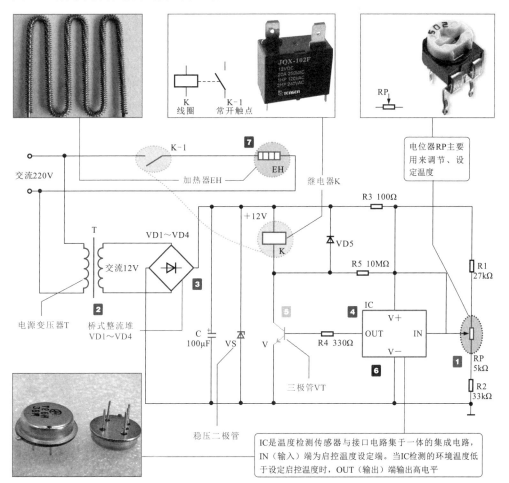

图 17-2 禽蛋孵化箱控制电路

【1】通过电位器 RP 预先调节好恒温箱内的温控值。

【2】接通电源，交流 220 V 电压经电源变压器 T 降压后，由二次侧输出交流 12 V 电压。

【3】交流 12 V 电压经桥式整流堆 VD1～VD4 整流、滤波电容器 C 滤波、稳压二极管 VS 稳压后，输出直流 +12 V 电压，为温度控制电路供电。

【4】当恒温箱内的温度低于电位器 RP 预先设定的温控值时，温度传感器集成电路 IC 的 OUT 端输出高电平。

【4】→【5】三极管 VT 导通，继电器 K 线圈得电，常开触点 K-1 闭合，接通加热器 EH 的供电电源，加热器 EH 开始加热。

【6】当恒温箱内的温度上升至电位器 RP 预先设定的温控值时，温度传感器集成电路 IC 的 OUT 端输出低电平。

【6】→【7】三极管 VT 截止，继电器 K 线圈失电，常开触点 K-1 复位断开，切断加热器 EH 的供电电源，停止加热。

> 【提示】
>
> 加热器停止加热一段时间后，恒温箱内的温度缓慢下降，当温度再次低于电位器 RP 预先设定的温控值时，温度传感器集成电路 IC 的 OUT 端再次输出高电平，三极管 VT 再次导通，继电器 K 线圈再次得电，常开触点 K-1 闭合，再次接通加热器 EH 的供电电源，开始加热。如此反复循环，保证温度恒定。

17.3 农田排灌设备自动控制电路

农田排灌设备自动控制电路可在农田灌溉时根据排灌渠中水位的高低自动控制排灌电动机的启动和停机，防止排灌渠中无水而排灌电动机仍然工作的现象，起到保护排灌电动机的作用。

图 17-3 所示为农田排灌设备自动控制电路。

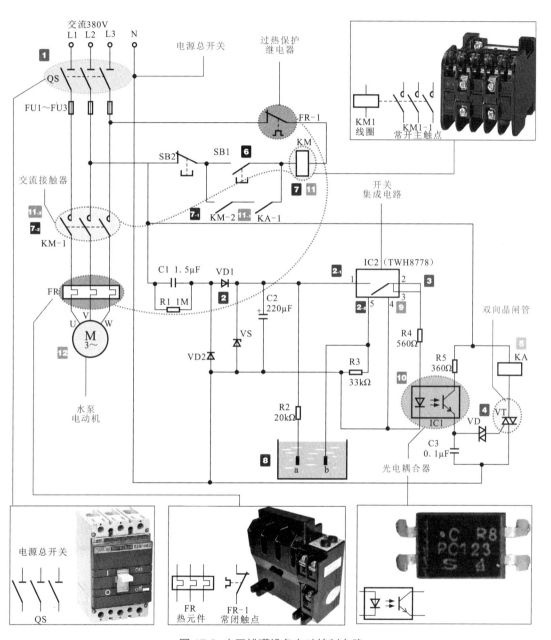

图 17-3 农田排灌设备自动控制电路

【1】闭合电源总开关 QS。

【2】交流 220 V 电压经电阻器 R1 和电容器 C1 降压，整流二极管 VD1、VD2 整流，稳压二极管 VZ 稳压，滤波电容器 C2 滤波后，输出直流 +9 V 电压。

【2-1】一路加到开关集成电路 IC2 的 1 脚。

【2-2】另一路经 R2 和电极 a、b 加到 IC2 的 5 脚。

【2-1】+【2-2】→【3】开关集成电路 IC2 内部的电子开关导通，由 2 脚输出 +9 V 电压。

【3】→【4】+9 V 电压经 R4 为光电耦合器 IC1 供电，输出触发信号，触发双向触发二极管 VD 导通。

【4】→【5】VD 导通后，触发双向晶闸管 VT 导通，中间继电器 KA 线圈得电，常开触点 KA-1 闭合。

【6】按下启动按钮 SB1，触点闭合。

【7】交流接触器 KM 线圈得电，相应的触点动作。

【7-1】常开自锁触点 KM-2 闭合自锁，锁定启动按钮 SB1，即使松开 SB1，KM 线圈仍可保持得电状态。

【7-2】常开主触点 KM-1 闭合，接通电源，水泵电动机 M 带动水泵启动运转，对农田进行灌溉。

【8】排水渠水位降低至最低，水位检测电极 a、b 由于无水而处于开路状态。

【8】→【9】开关集成电路 IC2 内部的电子开关复位断开。

【9】→【10】光电耦合器 IC1、双向触发二极管 VD、双向晶闸管 VS 均截止，中间继电器 KA 线圈失电，触点 KA-1 复位断开。

【10】→【11】交流接触器 KM 的线圈失电，触点复位。

【11-1】KM 的常开自锁触点 KM-2 复位断开。

【11-2】KM 的主触点 KM-1 复位断开，接触 SB1 锁定，为控制电路下次启动做好准备。

【12】电动机电源被切断，电动机停止运转，自动停止灌溉作业。

17.4 稻谷加工机的电气控制电路

稻谷加工机的电气控制电路通过启动按钮、停止按钮、接触器等控制部件控制各功能电动机的启动运转，带动稻谷加工机的机械部件运作，完成稻谷加工作业。

图 17-4 所示为稻谷加工机电气控制电路。

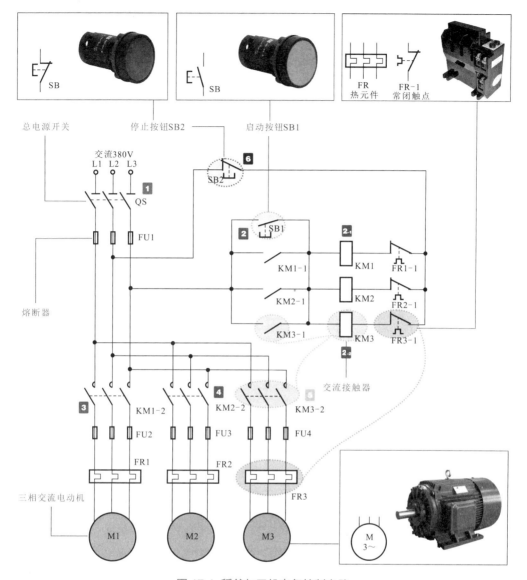

图 17-4 稻谷加工机电气控制电路

【1】闭合电源总开关 QS。

【2】按下启动按钮 SB1，触点闭合。

　【2-1】交流接触器 KM1 的线圈得电，相应触点动作。

　【2-2】交流接触器 KM2、KM3 的线圈得电，相应触点动作。

【2-1】→【3】自锁常开触点 KM1-1 闭合，实现自锁，即松开 SB1 后，交流接触器 KM1 仍保持得电状态，控制电动机 M1 的常开主触点 KM1-2 闭合，电动机 M1 得电启动运转。

【2-2】→【4】自锁常开触点 KM2-1 闭合，实现自锁，松开 SB1 后，交流接触器 KM2 仍保持得电状态，控制电动机 M2 的常开主触点 KM2-2 闭合，电动机 M2 得电启动运转。

【2-2】→【5】自锁常开触点 KM3-1 闭合，实现自锁，松开 SB1 后，交流接触器 KM3 仍保持得电状态，控制电动机 M3 的常开主触点 KM3-2 闭合，控制电动机 M3 的主触点 KM3-2 闭合。

【6】当工作完成后，按下停止按钮 SB2，停机过程与启动过程相似。

按下停止按钮 SB2 后，交流接触器 KM1、KM2、KM3 的线圈失电，三个交流接触器复位，自锁触点 KM1-1、KM2-1、KM3-1 断开，KM1-2、KM2-2、KM3-2 断开，电动机的供电电路被切断，电动机 M1、M2、M3 停止工作。

17.5 鱼池增氧设备控制电路

鱼池增氧设备控制电路是一种控制电动机间歇工作的电路，通过定时器集成电路输出不同相位的信号控制继电器的间歇工作，同时通过控制开关的闭合与断开控制继电器触点接通与断开时间的比例。

图 17-5 所示为鱼池增氧设备控制电路。

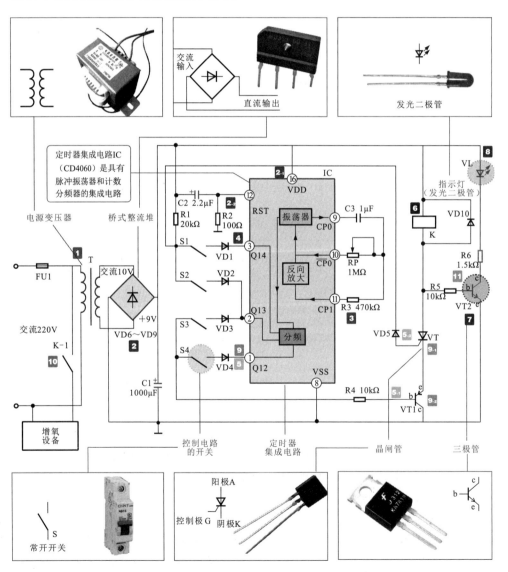

图 17-5 鱼池增氧设备控制电路

【1】接通电源，交流 220 V 电压经电源变压器 T 降压后，由二次侧输出交流 10 V 电压。

【2】交流 10 V 电压经桥式整流堆 VD6 ～ VD9 整流、滤波电容器 C1 滤波后，输出稳定的直流 +9 V 电压。

【2-1】直流 +9 V 电压一路直接加到定时器集成电路 IC 的 16 脚，为 IC 提供工作电压。

【2-2】直流 +9 V 电压另一路经电容器 C2、电阻器 R2 为定时器集成电路 IC 的 12 脚提供复位电压，使定时器集成电路中的计数器清零复位。

【3】定时器集成电路 IC 的 9 脚、10 脚、11 脚内部的振荡器工作，产生计数脉冲。

【3】→【4】定时器集成电路 IC 的 1 脚、2 脚、3 脚均为分频信号输出端，各脚输出的脉冲相位和时序不同，利用输出信号的相位关系，可以使继电器间歇工作。

例如，将开关 S1 和 S3 设置为断开、S2 和 S4 设置为闭合。

【5】在定时器集成电路 IC 的 1 脚输出为高电平、2 脚输出为低电平。

【5-1】IC 的 1 脚输出高电平使三极管 VT1 截止（三极管 VT1 为 PNP 型三极管，当基极 b 电压低于发射极 e 电压时才可导通）。

【5-2】IC 的 2 脚输出低电平使二极管 VD5 截止，晶闸管 VS 截止。

【5-2】→【6】继电器 K 线圈不能得电，增氧设备不能启动工作。

【7】三极管 VT1 和晶闸管 VS 截止，三极管 VT2 的基极 b 电压升高，三极管 VT2 导通。

【7】→【8】三极管 VT2 导通，指示灯 VL 点亮（三极管 VT2 为 NPN 型三极管，当基极电压 b 高于发射极电压时即可导通）。

【9】定时器集成电路 IC 的 1 脚输出为低电平、2 脚输出为高电平。

【9-1】IC 的 2 脚输出高电平，使二极管 VD5 导通，触发晶闸管 VS 也导通。

【9-2】IC 的 1 脚输出低电平，使三极管 VT1 导通（此时，三极管 VT1 基极 b 电压低于发射极 e 电压）。

【9-1】+【9-2】→【10】晶闸管 VS 和三极管 V1 导通后，继电器 K 线圈得电，常开触点 K-1 闭合，接通增氧设备供电电源，增氧设备启动，开始增氧工作。

【11】三极管 VT1 和晶闸管 VS 导通后，三极管 VT2 的基极 b 为低电平。三极管 VT2 截止，指示灯 VL 熄灭（此时，三极管 VT2 的基极 b 电压降低）。

> 【提示】
>
> 在定时器集成电路 IC 的 1 脚和 2 脚输出均为低电平时段，二极管 VD5 截止，晶闸管 VS 截止，三极管 VT1 也截止（此时，三极管 VT1 的发射极 e 无电压）。
>
> 继电器 K 线圈失电，常开触点 K-1 复位断开，切断增氧设备的供电电源，增氧设备停止增氧工作。
>
> 三极管 VT1 和晶闸管 VS 截止后，三极管 VT2 的基极再次变为高电平，进而 VT2 导通，指示灯 VL 再次点亮（此时，三极管 VT2 的基极电压 b 高于发射极 e 电压），如此反复循环，实现养鱼池间歇增氧控制。

17.6 孵化设备控制电路

孵化设备控制电路如图 17-6 所示。

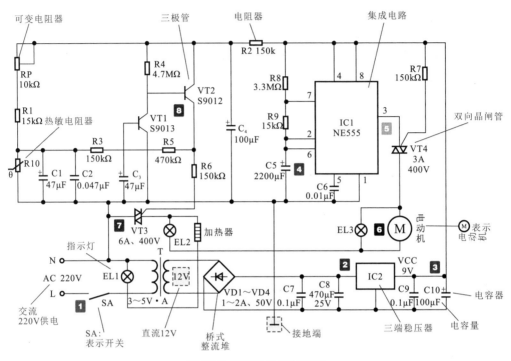

图 17-6 孵化设备控制电路

从图中可知该电路是由电源电路、温度控制电路和翻蛋控制电路构成的。电源电路由开关 SA、指示灯 EL1、变压器、桥式整流电路和三端稳压器等构成；温度控制电路由热敏电阻器、双向晶闸管、三极管和指示灯 EL2 构成；翻蛋控制电路由 IC1（NE555）集成电路芯片、双向晶闸管、指示灯 EL3 和电动机 M 等构成。

【1】该电路当开关 SA 闭合时，由 AC 220 V 供电，指示灯 EL1 亮，经变压器 T 后输出 12 V 电压。

【2】12 V 电压经桥式整流堆整流，由电容器 C7 和 C8 进行滤波，将直流电压加给三端稳压集成电路。

【3】经三端稳压器内部工作后输出 9 V 电压为翻蛋控制电路和温度控制电路供电。

【4】当 9 V 工作电压输入到翻蛋控制电路中时，电容器 C5 进行充电，开始时由于 IC1 的 2 脚、6 脚电压过低，由 3 脚输出的为低电平，双向晶闸管 VT4 截止，指示灯 EL3 不亮，电动机 M 不工作，无法进行翻蛋。

【5】当电容器 C5 进行充电后，IC1 的 2 脚、6 脚电压上升，IC1 的 3 脚输出低电平，是双向晶闸管 VT4 导通，指示灯 EL3 亮，电动机 M 进行翻蛋工作。

【6】当翻蛋工作完成后，电容器 C5 电压下降，IC1 的 3 脚输出高电平，双向晶闸管

截止，指示灯 EL3 灭，电动气 M 停止翻蛋工作；当电容器 C5 的电量再次充满后，翻蛋控制电路继续进行翻蛋工作。进入反复工作状态。

【7】当温度控制电路中接到供电电压后，由于该电路在刚开始时，加热器处于低温状态，热敏电阻器的阻值较大，使三极管 VT1、VT2 导通，将双向晶闸管 VT3 导通，指示灯 EL2 亮，加热器进行加热工作。

【8】当加热器加热到一定的温度后，热敏电阻器阻值减小，使三极管 VT1、VT2 截止。双向晶闸管也随之截止，指示灯 EL2 灭，加热器停止工作。当经过一段时间后，随着热敏电阻器周围的温度降低，三极管 VT1、VT2 重新导通，双向晶闸管导通，指示灯 EL2 亮，加热器工作。该电路进入反复工作状态。

孵化设备控制电路可以控制孵化过程中的温度，使其达到孵化设定的温度，防止产生过高的温度使孵化的蛋损坏。

17.7 养鱼池水泵和增氧泵自动交替运转的控制电路

养鱼池水泵和增氧泵自动交替运转的控制电路是一种自动工作的电路，电路通电后，每隔一段时间便会自动接通或切断水泵、增氧泵的供电，维持池水的含氧量、清洁度。

图 17-7 所示为养鱼池水泵和增氧泵自动交替运转控制电路。

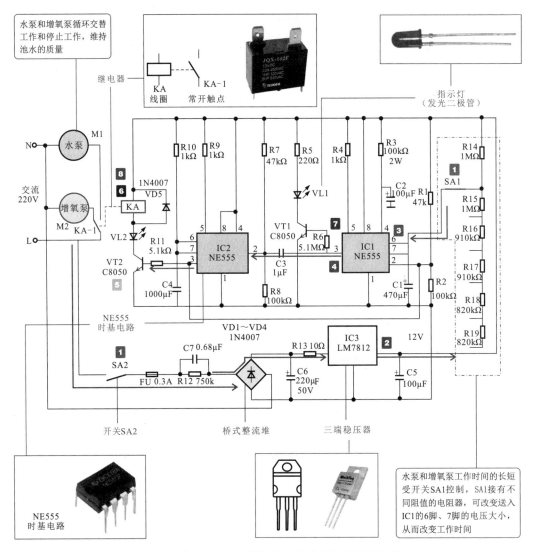

图 17-7 养鱼池水泵和增氧泵自动交替运转控制电路

【1】开关 SA1、SA2 闭合,交流 220V 电源电压为电路供电。在初始状态下,水泵工作,增氧泵停机。

【2】交流电压经桥式整流堆和电容器 C6 整流滤波,再经三端稳压器 IC3 稳压后,输出 12V 直流电压。

【2】→【3】12V 直流电压经 SA1 后为电容器 C1 充电,电容器 C1 电压上升,IC1 的 6、7 脚电压也升高。

【4】IC1 的 3 脚端输出低电平,送到 IC2 的 2 脚上。

【4】→【5】IC2 的 3 脚输出高电平,使三极管 VT2 导通,指示灯 VL2 亮。

【5】→【6】继电器 KA 线圈得电,触点转换,水泵停机,增氧泵工作。

【7】一段时间后(电容器 C1 充电完成,IC1 的 3 脚输出高电平),IC2 的 2 脚上升到高电平,3 脚输出低电平,电路又回到初始状态。

【8】继电器 KA 的线圈失电,触点复位,水泵工作,增氧泵停机。

17.8 自动灌水控制电路

图 17-8 所示是水池自动灌水控制电路。在水池中设有三个电极 A、B、C 用于检测水池的水位，根据所测水位自动控制是否需要灌水。

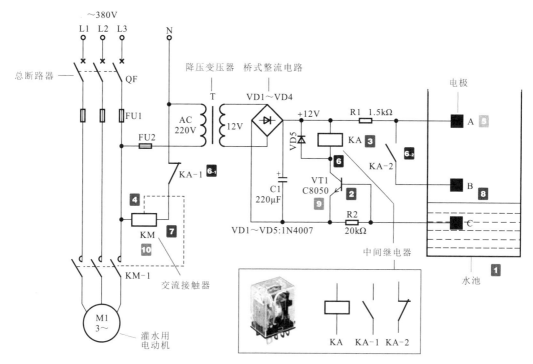

图 17-8 自动灌水控制电路

【1】当水池中无水或水位很低时，电极 A、B、C 之间断路。

【2】三极管 VT1 的基极为低电压，使 VT1 截止。

【3】中间继电器 KA 无电流，则触点 KA-1 闭合，KA-2 断开。

【4】此种状态下，当接通断路器 QF 时，交流接触器 KM 线圈得电，KM-1 主触点闭合，电动机得电带动水泵为水池中灌水。

【5】当池的水位升高至 A 电极位置时，电极 A、C 之间短路。

【6】三极管 VT1 的基极电压升高而导通，则继电器 KA 线圈得电。

　【6_{-1}】常闭触点 KA-1 断开。

　【6_{-2}】常开触点 KA-2 闭合。

【6_{-1}】→【7】交流接触器 KM 线圈失电，KM-1 断开，电动机停转，停止为水池供水。

【6_{-2}】→【8】由于 KA-2 短路，池中水在主电极 B 以下时，电极 A 与 C 断路。

【9】VT1 基极电压下降而截止。

【10】中间继电器 KA 断电复位，KA-1 接通，重新使 KM 得电，电动机启动又开始灌水。

17.9 秸秆切碎机驱动控制电路

秸秆切碎机驱动控制电路是指利用两台电动机带动机械设备动作，完成送料和切碎工作的一类农机控制电路，可有效节省人力劳动，提高工作效率。

图 17-9 所示为秸秆切碎机驱动控制电路。

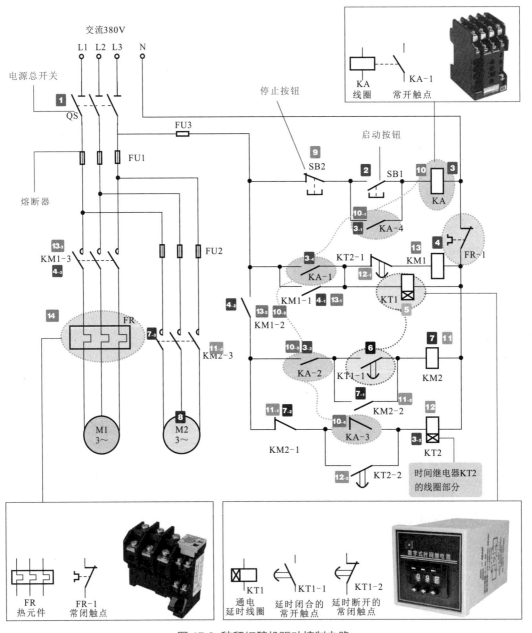

图 17-9 秸秆切碎机驱动控制电路

【1】闭合电源总开关 QS。
【2】按下启动按钮 SB1，触点闭合。
【2】→【3】中间继电器 KA 的线圈得电，相应触点动作。

　　【3_{-1}】自锁常开触点 KA-4 闭合，实现自锁，即使松开 SB1，中间继电器 KA 仍保持得电状态。

　　【3_{-2}】控制时间继电器 KT2 的常闭触点 KA-3 断开，防止时间继电器 KT2 得电。

　　【3_{-3}】控制交流接触器 KM2 的常开触点 KA-2 闭合，为 KM2 线圈得电做好准备。

　　【3_{-4}】控制交流接触器 KM1 的常开触点 KA-1 闭合。

【3_{-4}】→【4】交流接触器 KM1 的线圈得电，相应触点动作。

　　【4_{-1}】自锁常开触点 KM1-1 闭合，实现自锁控制，即当触点 KA-1 断开后，交流接触器 KM1 仍保持得电状态。

　　【4_{-2}】辅助常开触点 KM1-2 闭合，为 KM2、KT2 得电做好准备。

　　【4_{-3}】常开主触点 KM1-3 闭合，切料电动机 M1 启动运转。

【3_{-4}】→【5】时间继电器 KT1 的线圈得电，时间继电器开始计时（30s），实现延时功能。
【5】→【6】当时间经 30s 后，时间继电器中延时闭合的常开触点 KT1-1 闭合。
【4_{-3}】+【6】→【7】交流接触器 KM2 的线圈得电。

　　【7_{-1}】自锁常开触点 KM2-2 闭合，实现自锁。

　　【7_{-2}】时间继电器 KT2 电路上的常闭触点 KM2-1 断开。

　　【7_{-3}】KM2 的常开主触点 KM2-3 闭合。

【7_{-3}】→【8】接通送料电动机电源，电动机 M2 启动运转。
实现 M2 在 M1 启动 30s 后才启动，可以防止因进料机中的进料过多而溢出。
【9】当需要系统停止工作时，按下停机按钮 SB2，触点断开。
【9】→【10】中间继电器 KA 的线圈失电。

　　【10_{-1}】自锁常开触点 KA-4 复位断开，接触自锁。

　　【10_{-2}】控制交流接触器 KM1 的常开触点 KA1 断开，由于 KM1-1 自锁功能，此时 KM1 线圈仍处于得电状态。

　　【10_{-3}】控制交流接触器 KM2 的常开触点 KA-2 断开。

　　【10_{-4}】控制时间继电器 KT2 的常开触点 KA-3 闭合。

【10_{-3}】→【11】交流接触器 KM2 的线圈失电。

　　【11_{-1}】辅助常闭触点 KM2-1 复位闭合。

　　【11_{-2}】自锁常开触点 KM2-2 复位断开，解除自锁。

　　【11_{-3}】常开主触点 KM2-3 复位断开，送料电动机 M2 停止工作。

【10_{-4}】+【11_{-1}】→【12】时间继电器 KT2 线圈得电，相应的触点开始动作。

　　【12_{-1}】延时断开的常闭触点 KT2-1 在 30s 后断开。

　　【12_{-2}】延时闭合的常开触点 KT2-2 在 30s 后闭合。

【12_{-1}】→【13】交流接触器 KM1 的线圈失电，触点复位。

　　【13_{-1}】自锁常开触点 KM1-1 复位断开，解除自锁，时间继电器 KT1 的线圈失电。

　　【13_{-2}】辅助常开触点 KM1-2 复位断开，时间继电器 KT2 的线圈失电。

【13₋₃】常开主触点 KM1-3 复位断开，切料电动机 M1 停止工作，M1 在 M2 停转 30s 后停止。

【14】在秸秆切碎机电动机驱动控制电路工作过程中，若电路出现过载、电动机堵转导致过流、温度过热时，过热保护继电器 FR 主电路中的热元件发热，常闭触点 FR-1 自动断开，使电路断电，电动机停转，进入保护状态。

17.10 谷物加工机的电气控制电路

图 17-10 所示为谷物加工机的电气控制电路，由控制电路、保护电路和电动机负载组成。控制电路由电源总开关、启动按钮、停止按钮、交流接触器；保护电路是由熔断器和过热保护继电器构成的。

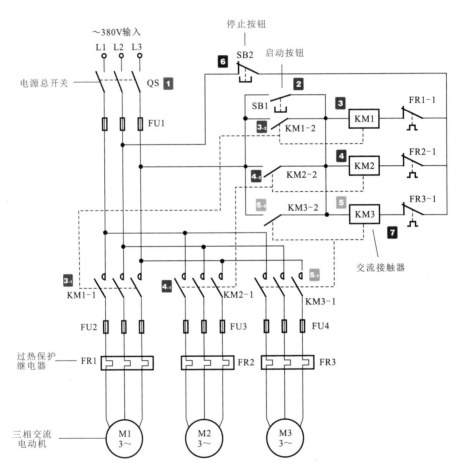

图 17-10 谷物加工机的电气控制电路

【1】闭合电源总开关 QS，接通三相电源，为电路进入工作状态做好准备。

【2】按下启动按钮 SB1，其常开触点闭合。

【2】→【3】交流接触器 KM1 线圈得电。

【3-1】其常开主触点 KM1-1 闭合，接通交流电动机 M1 电源，M1 启动运转。

【3-2】其常开辅助触点 KM1-2 闭合自锁。

【2】→【4】交流接触器 KM2 线圈得电。

【4-1】其常开主触点 KM2-1 闭合，接通交流电动机 M2 电源，M2 启动运转。

【4-2】其常开辅助触点 KM2-2 闭合自锁。

【2】→【5】交流接触器 KM3 线圈得电。

【5-1】其常开主触点 KM3-1 闭合，接通交流电动机 M3 电源，M3 启动运转。

【5-2】其常开辅助触点 KM3-2 闭合自锁。

【6】当工作完成后，按下停止按钮 SB2，其常闭触点断开。

【6】→【7】交流接触器 KM1、KM2、KM3 的线圈失电，三个交流接触器复位，交流接触器的自锁触点 KM1-1、KM2-1、KM3-1 断开，KM1-2、KM2-2、KM3-2 断开，电动机的供电电路被切断，电动机 M1、M2、M3 停止工作。

> 【提示】
>
> 电源总开关处设有供电保护熔断器 FU1，总电流如果过流则 FU1 熔断保护。在每台电动机的供电电路中分别设有熔断器 FU2、FU3、FU4，如果某一台电动机出现过载的情况时，FU2、FU3 或 FU4 中的过流者进行熔断保护。此外，在每台电动机的供电电路中设有过热保护继电器（FR1、FR2、FR3）。如果电动机出现过热的情况，则 FR1、FR2 或 FR3 进行断电保护，切断电动机的供电电源，同时切断交流接触器的供电电源。

17.11 排水设备自动控制电路

图 17-11 所示为一种常见的排水设备自动控制电路。该控制电路由总断路器 QF、液位继电器 KA1、辅助继电器 KA2、交流接触器 KM、桥式整流堆 UR、水位检测电极 BL1～BL3、三相交流电动机和水泵等构成。

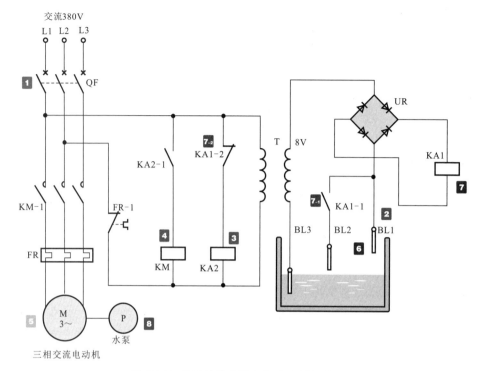

图 17-11 常见的排水设备自动控制电路

【1】合上总断路器 QF，接通三相电源。

【2】水位处于电极 BL1 以下时，各电极之间处于开路状态。

【3】辅助继电器 KA2 线圈得电，其常开触点 KA2-1 闭合。

【3】→【4】交流接触器 KM 线圈得电，其常开主触点 KM-1 闭合。

【4】→【5】电动机接通三相电源，三相交流电动机带动水泵运转，开始供水。

【6】当水位处于电极 BL1 以上时，由于水的导电性，各电极之间处于通路状态。

【7】8 V 交流电压经桥式整流堆 UR 整流后，为液位继电器 KA1 线圈供电。

　　【7-1】常开触点 KA1-1 闭合。

　　【7-2】常闭触点 KA1-2 断开，使辅助继电器 KA2 线圈失电。

【7-2】→【8】KA2-1 断开，KM 失电，KM-1 断开，电动机停止工作。

第 18 章 电子元器件的检测

18.1 固定电阻器的检测

检测固定电阻器时,首先识读电阻器的标称阻值,然后使用万用表进行检测,对照标称阻值来判断电阻器是否正常。

图 18-1 所示为典型四环电阻器的检测方法。检测前应先观察待测电阻器的色环,根据色环颜色定义可以识读该电阻器的阻值,然后根据被测电阻器的阻值选择合适的欧姆挡,将红表笔和黑表笔任意搭在电阻器两端,即可测出该电阻器的阻值。

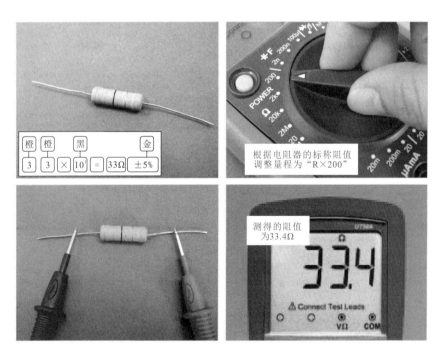

图 18-1 典型四环电阻器的检测方法

检测五环电阻器或数字标识电阻器,也需要读取其标称阻值,以方便选择量程和对比测量值,如图 18-2 所示,其检测方法与四环电阻器的检测方法相同。

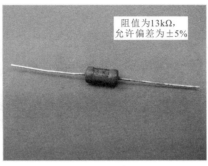

图 18-2 五环电阻器和数字标识电阻器

18.2 可变电阻器的检测

检测可变电阻器时，通常可使用万用表测阻值法，检测时调节可变电阻器的旋钮改变其阻值，通过检测到阻值的变化来判断其好坏。

图 18-3 所示为可变电阻器的检测方法。将万用表调至欧姆挡，两表笔搭在可变电阻器

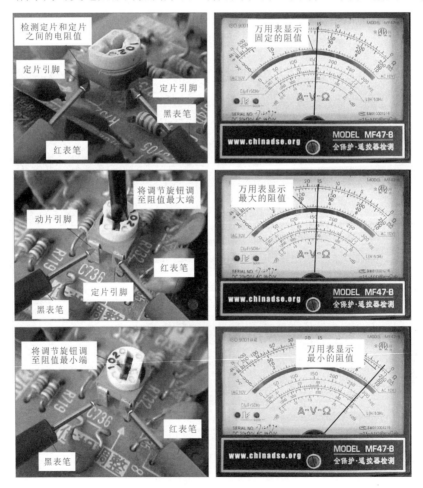

图 18-3 可变电阻器的检测方法

的两个定片引脚上,可以检测到一个固定的最大阻值,将两表笔搭在可变电阻器的定片引脚和动片引脚上,使用螺丝刀调节旋钮至最大位置,可以测得一个较大的阻值,通常该阻值和两个定片引脚间的最大阻值相等;将旋钮调至最小位置,可以测得一个较小的阻值。

> 【资料】
>
> 电位器也是一种可变电阻器,检测电位器的方法与可变电阻器的检测方法相似。检测时将万用表调至"×1k"欧姆挡,将两表笔分别搭在两定片之间检测其阻值,然后将两表笔分别搭在动片和静片上,旋转转柄,可以观察到阻值的变化,如图18-4所示。

图 18-4 电位器的检测方法

18.3 敏感电阻器的检测

检测敏感电阻器时,需要通过人为改变外部使用环境来判断敏感电阻器的好坏,因此首先应确定该敏感电阻器的类型。常见的敏感电阻器有热敏电阻器、光敏电阻器、湿敏电阻器、气敏电阻器、压敏电阻器等。

18.3.1 热敏电阻器的检测

图 18-5 所示为热敏电阻器的检测方法。检测时将万用表调至欧姆挡,表笔搭在热敏电阻器的两个引脚上,改变环境温度后,可以看到阻值的变化。

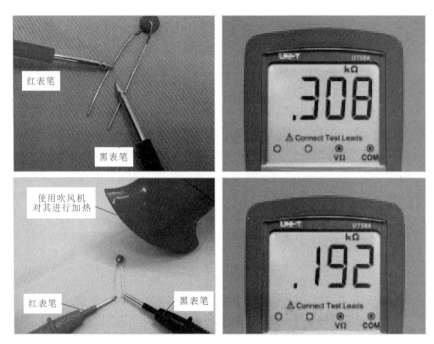

图 18-5 热敏电阻器的检测方法

18.3.2 光敏电阻器的检测

图 18-6 所示为光敏电阻器的检测方法。检测时将万用表调至欧姆挡,两表笔分别搭在光敏电阻器的两个引脚上,改变环境光照强度后,可以看到阻值的变化。

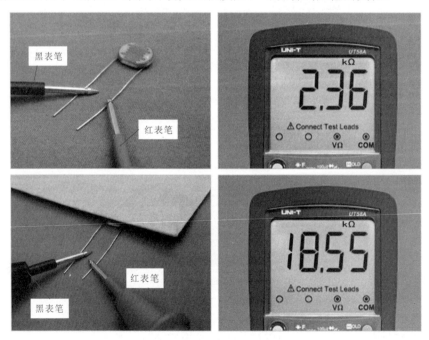

图 18-6 光敏电阻器的检测方法

18.3.3 湿敏电阻器的检测

图 18-7 所示为湿敏电阻器的检测方法。检测时将万用表调至欧姆挡,两表笔分别搭在湿敏电阻器的两个引脚上,改变环境湿度后,可以看到阻值的变化。

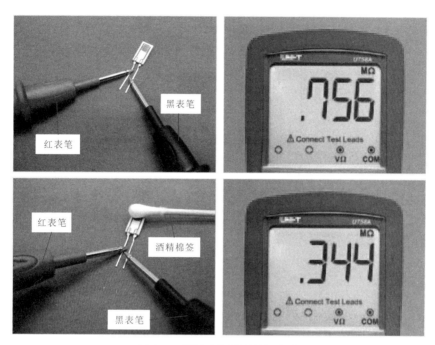

图 18-7 湿敏电阻器的检测方法

18.3.4 气敏电阻器

图 18-8 所示为气敏(丁烷)电阻器的检测方法。检测时将气敏电阻器串接在电路中,使用万用表的表笔检测电路中的电压值,气敏电阻器遇到敏感气体,阻值变小,输出电压升高。

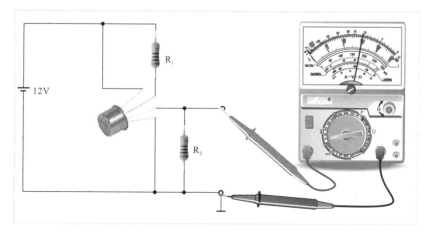

图 18-8 气敏(丁烷)电阻器的检测方法

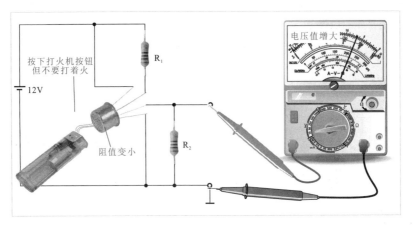

图 18-8 气敏（丁烷）电阻器的检测方法（续）

> 【资料】
>
> 气敏电阻器包括N型气敏电阻器和P型气敏电阻器两种，N型气敏电阻器具有随敏感气体浓度变大阻值变小的特点，P型气敏电阻器具有随敏感气体浓度变大阻值变大的特点。在选用时应注意区分选择同类型的气敏电阻器。

18.3.5 压敏电阻器的检测

压敏电阻器都有标称电压，一旦外加电压超过标称电压，压敏电阻器的阻值迅速减小，甚至被高压击穿损坏。正常情况下，压敏电阻器的阻值都很大，趋于无穷大。

图 18-9 所示为压敏电阻器的检测方法。检测时将万用表挡位调至最大欧姆挡，表笔搭在压敏电阻器两端，测得的阻值为无穷大，调换表笔后阻值仍为无穷大。

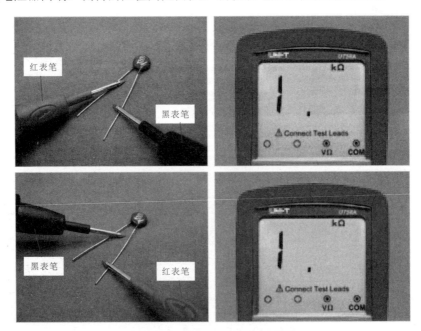

图 18-9 压敏电阻器的检测方法

用万用表检测压敏电阻器的阻值属于检测绝缘性能。在正常情况下，压敏电阻器的正、反向阻值均很大（大多压敏电阻器正、反向阻值接近无穷大），若出现阻值偏小的现象，则多为压敏电阻器已被击穿损坏。

18.4 普通电容器的检测

检测普通电容器时，首先识读普通电容器的标称电容量，然后使用万用表的电容测试插孔进行检测。对照标称电容量来判断电容器是否正常。

图 18-10 所示为磁介质电容器的检测方法。检测前首先识读电容器表面的标识"331J"，该电容器的电容量为 331pF，允许误差为 ±5%。根据电容器的标称电容量调整万用表至"2n"电容挡，插入附加测试器。然后将电容器插入电容测试插孔中，可以检测到电容器的电容量。无极性电容器没有正负极。

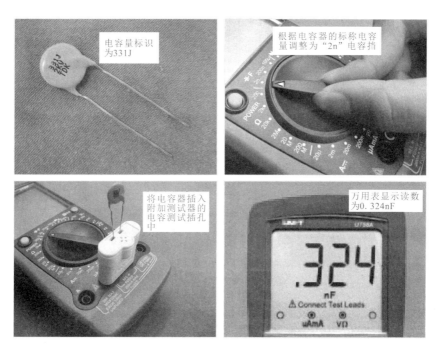

图 18-10 磁介质电容器的检测方法

18.5 电解电容器的检测

检测电解电容器时，首先识读电解电容器的标称电容量，然后使用万用表的电容测试插孔进行检测。对照标称电容量来判断电容器是否正常。

图 18-11 所示为电解电容器的检测方法。检测前首先识读电容器表面的标称电容量为 100 μF。根据电容器标称容量调整万用表至"100 μ"电容挡。插入附加测试器，然后将电容器插入电容测试插孔中，可以检测到电容器的电容量。

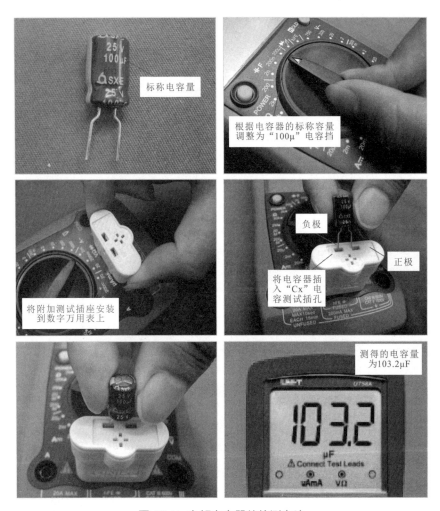

图 18-11 电解电容器的检测方法

在对电解电容器进行开路检测时，常使用指针万用表对其漏电阻值检测以判断性能的好坏。在检测前，要对待测电解电容器进行放电，以避免电解电容器中存有残留电荷而影响检测的结果，如图 18-12 所示。

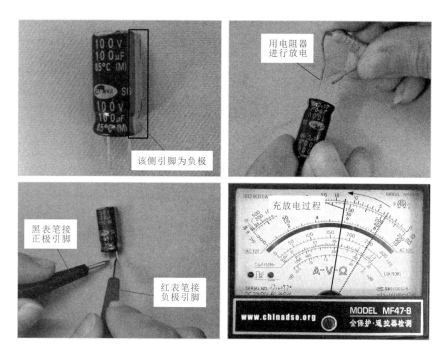

图 18-12 电解电容器性能好坏的检测方法

在刚接通的瞬间，万用表的指针会向右（电阻小的方向）摆动一个较大的角度。当指针摆动到最大角度后，接着指针又会逐渐向左摆回，直至指针停止在一个固定位置，这说明该电解电容器有明显的充放电过程。所测得的阻值即为该电解电容器的正向漏电阻值，该阻值在正常情况下应比较大。

18.6 电感器的检测

检测电感器时可以使用万用表测阻值的方法判断电感器的好坏。检测电感量应首先识读其标称电感量，使用具有电感量检测挡的万用表，将电感器插入电感检测插孔进行测量。

1. 电感器好坏的判断方法

判断电感器的好坏，将万用表调至"200"欧姆挡，将两表笔分别搭在电感器的两个引脚上，可以测得电阻值，说明电感器正常。

以色环电感器为例，图 18-13 所示为色环电感器好坏的判断方法。

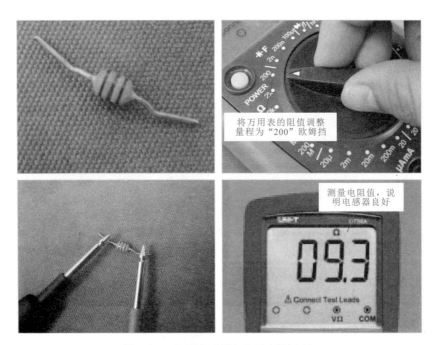

图 18-13 色环电感器好坏的判断方法

2. 电感量的检测方法

检测电感器的电感量时,首先根据色环识读电感器的标称电感量,然后根据标称电感量选择万用表的挡位,插上附加测试插座,将电感器的两个引脚插入电感检测专用接口(Lx),即可测得电感量,图 18-14 所示为色环电感器电感量的检测方法。

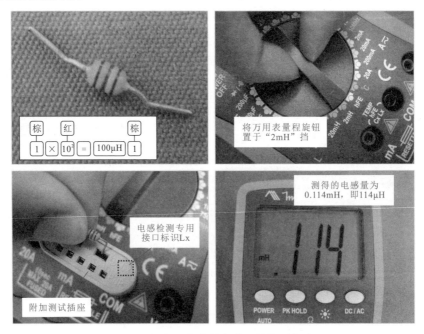

图 18-14 色环电感器电感量的检测方法

18.7 发光二极管的检测

发光二极管常用于显示电路中，作为指示灯使用。发光二极管也具有正向导通，反向截止的特性。因此在判断发光二极管是否损坏时，可使用万用表对其正向、反向阻抗进行检测。

1. 确定发光二极管的极性

发光二极管的外壳上通常没有极性标识，我们可以通过观察发光二极管内部的结构来判断其极性，如图 18-15 所示，内部连接处，体积较大的一侧为负极，对应引脚较短，体积较小的一侧为正极，对应的引脚较长。

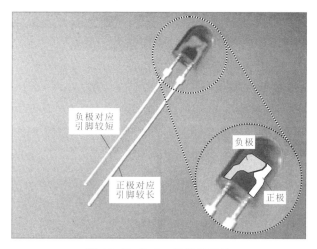

图 18-15 发光二极管的极性

2. 检测发光二极管的反向阻抗

将万用表调至"×10k"欧姆挡，进行零欧姆校正后，将红表笔搭在二极管正极上，黑表笔搭在二极管负极上，如图 18-16 所示，检测发光二极管的反向阻抗，应为无穷大，

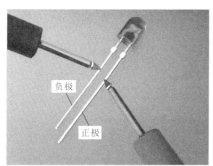 

图 18-16 检测发光二极管反向阻抗

3. 检测发光二极管的正向阻抗

将红表笔搭在二极管负极上，黑表笔搭在二极管正极上，如图 18-17 所示，检测发光二极管的正向阻抗，值为 200 kΩ，并且发光二极管会发光。

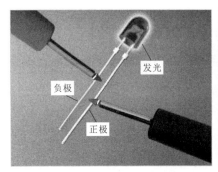

图 18-17 检测发光二极管正向阻抗

在检测发光二极管的正向阻抗时，选择不同的欧姆挡量程，发光二极管所发出的光线亮度也会不同，如图 18-18 所示。通常，电流越大，亮度越高。

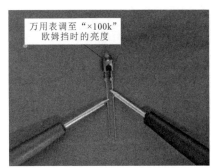

图 18-18 发光二极管的发光亮度

正常情况下，发光二极管的正向阻抗有一定的值，反向阻抗为无穷大，若测量结果与正常值偏差较大，则说明该二极管已损坏。在检测时，若正向、反向阻抗相差不大，需要将二极管拆下，进一步核实检测。

18.8 整流二极管的检测

整流二极管主要利用二极管的单向导电特性实现整流功能，判断整流二极管的好坏可利用这一特性进行检测，即用万用表检测整流二极管正向、反向阻抗的方法，如图 18-19 所示。

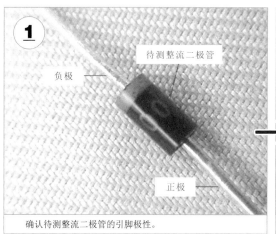
确认待测整流二极管的引脚极性。

将万用表的量程旋钮调至"×1k"欧姆挡,并进行欧姆调零操作。

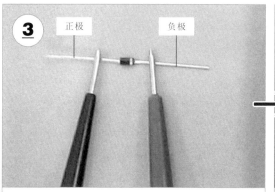
将万用表的黑表笔搭在整流二极管的正极,红表笔搭在整流二极管的负极,检测整流二极管的正向阻抗。

观察万用表指针指示的位置,读出实测数值为3×1kΩ=3kΩ。

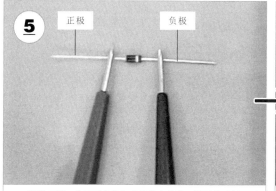
调换表笔,将万用表的红表笔搭在整流二极管的正极,黑表笔搭在整流二极管的负极,检测其反向阻抗。

观察万用表指针指示的位置,读出实测数值为无穷大。

图 18-19 整流二极管的检测方法

在正常情况下，整流二极管正向阻抗为几千欧姆，反向阻抗趋于无穷大。

整流二极管的正向、反向阻抗相差越大越好，若测得正向、反向阻值相近，则说明该整流二极管已经损坏。

若使用万用表检测整流二极管时，指针一直不断摆动，不能停止在某一个值上，则多为整流二极管的热稳定性不好。

18.9 三极管的检测

三极管是各种电子设备中应用最为广泛的器件之一，它常用于各种控制电路、驱动电路和放大电路中。三极管按内部结构可分为 PNP 型和 NPN 型两种。

1. PNP 型三极管的检测方法

（1）检测基极和集电极之间的正反向阻抗。

将万用表调至"×1k"欧姆挡，进行零欧姆校正后，将红表笔搭在基极（b）上，黑表笔搭在集电极（c）上，如图 18-20 所示，检测两引脚间的正向阻抗，值为 9 kΩ。对换表笔后，检测两引脚间的反向阻抗，值为无穷大。

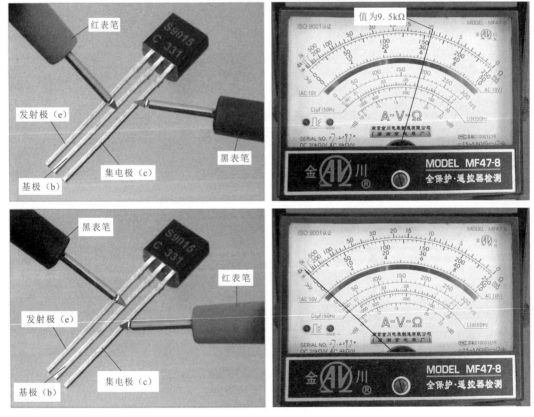

图 18-20 基极和集电极之间的正向、反向阻抗

（2）检测基极和发射极之间的正向、反向阻抗。

将红表笔搭在基极（b）上，黑表笔搭在发射极（e）上，如图 18-21 所示，检测两引脚间的正向阻抗，阻值为 9.5 kΩ。对换表笔后，检测两引脚间的反向阻抗，阻值为无穷大。

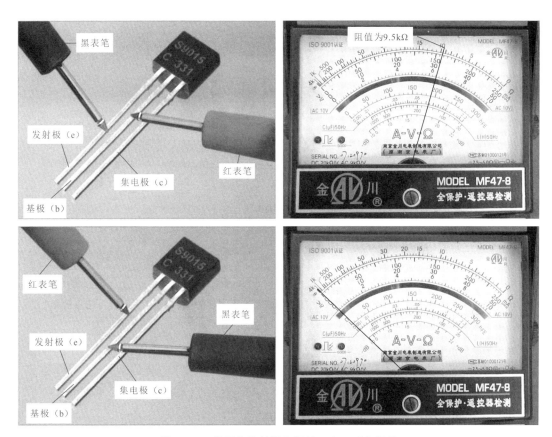

图 18-21 基极和发射极之间的正向、反向阻抗

正常情况下，PNP 型三极管的三个引脚中，只有红表笔搭在基极时，测量与集电极、发射极之间的正向阻抗有一定值，其余各值均为无穷大。

2. NPN 型三极管的检测方法

（1）检测基极和集电极之间的正向、反向阻抗。

将万用表调至"×1k"欧姆挡，进行零欧姆校正后，将黑表笔搭在基极（b）上，红表笔搭在集电极（c）上，如图 18-22 所示，检测两引脚间的正向阻抗，值为 18.5 kΩ；对换表笔后，检测两引脚间的反向阻抗，值为无穷大。

（2）检测基极和发射极之间的正向、反向阻抗。

将黑表笔搭在基极（b）上，红表笔搭在发射极（e）上，如图 18-23 所示，检测两引脚间的正向阻抗，值为 18.5 kΩ；对换表笔后，检测两引脚间的反向阻抗，值为无穷大。

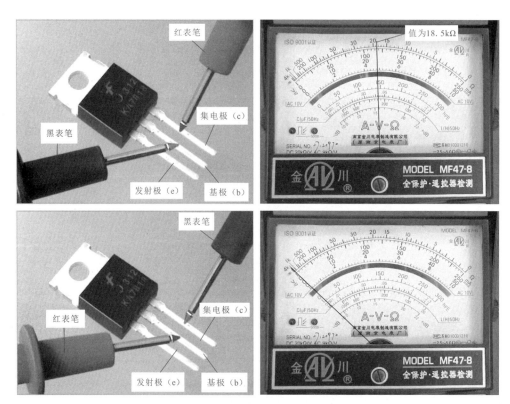

图18-22 基极和集电极之间的正向、反向阻抗

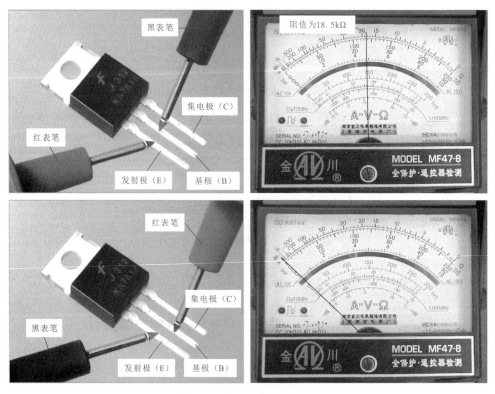

图18-23 基极和发射极之间的正向、反向阻抗

正常情况下，NPN 型晶体三极管的三个引脚中，只有黑表笔搭在基极时，测量与集电极、发射极之间的正向阻抗有一定的值，其余各值均为无穷大。

18.10 场效应晶体管的检测

场效应晶体管是一种常见的电压控制器件，易被静电击穿损坏，原则上不能用万用表直接检测各引脚之间的正向、反向阻抗，可以在电路板上检测，或者根据在电路中的功能搭建相应的电路，然后进行检测。

1. 结型场效应晶体管放大能力的检测

场效应晶体管的放大能力是最基本的性能之一，一般可使用万用表粗略测量场效应晶体管是否具有放大能力。

图 18-24 所示为结型场效应晶体管放大能力的检测方法。

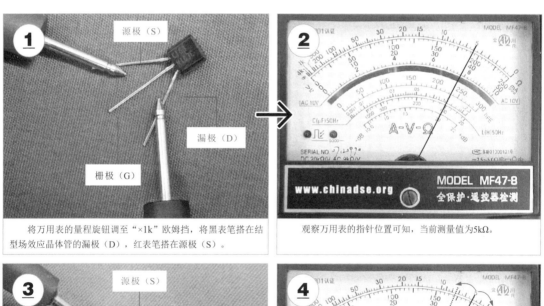

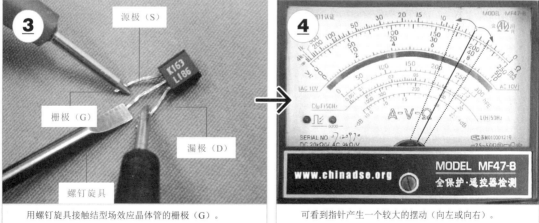

图 18-24 结型场效应晶体管放大能力的检测方法

正常情况下，万用表指针摆动的幅度越大，表明结型场效应晶体管的放大能力越好；反之，则表明放大能力越差。若螺钉旋具接触栅极（G）时指针不摆动，则表明结型场效应晶体管已失去放大能力。

测量一次后再次测量，表针可能不动，这是因为在第一次测量时，G、S之间的结电容积累了电荷。为能够使万用表的表针再次摆动，可在测量后短接一下G、S。

2. 绝缘栅型场效应晶体管放大能力的检测

绝缘栅型场效应晶体管放大能力的检测方法与结型场效应晶体管放大能力的检测方法相同。需要注意的是，为避免人体感应电压过高或人体静电使绝缘栅型场效应晶体管击穿，检测时尽量不要用手触碰绝缘栅型场效应晶体管的引脚，可借助螺钉旋具碰触栅极引脚完成检测，如图18-25所示。

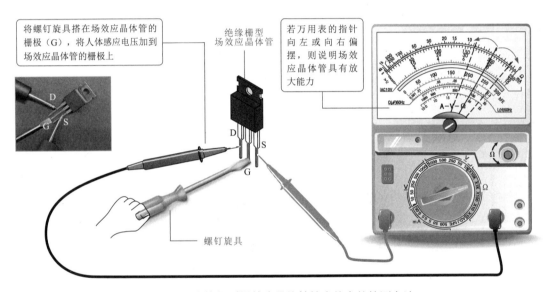

图 18-25 绝缘栅型场效应晶体管放大能力的检测方法

18.11 晶闸管的检测

晶闸管作为一种可控整流器件，一般不直接用万用表检测其好坏，但可借助万用表检测晶闸管的触发能力。

以单向晶闸管为例，其触发能力的检测方法如图18-26所示。

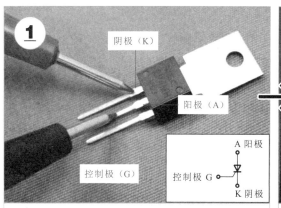

将万用表的黑表笔搭在单向晶闸管的阳极（A）上，红表笔搭在阴极（K）上。

测得阻值为无穷大。

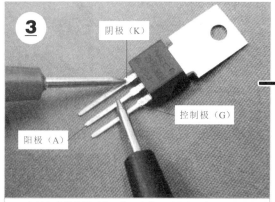

保持红表笔位置不变，将黑表笔同时搭在阳极（A）和控制极（G）上。

万用表的指针向右侧大范围摆动，表明晶闸管已经导通。

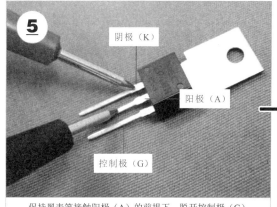

保持黑表笔接触阳极（A）的前提下，脱开控制极（G）。

万用表的指针仍指示低阻值状态，说明晶闸管处于维持导通状态，触发能力正常。

图 18-26 单向晶闸管触发能力的检测方法

18.12 集成电路的检测

集成电路的功能多种多样，具体功能根据内部结构的不同而不同。在实际应用中，集成电路往往起着控制、放大、转换（D/A 转换、A/D 转换）、信号处理及振荡等作用。

检测集成电路好坏常用的方法主要有电阻检测法、电压检测法和信号检测法。下面以三端稳压器和运算放大器集成电路为例，介绍集成电路的检测方法。

1. 三端稳压器的检测

三端稳压器是一种具有三个引脚的直流稳压集成电路。图 18-27 所示为典型三端稳压器的外形。

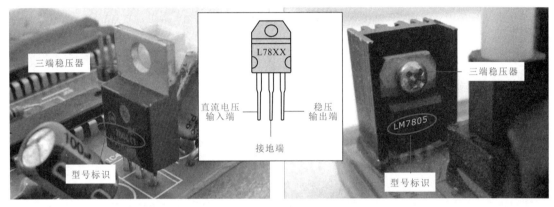

图 18-27 典型三端稳压器的外形

三端稳压器的外形与普通晶体三极管相似，三个引脚分别为直流电压输入端、稳压输出端和接地端，在三端稳压器表面印有型号标识，可直观体现三端稳压器的性能参数（稳压值）。

三端稳压器的功能是将输入端的直流电压稳压后输出一定值的直流电压。不同型号三端稳压器输出端的稳压值不同。图 18-28 所示为三端稳压器的功能示意图。

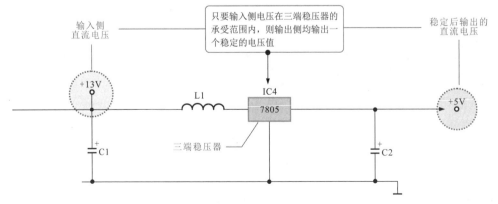

图 18-28 三端稳压器的功能示意图

一般来说，三端稳压器输入端的电压可能会发生偏高或偏低的变化，但都不影响输出侧的电压值，只要输入侧电压在三端稳压器的承受范围内，则输出侧均为稳定的数值，这也是三端稳压器最突出的功能特性。

检测三端稳压器可将三端稳压器置于电路中，在工作状态下，用万用表检测三端稳压器输入端和输出端的电压值，与标准值比对，即可判别三端稳压器的性能。

检测之前，应首先了解待测三端稳压器各引脚的功能及标准输入、输出电压和电阻值，为三端稳压器的检测提供参考标准，如图18-29所示，三端稳压器AN7805是一种5 V三端稳压器，工作时，只要输入侧电压在承受范围内（9～14 V），则输出侧均为5 V。

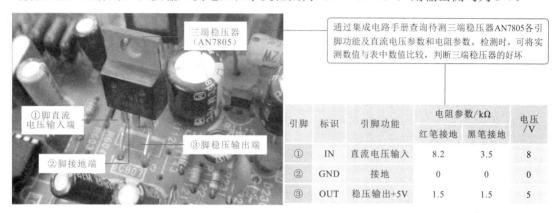

图18-29　了解待测三端稳压器各引脚功能及标准参数值

借助万用表检测三端稳压器的输入端、输出端电压时，需要将三端稳压器置于实际工作环境中，如图18-30所示。

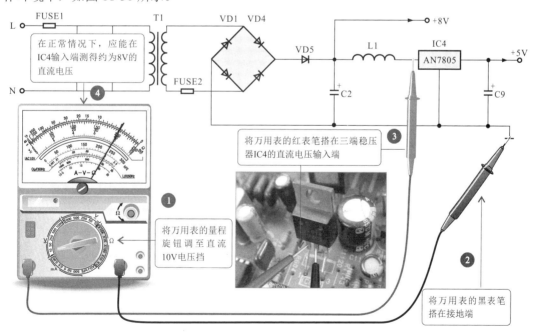

图18-30　三端稳压器输入端供电电压的检测方法

正常情况下，在三端稳压器的输入端应能够测得相应的直流电压值。根据电路标识，本例中实测三端稳压器输入端的电压为 8 V。

保持万用表的黑表笔不动，将红表笔搭在三端稳压器的输出端引脚上，如图18-31所示，检测三端稳压器输出端的电压值。

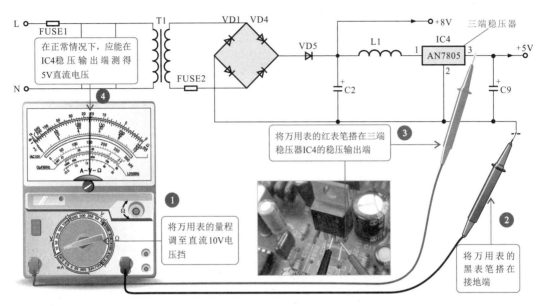

图 18-31　三端稳压器输出端电压值的检测方法

正常情况下，若三端稳压器的直流电压输入端电压正常，则稳压输出端应有稳压后的电压输出；若输入端电压正常，而无电压输出，则说明三端稳压器损坏。

2. 运算放大器的检测

运算放大器简称集成运放，是一种集成化的、高增益的多级直接耦合放大器。

检测运算放大器主要有两种方法：一种是将运算放大器置于电路中，在工作状态下，用万用表检测运算放大器各引脚的对地电压值，与标准值比较，即可判别运算放大器的性能；另一种方法是借助万用表检测运算放大器各引脚的对地阻值，从而判别运算放大器的好坏。检测之前，首先通过集成电路手册查询待测运算放大器各引脚的直流电压参数和电阻参数，为运算放大器的检测提供参考标准，如图 18-32 所示。

第18章 电子元器件的检测

引脚	标识	集成电路引脚功能	电阻参数/kΩ 红笔接地	电阻参数/kΩ 黑笔接地	直流电压/V
①	OUT1	放大信号（1）输出	0.38	0.38	1.8
②	IN1−	反相信号（1）输入	6.3	7.6	2.2
③	IN1+	同相信号（1）输入	4.4	4.5	2.1
④	VCC	电源+5 V	0.31	0.22	5
⑤	IN2+	同相信号（2）输入	4.7	4.7	2.1
⑥	IN2−	反相信号（2）输入	6.3	7.6	2.1
⑦	OUT2	放大信号（2）输出	0.38	0.38	1.8
⑧	OUT3	放大信号（3）输出	6.7	23	0
⑨	IN3−	反相信号（3）输入	7.6	∞	0.5
⑩	IN3+	同相信号（3）输入	7.6	∞	0.5
⑪	GND	接地	0	0	0
⑫	IN4+	同相信号（4）输入	7.2	17.4	4.6
⑬	IN4−	反相信号（4）输入	4.4	4.6	2.1
⑭	OUT4	放大信号（4）输出	6.3	6.8	4.2

通过集成电路手册查询待测运算放大器LM324的直流电压参数和电阻参数。检测时，可将实测数值与该表中的数值进行比较，从而判断运算放大器的好坏

图 18-32 待测运算放大器各引脚功能及标准参数值

（1）借助万用表检测运算放大器各引脚直流电压。

借助万用表检测运算放大器各引脚直流电压时，需要先将运算放大器置于实际的工作环境中，然后将万用表量程旋钮调至电压挡，分别检测各引脚的电压值来判断运算放大器的好坏，如图 18-33 所示。

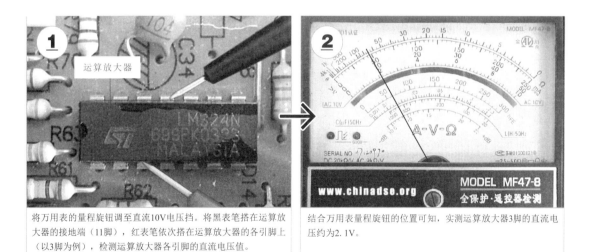

将万用表的量程旋钮调至直流10V电压挡。将黑表笔搭在运算放大器的接地端（11脚），红表笔依次搭在运算放大器的各引脚上（以3脚为例），检测运算放大器各引脚的直流电压值。

结合万用表量程旋钮的位置可知，实测运算放大器3脚的直流电压约为2.1V。

图 18-33 运算放大器各引脚直流电压的检测

在实际检测中，若检测电压与标准值比较相差较多时，不能轻易认为运算放大器故障，应首先排除是否由外围元器件异常引起的；若输入信号正常，而无输出信号时，则说明运算放大器已损坏。

另外，需要注意的是，若集成电路接地引脚的静态直流电压不为零，则一般有两种情况：一种是对地引脚上的铜箔线路开裂，从而造成对地引脚与地线之间断开；另一种情况是集成电路对地引脚存在虚焊或假焊情况。

（2）检测运算放大器各引脚的阻值。

判断运算放大器的好坏还可以借助万用表检测运算放大器各引脚的正向、反向对地阻值，将实测结果与正常值比较，即可判断运算放大器的好坏，如图18-34所示。

将万用表的量程旋钮调至"×1k"欧姆挡，将黑表笔搭在运算放大器的接地端（11脚），红表笔依次搭在运算放大器各引脚上（以2脚为例）。

检测运算放大器各引脚的正向对地阻值（以2脚为例），实测运算放大器2脚的正向对地阻值约为7.6kΩ。

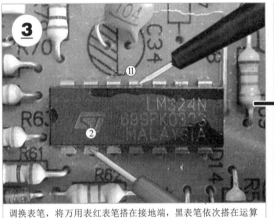

调换表笔，将万用表红表笔搭在接地端，黑表笔依次搭在运算放大器各引脚上（以2脚为例）。

检测运算放大器各引脚的反向对地阻值（以2脚为例），实测运算放大器2脚的反向对地阻值约为6.3kΩ。

图 18-34　运算放大器各引脚正向、反向对地阻值的检测方法

正常情况下，运算放大器各引脚的正向、反向对地阻值应与正常值相近。若实测结果与对照表偏差较大或出现多组数值为零或无穷大，则多为运算放大器内部损坏。

第 19 章 电气部件的检修

19.1 接触器的检测技能

接触器线圈通电后，其内部触点便会动作，闭合或断开，触点具体的工作方式，需要根据接触器外壳上的标识进行识别。若接触器出现故障，则用电设备会出现不工作或持续工作的现象。下面分别介绍交流接触器和直流接触器的检测方法。

19.1.1 交流接触器的检测

交流接触器位于热继电器的上一级，用来接通或断开用电设备的供电电路。该接触器的主触点连接用电设备，线圈连接控制开关，若该接触器损坏，则应对其触点和线圈的阻值进行检测。

1. 引脚的识别

在检测之前，先根据接触器外壳上的标识，对接触器的接线端子进行识别，如图 19-1 所示。根据标识可知，接线端子 1、2 分别为相线 L1 的进线端和出线端（L1、T1），接线端子 3、4 分别为相线 L2 的进线端和出线端（L2、T2），接线端子 5、6 分别为相线 L3 的进线端和出线端（L3、T3），接线端子 13、14 为辅助触点的接线端，A1、A2 为线圈的接线端。

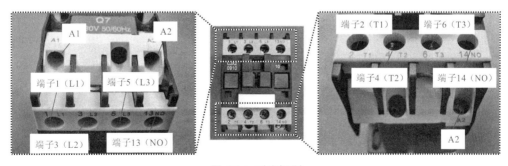

图 19-1 引脚识别

2. 检测线圈的阻值

为了使检修结果准确，可将交流接触器从控制电路中拆下，然后根据标识判断好接线端子的分组后，将万用表调至"×100"欧姆挡，对接触器线圈的阻值进行检测，如图19-2所示。将红、黑表笔搭在与线圈连接的接线端子上，正常情况下，测得阻值为1 400 Ω。若测得阻值为无穷大或为0 Ω，则说明该接触器已损坏。

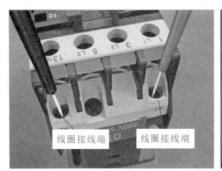

图19-2 检测线圈的阻值

3. 检测触点的阻值

根据接触器标识可知，该接触器的主触点和辅助触点都为常开触点，将红、黑表笔搭在任意触点的接线端子上，测得的阻值都为无穷大，如图19-3所示。当用手按下测试杆时，触点便闭合，测量阻值变为0 Ω。

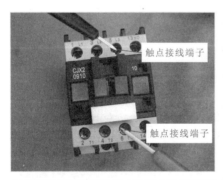

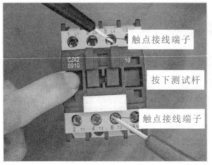

图19-3 检测触点的阻值

若检测结果正常,但接触器依然存在故障,则应对交流接触器的连接线缆进行检查,对不良的线缆进行更换。

19.1.2 直流接触器的检测

直流接触器受直流电的控制,它的检测方法与交流接触器的检测方法相同,也是对线圈和触点的阻值进行检测,如图19-4所示。正常情况下,触点间的阻值应为无穷大,触点闭合时,阻值为0 Ω,断开时,阻值为无穷大。

图 19-4 检测直流接触器的触点

19.2 开关的检测技能

开关用来控制用电设备的启动、停止等动作,其内部触点闭合,电路便通电,触点断开,电路便断开。开关发生故障,便会表现为按下开关后,用电设备不动作或持续动作。下面将对常开开关和复合开关的检测方法进行介绍。

19.2.1 常开开关的检测

常开开关位于接触器线圈和供电电源之间,用来控制接触器线圈得电,从而控制用电设备的工作。若该常开开关损坏,则应对其触点的闭合和断开阻值进行检测。将万用表调至"×1"欧姆挡,对触点的阻值进行检测,如图19-5所示,将红、黑表笔分别搭在触点接线柱上,正常情况下,测得阻值应为无穷大;按下开关后,阻值应变为0 Ω。若测得阻值偏差很大,则说明常开开关已损坏。

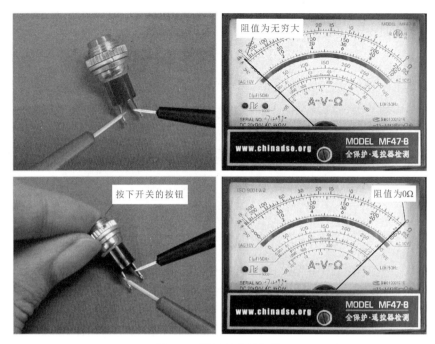

图 19-5 检测触点的阻值

19.2.2 复合开关的检测

为了使检修结果准确,可将复合开关从控制电路中拆下,将万用表调至"×1"欧姆挡,对复合开关的两组触点进行检测,如图 19-6 所示。将红、黑表笔分别搭在常开触点和常闭触点上,正常情况下,常开触点阻值应为无穷大,常闭触点阻值应为 0Ω。

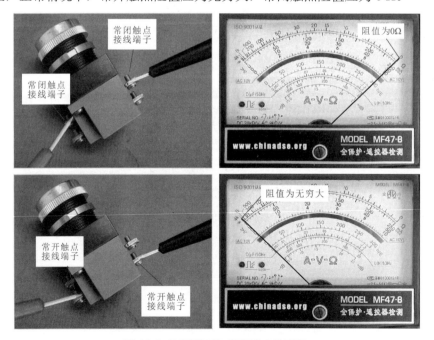

图 19-6 检测常开和常闭触点的阻值

然后用手按下开关,此时再对复合开关的两组触点进行检测,如图 19-7 所示。将红、黑表笔分别搭在两组触点上,由于常开触点闭合,其阻值变为 0 Ω,而常闭触点断开,其阻值变为无穷大。

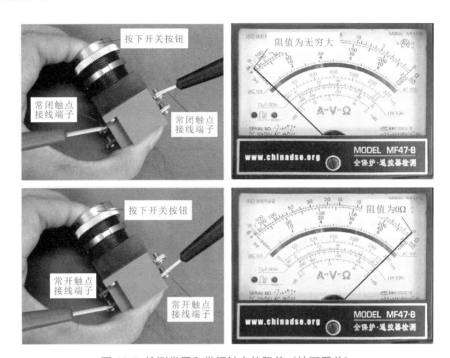

图 19-7 检测常开和常闭触点的阻值(按下开关)

若检测结果不正常,则说明该复合开关已损坏,可将复合开关拆开,检查内部的部件是否损坏,若部件有维修的可能,则将损坏的部件代换即可;若损坏比较严重,则需要将复合开关直接更换。复合开关的内部部件如图 19-8 所示。

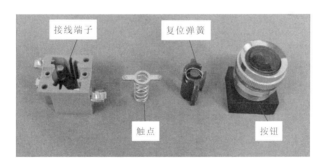

图 19-8 复合开关的内部部件

19.3 继电器的检测技能

继电器可用来控制电路的通断,当其输入量达到额定值时,其内部触点便会动作;当输入量达不到额定值时,其内部触点保持不动作,以此来对电路的通断进行控制。继电器发生故障时，它所控制的用电设备将表现为不工作或异常工作。下面对电磁继电器、时间继电器和热继电器的检测方法进行介绍。

19.3.1 电磁继电器的检测

1. 引脚的识别

安装于电路板上的电磁继电器需要先对引脚进行识别，然后再进行检测。有的印制电路板上标识有电路符号，线圈的符号为"〰〰"，触点的符号为"＿／＿"，如图 19-9 所示。

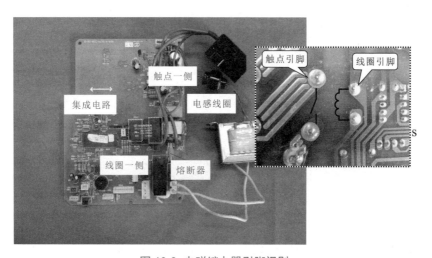

图 19-9 电磁继电器引脚识别

2. 检测线圈的阻值

将万用表调至"×100"欧姆挡，对线圈的阻值进行检测，如图 19-10 所示，将红、黑表笔搭在线圈的引脚上，测得阻值为 1 300 Ω。若测得阻值为 0 Ω 或无穷大，则说明电磁继电器已损坏。

图 19-10 检测线圈的阻值

3. 检测触点的阻值

接下来对电磁继电器的触点进行检测，将万用表调至"×1"欧姆挡，对触点的阻值进行检测，如图19-11所示，将红、黑表笔搭在触点的引脚上，在断开状态下，阻值应为无穷大。当为线圈提供电流后，触点闭合，测得的阻值应为 0 Ω。

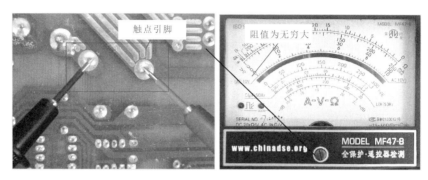

图 19-11 检测触点的阻值

【资料】

对于外壳透明的电磁继电器，检测线圈正常后，可直接观察内部的触点等部件是否损坏，根据情况进行维修或更换。而对于密闭形式的电磁继电器，则需要检测线圈和触点的阻值，若发现继电器损坏则要进行整体更换。图19-12所示为可拆卸式电磁继电器的检测。

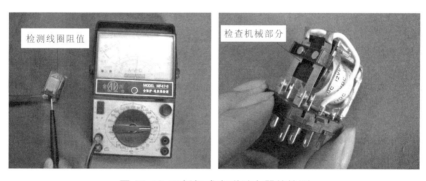

图 19-12 可拆卸式电磁继电器的检测

除通过检测判断电磁继电器好坏外，还可使用直流电源为其供电，直接观察其触点是否动作来判断继电器是否损坏。图19-13所示为通电检测电磁继电器的方法。电磁继电器线圈的工作电压都标在铭牌上（如 12 V、24 V 等），为电磁继电器线圈加电压检测时，必须符合线圈的额定值。

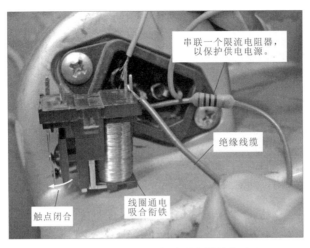

图 19-13 通电检测电磁继电器的方法

19.3.2 时间继电器的检测

1. 引脚的识别

时间继电器通常有多个引脚，图 19-14 所示为时间继电器外壳上的引脚及其连接图。从图中可以看出，在未工作状态下，①脚和④脚、⑤脚和⑧脚为接通状态。此外，②脚和⑦脚为控制电压的输入端，②脚为负极，⑦脚为正极。

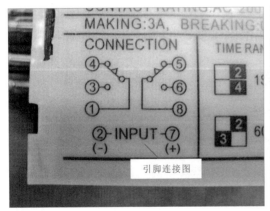

图 19-14 时间继电器外壳上的引脚及其连接图

2. 检测引脚间阻值

将万用表调至"×1"欧姆挡，进行零欧姆校正后，将红、黑表笔任意搭在时间继电器的①脚和④脚上。万用表测得两引脚间阻值为 0 Ω，然后将红、黑表笔任意搭在⑤脚和⑧脚上，测得两引脚间阻值也为 0 Ω，如图 19-15 所示。

在未通电状态下，①脚和④脚，⑤脚和⑧脚是闭合状态，而在通电动作后，延迟一定的时间后①脚和③脚，⑥脚和⑧脚是闭合状态。闭合引脚间阻值应为 0 Ω，而未接通引脚间阻值应为无穷大。

图 19-15 检测引脚间阻值

若确定时间继电器损坏,可将器拆开后,分别对内部的控制电路和机械部分进行检查,若控制电路中有元器件损坏,则将损坏元器件更换即可;若机械部分损坏,则可更换内部损坏的部件或直接将机械部分更换。图 19-16 所示为检查时间继电器的内部。

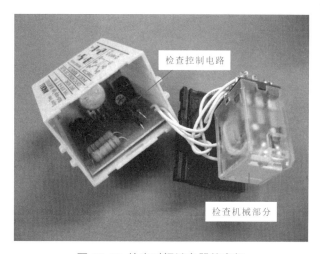

图 19-16 检查时间继电器的内部

19.3.3 热继电器的检测

1. 引脚的识别

热继电器上有三组相线接线端子,即 L1 和 T1、L2 和 T2、L3 和 T3,其中 L 一侧为输入端,T 一侧为输出端。接线端子 95、96 为常闭触点接线端,97、98 为常开触点,如图 19-17 所示。

2. 检测触点的阻值

将万用表调至"×1"欧姆挡,进行零欧姆校正后,将红、黑表

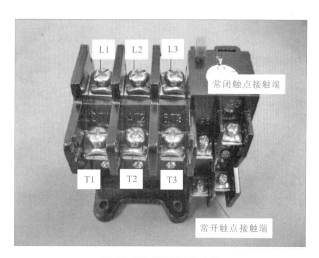

图 19-17 识别引脚功能

笔搭在热继电器的 95、96 端子上，测得常闭触点的阻值为 0 Ω，然后将红、黑表笔搭在 97、98 端子上，测得常开触点的阻值为无穷大，如图 19-18 所示。

图 19-18 检测触点的阻值

用手拨动测试杆，模拟过载环境，将红、黑表笔搭在热继电器的 95、96 端子上，此时测得的阻值应为无穷大，然后将红、黑表笔搭在 97、98 端子上，测得的阻值应为 0 Ω，如图 19-19 所示。

图 19-19 检测触点的阻值（拨动测试杆）

若确定热继电器损坏,可先将继电器拆开,对其内部的触点及热元件等进行检查,发现损坏部件后,可更换该部件或直接更换继电器。图 19-20 所示为检查热继电器的内部。

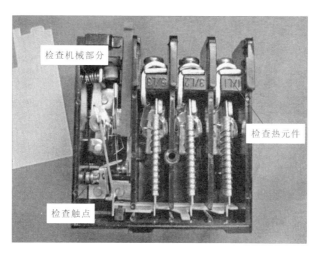

图 19-20 检查热继电器的内部

19.4 变压器的检测技能

19.4.1 电力变压器的检测

电力变压器的体积一般较大,且附件较多,在对电力变压器进行检测时,可以通过检测其绝缘电阻值、绕组间电阻值及油箱、储油柜等,判断电力变压器的好坏。

1. 电力变压器绝缘电阻值的测量

使用兆欧表测量电力变压器的绝缘电阻值是检测设备绝缘状态最基本的方法。这种测量手段能有效地发现设备受潮、部件局部脏污、绝缘击穿、瓷件破裂、引线接外壳及老化等问题。

对电力变压器绝缘电阻值的测量主要分低压绕组对外壳的绝缘电阻值测量、高压绕组对外壳的绝缘电阻值测量和高压绕组对低压绕组的绝缘电阻值测量。如图 19-21 所示,以低压绕组对外壳的绝缘电阻值测量为例,将高、低压侧的绕组桩头用短接线连接,接好兆欧表,按 120r/min 的速度顺时针摇动兆欧表的摇杆,读取 15 s 和 1 min 时的绝缘电阻值。将实测数据与标准值进行比对,即可完成测量。

高压绕组对外壳的绝缘电阻值测量则是将"线路"端子接电力变压器高压侧绕组桩头,"接地"端子与电力变压器接地连接即可。

若检测高压绕组对低压绕组的绝缘电阻值时,将"线路"端子接电力变压器高压侧绕组桩头,"接地"端子接低压侧绕组桩头,并将"屏蔽"端子接电力变压器外壳。

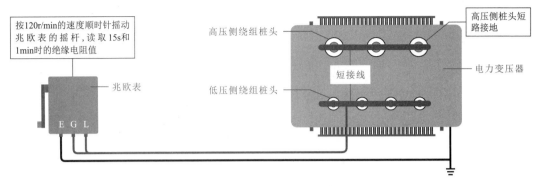

图 19-21 低压绕组对外壳的绝缘电阻值测量

【提示】

使用兆欧表测量电力变压器绝缘电阻值前,要断开电源,并拆除或断开设备外的连接线,使用绝缘棒等工具对电力变压器充分放电(约 5 min 为宜)。

接线测量时,要确保测试线的接线必须准确无误,且测试连接线要使用单股线分开独立连接,不得使用双股绝缘线或绞线。

在测量完毕后,断开兆欧表时要先将"电路"端测试引线与测试桩头分开,再降低兆欧表摇速,否则会烧坏兆欧表。测量完毕,在对电力变压器测试桩头充分放电后,方可拆线。

另外,使用兆欧表检测电力变压器的绝缘电阻值时,要根据电气设备及回路的电压等级选择相应规格的兆欧表。表 19-1 所示为电气设备及回路的电压等级与兆欧表规定的对应关系。

表 19-1 电气设备及回路的电压等级与兆欧表规定的对应关系

电气设备或回路级别	100 V 以下	100~500 V	500~3 000 V	3 000~10 000 V	10 000 V 及以上
兆欧表规格	250 V/50 MΩ 及以上兆欧表	500 V/100 MΩ 及以上兆欧表	1 000 V/2 000 MΩ 及以上兆欧表	2 500 V/10 000 MΩ 及以上兆欧表	5 000 V/10 000 MΩ 及以上兆欧表

2. 电力变压器绕组直流电阻值的测量

电力变压器绕组直流电阻值的测量主要用来检查电力变压器绕组接头的焊接质量是否良好、绕组层匝间有无短路、分接开关各个位置接触是否良好,以及绕组或引出线有无折断等情况。通常,在对中、小型电力变压器进行测量时,多采用直流电桥法。图 19-22 为测量电力变压器绕组直流电阻值的电桥。

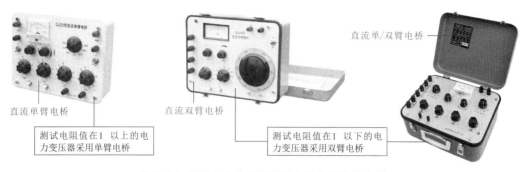

图 19-22 测量电力变压器绕组直流电阻值的电桥

【提示】

根据规范要求：1 600 kV·A 及以下的变压器，各相绕组的直流电阻值相互间的差别不应大于三相平均值的 4%，线间差别不应大于三相平均值的 2%；1 600 kV·A 以上的变压器，各相绕组的直流电阻值相互间的差别不应大于三相平均值的 2%，且当次测量值与上次测量值相比较，其变化率不应大于 2%。

在测量前，将待测电力变压器的绕组与接地装置连接，进行放电操作。放电完成后拆除一切连接线。连接好电桥对电力变压器各相绕组（线圈）的直流电阻值进行测量。

以直流双臂电桥测量为例，检查电桥性能并进行调零校正后，使用连接线将电桥与被测电阻连接。估计被测线圈的电阻值，将电桥倍率旋钮置于适当位置，检流计灵敏度旋钮调至最低位置，将非被测线圈短路接地。

图 19-23 所示为使用直流双臂电桥测试电力变压器绕组直流电阻值的方法。先打开电源开关按钮（B）充电，充足电后按下检流计开关按钮（G），迅速调节测量臂，使检流计指针向检流计刻度中间的零位线方向移动，增大灵敏度微调，待指针平稳停在零位上时记录被测线圈电阻值（被测线圈电阻值＝倍率数×测量臂电阻值）。

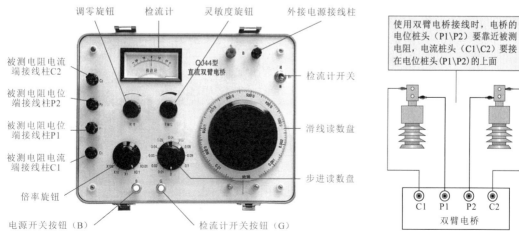

图 19-23 使用直流双臂电桥测试电力变压器绕组直流电阻值的方法

测量完毕，为防止在测量具有电感的直流电阻时其自感电动势损坏检流计，应先按检流计开关按钮（G），再按电源开关按钮（B）。

> 【提示】
>
> 由于测量精度及接线方式的误差，测出的三相电阻值也不相同，可使用误差公式进行判别：
>
> $$\Delta R\% = [R_{max} - R_{min}/R_P] \times 100\%$$
> $$R_P = (R_{ab} + R_{bc} + R_{ac})/3$$
>
> 式中，$\Delta R\%$ 为误差百分数；R_{max} 为实测中的最大值（Ω）；R_{min} 为实测中的最小值（Ω）；R_P 为三相中实测的平均值（Ω）。
>
> 在进行当次测量值与前次测量值比对分析时，一定要在相同温度下进行，如果温度不同，则要按下式换算至20℃时的电阻值：
>
> $$R_{20} = R_t K, \quad K = (T+20)/(T+t)$$
>
> 式中，R_{20} 为20℃时的直流电阻值（Ω）；R_t 为温度 t 时的直流电阻值（Ω）；T 为常数（铜导线为234.5，铝导线为225）；t 为测量时的温度（℃）。

19.4.2 电源变压器的检测

电源变压器一般应用在机械设备的控制电源、照明、指示等地，由于受环境和使用寿命的影响，很可能出现损坏的情况，实测若电源变压器损坏，则需要使用同型号的进行代换。

如图19-24所示，在对电源变压器进行检测前，应首先区分其一次侧绕组和二次侧绕组，一般情况下电源输入端为一次侧绕组，输出端为二次侧绕组。

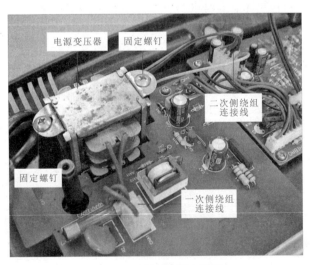

图19-24 待测电源变压器

对于电源变压器的检测，主要是在断电状态下检测其一次侧绕组和二次侧绕组的电阻值，判断是否正常。

1. 电源变压器一次侧绕组电阻值的检测

首先将万用表调至"×100"电阻挡，将两只表笔分别搭在电源变压器一次侧绕组的两个引脚上，观察万用表的读数，正常情况下，万用表检测的电阻值约为 400 Ω，若电源变压器一次侧绕组的阻值为 0 Ω 或无穷大的情况，则说明其绕组已经损坏。

图 19-25 所示为电源变压器一次侧绕组电阻值的检测方法。

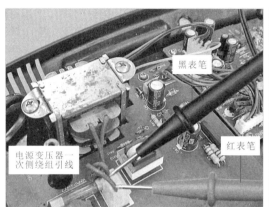 

图 19-25 电源变压器一次侧绕组电阻值的检测方法

2. 电源变压器二次侧绕组电阻值的检测

接着检测电源变压器二次侧绕组的电阻值，由于电源变压器为降压变压器，其二次侧绕组匝数较少，因此应将万用表调至"×1"电阻挡，将两只表笔分别搭在电源变压器二次侧绕组的两个引脚上，正常情况下，万用表检测电源变压器二次侧绕组的电阻值约为 3 Ω，若电源变压器二次侧绕组的阻值出现无穷大的情况，则说明其绕组已经断路损坏。

图 19-26 所示为电源变压器二次侧绕组电阻值的检测。

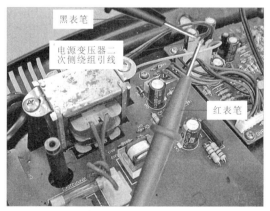 

图 19-26 电源变压器二次侧绕组电阻值的检测

19.4.3 开关变压器的检测

开关变压器一般应用在电子产品中，由于开关变压器的二次侧绕组有多组，因此在进行检测前，应首先区分开关变压器的一次侧绕组和二次侧绕组，如图 19-27 所示。若检测开关变压器本身损坏，则应进行更换。

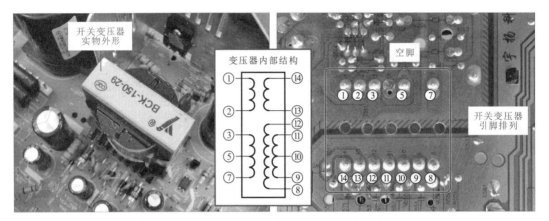

图 19-27 典型开关变压器的外形及内部结构

对于开关变压器的检测，可以在开路状态下或在闭路状态下检测其一次侧绕组和二次侧绕组的电阻值，判断是否正常。

1. 开关变压器一次侧绕组电阻值的检测

首先对开关变压器一次侧绕组间的电阻值进行检测，图 19-28 所示为开关变压器一次侧绕组电阻值的检测。检测时可将万用表调至"×10"电阻挡，用两只表笔分别搭在开关变压器一次侧绕组的两个引脚上（①脚和②脚），不同的开关变压器一次侧绕组的电阻值差别很大，必须参照相关数据资料，若出现偏差较大的情况，则说明变压器损坏。

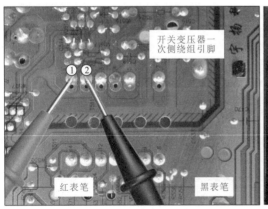

图 19-28 开关变压器一次侧绕组电阻值的检测

2. 开关变压器二次侧绕组电阻值的检测

接着对开关变压器二次侧绕组的电阻值进行检测，图 19-29 所示为开关变压器二次侧绕组电阻值的检测。开关变压器的二次侧绕组有多个，有些绕组还带有中心抽头，因此在进行检测时应注意绕组的连接方式。下面以③脚、⑤脚和⑦脚连接的绕组为例，保持万用表"×10"电阻挡，并将表笔分别搭在③脚和⑦脚上，③脚和⑤脚、⑤脚和⑦脚的检测方法相同。正常情况下开关变压器二次侧绕组之间的电阻值范围较大，具体值应参照相关资料，若出现偏差较大的情况，则说明二次侧绕组已经损坏。

图 19-29 开关变压器二次侧绕组电阻值的检测

3. 开关变压器一次侧绕组和二次侧绕组之间绝缘电阻值的检测

此外，还应对开关变压器一次侧绕组和二次侧绕组之间的绝缘电阻值进行检测，图 19-30 所示为开关变压器一次侧绕组和二次侧绕组之间电阻值的检测。检测时将万用表调至"×10k"电阻挡，一只表笔搭在开关变压器一次侧绕组的引脚上，另一支表笔搭在二次侧绕组的引脚上，以①脚和⑭脚连接的绕组为例，其他引脚的检测方法相同。正常情况下开关变压器一次侧绕组引脚和二次侧绕组引脚之间的电阻值为无穷大，若出现零有固定阻值的情况，则说明开关变压器绕组间有短路故障，或者绝缘性能不良。

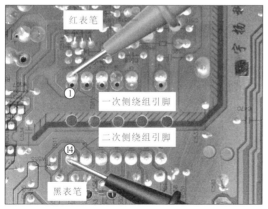 

图 19-30 开关变压器一次侧绕组和二次侧绕组之间电阻值的检测

第 20 章 电动机的检修

20.1 电动机绕组电阻值的检测

绕组是电动机的主要组成部件,在电动机的实际应用中,损坏的概率相对较高。在检测时,一般可用万用表的电阻挡进行粗略检测,也可用万用电桥进行精确检测,进而判断绕组有无短路或断路故障。

图 20-1 所示为借助万用表粗略检测电动机绕组电阻值的方法。

将万用表的功能旋钮调至"R×10"欧姆挡,红、黑表笔分别搭在直流电动机的两引脚端,检测直流电动机内部绕组的电阻值。

万用表实测电阻约为100Ω,属于正常范围。

图 20-1 借助万用表粗略检测电动机绕组电阻值的方法

【提示】

普通直流电动机是通过电源和换向器为绕组供电的,有两根引线。检测时,相当于检测一个电感线圈的电阻值,如图 20-2 所示,应能检测到一个固定的数值,当检测一些小功率直流电动机时,会因其受万用表内电流的驱动而旋转。

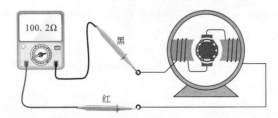

图 20-2 直流电动机绕组电阻值的检测原理示意图

单相交流电动机绕组电阻值的检测方法，如图 20-3 所示。

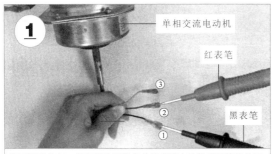

将万用表的红、黑表笔分别搭在单相交流电动机两组绕组的引出线上（①、②）。

从万用表的显示屏上读取实测第一组绕组的电阻值 R_1 为 232.8Ω。

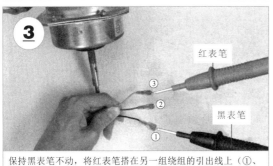

保持黑表笔不动，将红表笔搭在另一组绕组的引出线上（①、③）。

从万用表的显示屏上读取实测第二组绕组的电阻值 R_2 为 256.3Ω。

图 20-3 单相交流电动机绕组电阻值的检测

【提示】

如图 20-4 所示，若所测电动机为单相交流电动机，则检测两两绕组之间的电阻所得到的三个数值 R_1、R_2、R_3，应满足其中两个数值之和等于第三个数值（$R_1+R_2=R_3$）。若 R_1、R_2、R_3 中的任意一个数值为无穷大，则说明绕组内部存在断路故障。

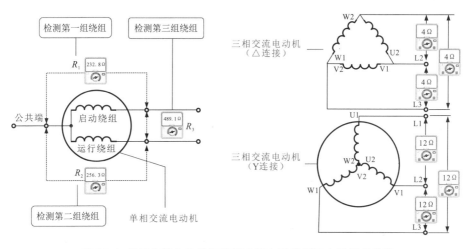

图 20-4 单相交流电动机与三相交流电动机绕组电阻值的关系

若所测电动机为三相交流电动机，则检测两两绕组之间的电阻值所得到的三个数值 R_1、R_2、R_3 应满足三个数值相等（$R_1=R_2=R_3$）。若 R_1、R_2、R_3 中的任意一个数值为无穷大，则说明绕组内部存在断路故障。

使用万用电桥检测电动机绕组的电阻值如图 20-5 所示。

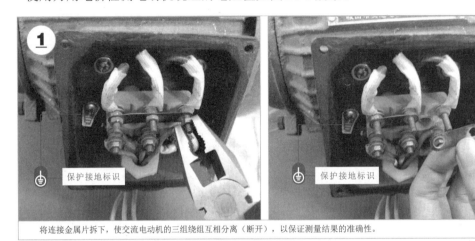

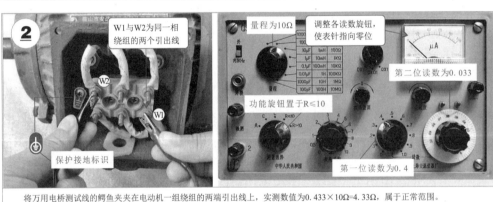

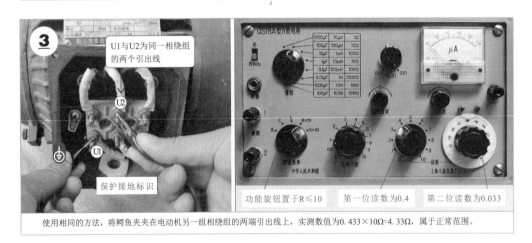

图 20-5　借助万用电桥检测电动机绕组的电阻值

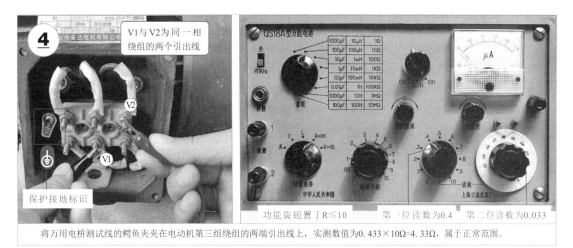

图 20-5 借助万用电桥检测电动机绕组的电阻值（续）

20.2 电动机绝缘电阻值的检测

电动机绝缘电阻值一般借助兆欧表进行检测，可有效发现设备受潮、部件局部脏污、绝缘击穿、引线接外壳及老化等问题。

1. 电动机绕组与外壳之间绝缘电阻值的检测方法

图 20-6 所示为借助兆欧表检测三相交流电动机绕组与外壳之间的绝缘电阻值。

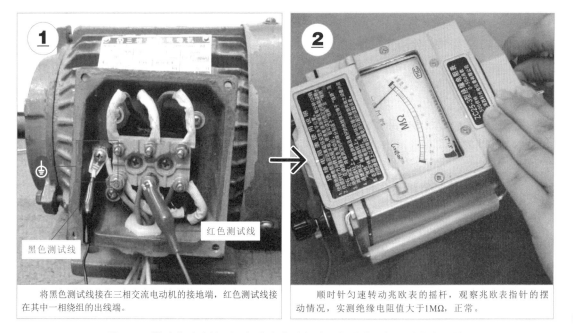

图 20-6 借助兆欧表检测三相交流电动机绕组与外壳之间的绝缘电阻值

【提示】

借助兆欧表检测三相交流电动机绕组与外壳之间的绝缘电阻值时，应匀速转动兆欧表的摇杆，并观察指针的摆动情况。在图20-6中，实测绝缘电阻值大于1MΩ。

为确保测量的准确性，需要待兆欧表的指针慢慢回到初始位置后，再检测其他绕组与外壳的绝缘电阻值，若检测结果远小于1MΩ，则说明三相交流电动机的绝缘性能不良或内部导电部分与外壳之间有漏电情况。

2. 电动机绕组与绕组之间绝缘电阻值的检测方法

图20-7所示为借助兆欧表检测三相交流电动机绕组与绕组之间的绝缘电阻值（分别检测U—V、U—W、V—W之间的电阻值）。

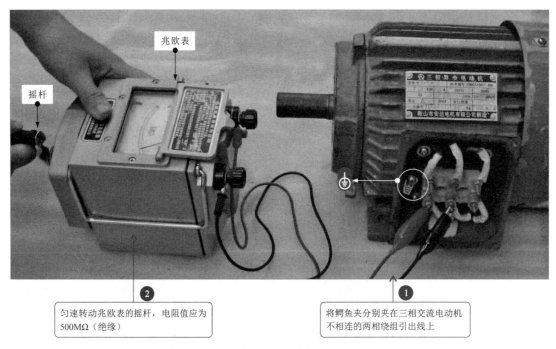

图20-7 借助兆欧表检测三相交流电动机绕组与绕组之间的绝缘电阻值

【提示】

在检测绕组之间的绝缘电阻值时，需取下绕组间的接线片，即确保绕组之间没有任何连接关系。若测得的绝缘电阻值为零或阻值较小，则说明绕组之间存在短路现象。

20.3 电动机空载电流的检测

电动机的空载电流是在未带任何负载的情况下运行时绕组中的运行电流。一般使用钳形表进行检测，如图20-8所示。

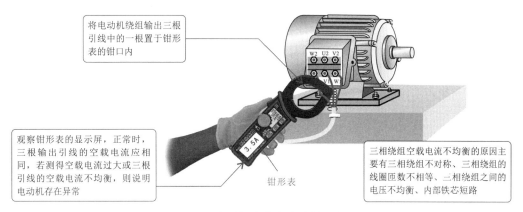

图 20-8 电动机空载电流的检测方法

若测得三根绕组引线的一根空载电流过大或三根绕组引线的空载电流不均衡，则说明电动机存在异常。在一般情况下，空载电流过大的原因主要是电动机内部铁芯不良、电动机转子与定子之间的间隙过大、电动机线圈的匝数过少、电动机绕组连接错误。

20.4 电动机转速的检测

电动机的转速是电动机在运行时每分钟旋转的转数。图 20-9 所示为使用专用的电动机转速表检测电动机的转速。

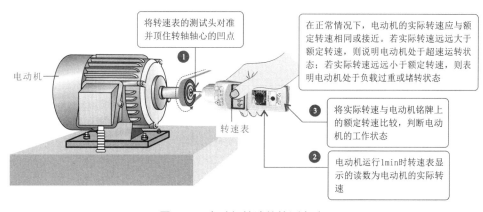

图 20-9 电动机转速的检测方法

【提示】

在检测没有铭牌的电动机时，应先确定其额定转速，通常使用指针万用表进行确定。首先将电动机各绕组之间的金属连接片取下，使各绕组之间保持绝缘，再将指针万用表的功能旋钮调至 0.05 mA，将红、黑表笔分别接在某一绕组的两端，匀速转动电动机主轴一周，观测一周内指针万用表的指针左右摆动的次数。若指针万用表的指针摆动一次，则为二极电动机（2 800 r/min）；若指针万用表的指针摆动两次，则为四极电动机（1 400 r/min）；以此类推，摆动三次为六极电动机（900 r/min）。

20.5 电动机铁芯和转轴的结构及检修方法

20.5.1 电动机铁芯的结构及检修方法

铁芯是电动机中磁路的重要组成部分，在电动机的运转过程中起到举足轻重的作用。电动机中的铁芯通常包含定子铁芯和转子铁芯两部分。定子通常作为不转动的部分，转子通常固定在定子的中央部位。图 20-10 所示为铁芯在电动机中的位置。

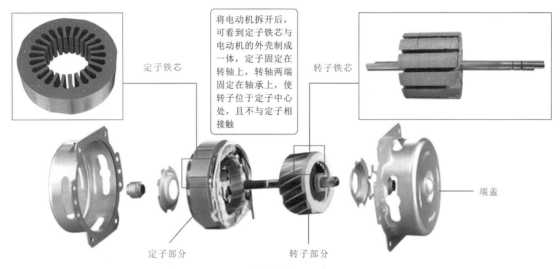

图 20-10 铁芯在电动机中的位置

1. 电动机定子铁芯的结构

电动机定子铁芯是电动机定子磁路的一部分，由 0.35～0.5 mm 厚的表面涂有绝缘漆的薄硅钢片（冲片）叠压而成。图 20-11 所示为典型电动机定子铁芯的结构。

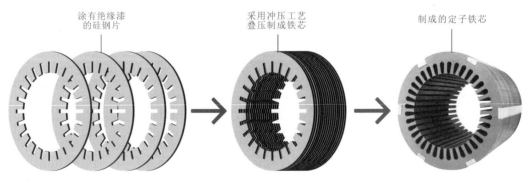

图 20-11 典型电动机定子铁芯的结构

2. 电动机转子铁芯的结构

转子铁芯由硅钢片绝缘叠压而成，是主磁极的重要组成部分。图 20-12 所示为典型电动机转子铁芯的结构。

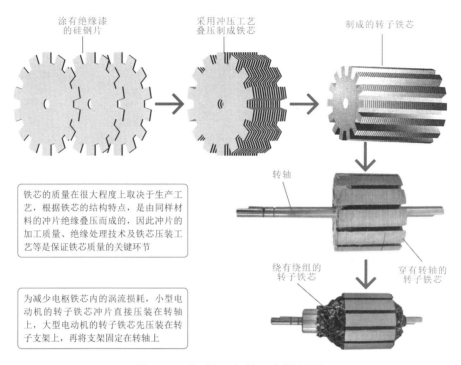

图 20-12 典型电动机转子铁芯的结构

【提示】

若铁芯压装过松，则一定长度内冲片的数量减少，将导致磁截面积不足，进而引起振动噪声等；若铁芯压装过紧，则可能造成冲片间绝缘性能降低，增大损耗。因此，如何改善铁芯冲片的材质、提高材质的磁导率、控制好铁损的大小等，便成为直接提升电动机铁芯性能的重要方面。一般来说，性能良好的电动机铁芯由精密的冲压模具成形，再采用自动铆接的工艺，然后利用高精密度冲压机冲压完成，由此可以最大限度地保证产品平面的完整度和产品精度。

3. 电动机铁芯的检修方法

铁芯不仅是电动机中磁路的重要组成部分，在电动机的运作过程中还要承受机械振动与电磁力、热力的综合作用。因此，电动机铁芯出现异常的情况较多，比较常见的故障主要有铁芯表面锈蚀、铁芯松弛、铁芯烧损、铁芯槽齿弯曲变形、铁芯扫膛等。下面分别介绍电动机铁芯常见故障的检修方法。

当电动机长期处于潮湿、有腐蚀气体的环境中时，电动机铁芯表面的绝缘性会逐渐变差，容易出现锈蚀情况。若铁芯出现锈蚀，则可通过打磨和重新绝缘等手段修复电动机铁芯，如图20-13所示。

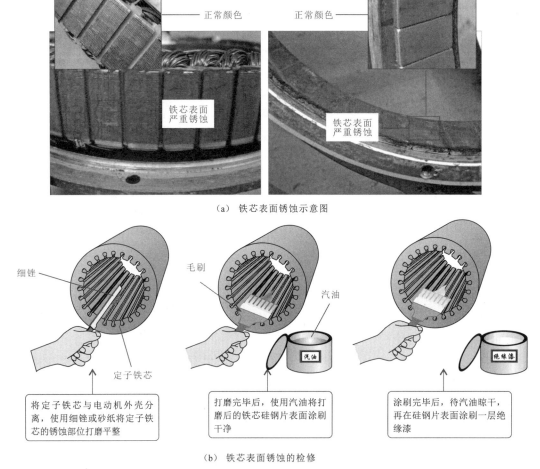

图20-13 铁芯表面锈蚀的检修方法

电动机在运行时，铁芯由于受热膨胀会受到附加压力，将绝缘漆膜压平，硅钢片间密和度降低，从而产生松动现象。当铁芯之间收缩0.3%时，铁芯之间的压力将会降至原始值的一半。铁芯松动后将会产生振动，使绝缘层变薄，从而使松动现象变得更明显。

图20-14所示为定子铁芯松动的检修方法。一般来说，定子铁芯松动点多为定子铁芯与电动机外壳配合不紧，导致中间产生空隙，从而出现松动现象，检修时先明确定子铁芯出现松动的部位后，在电动机外壳上钻孔攻螺纹，然后拧入固定螺钉进行修复。

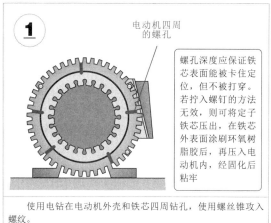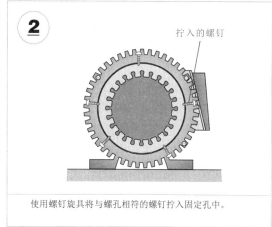

图 20-14 定子铁芯松动的检修方法

当电动机转子铁芯出现松动现象时,其松动点多为转子铁芯与转轴之间的连接部位。图 20-15 所示为转子铁芯松动的检修方法。检修时,可采用螺母紧固的方法进行修复。

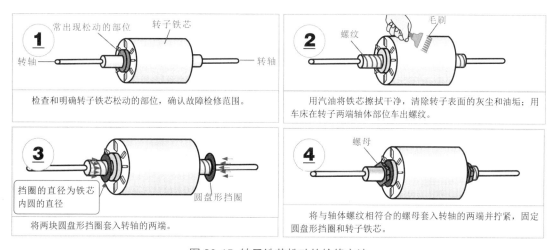

图 20-15 转子铁芯松动的检修方法

引起铁芯出现扫膛的故障有很多,通常可根据铁芯的擦伤位置来判断产生扫膛的主要原因。以下三种故障是铁芯出现扫膛时的典型表现,维修人员可根据擦伤特点进一步寻找产生故障的原因,从而排除故障。

【资料】

◇ 当定子铁芯四周被擦伤一圈，而转子只擦伤一处时，可能的原因为转轴弯曲、轴承故障、转子铁芯某处凸起或偏心。

◇ 当转子铁芯四周被擦伤一圈，而定子只擦伤一处时，可能的原因为定子铁芯局部凸起、轴承磨损导致转子下沉、转子中心线偏移、定子前后端盖与机座配合松动使定子整体下沉。

◇ 当转子铁芯两端及四周均有擦伤，而定子铁芯的两端有两处位置相反的擦伤时，可能的原因为两端轴承严重磨损造成转子轴线倾斜、端盖与绕组之间的配合存在间隙导致转子轴线倾斜。

电动机铁芯槽齿弯曲变形是指铁芯槽齿部分的形状发生变化，导致电动机工作异常，如绕组受挤压破坏绝缘、绕制绕组无法嵌入铁芯槽中等。图20-16所示为铁芯槽齿弯曲变形的检修方法。

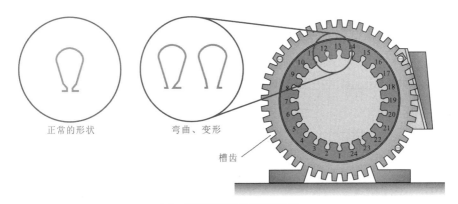

（a）铁芯槽齿弯曲变形示意图

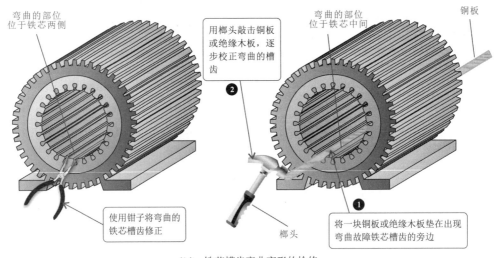

（b）铁芯槽齿弯曲变形的检修

图20-16 铁芯槽齿弯曲变形的检修方法

【资料】

通常,造成铁芯槽齿出现弯曲、变形的原因主要有以下几点。
◇ 电动机发生扫膛时,与铁芯槽齿发生碰撞,引起槽齿弯曲、变形。
◇ 拆卸绕组时,由于用力过猛,将铁芯撬弯变形,从而损伤槽齿压板,使槽口宽度产生变化。
◇ 当铁芯出现松动时,由于电磁力的作用,也会使铁芯槽齿出现弯曲、变形等故障。
◇ 当铁芯冲片出现凹凸不平现象时,会造成铁芯槽内不平。
◇ 当使用喷灯烧除旧线圈的绝缘层时,使槽齿过热,产生变形,导致冲片向外翘或弹开。

20.5.2 电动机转轴的结构及检修方法

1. 电动机转轴的结构

转轴是电动机输出机械能的主要部件,一般是用中碳钢制成的,穿插在电动机转子铁芯的中心部位,两端用轴承支撑。图 20-17 所示为转轴在电动机中的位置。

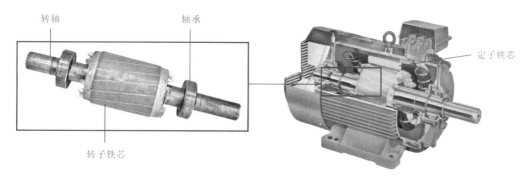

图 20-17 转轴在电动机中的位置

转轴的主要功能是作为电动机动力的输出部件,同时支撑转子铁芯旋转,保持定子、转子之间有适当的气隙。

气隙是定子与转子之间的空隙。气隙大小对电动机性能的影响很大,气隙大的时候将导致电动机空载电流增加,输出功率太小,定子、转子间容易出现相互碰撞而转动不灵活的故障。

2. 电动机转轴的检修方法

由于转轴的工作特点,因此在大多情况下可能是由于转轴本身材质不好或强度不够、转轴与关联部件配合异常、正反冲击作用、拆装操作不当等造成转轴损坏。其中,电动机转轴常见的故障主要有转轴弯曲、轴颈磨损、出现裂纹、槽键磨损等。

转轴在工作过程中由于外力碰撞或长时间超负荷运转很容易导致轴向偏差弯曲。弯曲的转轴会导致定子与转子之间相互摩擦,使电动机在运行时出现摩擦音,严重时会使转子发生扫膛事故。图 20-18 所示为转轴弯曲的检修方法。

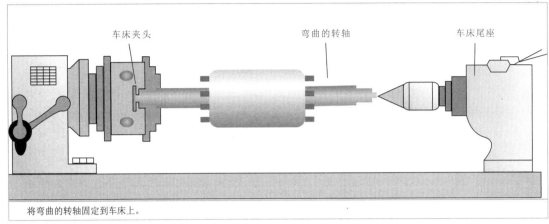
将弯曲的转轴固定到车床上。

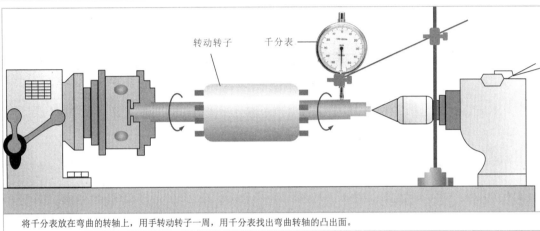
将千分表放在弯曲的转轴上,用手转动转子一周,用千分表找出弯曲转轴的凸出面。

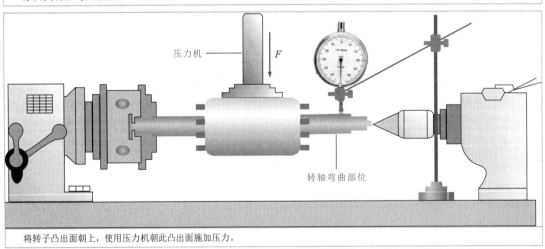
将转子凸出面朝上,使用压力机朝此凸出面施加压力。

图 20-18 转轴弯曲的检修方法

> 【资料】
>
> 检测电动机转轴是否弯曲,一般可借助千分表,即将转轴用 V 形架或车床支撑,转动转轴,通过检测转轴不同部位的弯曲量判断转轴是否存在弯曲现象。当电动机转轴出现弯曲现象时,一般可根据转轴弯曲的程度、部位及材料、形状等的不同采取不同的方法进行校直。通常情况下,在一些小型电动机中或转轴弯曲程度不大时,可采用敲打法来检修转轴;在一些中型或大型电动机中或转轴材质较硬、弯曲程度稍大时,可借助专用的机床设备进行校直操作。
>
> 在转轴校直过程中,施加压力时应缓慢操作,每施压一次,应用千分表检测一次,一点一点地将转轴弯曲的部位校正过来,切勿一次施加太大的压力。若施压过大,则很容易造成转轴的二次损伤,甚至出现转轴断裂的情况。通常情况下,弯曲严重的转轴,其校正后的标准应不低于 0.2 mm/m。

轴颈是电动机转轴与轴承连接的部位,是最容易损坏的部分。轴颈磨损后,通常横截面呈现为椭圆形,造成转子偏移,严重时,将导致转子与定子扫膛。

> 【资料】
>
> 电动机轴颈出现磨损情况时,通常呈现椭圆形,对于不同颈宽的轴颈,所需的椭圆偏差值不同:
>
> 轴颈为 50 ~ 70 mm,误差为 0.01 ~ 0.03 mm;
>
> 轴颈为 70 ~ 150 mm,误差为 0.02 ~ 0.04 mm;
>
> 转速高于 1 000 r/min 取最小值,低于 1 000 r/min 取最大值。

轴颈磨损比较严重时,通常采用修补法排除故障,即借助电焊设备、用机床支撑等对转轴轴颈的磨损部位进行补焊、磨削等,如图 20-19 所示。

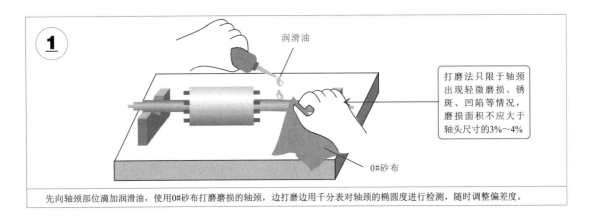

先向轴颈部位滴加润滑油，使用0#砂布打磨磨损的轴颈，边打磨边用千分表对轴颈的椭圆度进行检测，随时调整偏差度。

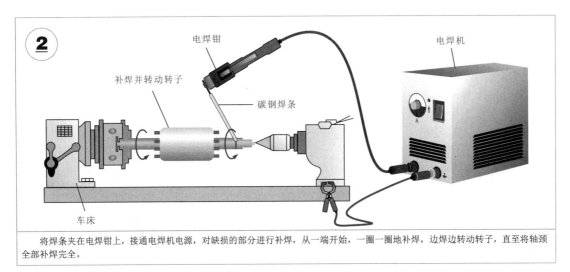

将焊条夹在电焊钳上，接通电焊机电源，对缺损的部分进行补焊，从一端开始，一圈一圈地补焊，边焊边转动转子，直至将轴颈全部补焊完全。

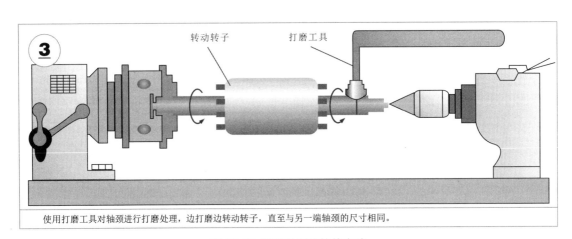

使用打磨工具对轴颈进行打磨处理，边打磨边转动转子，直至与另一端轴颈的尺寸相同。

图 20-19 转轴轴颈的检修方法

> 【提示】
> 当电动机转轴出现裂纹时，应根据裂纹的情况进行修补。通常对于小型电动机来说，当转轴径向裂纹不超过转轴直径的5%～10%、轴向裂纹不超过转轴长度的10%时，可进行补焊操作，重新使用。对于裂纹较为严重、转轴断裂及大中型电动机来说，采用一般的修补方法无法满足电动机对转轴机械强度和刚度的要求，需要整体更换转轴。

20.6 电动机电刷和滑环的结构及检修

20.6.1 电动机电刷的结构及检修

1. 电动机电刷的结构

电刷是有刷电动机中十分关键的部件，主要用于与滑环（整流子）配合向转子绕组传递电流，在直流电动机中还担负着对转子绕组中的电流进行换向的任务。

图20-20所示为电刷在电动机中的位置。

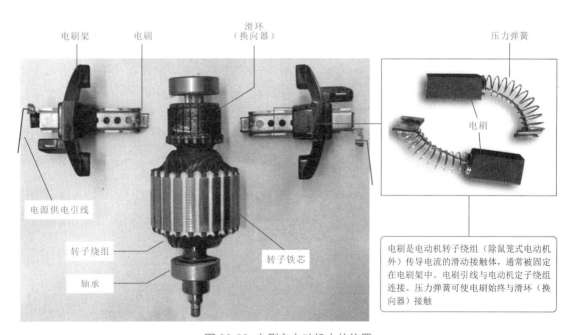

图20-20 电刷在电动机中的位置

2. 电动机电刷的检修方法

电动机在工作过程中，电刷与滑环（整流子）直接摩擦，为转子绕组供电，在电气和机械方面都可能产生故障。常见的故障表现为电刷过热、电刷与滑环之间产生火花、电刷磨损过快、电刷振动、噪声大等。下面将分别介绍电动机电刷常见故障的检修方法。

电动机电刷过热是指在电动机运转过程中电刷出现温升过高、过热的现象。电刷过热会影响电刷的使用寿命,在一定程度上也反映出目前电刷处于非正常的工作状态,需要检查和修理。

电动机转轴键槽是指转轴上一条长条状的槽,用来与键槽配合传递扭矩。键槽损坏多是由于电动机在运行过程中出现过载或正、反转频繁运行导致的。

键槽最常见的损伤就是键槽边缘因承受压力过大,导致边缘压伤,也可称为滚键。通常,键槽磨损的宽度不超过原键槽宽度的15%时,均可进行修补。根据键槽磨损程度的不同,一般可采用加宽键槽和重新加工新键槽的方法进行修复,如图20-21所示。

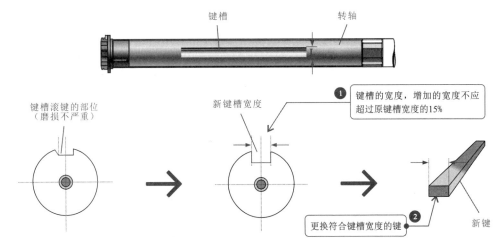

(a) 采用加宽键槽法修复键槽

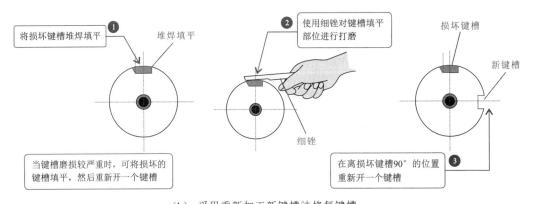

(b) 采用重新加工新键槽法修复键槽

图20-21 转轴键槽磨损的检修方法

图20-22所示为电刷过热的检测方法。

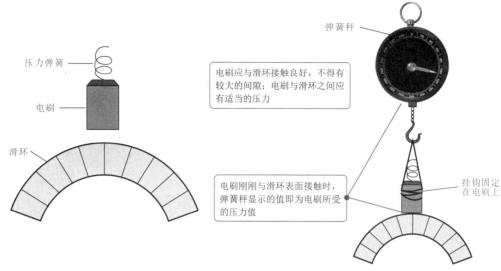

图 20-22 电刷过热的检测方法

【资料】

根据检修经验,造成电动机电刷过热的原因主要有以下几个方面:
◇ 电刷承受的压力过大,导致电刷与滑环在运行过程中出现机械磨损而产生发热现象。
◇ 对于检修过的电刷,因更换了错误型号的电刷,导致电刷性能不符合工作要求,其电刷的阻值高于额定阻值,从而产生过热现象。
◇ 滑环表面粗糙致使摩擦阻力过大,使电动机负载过大。
◇ 当滑环上设有多个电刷时,若某一电刷与滑环接触不良,将导致其他电刷因承担过多的电流而产生发热现象。

在一般情况下,电动机电刷过热以压力过大最为常见。检修之前,可重点检测电刷的压力弹簧是否调整好,是否存在使用不同规格的压力弹簧导致电刷压力过大。当所检测的电刷压力与电动机所需的压力发生变化时,应及时更换与电动机所需压力相符的电刷。常见电刷的正常压力见表 20-1。

表 20-1 常见电刷的正常压力

电刷型号	电刷压力 /kPa	电刷型号	电刷压力 /kPa
D104(DS4)	1.5 ~ 20.0	D252(DS52)	20.0 ~ 25.0
D214(DS14)	20.0 ~ 40.0	D172(DS72)	15.0 ~ 20.0
D308(DS18)	20.0 ~ 40.0	D176(DS76)	20.0 ~ 40.0

若经检测发现电动机不同电刷的压力不相同,即导致有些电刷压力过大,进而出现电刷过热故障时,通常采用更换电刷来排除故障,且为确保更换电刷后所有电刷的压力保持一致,一般将电动机中的所有电刷同时用同规格的电刷更换。

图 20-23 所示为电刷的更换方法。

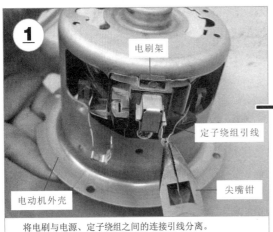

将电刷与电源、定子绕组之间的连接引线分离。

用螺钉旋具拧下电刷架的固定螺钉。

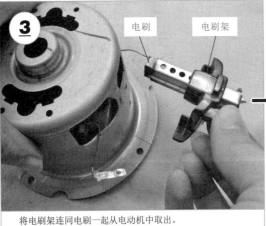

将电刷架连同电刷一起从电动机中取出。

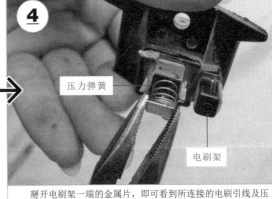

掰开电刷架一端的金属片，即可看到所连接的电刷引线及压力弹簧。

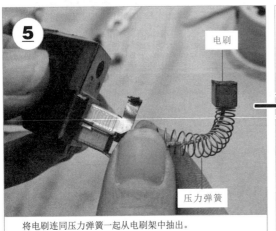

将电刷连同压力弹簧一起从电刷架中抽出。

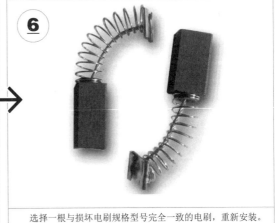

选择一根与损坏电刷规格型号完全一致的电刷，重新安装。

图 20-23 电刷的更换方法

【提示】

电刷作为电动机的关键部件，若安装不当，不仅容易造成磨损，严重时还可能在通电工作时与滑环之间产生火花，损坏滑环，因此在更换新电刷时应注意以下几点。

◇ 更换时，应保证电刷与原电刷的型号一致，否则更换后，会引起电刷因接触不良导致电刷过热的故障。

◇ 更换电刷时，最好一次全部更换，如果新旧混用，则可能会出现电流分布不均匀的现象。

◇ 为了使电刷与滑环接触良好，新电刷应该研磨弧度，一般在电动机上进行。在电刷与滑环之间放置一张细玻璃砂纸，在正常的弹簧压力下，沿电动机旋转方向研磨电刷，砂纸应该尽量贴紧滑环，直至电刷弧面吻合，然后取下砂纸，用压缩空气吹净粉尘，用软布擦拭干净。

图 20-24 所示为电刷与电刷架之间的正常间隙。

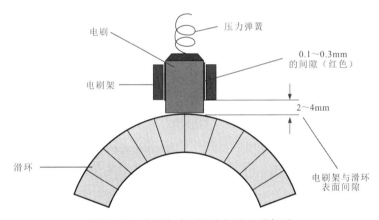

图 20-24 电刷与电刷架之间的正常间隙

【提示】

电动机电刷与滑环之间产生火花是指在电动机运转过程中电刷与滑环之间出现打火现象。若火花过大或打火严重，则将引起滑环氧化或烧损、电刷过热等故障。

根据检修经验，造成电动机电刷与滑环之间产生火花的原因主要有以下几个方面：

◇ 电刷在电刷架中出现过松现象，间隙过大，电刷会在架内产生摆动，不仅出现噪声，更重要的是出现火花，对滑环产生破坏性影响。

◇ 电刷在电刷架中出现过紧的现象，间隙过小，可能造成电刷卡在电刷架中，弹簧无法压紧电刷，电动机因接触不稳定而产生火花。

◇ 电刷磨损严重、压力弹簧因受热而弹力减小时，导致电刷所受压力减小，电刷与滑环因接触不良而产生火花。

20.6.2 电动机滑环的结构及检修

电动机的滑环又称整流子，通常安装在电动机转子上，通过铜条导体直接与转子绕组连接，与电刷配合为转子绕组供电，如图20-25所示。

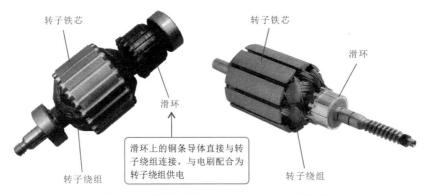

图20-25 滑环（整流子）在电动机中的位置

电动机滑环在不同类型的电动机中具有不同的结构形式，根据具体的结构特点，又可将滑环称为换向器或集电环，两者只在外形结构上有所区别，而工作原理是相同的。

1. 换向器的结构

换向器主要用在直流有刷电动机中，由多根竖排铜条制成，每根铜条之间彼此采用绝缘材料绝缘。图20-26所示为典型换向器的结构。

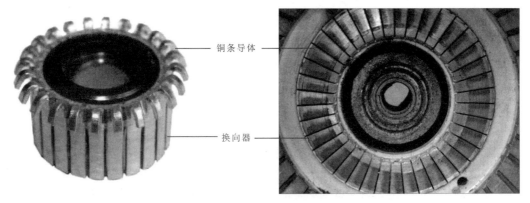

图20-26 典型换向器的结构

在直流有刷电动机中，直流电源由电刷通过换向器为转子绕组供电，转子在旋转的过程中得到电源的供电电流，绕组中电流方向的交替变化产生转矩，使转子旋转起来。

图20-27所示为典型换向器的工作原理。

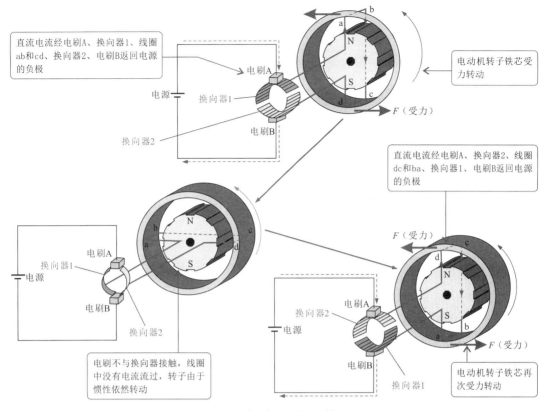

图 20-27 典型换向器的工作原理

2. 集电环的结构

集电环多应用于三相有刷电动机中,主要由导电部分、绝缘部分和接线柱组成。图 20-28 所示为集电环的结构。

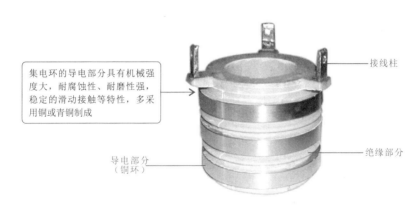

图 20-28 集电环的结构

电动机的三相绕组分别与集电环的接线柱连接。当电刷与集电环的铜环接触时,集电环内部将产生电流,并通过接线柱在转子绕组中形成电流,如图 20-29 所示。

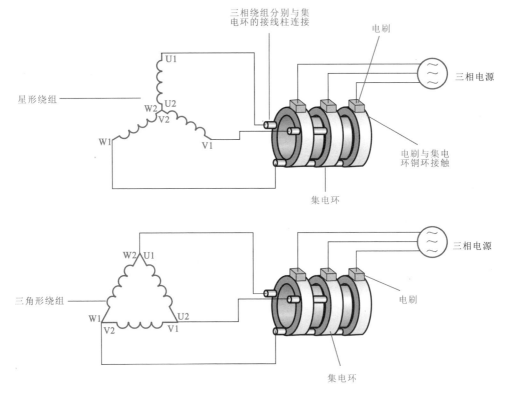

图 20-29 典型集电环的结构原理

3. 电动机滑环的检修方法

滑环在长期的使用过程中，由于长期磨损、磕碰或频繁拆卸等，经常会引起滑环导体表面、壳体等部位出现氧化、磨损、裂痕、烧伤等故障。当损伤严重时，可能导致滑环内部接触不良，引发过热现象，出现滑环与绕组的连接不良，进而导致电动机异常的故障。

在电动机工作过程中，可能会由于电动机进水、工作环境潮湿或机械振动等原因引起电动机内部元件发生氧化、磨损现象。当电动机滑环氧化或磨损时，通常会引起滑环与电刷接触不良。图 20-30 所示为滑环氧化磨损的示意图。

图 20-30 滑环氧化磨损的示意图

当电动机滑环出现氧化或磨损情况时，可根据损坏的程度采用打磨或更换的方法排除故障，如图20-31所示。在一般情况下，若滑环外观无明显磨损情况，且氧化现象不严重时，可用砂纸打磨滑环表面；若电动机滑环出现较严重的磨损情况，导致滑环已经无法正常工作时，则应选用新的同规格的滑环更换。

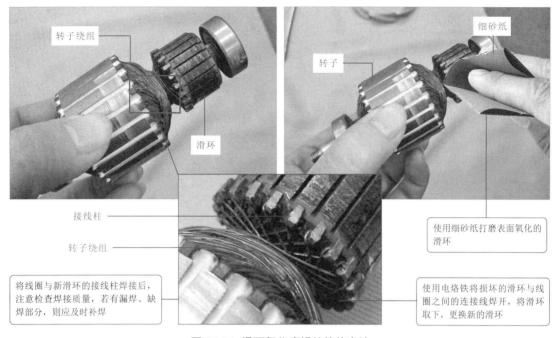

图 20-31 滑环氧化磨损的检修方法

电动机滑环铜环松动多发生在集电环中，集电环上的铜环松动，通常会造成集电环与电刷因接触不稳定而产生打火现象，使集电环表面出现磨损或过热现象。

在一般情况下，集电环铜环松动后，可采用螺钉紧固、环氧树胶固定和尼龙棒固定的方法进行修复。

当滑环的某一铜环温度明显高于其他铜环时，通常怀疑是由于接线杆与该铜环连接部位的电阻较大而造成的发热现象。

图 20-32 所示为滑环铜环发热严重的检修方法。若经检测，集电环中的某一接线杆与对应铜环间的阻值大于 0.01 Ω，则说明该接线杆与对应铜环出现接触不良的故障，此时可采用更换接线杆的方法排除故障。

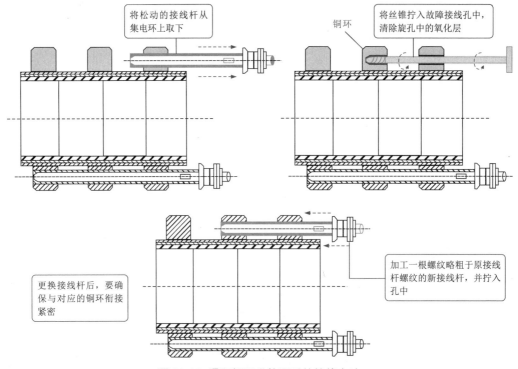

图 20-32 滑环铜环发热严重的检修方法

【提示】

判断集电环的铜环是否过热，可借助万能电桥分别检测各接线杆与所接铜环间的阻值。在正常情况下，阻值应在 0.01Ω 以下。

◇ 将集电环从电动机转子上取下。
◇ 将万用电桥的测量选择钮调至 R ≤ 10 处，量程选择 1Ω 挡。
◇ 将万用电桥的黑鳄鱼夹接在集电环的铜环上，红鳄鱼夹接在集电环的各接线杆上。
◇ 反复调整损耗因数和读数的相关旋钮，使指示电表的指针指向 0 位。
◇ 读取结果。

电动机滑环铜环间短路也多发生在集电环中。集电环铜环短路是指集电环中原本绝缘的铜环之间发生接触，通常是由于接线杆绝缘套管破损或铜环间的塑料出现开裂进入异物（如电刷磨损掉落的碳粉）造成的。

判断集电环的铜环间是否短路，可借助万用表检测铜环间的绝缘电阻值来判断。当任意两个铜环间的电阻值较小时，则表明集电环存在短路现象。

集电环除铜环间出现短路情况外，还会出现铜环与钢制轴套间的短路。当出现该类故障时，由于故障产生在集电环的内部，因此很难维修，此时可整体更换集电环。

20.7 直流电动机不启动故障的检修

在检修直流电动机的过程中,"不能启动"是最常遇到的故障之一,我们以典型直流电动机为例,分析该故障常见的故障原因,并动手检修"直流电动机不能启动"故障,直到故障排除。

◆ 故障表现：在采用直流电动机的电动产品中,接通电源后,电动机不启动,也无任何反应。

◆ 故障分析：根据上述故障表现,结合直流电动机的工作特点可知,一般造成直流电动机不能启动的故障原因主要为供电引线异常、电动机绕组短路或换向器表面脏污等。

◆ 故障检修：怀疑电源供电电路异常,排除外接供电引线异常的情况下,可首先用万用表粗略测量直流电动机绕组间的电阻值,检查绕组有无短路或绕组回路有无断路情况,如图20-33所示。

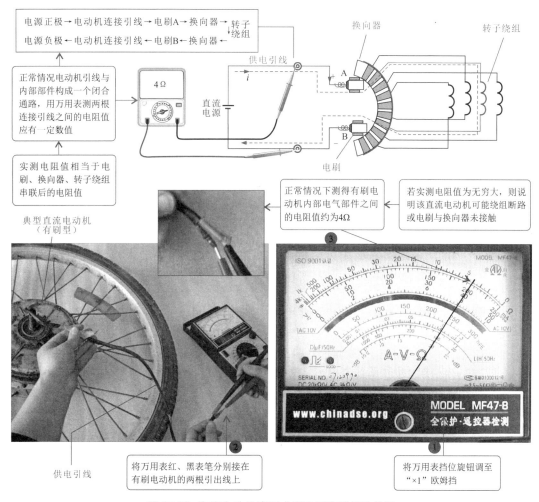

图 20-33 直流电动机绕组或绕组回路阻值的检测

> 【提示】
>
> 正常情况下，有刷电动机供电引线之间应有几欧姆电阻值。若在改变引线状态时，发现万用表测量其电阻值有明显变化，则一般说明引线中可能存在短路或断路故障，应更换引线或将引线重新连接好；若电阻值趋于无穷大，则说明电动机供电引线电路中可能存在断路故障，如引线断路、电刷未与换向器接触、转子绕组断路等。

经检测，直流电动机绕组回路电阻值异常，接下来逐一对回路中的电气部件进行检查，如检查电动机供电引线的连接情况；若连接正常，则需要将直流电动机进行拆卸，对内部换向器表面进行清洁，以排查绕组回路接触不良的故障，如图20-34所示。

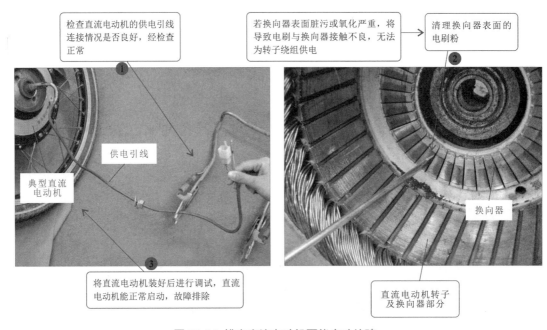

图 20-34 排查直流电动机不能启动故障

> 【提示】
>
> 供电及直流电动机本身部件异常时，直流电动机不启动是比较常见的故障，检查完上述故障后，将直流电动机装好后进行调试。若直流电动机能正常启动，则说明故障排除。
>
> 若检查完上述部分，直流电动机还不能正常启动，此时需要检查直流电动机的其他可能的故障原因，如励磁回路断开、电刷回路断开、因电路发生故障使电动机未通电、电枢（转子）绕组断路、励磁绕组回路断路或接错、电刷与换向器接触不良或换向器表面不清洁、换向极或串励绕组接反、启动器故障、电动机过载、负载机械被卡住使负载转矩大于电动机堵转转矩、负载过重、启动电流太小、直流电源容量太小、电刷不在中性线上等。
>
> 上述情况均可能引起直流电动机不能启动，可在排除故障的过程中根据实际情况，具体分析，逐步排查，直到找到故障点，排除故障。

20.8 直流电动机不转故障的检修

"直流电动机不转"是直流电动机性能失常最直观的体现，作为一种动力部件，将电能转换成转动的机械能是它的基本特性，当直流电动机无法体现这一基本特性时，就需要我们仔细分析故障原因，找到故障点，排除故障。

◆ 故障表现：在采用直流电动机的电动产品中，接通电源后，直流电动机不转并有嗡嗡声。

◆ 故障分析：根据上述故障表现，造成直流电动机不转、有嗡嗡声的原因主要有轴承卡住、电源回路接点松动、电动机装配太紧或轴承内油脂过硬等。

◆ 故障检修：首先检查轴承是否被卡住，导致直流电动机转轴无法转动；若轴承被卡住，则将直流电动机拆开，将阻塞物取出或更换新轴承；若轴承没有卡住，则检查电动机装配是否太紧或轴承内有杂质、电源回路接点松动等。

图 20-35 所示为"直流电动机不转"故障的检修方法。

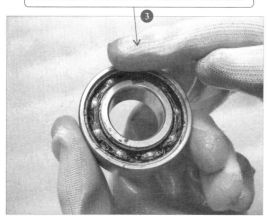

图 20-35 "直流电动机不转"故障的检修方法

20.9 单相交流电动机不启动故障的检修

在我们检修单相交流电动机中,"不能启动"也是该类电动机最常见的故障之一,在这里我们以典型单相交流电动机为例,分析该故障常见的故障原因,找到故障点,排除故障。

◆ 故障表现:典型单相交流电动机的接通电源后,电动机不工作,无任何反应。

◆ 故障分析:根据上述故障表现,结合单相交流电动机的结构和工作特点,造成单相电动机不启动的原因主要有:
  ○ 单相交流电动机的启动电路故障;
  ○ 单相交流电动机供电电路断路、插座或插头接触不良;
  ○ 单相交流电动机绕组断路。

◆ 故障检修:首先排查单相交流电动机以外可能的故障原因,即检查单相交流电动机的启动电路部分。根据单相交流电动机所在的电路关系,了解到该单相交流电动机由启动电容器控制启动,这里我们重点检查启动电容器是否正常,如图20-36所示。

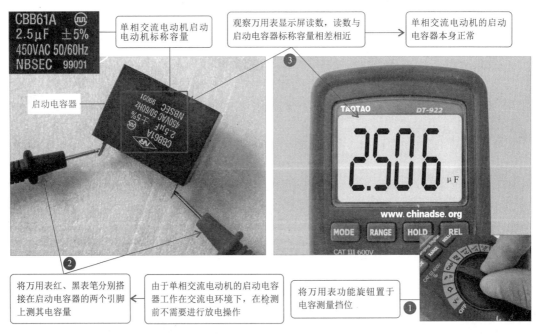

图20-36 单相交流电动机启动电容器的检测

经检查发现,该单相交流电动机的启动电容器正常。根据检修分析,我们继续对其他可能的故障原因进行排查。

接下来,我们检查该单相交流电动机的供电电路有无断路、插座或插头接触不良,即检查单相交流电动机电源供电端有无220 V交流电压,如图20-37所示。

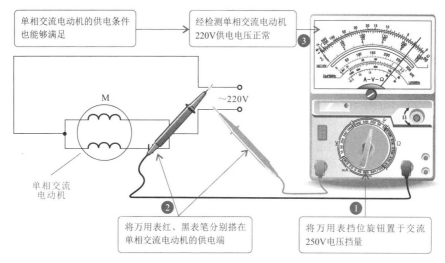

图 20-37 检查单相交流电动机的供电情况

经检查发现，单相交流电动机供电正常。此时，我们怀疑单相交流电动机内部损坏。断开单相交流电动机电源后，检查其内部绕组的电阻值情况，判断绕组及绕组之间有无断路故障，如图 20-38 所示。

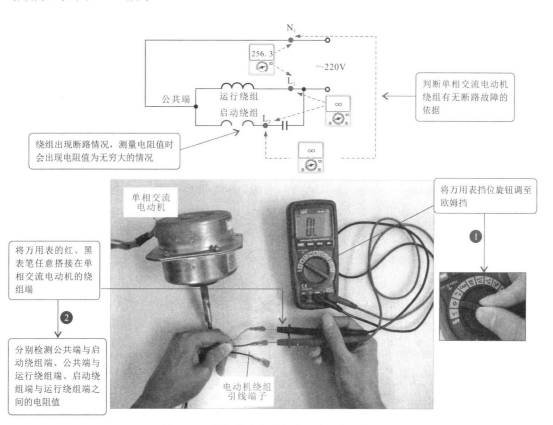

图 20-38 单相交流电动机绕组电阻值的检测

经实测发现，该单相电动机检测中有两组数值为无穷大，怀疑内部绕组存在断路故障，用同规格单相交流电动进行代换后，故障排除。

【提示】

单相交流电动机绕组的连接方式较为简单，通常有3个电路输出端，其中一个为公共端，另外两个分别为运行绕组端和启动绕组引线端，如图20-39所示。正常情况下，任意两引线端均有一定电阻值，且满足其中两组电阻值之和等于另外一组数值。

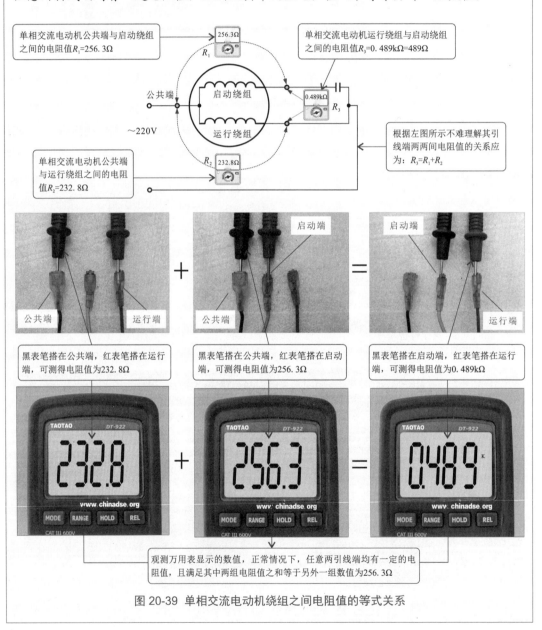

图 20-39 单相交流电动机绕组之间电阻值的等式关系

若检测时发现某两个引线端的电阻值趋于无穷大,则说明绕组中有断路情况。

若三组数值不满足等式关系,则说明单相交流电动机绕组可能存在绕组间短路情况。

用同样的方法和检测仪表测试不同类型电动机绕组电阻值时,会出现不同的测试结果和等式关系,这是由电动机内部绕组的结构和连接方式决定的,如图20-40所示。

普通直流电动机内部一般只有一相绕组,从电动机中引出两根引线,如图20-40(a)所示。检测电阻值时相当于检测一个电感线圈的电阻值,因此应能够测得一个固定电阻值。

单相交流电动机内大多包含两相绕组,但从电动机中引出三根引线,其中分别为公共端、启动绕组、运行绕组,根据图20-40(b)中绕组连接关系,不难明白 $R_1+R_2=R_3$ 的原因。

三相电动机内一般为三相绕组,从电动机中引出三根引线,每两根引线之间相等于两组绕组的电阻值,根据图20-40(c)可以清晰地了解 $R_1=R_2=R_3$ 的原因。

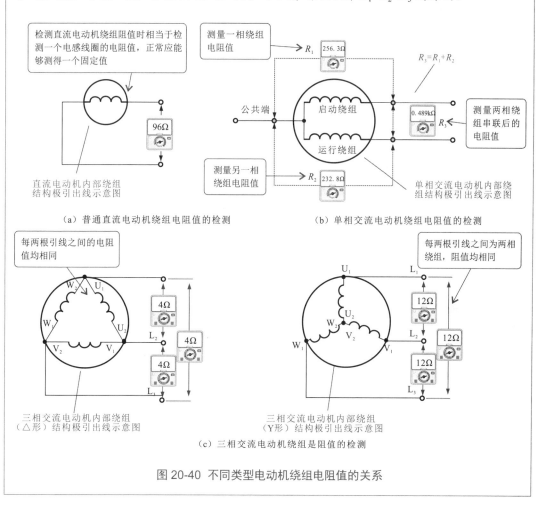

(a) 普通直流电动机绕组电阻值的检测　　(b) 单相交流电动机绕组电阻值的检测

(c) 三相交流电动机绕组电阻值的检测

图20-40 不同类型电动机绕组电阻值的关系

20.10 三相异步电动机外壳带电故障的检修

"三相异步电动机外壳带电"是一种具有极大危险性的故障，不仅是电动机本身电气性能的失常，往往还会造成维修人员触电受伤，因此对于该类故障的检修需要维修人员谨慎操作，重点做好防护工作。

◆ 故障表现：三相异步电动机接通电源后，检查外壳有漏电现象。
◆ 故障分析：根据上述故障表现分析，造成三相异步电动机外壳带电故障的原因主要有以下几种。
  ○ 三相异步电动机接地不良。
  ○ 三相异步电动机绕组引出线与接线盒碰触。
  ○ 三相异步电动机的绕组受潮、绝缘性能变差，与外壳碰触。
◆ 故障检修：根据上述对故障的分析，可首先检查三相异步电动机的电源线与接地线的连接是否正常，如图20-41所示。

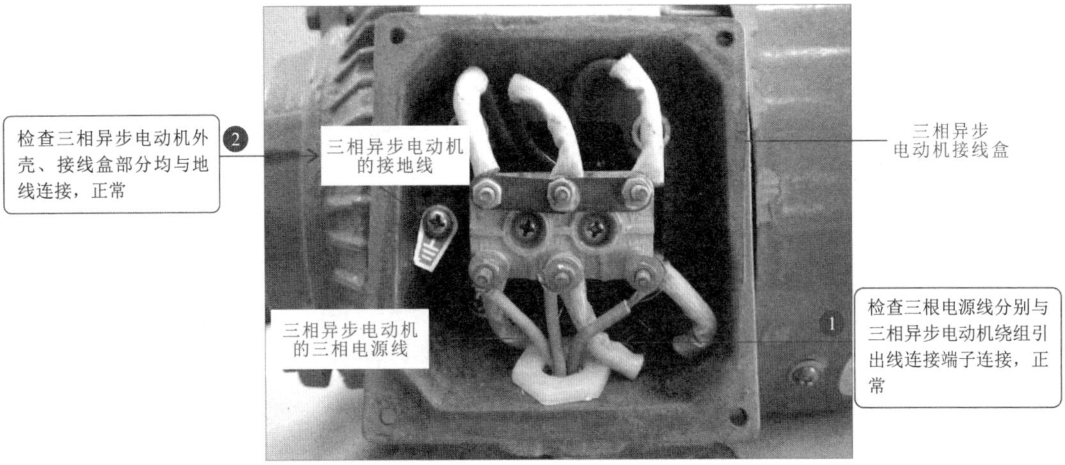

图20-41 检查三相异步电动机电源线与接地线连接情况

经检查可知，三相异步电动机的三相电源线分别连接在接线盒中的三相绕组连接端子上，三相异步电动机外壳及接线盒外壳均与地线连接，正常。

接下来，检查电动机绕组引出线与接线盒连接部分无异常，怀疑该三相异步电动机故障是由其绕组与外壳短路而引起的。

借助兆欧表检测电动机三相绕组与外壳之间的绝缘电阻值，如图20-42所示，正常情况下，三相异步电动机三相绕组电阻值与外壳之间绝缘电阻值应为无穷大。

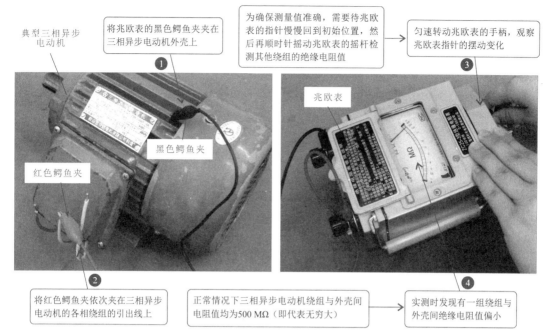

图 20-42 三相异步电动机三相绕组与外壳之间的绝缘电阻值的检测方法

经检测发现，三相异步电动机其中一相绕组与外壳间存在短路现象，将电动机定子绕组进行拆除、绕制、嵌线和重新绝缘烘干后，通电试机故障排除。

20.11 三相异步电动机扫膛故障的检修

"三相异步电动机扫膛"是指三相异步电动机在能够启动并运转的前提下，出现的一种内部定子和转子之间异常的故障，对于该类故障检修，往往需要将电动机拆开后，对可能引发故障的部件进行检查和修复。

- ◆ 故障表现：三相异步电动机在运行的过程当中，并没有超载，但整机总是发热，拆开三相异步电动机后发现定子和转子都会有一圈划痕，出现扫膛的现象。
- ◆ 故障分析：根据上述故障的表现，通常情况下，造成三相异步电动机扫膛的情况，可能有以下几点。
  ○ 机座、端盖和转子三者没有在一个轴心线上。
  ○ 轴承有损坏或者安装的角度不正常。
  ○ 端盖内孔有磨损。
  ○ 定子的硅钢片变形。
- ◆ 故障检修：根据上述对故障的分析，实际检修操作中，可分别对可能引起扫膛故障的几种原因进行逐一排查。

首先检查机座、端盖和转子三者是否在一个轴心线上，并重点检查三相异步电动机轴承有无损坏或安装角度异常情况，如图 20-43 所示。

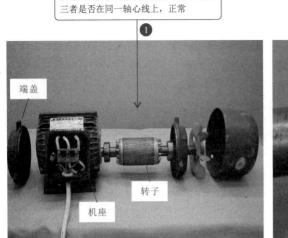

图 20-43 检测三相异步电动机机座、端盖和转子三者是否在一个轴心线上

经检查发现，三相异步电动机的机座、端盖和转子三者轴心线正常，轴承安装也基本正常。接着，检查三相异步电动机端盖内孔有无磨损变形、定子铁芯内的硅钢片有无变形情况，如图 20-44 所示。

图 20-44 检查端盖内控和定子硅钢片

检查发现，端盖内孔有明显磨损现象，硅钢片因扫膛也出现变形，将电动机端盖更换，并校正硅钢片后，通电试机，故障排除。

第 21 章 电气控制电路的检测

21.1 触摸延时照明控制电路的检测

图 21-1 所示为典型触摸延时照明控制电路图。触摸式延时照明控制电路是利用触摸开关控制照明电路中晶体三极管与晶闸管的导通与截止状态，从而实现控制照明灯的工作状态。在待机状态下，照明灯不亮；当有人触碰触摸开关时，照明灯被点亮，并可以实现延时一段后自动熄灭的功能。

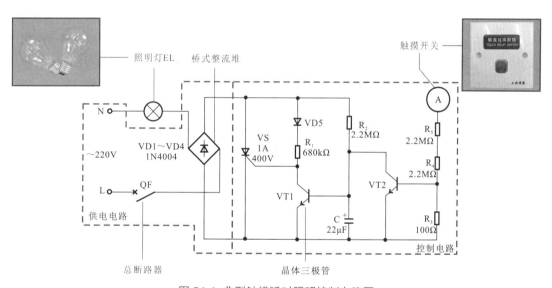

图 21-1 典型触摸延时照明控制电路图

触摸延时照明控制电路主要是由桥式整流堆 VD1 ～ VD4、触摸开关 A、晶体三极管 VT1 及 VT2、晶闸管 VS、电解电容器 C、电阻器 R_2、照明灯 EL 等元器件构成的。

通常情况下，合上总断路器 QF，交流 220 V 电压经桥式整流堆 VD1 ～ VD4 整流后输出直流电压，为后级电路供电。

直流电流经电阻器 R_2 后为电解电容器 C 充电，当其充电完成后，使 VT1 基极电压升高而导通。

当 VT1 导通后，其集电极短路到地，晶闸管 VS 的触发极也被短路到地，因此处于截止状态，照明灯供电电路中流过的电流很小，照明灯 EL 不亮。

当人体触碰触摸开关A时，经电阻器R_5、R_4将触发信号送到VT2的基极，使VT2导通，电解电容器C经VT2放电，此时VT1基极电压降低而截止。

VT1截止后，晶闸管VS的控制极电压升高达到触发电平，晶闸管VS导通。照明灯供电电路形成回路，电流量满足照明灯EL点亮的需求，使其点亮。

在触摸延时照明控制电路中，如果触碰触摸开关A后，照明灯不能被正常点亮，首先应确定故障范围根据该电路的控制关系可知，触摸开关A作为控制部件，控制照明灯是否点亮；照明灯作为执行部件，在该照明控制电路中负责照明。

由此可以根据故障现象，初步判定照明灯和触摸开关可能存在故障。明确了故障范围，接下来便可对该电路中的相关部件进行检测。

在触摸延时照明控制电路中，重点检测的电气部件有照明灯和触摸开关。

1. 照明灯的检测方法

判断照明灯是否可以正常使用时，通常先查看照明灯灯丝是否有断路情况，并更换掉损坏的照明灯。

2. 触摸开关的检测方法

若照明灯性能正常，则需要对控制部件（触摸开关）进行检测。判断触摸开关是否正常，通常可采用替换法，若更换性能良好的触摸开关后，照明灯可以被点亮，则表明原触摸开关损坏。图21-2所示为触摸开关的检测方法。

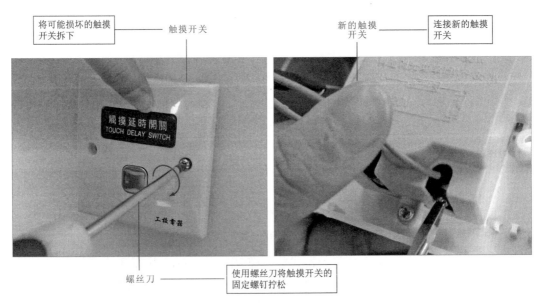

图21-2 触摸开关的检测方法

除此之外，在判断触摸开关时，还可以将它连接在220V供电的电路中，并在电路中连接一个负载照明灯，在确定供电电路与照明灯都正常的情况下，触碰该开关，若可以控制照明灯点亮，则说明它正常；若仍无法控制照明灯点亮，则说明它已损坏。

21.2 小区照明控制电路的检测

小区照明控制电路中多采用一个控制部件控制多个照明路灯的方式对其进行控制,从而为小区提供照明。图 21-3 所示为小区照明控制电路图。

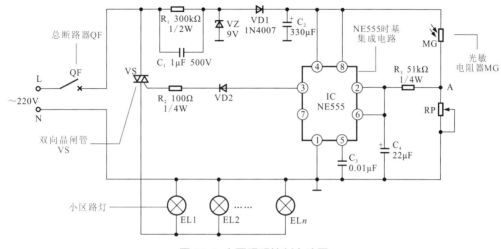

图 21-3 小区照明控制电路图

由图 21-3 可知,小区照明控制电路由多个照明路灯、总断路器 QF、双向晶闸管 VS、控制芯片(NE555 时基集成电路)、光敏电阻器 MG 等部件构成。

小区照明控制电路大多数是依靠自动感应元件、触发控制器件等组成的触发控制电路来对照明灯进行控制的。

合上供电电路中的断路器 QF,接通交流 220 V 电源。该电压经整流和滤波电路后,输出直流电压,为电路中时基集成电路 IC(NE555)供电,进入准备工作状态。当夜晚来临时,光照强度逐渐减弱,光敏电阻器 MG 的阻值逐渐增大,其压降升高,分压点 A 点电压降低,加到时基集成电路 IC 的②、⑥脚的电压变为低电平。

当时基集成电路 IC 的②、⑥脚为低电平时,内部触发器翻转,其③脚输出高电平,二极管 VD2 导通,并触发晶闸管 VS 导通,照明路灯形成供电回路,照明路灯 EL1 ~ ELn 同时被点亮。

在小区照明控制电路中,各照明路灯均由控制部件对其进行控制,若该控制电路中出现照明路灯全部无法点亮的故障时,则应当检查主供电电路是否有故障;若当主供电电路正常,应当继续检测照明路灯控制部件是否有故障;若其控制部件正常,应当检查断路器是否正常;当照明路灯控制部件和断路器都正常时,应检查供电电路是否正常。

若照明支路中的一个照明路灯无法点亮时,应当查看该照明路灯是否发生故障;若照明路灯正常,检查支路供电电路是否正常;若电路有故障,应对其进行更换。小区照明控制电路故障检测流程如图 21-4 所示。在小区照明控制电路中,重点检测的部分是供电、支路供电以及照明路灯。

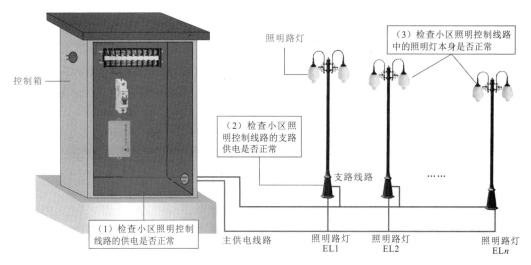

图 21-4 小区照明控制电路故障检测流程

1. 小区照明控制电路供电检测方法

当小区照明控制电路中某一支路的照明路灯均不能被正常点亮时,应当检查控制箱送出的供电线缆是否有供电电压。图 21-5 所示为小区照明电路中供电检测方法。

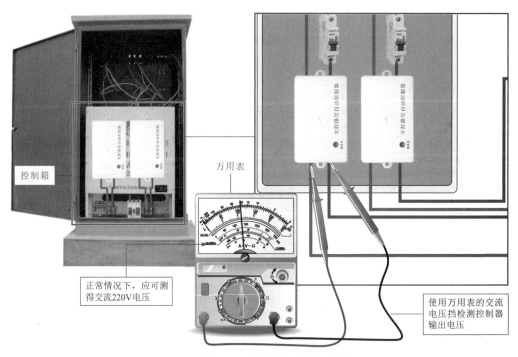

图 21-5 小区照明电路中供电检测方法

2. 支路照明路灯供电检测方法

若小区照明电路中的供电正常，则应对支路照明的供电电压进行检测。通常可以使用万用表在照明路灯处检查电路中的电压，若有交流 220 V 电压，说明主供电线缆供电系统正常，应对照明路灯进行检查。图 21-6 所示为小区照明电路中支路供电检测方法。

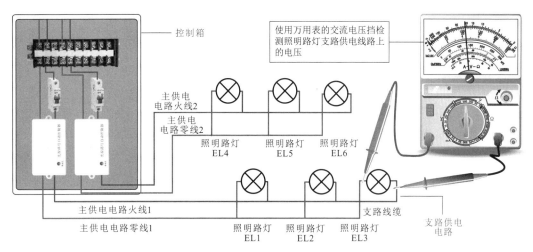

图 21-6 小区照明电路中支路供电检测方法

3. 照明路灯检测方法

当小区供电电路正常时，应对照明路灯进行检查，通常采用替换相同型号照明路灯的方法，若替换后的照明路灯可以亮，则说明原照明路灯有故障。

21.3 公路照明控制电路的检测

公路照明控制电路是由照明路灯控制箱控制多个照明路灯的工作状态，在控制箱中设有断路器及多个控制电路板，用于控制照明路灯的工作状态。图 21-7 所示为典型公路照明控制电路图。

公路照明控制电路主要是由断路器 QF、控制电路、照明路灯及各控制开关（SA1～SA3）等构成的。

合上总断路器 QF，为公路照明控制电路接通供电电压，该电压经控制电路后，由供电线路送往各照明路灯。

照明路灯的工作状态均是由照明路灯控制箱内的控制电路进行控制的。

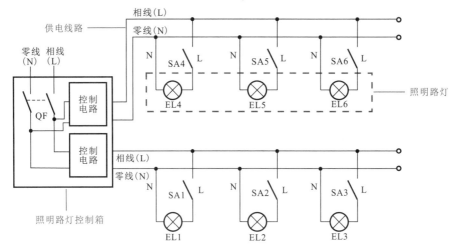

图 21-7 典型公路照明控制电路图

在公路照明路灯灯杆内部设有控制器，各照明路灯均由各自的控制器进行控制。若某一支路的所有照明路灯均不能点亮，则应重点对某供电线路进行检测；若某一支路中的一个照明灯不能正常点亮，则应先对照明路灯进行检测；在确定照明路灯正常的情况下，再进一步对其控制器进行检测。在公路照明控制线路中，重点检测的部件有照明路灯和照明路灯控制器。

1. 检查照明路灯

若公路照明电路中的一个照明路灯不能被正常点亮，可通过替换的方式将该故障进行排除。图 21-8 所示为照明路灯的替换方法。

图 21-8 照明路灯的替换方法

2. 检查照明路灯控制器

若检测照明路灯正常，则应当检查该照明路灯的控制器。通常情况下，可通过替换的方法检测控制器，若更换后照明路灯可以被点亮，则表明故障是由控制器造成的。图21-9所示为控制器的检测方法。

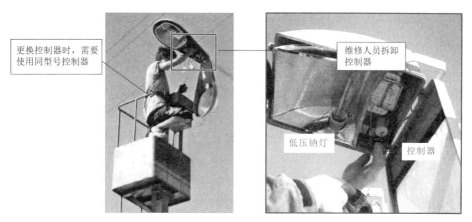

图 21-9 控制器的检测方法

21.4 低压供配电电路的检测

低压供配电电路主要指的是 380/220 V 的供电和配电电路。不同的供配电电路，所采用的变配电设备、低压电气部件和电路结构也不相同。图 21-10 所示为典型低压供配电电路图。

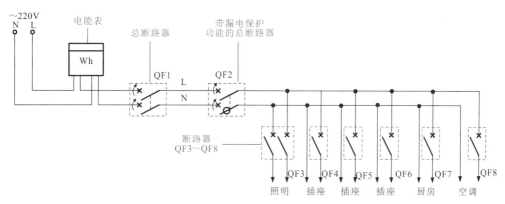

图 21-10 典型低压供配电电路图

由图 21-10 可知，低压供配电电路主要是由电能表、总断路器、带漏电保护功能的总断路器、分支断路器等构成的。

在图 21-10 所示的低压供配电电路中，若闭合 QF1 和 QF2 后，各支路均不能正常使用，应检查总断路器是否正常；若是其中某一个支路不能正常工作，则应检查该支路的断路器（空气开关）是否正常。

由此可以根据故障现象，明确故障范围，然后重点对相关部件进行检测。

在低压供配电电路中需要重点检测的有配电箱输出电流和支路断路器。

1. 配电箱输出电流的检测方法

在低压供配电电路中，配电箱是将供电电源送入各支路的必经之处，因此对配电箱的检修是非常重要的。通常，可以使用钳形电流表检测配电箱的输出电流，若输出电流正常，再对各支路部分进行检测。图 21-11 所示为配电箱输出电流的检测方法。

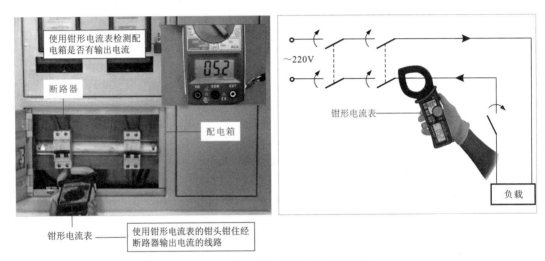

图 21-11 配电箱输出电流的检测方法

2. 支路断路器的检测方法

若配电箱输出的电流正常，则需要进一步对各支路中的断路器进行检测，通常可以使用万用表检测支路断路器的输出是否正常。图 21-12 所示为支路断路器的检测方法。

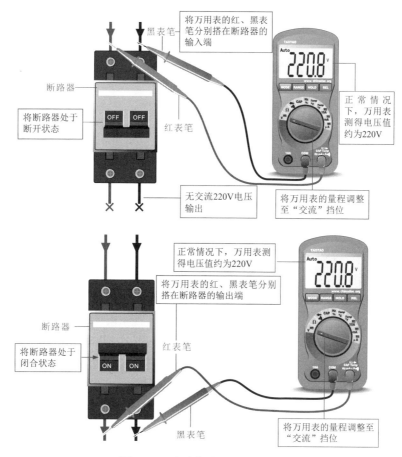

图 21-12 支路断路器的检测方法

21.5 高压供配电电路的检测

高压供配电电路是指 6 ～ 10kV 的供电和配电电路，主要实现将电力系统中的 35 ～ 110kV 的供电电源电压降为 6 ～ 10kV 的高压配电电压，并供给高压配电所、车间变电所和高压用电设备等。图 21-13 所示为高压供配电电路图。

高压供配电电路主要是依靠高压配电设备对电路进行分配的，高压供配电电路主要由高压供电电路、母线和高压配电电路两大部分构成。其中主要的元器件有高压隔离开关 QS1 ～ QS4、电压互感器 TV1、避雷器 F1、高压断路器 QF1 ～ QF2、电力变压器 T1、高压熔断器 FU 等。

来自前级的 35 kV 电源电压（发电厂或电力变电所），经 QS1、QS2 和 QF1 后，送入一台容量为 6 300 kV·A 的 T1 上。由 T1 将电压降为 10 kV，再经 QF2 和 QS3 接到母线 WB 上。

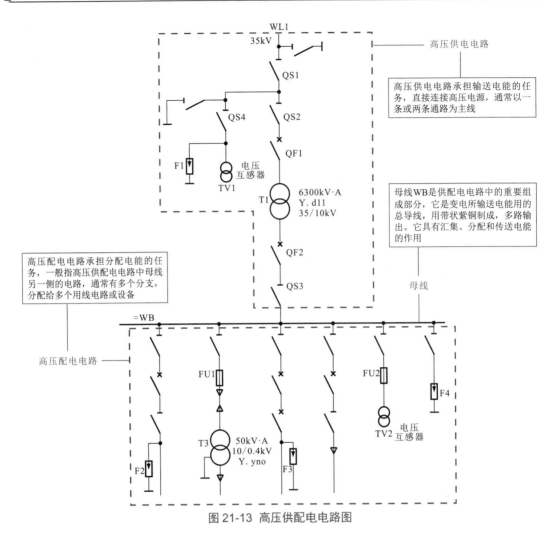

图 21-13 高压供配电电路图

35 kV 电源进线经隔离开关 QS4 后加到避雷器 F1 和电压互感器 TV1 上。避雷器 F1 可以起到防雷击保护作用。

电压互感器 TV1 用于计量及保护,一般其二次侧线圈会接有用于工作人员观察高压供电系统的工作电压和工作电流的电能表、电流表、电压表等。

高压供配电电路是按一定的顺序进行供电的,当高压供电电路出现停电故障时,可先查看异常供电电路的同级电路是否也发生停电故障。

若同级电路未发生停电故障,则检查停电电路中的设备和线缆;若同级电路也发生停电故障,则应检查分配电压的母线是否有电;若该母线上的电压正常,则应检查同级电路和该电路上的设备和线缆;依此类推,找到故障点,完成高压供配电电路的检测。

在高压供配电电路中,重点检测的部位分别为同级高压电路、母线、高压熔断器、高压隔离开关。

1. 同级高压电路的检测方法

当高压供配电电路出现供电异常时,应先对同级高压电路进行检测。检测同级高压电路时,可以使用高压钳形电流表检测与该电路的电流是否在允许的范围内,有无过载的情况。图 21-14 所示为同级高压电路的检测方法。

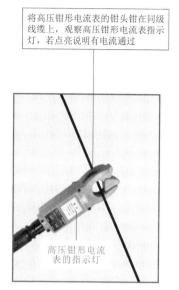

图 21-14 同级高压电路的检测方法

如果同级高压电路有正常的电压输出,还应使用高压钳形电流表检测该供电线路上电流是否在允许的范围内,有无异常,如图 21-15 所示。

图 21-15 检测供电电路的电流

2. 母线的检测方法

如果所有的支路输出都不正常,应对母线进行检测。首先,检测母线的连接端有无断路、损坏等情况发生;其次,检测母线有无明显的锈蚀,以及是否有短路和断路等情况发生。

【提示】

在对高压电路进行检测操作前，必须将电路中的高压断路器和高压隔离开关断开，并放置安全警示牌，防止其他人员合闸而导致人员伤亡。

3. 高压熔断器的检测方法

在高压供配电电路的检测过程中，若供电电路正常，则可进一步检测高压熔断器是否正常。

对高压供电电路中的高压熔断器进行检查之前，可先进行观察，若发现高压熔断器表面出现裂纹，并且有击穿现象，则表明该高压熔断器已损坏。

若高压熔断器出现故障，则需要及时更换，如图21-16所示。

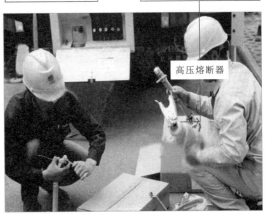

图 21-16　更换高压熔断器的方法

【提示】

在进行高压熔断器的更换时，断开高压断路器和高压隔离开关后，在高压线缆中可能有残存的电荷。因此在进行操作之前，应进行放电，再消除静电。这样可以将高压线缆中剩余的电荷通过接地进行释放，防止对维修人员造成人身伤害。

4. 高压电流互感器的检测方法

如果发现高压熔断器已损坏，出现熔断现象，则说明该电路中发生了过流情况，此时应当对相关的高压电流互感器进行检测。通常，可直接观察高压电流互感器的表面是否正常，有无明显损坏的现象。若发现高压电流互感器上有黑色烧焦痕迹，并有电流泄漏现象，则说明其内部已损坏，失去了电流检测与保护作用，当电路中电流过大时不能进行保护，可能导致高压熔断器熔断。

通常，高压电流互感器的表面出现黑色烧焦的现象时，就需要对其进行拆除并更换。

【提示】

高压电流互感器中可能存有剩余的电荷，在拆卸前，应当使用绝缘棒将其接地连接，将内部的电荷完全释放，然后才可对其进行检测和拆卸。绝缘棒的使用如图 21-17 所示。

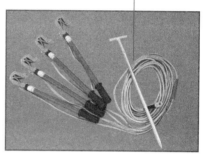

图 21-17 绝缘棒的使用

5. 高压隔离开关的检测方法

如果高压电流互感器损坏，则应对相关的器件和电路进行检查，如高压隔离开关。通常可以通过观察高压隔离开关是否出现烧焦的现象来判断高压隔离开关是否正常。

若高压隔离开关已损坏，则应及时进行更换。更换高压隔离开关时，操作人员应当使用扳手将与高压隔离开关连接的线缆拆下来，然后使用吊车将高压隔离开关吊起，更换相同型号的高压隔离开关。图 21-18 所示为高压隔离开关的更换方法。

图 21-18 高压隔离开关的更换方法

21.6 三相交流感应电动机点动控制电路的检测

三相交流感应电动机点动控制是指通过按钮开关进行控制,完成对三相交流感应电动机按下开关即转,松开开关即停的控制方式。图21-19所示为典型三相交流感应电动机点动控制电路图。

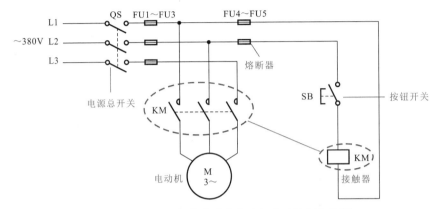

图 21-19 典型三相交流感应电动机点动控制电路图

三相交流感应电动机点动控制电路主要是由电源总开关 QS、接触器 KM、按键开关 SB 以及三相交流感应电动机 M 构成的。

三相交流感应电动机点动控制电路需要交流三相 380 V 电源,当电动机需要点动控制动作时,先合上总电源开关 QS,此时电动机 M 并未接通电源而处于待机状态。当按下按钮开关 SB 时,接触器线圈 KM 得电,主触点 KM 闭合,接通三相交流感应电动机的供电电源,电动机 M 得电开始运转。

在三相交流感应电动机点动控制电路中,当接通供电电源,并按下按钮开关后,电动机应该正常运转。根据该电路的控制关系可知,电路中由按钮开关 SB、接触器 KM 控制三相交流感应电动机的工作状态,三相交流感应电动机作为执行部件,在该电路中实现运转和停止。

由此可以根据故障现象,初步判定供电电压、总断路器、控制开关、交流接触器可能存在故障,明确了故障的范围,接下来便可对该电路中的相关部件进行检测。

在三相交流感应电动机中需要重点检测的有电动机的供电电压、断路器、熔断器、按钮开关以及接触器。

1. 电动机供电电压的检测方法

在三相交流感应电动机点动控制电路中,接通开关后,按下点动按钮,使用万用表检测电动机接线柱是否有电压。正常情况下,任意两接线柱之间的电压应为 380 V。若供电电压失常,则表明有可能发生断路的故障。图 21-20 所示为电动机供电电压的检测方法。

第21章 电气控制电路的检测

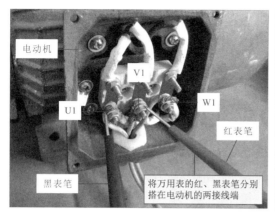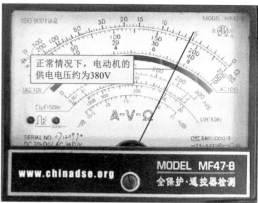

图 21-20 电动机供电电压的检测方法

2. 断路器的检测方法

若控制电路的供电电压失常，则应对断路器的性能进行检测。检测断路器时，应在工作状态下用万用表检测断路器的输入电压，从而判别断路器的供电是否正常。

正常情况下，断路器的供电端应有 380 V 的交流电压，否则就表明供电电路有故障。图 21-21 所示为断路器的检测方法。

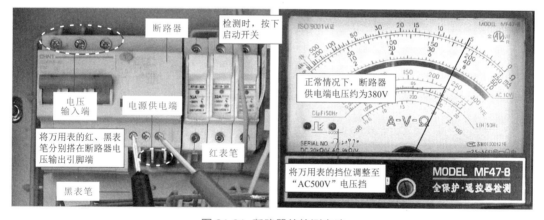

图 21-21 断路器的检测方法

将万用表的两只表笔任意搭在断路器的供电端上，当启动开关处于断开状态时，电压应为 0 V；当启动开关处于闭合状态时，电压应为交流 380 V。

3. 熔断器的检修方法

若控制电路的电压为 0 V，则需要对电路中的熔断器进行检测。当熔断器损坏时，会造成电动机无法正常启动的故障，因此对熔断器的检测也非常重要。

可使用万用表检测输入端和输出端的电压是否正常，以此来判断熔断器是否正常。正常情况下，使用万用表电压挡检测输入端有电压，输出端有电压，则说明熔断器良好。图 21-22 所示为熔断器的检测方法。

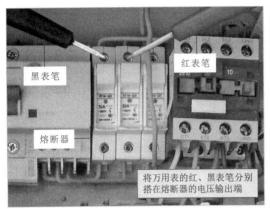 

图 21-22 熔断器的检测方法

熔断器在电路中主要起保护作用。当电流超过其额定值时，熔断器将会熔断，使电路断开，从而起到保护电路的作用；当其损坏时，会使电动机无法启动。

4. 按钮开关的检测方法

对按钮开关进行检测时，可将万用表的表笔搭在按钮的两个接线柱上，用手按压开关，检测引脚之间的电阻值。图 21-23 所示为按钮开关的检测方法。

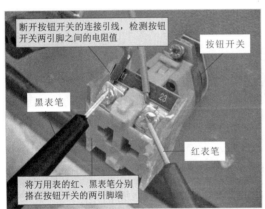 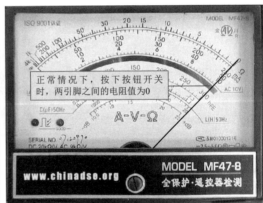

图 21-23 按钮开关的检测方法

5. 接触器的检测方法

在电路中检测接触器时，多使用电压检测法，用万用表分别检测交流接触器的线圈端和触点端的电压。如果线圈有控制电压，则接触器的输出端会有输出电压。图 21-24 所示为接触器线圈的检测方法。

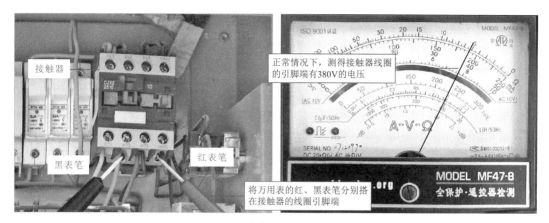

图 21-24 接触器线圈的检测方法

若接触器的线圈端有电压,则需要对接触器的触点进行检测。正常情况下,接触器触点端应有输出的电压值,若无输出,则表明接触器本身已损坏,需要更换。图 21-25 所示为接触器触点的检测方法。

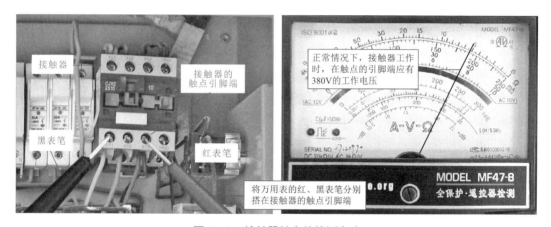

图 21-25 接触器触点的检测方法

21.7 货物升降机自动运行控制电路的检测

在货物升降机自动运行控制电路中,通过一个控制按钮控制升降机自动在两个高度升降作业(如两层楼房),也就是将货物提升到固定高度,等待一段时间后,升降机会自动下降到规定高度,以便进行下一次提升搬运。图 21-26 所示为典型货物升降机自动运行控制电路图。

货物升降机自动运行控制电路主要是由总断路器 QF、停止按钮 SB1、启动按钮 SB2、下位限位开关 SQ1、上位限位开关 SQ2、交流接触器 KM1 和 KM2、时间继电器 KT 等构成的。

合上总断路器 QF,接通三相电源。按下启动按钮 SB2,此时交流接触器 KM1 线圈得电。常开辅助触点 KM1-2 闭合自锁,使 KM1 线圈保持得电。常开主触点 KM1-1 闭合,电动机接通三相电源,开始正向运转,货物升降机上升。常闭辅助触点 KM1-3 断开,防止交流接触器 KM2 线圈得电。

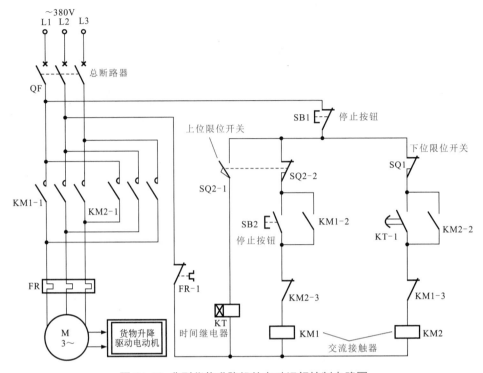

图 21-26 典型货物升降机的自动运行控制电路图

当货物升降机上升到规定高度时,上位限位开关 SQ2 动作(SQ2-1 闭合,SQ2-2 断开)。常开触点 SQ2-1 闭合后,时间继电器 KT 线圈得电,进入定时计时状态。

常闭触点 SQ2-2 断开后,交流接触器 KM1 线圈失电,触点全部复位。常开主触点 KM1-1 复位断开,切断电动机供电电源,电动机停止运转。

当货物升降机下降到规定高度时,下位限位开关 SQ1 动作,常闭触点断开。交流接触器 KM2 线圈失电,触点全部复位。常开主触点 KM2-1 复位断开,切断电动机供电电源,电动机停止运转。

在货物升降机自动运行控制电路中,通过按钮、继电器、交流接触器实现对电动机的启动和停止控制,通过限位开关实现对货物升降机位置的控制。

由此可知,不同的部件在电路中实现的功能不同,当电路出现不同的故障现象时,可初步判断故障范围,接下来便可对该电路中的相关部件进行检测。

在货物升降机的自动运行控制电路中需要重点检测的部件有按钮、限位开关及时间继电器。

1. 按钮的检测方法

在货物升降机自动运行控制电路中,按钮是控制电路工作的重要部件之一。因此,当电路出现故障时,首先要对按钮的性能进行检测。

可使用万用表检测启动按钮两引脚间的电阻值,以此来判断按钮是否正常时。未按下启动按钮时,两引脚间的电阻值应为无穷大;按下启动按钮时,两引脚间的电阻值应为0Ω。检测停止按钮时,检测到的电阻值应与启动按钮的相反。图21-27所示为按钮的检修方法。

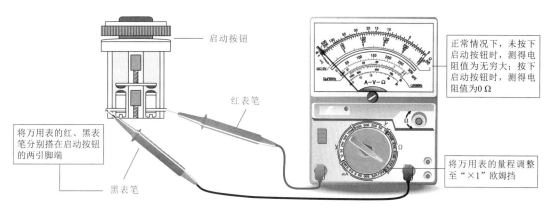

图 21-27 按钮的检测方法

2. 限位开关的检测方法

限位开关是用于控制升降机上升、下降的主要控制部件。限位开关的类型、结构各异,但基本原理是相同的。判断限位开关是否正常时,通常可检测限位开关内部的触点及其他机械部件是否可以正常工作。图21-28所示为限位开关的检测方法。

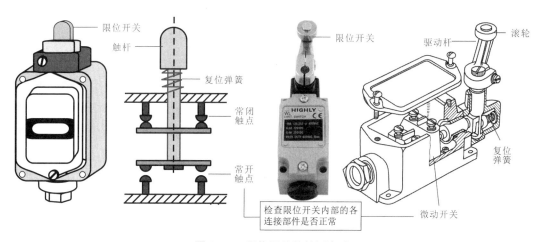

图 21-28 限位开关的检测方法

3. 时间继电器的检测方法

时间继电器主要用来实现货物升降机下降的时间间隔。因此,在限位开关正常的情况下,若货物升降机在规定的时间内不能自动下降,则需要对时间继电器进行检测。

判断时间继电器是否正常时,可在断电状态下,使用万用表检测时间继电器线圈的电阻值及触点引脚间的电阻值是否正常。

通常根据时间继电器上的引脚标识进行检测,若测得的时间继电器的接通引脚之间的电阻值为 0 Ω，而其他引脚之间的电阻值为无穷大，则表明该时间继电器正常。图 21-29 所示为时间继电器的检测方法。

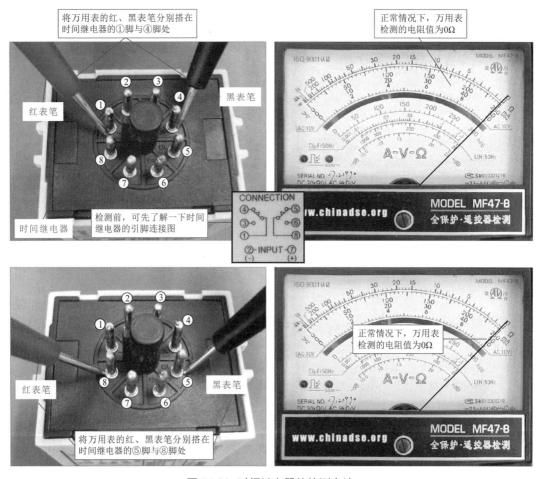

图 21-29 时间继电器的检测方法

21.8 稻谷加工机电气控制电路的检测

在稻谷加工机电气控制电路中，可以通过启动按钮、停止按钮、接触器等控制部件控制各功能电动机启动运转，以此来带动稻谷加工机的机械部件运作，从而完成稻谷加工作业。图 21-30 所示为典型稻谷加工机电气控制电路图。

稻谷加工机电气控制电路主要是由启动按钮 SB1、停止按钮 SB2、交流接触器 KM1~KM3、过热保护继电器 FR1 ～ FR3、三相交流电动机等构成的。

需要启动稻谷加工机时，可先合上电源总开关 QS，接通三相电源，并按下启动按钮 SB1，此时交流接触器 KM1、KM2、KM3 线圈同时得电。

交流接触器 KM1、KM2、KM3 线圈得电后，常开辅助触点 KM1-2、KM2-2、KM3-2 闭合，实现自锁功能；常开主触点 KM1-1、KM2-1、KM3-1 闭合，接通主电动机 M1、进料驱动电动机 M2、出料驱动电动机 M3 的供电电源，主电动机 M1、进料驱动电动机 M2、出料驱动电动机 M3 启动运转。

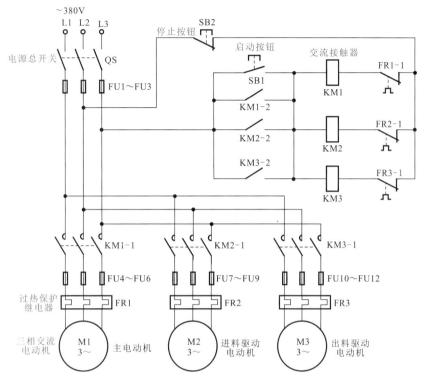

图 21-30 典型稻谷加工机电气控制电路图

当需要稻谷加工机停止时，按下停止按钮 SB2，交流接触器 KM1、KM2、KM3 线圈同时失电，其触点全部复位。

交流接触器 KM1、KM2、KM3 线圈失电后，常开辅助触点 KM1-2、KM2-2、KM3-2 复位断开，解除自锁功能。

在稻谷加工机电气控制电路中，交流 380 V 为电路提供工作电压，启动/停止按钮控制整个电路的工作状态；过热保护继电器起保护作用，避免电动机运行时的温度过高；交流接触器 KM1 ～ KM3 控制电动机的工作状态。

由此可知，根据电路的故障现象，初步判断可能存在故障的部位或部件，明确了故障的范围后，接下来便可对该电路中的相关部位或部件进行检测。

在稻谷加工机电气控制电路中，需要重点检测的有供电电压、过热保护继电器、按钮及交流接触器。

1. 供电电压的检测方法

电动机正常工作时，需要有 380 V 的供电电压，若该电压不正常，则会造成整个电路不能工作的故障。因此，当电动机出现不工作的状态时，应先对供电电压部分进行检测。

在正常通电状态下，将万用表的两表笔分别搭在电动机的公共供电端，应能检测到交流 380 V 的电压。图 21-31 所示为供电电压的检测方法。

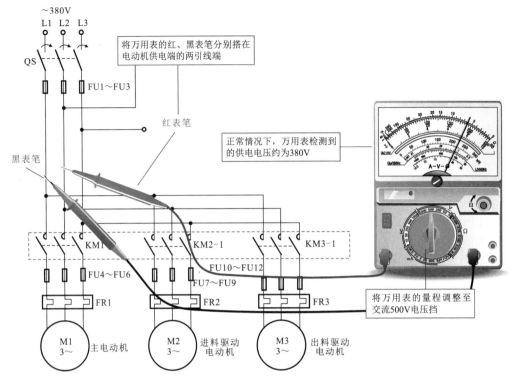

图 21-31 供电电压的检测方法

2. 过热保护继电器的检测方法

如果电路中的供电电压正常，而电动机仍不能正常工作，可能是过热保护继电器损坏造成电动机一直处于被保护的状态，因此应对过热保护继电器进行检测。

通常可使用万用表检测过热保护继电器的线圈、触点的电阻值是否正常来判断过热保护继电器是否正常。图 21-32 所示为过热保护继电器的检测方法。

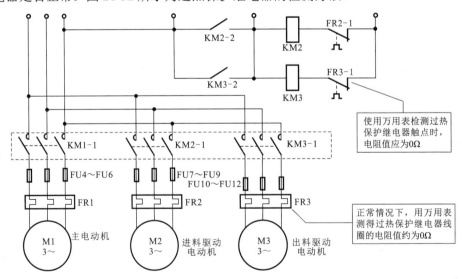

图 21-32 过热保护继电器的检测方法

3. 按钮的检测方法

按钮是稻谷加工机的主要控制部件之一。可使用万用表检测两引脚间的电阻值是否正常来判断该部件是否正常，具体方法略。

4. 交流接触器的检测方法

如果检测供电、过热保护继电器、按钮均正常，电路的故障仍未排除，则需要对各交流接触器进行检测。

判断交流接触器是否正常时，可在通电状态下，检测通过触点的电压值是否正常；若供电正常，则表明交流接触器可以正常工作。图 21-33 所示为交流接触器的检测方法。

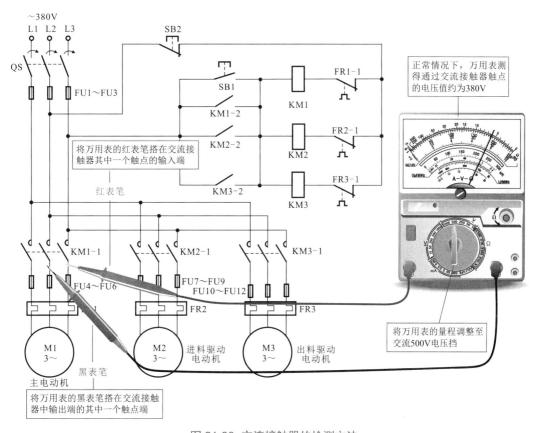

图 21-33 交流接触器的检测方法

第 22 章 PLC 控制器

22.1 PLC 的种类特点

PLC 的英文全称为 Programmable Logic Controller，即可编程序控制器。它是一种将计算机技术与继电器控制技术结合起来的现代化自动控制装置，广泛应用于农机、机床、建筑、电力、化工、交通运输等行业中。

随着 PLC 的发展和应用领域的扩展，PLC 的种类越来越多，可从不同的角度进行分类，如结构、I/O 点数、功能、生产厂家等。

22.1.1 按结构形式分类

PLC 根据结构形式的不同可分为整体式 PLC、组合式 PLC 和叠装式 PLC 三种。

1. 整体式 PLC

整体式 PLC 将 CPU、I/O 接口、存储器、电源等部分全部固定安装在一块或几块印制电路板上，使之成为统一的整体。当控制点数不符合要求时，可连接扩展单元，以实现较多点数的控制。这种 PLC 体积小巧，目前小型、超小型 PLC 多采用这种结构。

图 22-1 所示为常见整体式 PLC 实物图。

图 22-1 常见整体式 PLC 实物图

2. 组合式 PLC

组合式 PLC 的 CPU、I/O 接口、存储器、电源等部分都是以模块形式按一定规则组合配置而成（因此也称模块式 PLC）的。这种 PLC 可以根据实际需要进行灵活配置，目前中型或大型 PLC 多采用组合式结构。

图 22-2 所示为常见组合式 PLC 实物图。

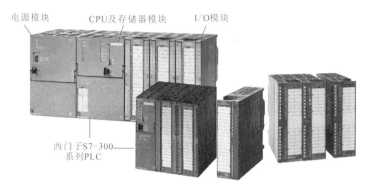

图 22-2 常见组合式 PLC 实物图

3. 叠装式 PLC

叠装式 PLC 是一种集合了整体式 PLC 的结构紧凑、体积小巧和组合式 PLC 的 I/O 点数搭配灵活于一体的 PLC。这种 PLC 将 CPU（CPU 和一定的 I/O 接口）独立出来作为基本单元，其他模块为 I/O 模块作为扩展单元，且各单元可一层层叠装，连接时使用电缆进行单元之间的连接即可。

图 22-3 所示为常见叠装式 PLC 实物图。

图 22-3 常见叠装式 PLC 实物图

22.1.2 按 I/O 点数分类

I/O 点数是指 PLC 可接入外部信号的数目，I 是指 PLC 可接入输入点的数目，O 是指 PLC 可接入输出点的数目，I/O 点数则是指 PLC 可接入的输入点、输出点的总数。

PLC 根据 I/O 点数的不同可分为小型 PLC、中型 PLC 和大型 PLC 三种。

1. 小型 PLC

小型 PLC 是指 I/O 点数在 24～256 点之间的小规模 PLC，这种 PLC 一般用于单机控制或小型系统的控制，如图 22-4 所示。

图 22-4 常见小型 PLC 实物图

2. 中型 PLC

中型 PLC 的 I/O 点数一般在 256～2048 点之间，这种 PLC 不仅可对设备直接进行控制，同时还可用于对下一级的多个可编程序控制器进行监控，一般用于中型或大型系统的控制。

图 22-5 所示为常见中型 PLC 实物图。

3. 大型 PLC

大型 PLC 的 I/O 点数一般在 2048 点以上。这种 PLC 能够进行复杂的算数运算和矩阵运算，可对设备进行直接控制，同时还可用于对下一级的多个可编程序控制器进行监控，一般用于大型系统的控制。

图 22-6 所示为常见大型 PLC 实物图。

图 22-5 常见中型 PLC 实物图　　图 22-6 常见大型 PLC 实物图

22.1.3 按功能分类

PLC 根据功能的不同可分为低档 PLC、中档 PLC 和高档 PLC 三种。

1. 低档 PLC

具有简单的逻辑运算、定时、计算、监控、数据传送、通信等基本控制功能和运算功能的 PLC 称为低档 PLC，这种 PLC 工作速度较低，能带动 I/O 模块的数量也较少。

图 22-7 所示为常见低档 PLC 实物图。

图 22-7 常见低档 PLC 实物图

2. 中档 PLC

中档 PLC 除具有低档 PLC 的功能外，还具有较强的控制功能和运算能力，如比较复杂的三角函数、指数和 PID 运算等，同时还具有远程 I/O、通信联网等功能，这种 PLC 工作速度较快，能带动 I/O 模块的数量也较多。

图 22-8 所示为常见中档 PLC 实物图。

图 22-8 常见中档 PLC 实物图

3. 高档 PLC

高档 PLC 除具有中档 PLC 的功能外，还具有更为强大的控制功能、运算功能和联网功能，如矩阵运算、位逻辑运算、平方根运算及其他特殊功能函数运算等，这种 PLC 工作速度很快，能带动 I/O 模块的数量也很多。

图 22-9 所示为常见高档 PLC 实物图。

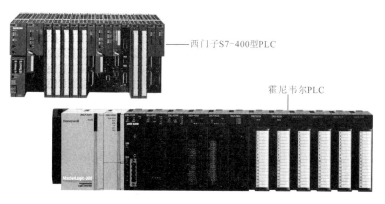

图 22-9 常见高档 PLC 实物图

22.1.4 按生产厂家分类

PLC 的生产厂家较多，如美国的 AB 公司、通用电气公司，德国的西门子公司，法国的 TE 公司，日本的欧姆龙、三菱、富士等公司，都是目前市场上主流且极具有代表性的生产厂家。

图 22-10 所示为不同厂家生产的 PLC。

图 22-10 不同厂家生产的 PLC

1. 三菱 PLC

市场上，三菱 PLC 常见的系列产品有 FR-FX_{1N}、FR-FX_{1S}、FR-FX_{2N}、FR-FX_{3U}、FR-FX_{2NC}、FR-A、FR-Q 等。

三菱 FX_{2N} 系列 PLC 属于超小型程序装置，是 FX 家族中较先进的系列，处理速度快，在基本单元上连接扩展单元或扩展模块，可进行 16～256 点的灵活输入/输出组合，为工厂自动化应用提供最大的灵活性和控制能力。

三菱 FX_{1S} 系列 PLC 属于集成型小型单元式 PLC。

三菱 Q 系列 PLC 是三菱公司 A 系列的升级产品，属于中、大型 PLC 系列产品。Q 系列 PLC 采用模块化的结构形式，系列产品的组成与规模灵活可变，最大 I/O 点数达到 4096 点；最大程序存储器容量可达 252KB；采用扩展存储器后可以达到 32MB；基本指令的处理速度可以达到 34ns；整个系统的处理速度得到很多提升，多个 CPU 模块可以在同一基板上安装，CPU 模块间可以通过自动刷新进行定期通信，或者通过特殊指令进行瞬时通信。三菱 Q 系列 PLC 被广泛应用于各种中、大型复杂机械、自动生产线的控制场合。

2. 西门子 PLC

德国西门子（SIEMENS）公司的可编程序控制器 SIMATIC S5 系列产品在中国的推广较早，在很多的工业生产自动化控制领域都曾有过经典应用。西门子公司还开发了一些起标准示范作用的硬件和软件，从某种意义上说，西门子系列 PLC 决定了现代可编程序控制器的发展方向。

目前，市场上的西门子 PLC 主要为西门子 S7 系列产品，包括小型 PLC S7-200、S7-200 SMART，中型 PLC S7-300 和大型 PLC S7-400。

3. 欧姆龙 PLC

日本欧姆龙（OMRON）公司的 PLC 较早进入中国市场，开发了最大 I/O 点数在 140

点以下的 C20P、C20 等微型 PLC，最大 I/O 点数为 2048 点的 C2000H 等大型 PLC，广泛应用于自动化系统设计的产品中。

欧姆龙公司对 PLC 及其软件的开发有自己的特殊风格。例如，C2000H 大型 PLC 将系统存储器、用户存储器、数据存储器和实际的 I/O 接口、功能模块等统一按绝对地址形式组成系统，把数据存储和电器控制使用的术语合二为一，命名数据区为 I/O 继电器、内部负载继电器、保持继电器、专用继电器、定时器/计数器。

4. 松下 PLC

松下 PLC 是目前国内比较常见的 PLC 产品之一，其功能完善、性价比高，常用的有小型 FP-X、FP0、FP1、FPΣ、FP-e 系列，中型的 FP2、FP2SH、FP3 系列，以及大型的 EP5 系列等。

（1）松下 FP1 系列 PLC 有 C14、C16、C24、C40、C56、C72 多种规格产品。虽然是小型机，但性价比很高，比较适合中小型企业。

FP1 硬件配置除主机外，还可加 I/O 扩展模块、A/D（模数转换）、D/A（数模转换）模块等智能单元，最多可配置几百点，机内有高速计数器，可输入频率高达 10kHz 的脉冲，并可同时输入两路脉冲，还可输出可调的频率脉冲信号（晶体管输出型）。

FP1 有 190 多条功能指令，除基本逻辑运算外，还可进行加（+）、减（-）、乘（×）、除（÷）四则运算，有 8bit、16bit 和 32bit 数字处理功能，并能进行多种码制变换。FP1 还有中断程序调用、凸轮控制、高速计数、字符打印、步进等特殊功能指令。

FP1 监控功能很强，可实现梯形图监控、列表继电器监控、动态时序图监控（可同时监控 16 个 I/O 点的时序），具有几十条监控命令，多种监控方式，指令和监控结果可用日语、英语、德语和意大利语四种语言显示。

（2）松下 FPΣ 系列 PLC 保持机身小巧、使用简便，同时加载了中型 PLC 的功能，采用通信模块插件大幅增强了通信功能，可以实现最大 100kHz 的位置控制；具有数据备份结构，可以对数据寄存器区进行完全备份，日历、时钟的数据也能由电池备份，I/O 注释可以与程序一同写入，大幅提高了系统保存性；具有高速、丰富的实数运算功能，实现了 PID 的控制指令，可以进行自动调整，实现简便、高性能的控制；为了防止出厂后的意外改写程序或保护原始程序不被窃取，还具有设置密码功能。

（3）松下 FP2/FP2SH 系列 PLC。FP2 系列 PLC 有 FP2-C1、FP2-C1D、FP2-C1SL、FP2-C1A 等型号产品，外形结构紧凑，但保持了中规模 PLC 的功能，具有多种高功能单元，能够从事模拟量控制、联网和位置控制，集多种功能于一体，具有优良的性能价格比，I/O 点数基本结构最大 768 点，扩展结构最大 1600 点，使用远程 I/O 系统最大 2048 点。它的 CPU 单元配有一个 RS232 编程口，可直接与人机界面相连，还带有一个用于远程监控和通过调制解调器进行维护的高级通信接口。

FP2SH 系列 PLC 的扫描时间为 1 ms/20 千步（步指程序的步数，也通过步数显示程序容量），实现了超高速处理，程序容量最大为 120 千步（可理解为存储程序的步数），具有足够的程序容量。同时还配备了小型 PC 卡，可用于程序备份或扩展数据内存，应用与大量数据进行处理的领域，它还有内置注释和日历定时器功能。

（4）松下 FP3/FP10SH 系列 PLC。FP10SH 系列 PLC 的特点如下：高速 CPU；最多

可控制 2048 个 I/O 点；可利用中继功能执行高优先级的中断程序；编程器可在程序中插入注释，便于后期的检查与调试；具有高精度的定时功能/日历功能；具备 16 千步的大程序容量；288 条方便指令功能；EPROM 写入功能；网络的连接及安装十分简便。

22.2 PLC 的功能特点

PLC 的发展极为迅速，随着技术的不断更新，PLC 的控制功能，数据采集、存储、处理功能，可编程、调试功能，通信联网功能，人机界面功能等也逐渐变得强大，使得 PLC 的应用领域得到进一步的急速扩展，广泛应用于各行各业的控制系统中。

22.2.1 继电器控制与 PLC 控制

简单地说，PLC 是一种在继电器、接触器控制基础上逐渐发展起来的以计算机技术为依托，运用先进的编程语言来实现诸多功能的新型控制系统，采用程序控制方式是它与继电器控制系统的主要区别。

PLC 问世以前，在农机、机床、建筑、电力、化工、交通运输等行业中是以继电器控制系统占主导地位的。继电器控制系统以其结构简单、价格低廉、易于操作等优点得到了广泛的应用，如图 22-11 所示。

小型机械设备的继电器控制系统

大型机械设备的继电器控制系统

图 22-11 典型继电器控制系统

然而，随着工业控制的精细化程度和智能化水平的提升，以继电器为核心的控制系统的结构越来越复杂。在有些较为复杂的系统中，可能要使用成百上千个继电器，这不仅使得整个控制装置显得体积十分庞大，而且元器件数量的增加、复杂的接线关系还会造成整个控制系统的可靠性降低。更重要的是，一旦控制过程或控制工艺要求变化，则控制柜内的继电器和接线关系都要重新调整。可以想象，如此巨大的变动一定会花费大量的时间、精力和金钱，其成本的投入有时要远远超过重新制造一套新的控制系统，这势必又会带来很大的浪费（原先的系统报废）。

为了应对继电器控制系统的不足，既能让工业控制系统的成本降低，同时又能很好地应对工业生产中的变化和调整。工程人员将计算机技术、自动化技术以及微电子和通信技术相结合，研发出了更加先进的自动化控制系统，这就是PLC。

PLC作为专门为工业生产过程提供自动化控制的装置，采用了全新的控制理念。PLC通过其强大的I/O接口与工业控制系统中的各种部件相连（如控制按键、继电器、传感器、电动机、指示灯等），图22-12所示为PLC的功能图。

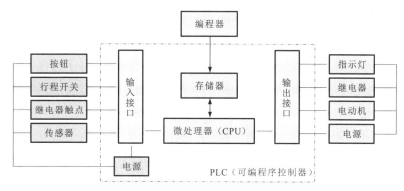

图22-12 PLC的功能图

通过编程器编写控制程序（PLC语句），将控制程序存入PLC中的存储器并在微处理器（CPU）的作用下执行逻辑运算、顺序控制、计数等操作指令。这些指令会以数字信号（或模拟信号）的形式送到输入端、输出端，从而控制输入端、输出端接口上连接的设备，协同完成生产过程。

图22-13所示为PLC硬件系统模型图。

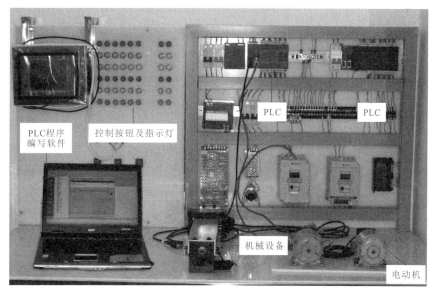

图22-13 PLC硬件系统模型图

【提示】

PLC控制系统用标准接口取代了硬件安装连接。用大规模集成电路与可靠元件的组合取代线圈和活动部件的搭配，并通过计算机进行控制。这样不仅大大简化了整个控制系统，而且使得控制系统的性能更加稳定，功能更加强大。在拓展性和抗干扰能力方面也有了显著的提高。

PLC控制系统的最大特色是在改变控制方式和效果时不需要改动电气部件的物理连接线路，只需要通过PLC程序编写软件重新编写PLC内部的程序即可。

22.2.2 PLC的功能应用

国际电工技术委员会（简称IEC）将PLC定义为"数字运算操作的电子系统"，专为在工业环境下应用而设计。它采用可编程序的存储器，存储执行逻辑运算、顺序控制、定时、计数和算术运算等操作指令，并通过数字的或模拟的输入和输出，控制各种类型的机械或生产过程。

1. PLC的功能特点

控制功能：生产过程的物理量由传感器检测后，经变压器变成标准信号，经多路开关和A/D转换器变成适合PLC处理的数字信号，经光耦合器送给CPU，光耦合器具有隔离功能；数字信号经CPU处理后，再经D/A转换器变成模拟信号输出。模拟信号经驱动电路驱动控制泵电动机、加温器等设备，可实现自动控制。

图22-14所示为PLC的控制功能图。

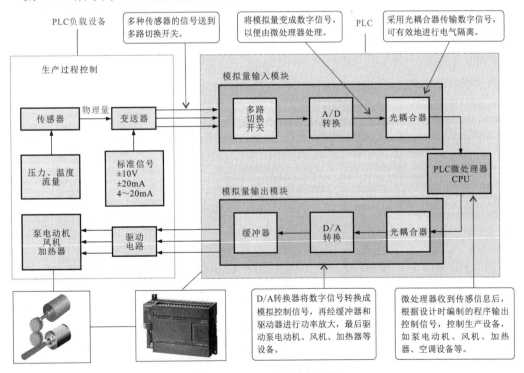

图22-14 PLC的控制功能图

目前，PLC 已经成为生产自动化、现代化的重要标志。众多电子元器件生产厂商都投入到了 PLC 产品的研发中，PLC 的品种越来越丰富，功能越来越强大，应用也越来越广泛，无论是生产、制造，还是管理、检验，都可以看到 PLC 的身影。

例如，PLC 在电子产品制造设备中应用主要是实现自动控制功能。PLC 在电子元器件加工、制造设备中作为控制中心，使元器件的输送定位驱动电动机、加工深度调整电动机、旋转电动机和输出电动机能够协调运转，相互配合实现自动化工作。

图 22-15 所示为 PLC 的通信联网功能图。

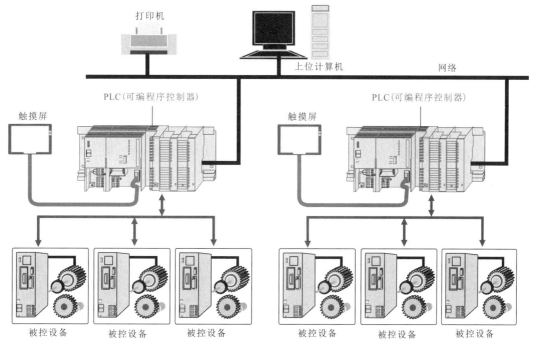

图 22-15 PLC 的通信联网功能图

22.3 三菱 PLC 产品

三菱公司为了满足各行各业不同的控制需求，推出了多种系列型号的 PLC，如 Q 系列、AnS 系列、QnA 系列、A 系列和 FX 系列等，如图 22-16 所示。

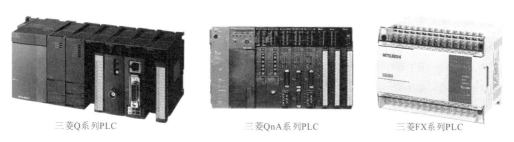

图 22-16 三菱各系列型号的 PLC

同样，三菱公司为了满足用户的不同需求，也在 PLC 主机的基础上，推出了多种 PLC 产品，这里主要以三菱 FX 系列 PLC 产品为例进行介绍。

三菱 FX 系列 PLC 产品中，除 PLC 基本单元（相当于我们上述的 PLC 主机）外，还包括扩展单元、扩展模块及特殊功能模块等，这些产品可以结合构成不同的控制系统，如图 22-17 所示。

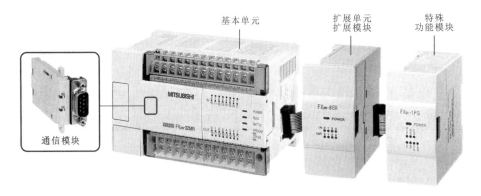

图 22-17 三菱 FX 系列 PLC 产品

1. 基本单元

三菱 PLC 的基本单元是 PLC 的控制核心，也称为主单元，主要由 CPU、存储器、输入接口、输出接口及电源等构成，是 PLC 硬件系统中的必选单元。

图 22-18 所示为三菱 FX_{2N} 系列 PLC 的基本单元实物外形。它是 FX 系列中最为先进的系列，其 I/O 点数在 256 点以内。

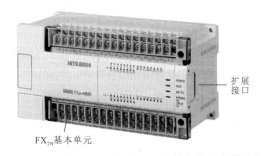

图 22-18 三菱 FX2N 系列 PLC 的基本单元实物外形

三菱 FX_{2N} 系列 PLC 的基本单元主要有 25 种产品类型，每一种类型的基本单元通过 I/O 扩展单元都可扩展到 256 个 I/O 点，根据其电源类型的不同，25 种类型的 FX_{2N} 系列 PLC 基本单元可分为交流电源和直流电源两大类。

2. 扩展单元

扩展单元是一个独立的扩展设备，通常接在 PLC 基本单元的扩展接口或扩展插槽上，用于增加 PLC 的 I/O 点数及供电电流的装置，内部设有电源，但无 CPU，因此需要与基本单元同时使用。当扩展组合供电电流总容量不足时，就须在 PLC 硬件系统中增设扩展单元进行供电电流容量的扩展。图 22-19 所示为三菱 FX_{2N} 系列 PLC 的扩展单元。

图 22-19 三菱 FX2N 系列 PLC 的扩展单元

三菱 FX_{2N} 系列 PLC 的扩展单元主要有 6 种类型，根据其输出类型的不同 6 种类型的 FX_{2N} 系列 PLC 扩展单元可分为继电器输出和晶体管输出两大类。

3. 扩展模块

三菱 PLC 的扩展模块是用于增加 PLC 的 I/O 点数及改变 I/O 比例的装置，内部无电源和 CPU，因此需要与基本单元配合使用，并由基本单元或扩展单元供电，如图 22-20 所示。

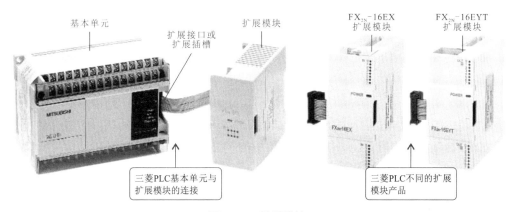

图 22-20 扩展模块

4. 特殊功能模块

特殊功能模块是 PLC 中的一种专用的扩展模块，如模拟量 I/O 模块、通信扩展模块、温度控制模块、定位控制模块、高速计数模块、热电偶温度传感器输入模块、凸轮控制模块等。

图 22-21 所示为几种特殊功能模块的实物外形。我们可以根据实际需要有针对性地对某种特殊功能模块产品进行详细了解，这里不再一一介绍。

(a) 模拟量输出模块 FX$_{2N}$-4DA
(b) RS-485通信扩展板 FX$_{2N}$-485-BD
(c) FX$_{3U}$-422-BD 通讯扩展板
(d) 脉冲输出模块 FX$_{2N}$-1PG
(e) FX$_{2NC}$-232-ADP 通信适配器模块
(f) 定位控制模块 FX$_{2N}$-10GM
(g) 高速计数模块 FX$_{2N}$-1HC
(h) 热电偶温度传感器输入模块 FX$_{2N}$-4AD-TC
(i) 凸轮控制模块 FX$_{2N}$-1RM

图 22-21 几种特殊功能模块的实物外形

22.4 西门子 PLC 产品

德国西门子（SIEMENS）公司的 PLC 系列产品在中国的推广较早，在很多的工业生产自动化控制领域，都有过经典的应用。

如图 22-22 所示，以西门子 S7 类 PLC 产品为例，其 PLC 产品主要有 PLC 主机（CPU 模块）、电源模块（PS）、信号扩展模块（SM）、通信模块（CP）、功能模块（FM）、接口模块（IM）等部分。

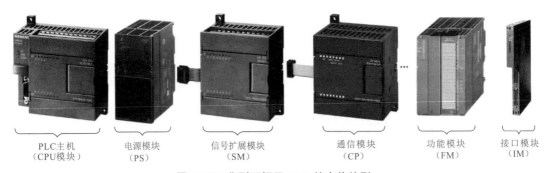

PLC主机（CPU模块） 电源模块（PS） 信号扩展模块（SM） 通信模块（CP） 功能模块（FM） 接口模块（IM）

图 22-22 典型西门子 PLC 的实物外形

1. PLC 主机

PLC 的主机（也称CPU 模块）是将CPU、基本输入/输出和电源等集成封装在一个独立、紧凑的设备中，从而构成了一个完整的微型 PLC 系统。因此，该系列的 PLC 主机可以单独构成一个独立的控制系统，并实现相应的控制功能。

图 22-23 所示为几种典型西门子 PLC 主机的实物外形。

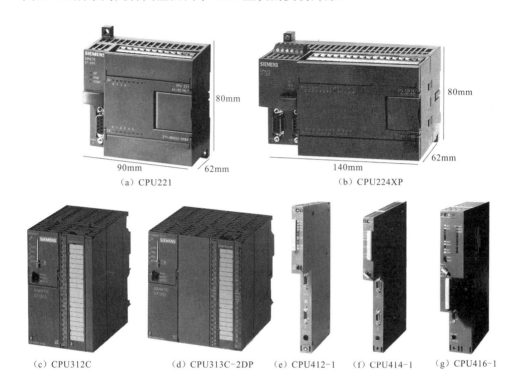

图 22-23 几种典型西门子 PLC 主机的实物外形

【资料】

西门子 S7-200 系列 PLC 主机的常见型号有 CPU221、CPU222、CPU224、CPU224XP/CPUXPsi、CPU226 等几种。

西门子 S7-300 系列 PLC 主机的常见型号有 CPU313、CPU314、CPU315/CPU315-2DP、CPU316-2DP、CPU312IFM、CPU312C、CPU313C、CPU315F 等。

西门子 S7-400 系列 PLC 主机的常见型号有 CPU412-1、CPU413-1/413-2、CPU414-1/414-2DP、CPU416-1 等。

2. 电源模块（PS）

电源模块是指由外部为 PLC 供电的功能单元，在西门子 S7-300 系列、西门子 S7-400 系列中比较多见，图 22-24 所示为几种西门子 PLC 电源模块的实物外形。

(a) PS305　　　(b) PS307（5A）　　　(c) PS307（10A）　　　(d) PS407

图 22-24　几种西门子 PLC 电源模块的实物外形

3. 信号扩展模块（SM）

各类型的西门子 PLC 在实际应用中，为了实现更强的控制功能，可以采用扩展 I/O 点的方法扩展其系统配置和控制规模，其中各种扩展用的 I/O 模块统称为信号扩展模块（SM）。不同类型的 PLC 所采用的信号扩展模块不同，但基本包含了数字量扩展模块和模拟量扩展模块两种。图 22-25 所示为典型数字量扩展模块和模拟量扩展模块实物外形。

(a) EM221（AC）　(b) SM321　　(c) EM223（DC）　(d) SM323　　(e) SM422
S7-200系列PLC　S7-300系列PLC　S7-200系列PLC　S7-300系列PLC　S7-400系列PLC
数字量输入模块　数字量输入模块　数字量I/O模块　数字量I/O模块　数字量输出模块

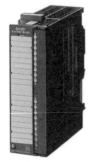

(f) EM232　　　(g) EM235　　　(h) SM334　　　(i) SM431
S7-200系列PLC　S7-200系列PLC　S7-300系列PLC　S7-400系列PLC
模拟量输入模块　模拟量I/O模块　模拟量I/O模块　模拟量输入模块

图 22-25　典型数字量扩展模块和模拟量扩展模块实物外形

西门子各系列 PLC 中除本机集成的数字量 I/O 端子外，还可连接数字量扩展模块（DI/DO）用以扩展更多的数字量 I/O 端子。

在 PLC 的数字系统中，不能输入和处理连续的模拟量信号，但在很多自动控制系统所控制的量为模拟量，因此为使 PLC 的数字系统可以处理更多的模拟量，除本机集成的模拟量 I/O 端子外，可连接模拟量扩展模块（AI/AO）用以扩展更多的模拟量 I/O 端子。

4. 通信模块（CP）

西门子 PLC 有很强的通信功能，除其 CPU 模块本身集成的通信接口外，还扩展连接通信模块，用以实现 PLC 与 PLC 之间、PLC 与计算机之间、PLC 与其他功能设备之间的通信。

图 22-26 所示为西门子 S7 系列常用的通信模块实物外形。不同型号的 PLC 可扩展不同类型或型号的通信模块，用以实现强大的通信功能。

(a) EM277
S7-200系列PLC
PROFIBUS-DP从站通信模块

(b) CP243-1
S7-200系列PLC
工业以太网通信模块

(c) CP243-2
S7-200系列PLC
AS-i接口模块

(d) CP343-2
S7-300系列PLC
工业以太网通信模块

(e) CP443
S7-400系列PLC
工业以太网通信模块

图 22-26 西门子 S7 系列常用的通信模块实物外形

5. 功能模块（FM）

功能模块（FM）主要用于要求较高的特殊控制任务，西门子 PLC 中常用的功能模块主要有计数器模块、进给驱动位置控制模块、步进电动机定位模块、伺服电动机定位模块、定位和连续路径控制模块、闭环控制模块、称重模块、位置输入模块和超声波位置解码器等。

图 22-27 所示为西门子 S7 系列常用的功能模块实物外形。

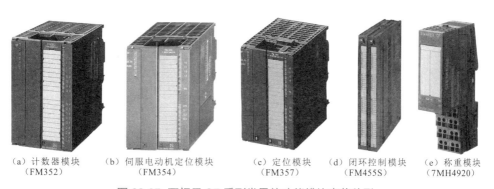

(a) 计数器模块（FM352）
(b) 伺服电动机定位模块（FM354）
(c) 定位模块（FM357）
(d) 闭环控制模块（FM455S）
(e) 称重模块（7MH4920）

图 22-27 西门子 S7 系列常用的功能模块实物外形

6. 接口模块（IM）

接口模块（IM）用于组成多机架系统时连接主机架（CR）和扩展机架（ER），多应用于西门子 S7-300/400 系列 PLC 系统中。

图 22-28 所示为西门子 S7-300/400 系列常用的接口模块实物外形。

（a）IM360
S7-300系列PLC
多机架扩展接口模块

（b）IM361
S7-300系列PLC
多机架扩展接口模块

（c）IM460
S7-400系列PLC
中央机架发送接口模块

图 22-28 西门子 S7-300/400 系列常用的接口模块实物外形

【提示】

不同类型的接口模块功能特点和规格也不相同，各接口模块的特点及规格如表 22-1 所列。

表 22-1 各接口模块的特点及规格

PLC 系列及接口模块		特点及应用
S7-300	IM365	专用于 S7-300 的双机架系统扩展，IM365 发送接口模块安装在主机架中；IM365 接收模块安装在扩展机架中，两个模块之间通过 368 连接电缆连接
	IM360 IM361	IM360 和 IM361 接口模块必须配合使用，用于 S7-300 的多机架系统扩展。其中，IM360 必须安装在主机架中；IM361 安装在扩展机架中，通过 368 电缆连接
S7-400	IM460-×	用于中央机架的发送接口模块	IM460-0 与 IM461-0 配合使用，属于集中式扩展，最大距离为 3m；IM460-1 与 IM461-1 配合使用，属于集中式扩展，最大距离为 1.5m；IM460-3 与 IM461-3 配合使用，属于分布式扩展，最大距离为 100m；IM460-4 与 IM461-4 配合使用，属于分布式扩展，最大距离为 600m
	IM461-×	用于扩展机架的接收接口模块	

7. 其他扩展模块

在西门子 PLC 系统中，除上述的基本组成模块和扩展模块外，还有一些其他功能的扩展模块，该类模块一般作为一系列 PLC 专用的扩展模块。

例如，热电偶或热电阻扩展模块（EM231），该模块是专门与 S7-200（CPU224、CPU224XP、CPU226、CPU226XM）PLC 匹配使用的，它是一种特殊的模拟量扩展模块，可以直接连接热电偶（TC）或热电阻（RTD）以测量温度。该温度值可通过模拟量通道直接被用户程序访问。

第 23 章 PLC 编程

23.1 PLC 梯形图

23.1.1 PLC 梯形图的特点

PLC 梯形图是 PLC 程序设计中最常用的一种编程语言。它继承了继电器控制电路的设计理念，采用图形符号的连通图形式直观形象地表达电气电路的控制过程。它与电气控制电路非常类似，十分易于理解，可以说是广大电气技术人员最容易接受和使用的编程语言。

图 23-1 所示为电气控制电路与 PLC 梯形图的对应关系。

可以看到，从电气控制原理图到 PLC 梯形图，整个程序设计保留了电气控制原理图的风格。在 PLC 梯形图中，特定的符号和文字标识标注了控制电路各电气部件及其工作状态。整个控制过程由多个梯级来描述，也就是说，每个梯级通过能流线上连接的图形、符号或文字标识反映控制过程中的一个控制关系。在梯级中，控制条件表示在左面，然后沿能流线逐渐表现出控制结果。这就是 PLC 梯形图，这种编程设计习惯非常直观、形象，与电气电路图对应，控制关系一目了然。

因此，搞清 PLC 梯形图可以非常快速地了解整个控制系统的设计方案（编程），洞悉控制系统中各电气部件的连接和控制关系，为控制系统的调试、改造提供帮助。若控制系统出现故障，从 PLC 梯形图入手也可准确快捷地做出检测分析，有效地完成对故障的排查，可以说 PLC 梯形图在电气控制系统的设计、调试、改造以及检修中有着重要的意义。

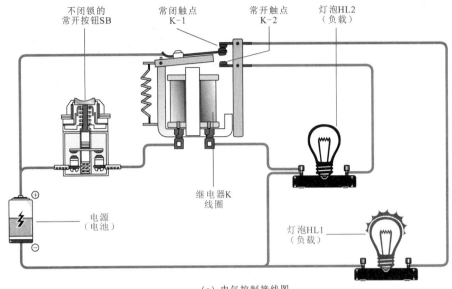

(a) 电气控制接线图

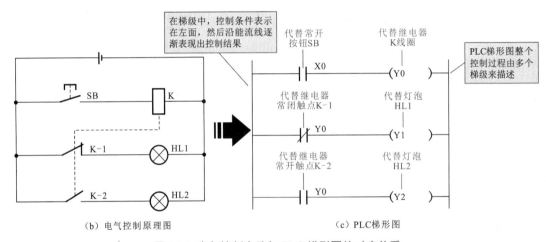

(b) 电气控制原理图　　　　　　(c) PLC梯形图

图 23-1　电气控制电路与 PLC 梯形图的对应关系

【提示】

由于 PLC 生产厂家的不同，PLC 梯形图中所定义的触点符号、线圈符号及文字标识等所表示的含义也会有所不同。例如，三菱公司生产的 PLC 就要遵循三菱 PLC 梯形图编程标准，西门子公司生产的 PLC 就要遵循西门子 PLC 梯形图编程标准，具体要以设备生产厂商的标准为依据。

23.1.2　PLC 梯形图的构成

1. 梯形图的构成及符号含义

梯形图主要是由母线、触点、线圈构成的，如图 23-2 所示。图中左、右的竖线称为左、右母线；触点对应电气控制原理图中的开关、按钮、继电器触点、接触器触点等电气部件；线圈对应电气控制原理图中的继电器线圈、接触器线圈等，通常用来控制外部的指示灯、电动机、继电器线圈、接触器线圈等输出元件。

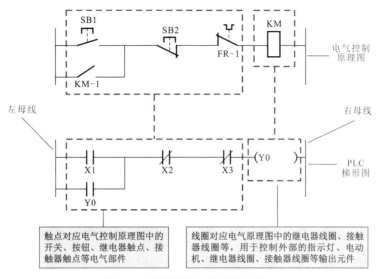

图 23-2 梯形图的构成及符号含义

（1）母线。

梯形图中两侧的竖线称为母线，在分析梯形图的逻辑关系时，可参照电气原理图的分析方式进行。如图 23-3 所示，在典型的电气原理图中，电流由电源的正极流出，经开关 SB1 加到灯泡 HL1 上与电源负极构成一个完整的回路，灯泡 HL1 被点亮；电气原理图所对应的梯形图中，假定左母线代表电源正极，右母线代表电源负极，母线之间有"能流"，能流代表电流从左向右流动，即能流由左母线经触点 X0 加到线圈 Y0 上，与右母线构成一个完整的回路，线圈 Y0 得电。

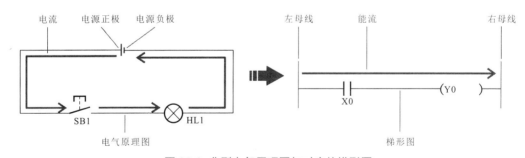

图 23-3 典型电气原理图与对应的梯形图

（2）触点。

在 PLC 的梯形图中有两类触点，分别为常开触点"┤├"和常闭触点"┤/├"，触点的通断情况与触点的逻辑赋值有关，若逻辑赋值为"0"，则常开触点"┤├"断开，常闭触点"┤/├"断开；若逻辑赋值为"1"，则常开触点"┤├"闭合，常闭触点"┤/├"闭合。PLC 梯形图中触点的含义如表 23-1 所示。

表 23-1 PLC 梯形图中触点的含义

触点符号	代表含义	逻辑赋值	状 态	常用地址符号
∥	常开触点	"0"或"OFF"时	断开	X、Y、M、T、C
		"1"或"ON"时	闭合	
⫫	常闭触点	"0"或"OFF"时	闭合	
		"1"或"ON"时	断开	

图 23-4 所示为 PLC 梯形图内部触点的动作过程，可以看出，当常开触点 X1 赋值为"1"，X2 赋值为"0"时，线圈 Y0 才可得电。

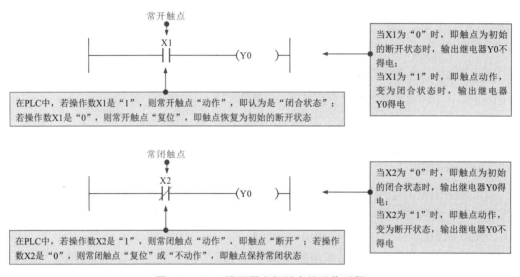

图 23-4 PLC 梯形图内部触点的动作过程

（3）线圈。

在 PLC 的梯形图中线圈种类有很多，如输出继电器线圈"—( )—"、辅助继电器线圈"—( )—"、定时器线圈"—( )—"等，线圈通断情况与线圈的逻辑赋值有关。若逻辑赋值为"0"，线圈失电；若逻辑赋值为"1"，线圈得电。PLC 梯形图中线圈的含义如表 23-2 所示。

表 23-2 PLC 梯形图中线圈的含义

触点符号	代表含义	逻辑赋值	状 态	常用地址符号
—( )—	线圈	"0"或"OFF"时	失电	Y、M、T、C
		"1"或"ON"时	得电	

2. PLC 梯形图中的继电器

PLC 梯形图的内部是由许多不同功能的元件构成的，它们并不是真正的硬件物理元件，而是由电子电路和存储器组成的软元件,如 X 代表输入继电器,是由输入电路和输入映像寄存器构成的,用于直接输入给 PLC 的物理信号;Y 代表输出继电器,是由输出电路和输出映像寄存器构成的,用于从 PLC 直接输出物理信号;T 代表定时器、M 代表辅助继电器、C 代表计数器、S 代表状态继电器、D 代表数据寄存器,它们都是由存储器组成的,用于 PLC 内部的运算。

下面以典型的输入继电器、输出继电器和时间继电器为例进行介绍。

(1)输入继电器和输出继电器。

输入继电器常使用字母 X 进行标识,与 PLC 的输入端子相连,将接收外部输入的开关信号状态读入并存储在输入映像寄存器中,它只能使用外部输入信号进行驱动,而不能使用程序进行驱动;输出继电器常使用字母 Y 进行标识,与 PLC 的输出端子相连,将PLC 输出的信号传递给输出模块,然后由输出接口电路将其信号输出来控制外部的继电器、交流接触器、指示灯等负载,它只能使用 PLC 内部程序进行驱动,图 23-5 所示为输入继电器和输出继电器的信号传递过程。

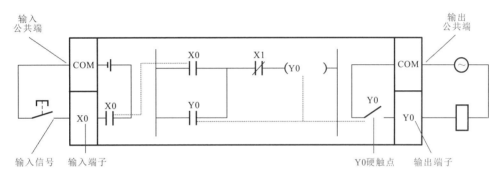

图 23-5 输入继电器和输出继电器的信号传递过程

(2)定时器。

PLC 梯形图中的定时器相当于电气控制电路中的时间继电器,常使用字母 T 进行标识。不同品牌型号的 PLC 定时器的种类也有所不同,下面以三菱 FX_{2N} 系列 PLC 定时器为例进行介绍。

三菱 FX_{2N} 系列 PLC 定时器可分为通用型定时器和累计型定时器两种,该系列 PLC 定时器的定时时间 $T=$ 分辨率等级(ms)× 计时常数 K,不同类型、不同号码的定时器所对应的分辨率等级也有所不同,计算定时器的定时号码对应的分辨率等级如表 23-3 所示。

表 23-3 三菱 FX_{2N} 系列 PLC 定时器定时号码对应的分辨率等级

定时器类型	定时器号码	分辨率等级	计时范围
通用型定时器	T0~T199	100 ms	0.1~3276.7 s
	T200~T245	10 ms	0.01~327.67 s
累计型定时器	T246~T249	1 ms	0.001~32.767 s
	T250~T255	100 ms	0.1~3276.7 s

在三菱 FN$_{2X}$ 系列 PLC 中，一般用十进制数来确定计时常数 K 值（0～32767）。例如，定时器 T0，其分辨率等级为 100 ms，当计时常数 K 预设值为 50 时，实际的定时时间 T=100 ms×50=5000 ms=5s。

① 通用型定时器。

通用型定时器的定时器线圈得电或失电后，经一段时间延时后，触点才会相应动作。但当输入电路断开或停电时，定时器不具有断电保持功能。图 23-6 所示为通用型定时器的内部结构及工作原理图。

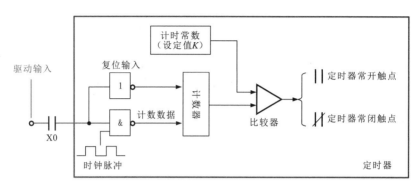

图 23-6 通用型定时器的内部结构及工作原理图

输入继电器触点 X0 闭合，将计数数据送入计数器中，计数器从零开始对时钟脉冲进行计数，当计数值等于计时常数（设定值 K）时，电压比较器输出端输出控制信号控制定时器常开触点、常闭触点的相应动作。当输入继电器触点 X0 断开或停电时，计数器复位，定时器常开、常闭触点也相应复位。

图 23-7 所示为通用型定时器的工作过程。

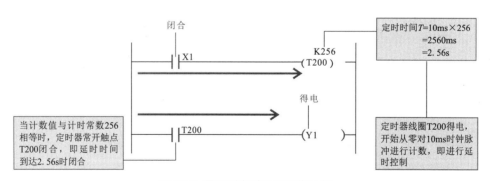

图 23-7 通用型定时器的工作过程

当输入继电器触点 X1 闭合时，定时器线圈 T200 得电，开始从零对 10 ms 时钟脉冲进行计数，即进行延时控制；当计数值与计时常数 256 相等时，定时器常开触点 T200 闭合，即延时时间到达 2.56 s 时闭合，此时输出继电器线圈 Y1 得电。

② 累计型定时器。

累计型定时器与通用型定时器不同的是，累计型定时器在定时过程中断电或输入电路断开时，定时器具有断电保持功能，能够保持当前计数值；当通电或输入电路闭合时，定时器会在保持当前计数值的基础上继续累计计数，图 23-8 所示为累计型定时器的内部结构及工作原理图。

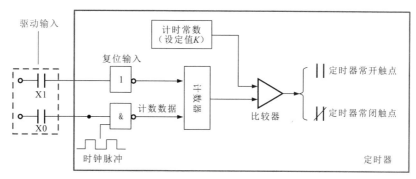

图 23-8 累计型定时器的内部结构及工作原理图

输入继电器触点 X0 闭合，将计数数据送入计数器中，计数器从零开始对时钟脉冲进行计数，当定时器计数值未达到计时常数（设定值K）时，输入继电器触点 X0 断开或断电时，计数器可保持当前计数值；当输入继电器触点 X0 再次闭合或通电时，计数器在当前值的基础上开始累计计数；当累计计数值等于计时常数（设定值 K）时，电压比较器输出端输出控制信号控制定时器常开触点、常闭触点相应动作。

当复位输入触点 X1 闭合时，计数器计数值复位，其定时器常开、常闭触点也相应复位。

图 23-9 所示为累计型定时器的工作过程。

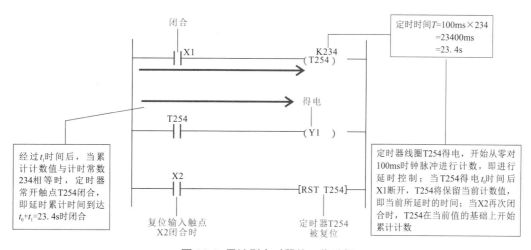

图 23-9 累计型定时器的工作过程

当输入继电器触点 X1 闭合时，定时器线圈 T234 得电，开始从零对 100 ms 时钟脉冲进行计数，即进行延时控制；当定时器线圈 T254 得电 t_0 时间后 X1 断开时，T254 将保留当前计数值，即当前所延时的时间；当 X1 再次闭合时，T254 在当前值的基础上开始累计计数，经过 t_1 时间后，当累计计数值与计数常数 234 相等时，定时器常开触点 T254 闭合，即延时累计时间到达 $t_0 + t_1 = 23.4$ s 时闭合，输出继电器线圈 Y1 得电。

当复位输入触点 X2 闭合时，定时器 T254 被复位，当前值变为零，常开触点 T254 也随之复位断开。

23.2 PLC 语句表

23.2.1 PLC 语句表的特点

针对 PLC 梯形图的直观、形象的图示化特色，PLC 语句表正好相反，它的编程最终以文本的形式体现，图 23-10 所示是用 PLC 梯形图和 PLC 语句表编写的同一个控制系统的程序。

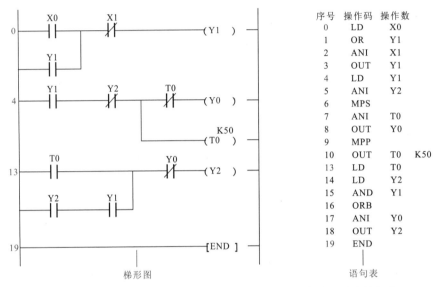

图 23-10 用 PLC 梯形图和 PLC 语句表编写的同一个控制系统的程序

可以看出，PLC 语句表没有 PLC 梯形图那样直观、形象，但 PLC 语句表的表达更加精练、简洁。如果能够了解 PLC 语句表和 PLC 梯形图的含义会发现，PLC 语句表和 PLC 梯形图是一一对应的。

【提示】

可以看出，在 PLC 梯形图的输入母线的每一条语句的分支处都标有数字编号，该编号代表该条语句的第一个指令在整个梯形图中的执行顺序，与语句表中的序号相对应。

PLC 梯形图中的每一条语句都与语句表中若干条语句相对应，且每一条语句中的每一个触点、线圈都与 PLC 语句表中的操作码和操作数相对应，如图 23-11 所示。除此之外，梯形图中的重要分支点，如并联电路块串联、串联电路块并联、进栈、读栈、出栈触点处等，在语句表中也会通过相应的指令指示出来。

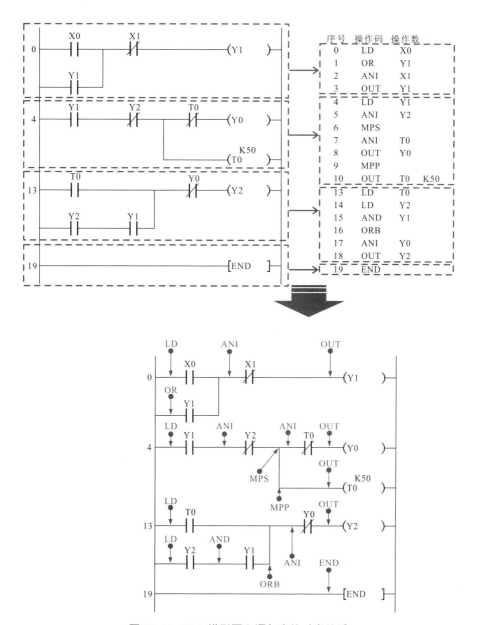

图 23-11 PLC 梯形图和语句表的对应关系

【提示】

很多 PLC 编程软件都具有 PLC 梯形图和 PLC 语句表的互换功能,如图 23-12 所示。通过 "梯形图 / 指令表显示切换" 按钮可实现 PLC 梯形图和语句表之间的转换。值得注意的是,所有的 PLC 梯形图都可转换成所对应的语句表,但并不是所有的语句表都可以转换为所对应的梯形图。

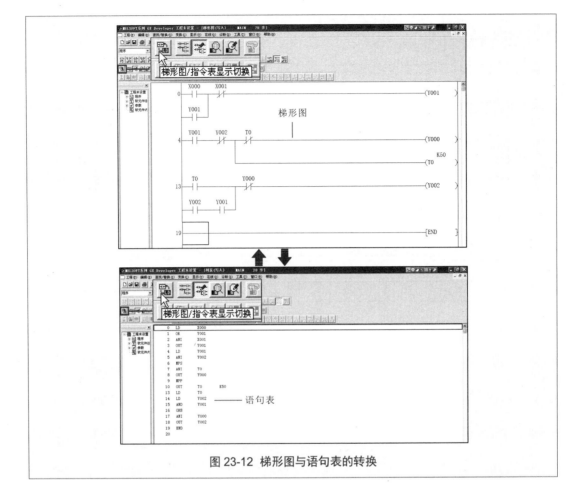

图 23-12 梯形图与语句表的转换

23.2.2 PLC 语句表的构成

PLC 语句表是由序号、操作码和操作数构成的，如图 23-13 所示。

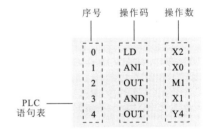

图 23-13 PLC 语句表的构成

1. 序号

序号使用数字进行标识，表示指令语句的顺序。

2. 操作码

操作码使用助记符进行标识，也称为编程指令，用于完成 PLC 的控制功能。不同厂家生产的 PLC 语句表使用的助记符也不相同，表 23-4 所示为三菱 FX 系列和西门子 S7-200 系列 PLC 中常用的助记符。

表 23-4 三菱 FX 系列和西门子 S7-200 系列 PLC 中常用的助记符

功　能	三菱 FX 系列（助记符）	西门子 S7-200 系列（助记符）
读指令（逻辑段开始 - 常开触点）	LD	LD
读反指令（逻辑段开始 - 常闭触点）	LDI	LDN
输出指令（驱动线圈指令）	OUT	=
"与"指令	AND	A
"与非"指令	ANI	AN
"或"指令	OR	O
"或非"指令	ORI	ON
"电路块"与指令	ANB	ALD
"电路块"或指令	ORB	OLD
"置位"指令	SET	S
"复位"指令	RST	R
"进栈"指令	MPS	LPS
"读栈"指令	MRD	LRD
"出栈"指令	MPP	LPP
上升沿脉冲指令	PLS	EU
下降沿脉冲指令	PLF	ED

3. 操作数

操作数使用地址编号进行标识，用于指示 PLC 操作数据的地址，相当于梯形图中软继电器的文字标识，不同厂家生产的 PLC 语句表使用的操作数也有所差异，例如，表 23-5 所示为三菱 FX 系列和西门子 S7-200 系列 PLC 中常用的操作数。

表 23-5 三菱 FX 系列和西门子 S7-200 系列 PLC 中常用的操作数

三菱 FX 系列（操作数）		西门子 S7-200 系列（操作数）	
名　称	地址编号	名　称	地址编号
输入继电器	X	输入继电器	I
输出继电器	Y	输出继电器	Q
定时器	T	定时器	T
计数器	C	计数器	C
辅助继电器	M	通用辅助继电器	M
状态继电器	S	特殊标志继电器	SM
		变量存储器	V
		顺序控制继电器	S

23.3 西门子PLC编程

西门子PLC梯形图的编程规则是编程人员的必备基础，在进行PLC编程前，应具备一些扎实的理论编程基础知识作为铺垫，以帮助编程人员尽快掌握西门子PLC梯形图的编程方法。

这里我们将从西门子PLC梯形图的结构特点和常用编程元件作为入手点，在此基础上介绍其基本编程方法。

23.3.1 西门子PLC梯形图中常用编程元件标识方法

在西门子PLC梯形图中，将其触点和线圈等称为程序中的编程元件。编程元件也称软元件，是指在PLC编程时使用的I/O端子所对应的存储区，以及内部的存储单元、寄存器等。

根据编程元件的功能，西门子PLC梯形图中常用的编程元件主要有输入继电器（I）、输出继电器（Q）、辅助继电器（M、SM）、定时器（T）、计数器（C）和一些其他较常见的编程元件等。

1. 输入继电器（I）的标注

西门子PLC梯形图中的输入继电器用"字母I+数字"进行标注，每个输入继电器均与PLC的一个输入端子对应，用于接收外部开关信号。

输入继电器由PLC端子连接的开关部件的通断状态（开关信号）进行驱动，当开关信号闭合时，输入继电器得电，其对应的常开触点闭合，常闭触点断开，如图23-14所示。

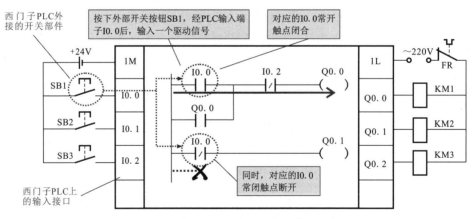

图23-14 西门子PLC梯形图中的输入继电器

2. 输出继电器（Q）的标注

西门子PLC梯形图中的输出继电器用"字母Q+数字"进行标注，每一个输出继电器均与PLC的一个输出端子对应，用于控制PLC外接的负载。

输出继电器可以由 PLC 内部输入继电器的触点、其他内部继电器的触点或输出继电器自己的触点来驱动,如图 23-15 所示。

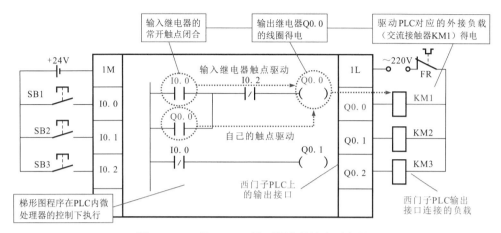

图 23-15 西门子 PLC 梯形图中的输出继电器

西门子 PLC 梯形图中输入继电器、输出继电器的地址编号在程序设计之初由 I/O 分配表进行分配,一般 PLC 外接输入部件或负载部件对应的输入继电器、输出继电器编号为其所接端子的名称,表 23-6 所示为西门子 PLC 梯形图设计时给出的 I/O 分配表。

表 23-6 西门子 PLC 梯形图设计时给出的 I/O 分配表

输入信号及地址编号			输出信号及地址编号		
开关部件名称	代号	地址编号	负载部件名称	代号	地址编号
启动按钮	SB1	I0.0	向左接触器	KM1	Q0.0
行程开关一	SQ1	I0.1	向右接触器	KM2	Q0.1
行程开关二	SQ2	I0.2			
行程开关三	SQ3	I0.3			

3. 辅助继电器(M、SM)的标注

在西门子 PLC 梯形图中,辅助继电器有两种,一种为通用辅助继电器,另一种为特殊标志位辅助继电器。

(1)通用辅助继电器的标注。

通用辅助继电器也称内部标志位存储器,如同传统继电器控制系统中的中间继电器一样,用于存放中间操作状态或存储其他相关数字,用"字母 M+ 数字"进行标注,如图 23-16 所示。

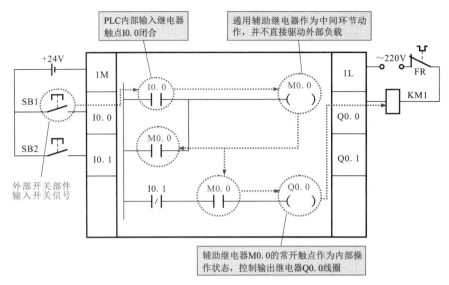

图 23-16 西门子 PLC 梯形图中的通用辅助继电器

可以看到，通用辅助继电器 M0.0 既不直接接受外部输入信号，也不直接驱动外接负载，它只是程序处理的中间环节，起到桥梁的作用。

> **【资料】**
>
> 西门子 PLC 梯形图中的通用辅助继电器的地址格式可以为位地址格式和字节、字、双字格式两种。
>
> 位地址格式：M[字节地址].[位地址]，如 M31.7。
>
> 字节、字、双字格式：M[数据长度][起始字节地址]，如 MB11、MW30、MD12 等。其中，B 为 BYTE（字节）缩写；W 为 WORD（字）缩写；D 为 DWORD（双字）缩写。
>
> 在西门子 S7-200 系类 PLC 中，CPU226（型号）模块内部的通用辅助继电器有效地址范围：M（0.0～63.7），共 512 位；MB（0～63），共 64 字节；MW（0～62），共 32 个字；MD（0～60），共 16 个双字。

（2）特殊标志位辅助继电器的标注。

特殊标志位辅助继电器，用"字母 SM+ 数字"标注，如图 23-17 所示，通常简称为特殊标志位继电器。它是为保存 PLC 自身工作状态数据而建立的一种继电器，用于为用户提供一些特殊的控制功能及系统信息，如用于读取程序中设备的状态和运算结果，根据读取信息实现控制需求等。一般用户对操作的一些特殊要求也可通过特殊标志位辅助继电器通知 CPU 系统。

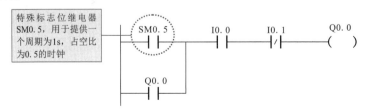

图 23-17 西门子 PLC 梯形图中的特殊标志位辅助继电器

【资料】

在西门子 S7-200 系列 PLC 中，CPU226 型号的特殊标志位继电器的有效地址范围为：SM（0.0～179.7），共有 1440 位；SMB（0～179），共有 180 字节；SMW（0～178），共有 90 个字；SMD（0～176），共有 45 个双字。常用的特殊标志位继电器 SM 的功能如表 23-7 所示。

表 23-7 常用的特殊标志位继电器 SM 的功能

SM 地址编号	功　能
SM0.0	PLC 运行时该位始终为 1
SM0.1	PLC 首次扫描时为 1，保持一个扫描周期。可用于调用初始化程序
SM0.2	若保持数据丢失，则该位为 1，保持一个扫描周期
SM0.3	开机进入 RUN 模式，将闭合一个扫描周期
SM0.4	提供一个周期为 1min 的时钟（高、低电平各为 30 s）
SM0.5	提供一个周期为 1s 的时钟（高、低电平各为 0.5 s）
SM0.6	扫描时钟，本次扫描置 1，下次扫描置 0。可用于扫描计数器的输入
SM0.7	指示 CPU 工作方式开关的位置，0 为 TEMR 位置；1 为 RUN 位置
SM1.0	零标志，当执行某些命令的输出结果为 0 时，将该位置 1
SM1.1	错误标志，当执行某些命令时，其结果溢出或出现非法数值时，将该位置 1
SM1.2	负数标志，当执行某些命令时，其结果为负数时，将该位置 1
SM1.3	试图除以零时，将该位置 1
SM1.4	当执行 ATT（Add To Table）指令时，超出表范围时，将该位置 1
SM1.5	当执行 LIFO 或 FIFO，从空表中读数时，将该位置 1
SM1.6	当试图把一个非 BCD 数转换为二进制数时，将该位置 1
SM1.7	当 ASCII 码不能转换为有效的十六进制数时，将该位置 1

4. 定时器（T）的标注

在西门子 PLC 梯形图中，定时器是一个非常重要的编程元件，用"字母 T+ 数字"进行标注，数字为 0～255，共 256 个。不同型号的 PLC，其定时器的类型和具体功能也不相同。在西门子 S7-200 系列 PLC 中，定时器分为 3 种类型，即接通延时定时器（TON）、保留性接通延时定时器（TONR）、断开延时定时器（TOF），三种定时器定时时间的计算公式相同：

$T = PT \times S$（T 为定时时间，PT 为预设值，S 为分辨率等级）

其中，PT 预设值根据编程需要输入设定的数值，分辨率等级一般有 1 ms、10 ms、100 ms 三种，由定时器类型和编号决定，如表 23-8 所示。

表 23-8 西门子 S7-200 定时器号码对应的分辨率等级及最大值等参数

定时器类型	定时器编号	分辨率等级	最大值
接通延时定时器（TON） 断开延时定时器（TOF）	T32，T96	1 ms	32.767 s
	T33～T36，T97～T100	10 ms	327.67 s
	T37～T63，T101～T255	100 ms	3276.7 s
保留性接通延时定时器（TONR）	T0，T64	1 ms	32.767 s
	T1～T4，T65～T68	10 ms	327.67 s
	T5～T31，T69～T95	100 ms	3276.7 s

（1）接通延时定时器（TON）的标注。

接通延时定时器是指定时器得电后，延时一段时间（由设定值决定）后其对应的常开或常闭触点才执行闭合或断开动作；当定时器失电后，触点立即复位。

接通延时定时器在 PLC 梯形图中的表示方法如图 23-18 所示，其中，方框上方的"???"为定时器的编号输入位置；方框内的 TON 代表该定时器类型（接通延时）；IN 为启动输入端，PT 为时间预设值端（PT 外部的"???"为预设值的数值）；S 为定时器分辨率，与定时器的编号有关，可参照表 23-8。

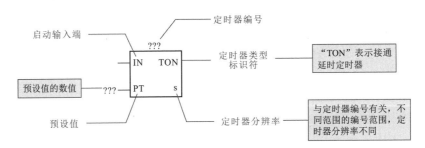

图 23-18 接通延时定时器在 PLC 梯形图中的表示方法

（2）保留性接通延时定时器（TONR）的标注。

保留性接通延时定时器（TONR）与上述的接通延时定时器（TON）的原理基本相同，不同之处在于在计时时间段内，未达到预设值前，定时器断电后，可保持当前计时值；当定时器得电后，从保留值的基础上再进行计时，可多间隔累加计时；当到达预设值时，其触点相应动作（常开触点闭合，常闭触点断开）。

保留性接通延时定时器在 PLC 梯形图中的表示方法如图 23-19 所示，其中，方框上方的"???"为定时器的编号输入位置；方框内的 TONR 代表该定时器类型（接通延时）；IN 为启动输入端；PT 为时间预设值端（PT 外部的"???"为预设值的数值）；S 为定时器分辨率，与定时器的编号有关，可参照表 23-8。

（3）断开延时定时器（TOF）的标注。

断开延时定时器（TOF）是指定时器得电后，其相应常开或常闭触点立即执行闭合或断开动作；当定时器失电后，需延时一段时间（由设定值决定），其对应的常开或常闭触点才执行复位动作。

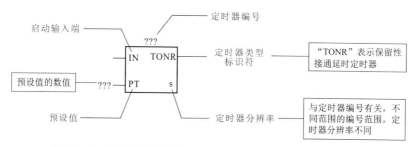

图 23-19 保留性接通延时定时器在 PLC 梯形图中的表示方法

断开延时定时器在 PLC 梯形图中的表示方法与上述两种定时器基本相同，如图 23-20 所示为断开延时定时器的典型应用。

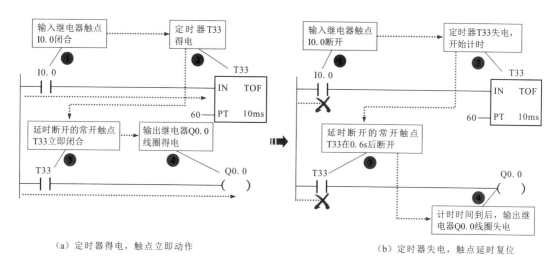

（a）定时器得电，触点立即动作　　　　　　　　　（b）定时器失电，触点延时复位

图 23-20 断开延时定时器的典型应用

可以看到，该程序中所用定时器编号为 T33，预设值 PT 为 60，定时分辨率为 10 ms。

可以计算出，该定时器的定时时间为：60×10 ms=600 ms=0.6 s；则该程序中，当输入继电器 I0.3 闭合后，定时器 T33 得电，控制输出继电器 Q0.0 的延时断开的常开触点 T33 立即闭合，使输出继电器 Q0.0 线圈得电；当输入继电器 I0.0 断开后，定时器 T33 失电，控制输出继电器 Q0.0 的延时断开的常开触点 T33 延时 0.6s 后才断开，输出继电器 Q0.0 线圈失电。

【资料】

西门子 S7-300/400 系列 PLC 中的定时器有 5 种类型，分别为脉冲型定时器（SP）、扩展脉冲型定时器（SE）、延时接通型定时器（SD）、延时接通保持型定时器（SS）和延时断开型定时器（SF），其表现形式有两种，一种为块图形式，另一种为线圈形式。

用块图形式定时器表现比较直观，对应有 5 种定时器，分别为脉冲型定时器（SP_PULSE）、扩展脉冲型定时器（SE_PEXT）、延时接通型定时器（SD_ODT）、延时接通保持型定时器（SS_DDTS）和延时断开型定时器（SF_OFFDT），每种定时器有 6 个端子，其相关符号和文字标识含义如图 23-21 所示。用线圈形式表现的定时器也有 5 种，分别为脉冲型定时器（SP）、扩展脉冲型定时器（SE）、延时接通型定时器（SD）、延时接通保持型定时器（SS）、延时断开型定时器（SF），其相关符号和文字标识含义如图 23-22 所示。

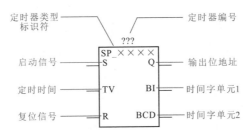

图 23-21 西门子 S7-300/400 系列 PLC 中的 5 种块图形式定时器

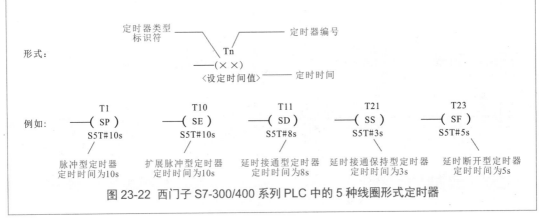

图 23-22 西门子 S7-300/400 系列 PLC 中的 5 种线圈形式定时器

5. 计数器（C）的标注

在西门子 PLC 梯形图中，计数器的结构和使用与定时器基本相似，也是应用广泛的一种编程元件，用来累计输入脉冲的次数，经常用来对产品进行计数。用"字母 C+数字"进行标识，数字为 0～255，共 256 个。

不同型号的 PLC，其定时器的类型和具体功能也不相同。在西门子 S7-200 系列 PLC 中，计数器分为 3 种类型，即增计数器（CTU）、减计数器（CTD）、增减计数器（CTUD），一般情况下，计数器与定时器配合使用。

（1）增计数器（CTU）的标注。

增计数器（CTU）是指在计数过程中，当计数端输入一个脉冲式时，当前值加 1；当脉冲数累加到大于或等于计数器的预设值时，计数器相应触点动作（常开触点闭合，常闭触点断开）。

在西门子 S7-200 系列 PLC 梯形图中，增计数器的图形符号及文字标识含义如图 23-23 所示，其中方框上方的"???"为增计数器编号，CU 为计数脉冲输入端，R 为复位信号输入端（复位信号为 0 时，计数器工作），PV 为脉冲设定值输入端。

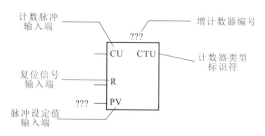

图 23-23 增计数器的图形符号及文字标识含义

【资料】

与定时器相似，计数器的计数器累加脉冲数也一般用 16 位符号整数来表示，最大计数值为 32767、最小值为 -32767，增计数器在进行脉冲累加过程中，当累加数与预设值相等时，计数器的相应触点动作，这时再送入脉冲时，计数器的当前值仍不断累加，直到 32767 时，停止计数，直到复位端 R 再次变为 1，计数器被复位。

（2）减计数器（CTD）的标注。

减计数器（CTD）是指在计数过程中，将预设值装入计数器当前值寄存器，当计数端输入一个脉冲式时，当前值减 1；当计数器的当前值等于 0 时，计数器相应触点动作（常开触点闭合、常闭触点断开），并停止计数。

在西门子 S7-200 系列 PLC 梯形图中，减计数器的图形符号及文字标识含义如图 23-24 所示，其中方框上方的 "???" 为减计数器编号，CD 为计数脉冲输入端，LD 为装载信号输入端，PV 为脉冲设定值输入端。

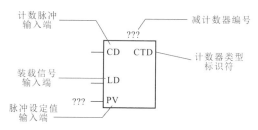

图 23-24 减计数器的图形符号及文字标识含义

当装载信号输入端 LD 信号为 1 时，其计数器的设定值 PV 被装入计数器的当前值寄存器，此时当前值为 PV。只有装载信号输入端 LD 信号为 0 时，计数器才可以工作。

（3）增减计数器（CTUD）的标注。

增减计数器（CTUD）有两个脉冲信号输入端，其在计数过程中，可进行计数加 1，也可进行计数减 1。

在西门子 S7-200 系列 PLC 梯形图中，增减计数器的图形符号及文字标识含义如图 23-25 所示，其中方框上方的 "???" 为增减计数器编号，CU 为增计数脉冲输入端，CD 为减计数脉冲输入端，R 为复位信号输入端，PV 为脉冲设定值输入端。

当 CU 端输入一个计数脉冲时，计数器当前值加 1；当计数器当前值大于或等于预设值时，计数器由 OFF 转换为 ON，其相应触点动作；当 CD 端输入一个计数脉冲时，计数器当前值减 1，当计数器当前值小于预设值时，计数器由 OFF 转换为 ON，其相应触点动作。

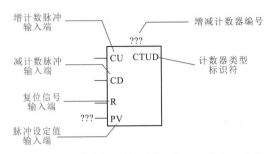

图 23-25 增减计数器的图形符号及文字标识含义

【资料】

增减计数器在计数过程中，当计数器的当前值大于或等于设定值 PV 时，计数器动作，这时增计数脉冲输入端再输入脉冲时，计数器的当前值仍不断累加，达到最大值 32767 后，下一个 CU 脉冲将使计数器当前值跳变为最小值 -32767 并停止计数。

同样，计数器进行减 1 操作，当前值小于设定值 PV 时，计数器动作，这时减计数脉冲输入端再输入脉冲时，计数器的当前值仍不断递减，达到最小值 -32767 后，下一个 CD 脉冲将使计数器当前值跳变为最大值 32767 并停止计数。

6. 其他编程元件（V、L、S、AI、AQ、HC、AC）的标注

在西门子 PLC 梯形图中，除上述 5 种常用编程元件外，还包含一些其他基本编程元件。

（1）变量存储器（V）的标注。

变量存储器用字母 V 标注，用来存储全局变量，可用于存放程序执行过程中控制逻辑操作的中间结果等。同一个存储器可以在任意程序分区被访问。

（2）局部变量存储器（L）的标注。

局部变量存储器用字母 L 标注，用来存储局部变量，同一个存储器只和特定的程序相关联。

（3）顺序控制继电器（S）的标注。

顺序控制继电器用字母 S 标注，用于顺序控制和步进控制，是一种特殊的继电器。

（4）模拟量输入、输出映像寄存器（AI、AQ）的标注。

模拟量输入映像寄存器（AI）用于存储模拟量输入信号，并实现模拟量的 A/D 转换；模拟量输出映像寄存器（AQ）为模拟量输出信号的存储区，用于实现模拟量的 D/A 转换。

（5）高速计数器（HC）的标注。

高速计数器（HC）与普通计数器基本相同，用于累计高速脉冲信号。高速计数器比较少，在西门子 S7-200 系列 PLC 中，CPU226 中高速计数器为 HC（0～5），共 6 个。

（6）累加器（AC）的标注。

累加器（AC）是一种暂存数据的寄存器，可用来存放运算数据、中间数据或结果数据，也可用于向子程序传递或返回参数等。西门子 S7-200 系列 PLC 中累加器为 AC（0～3），共 4 个。

23.3.2 西门子 PLC 梯形图的编写要求

西门子 PLC 梯形图在编写格式上有严格的要求，使用西门子 PLC 梯形图编程的技术人员要对西门子 PLC 梯形图中各元素的编程格式、编写顺序及梯形图梯次的编排等有所了解，采用正确规范的程序编写格式，方可确保西门子 PLC 梯形图编程的正确有效。

1. 西门子 PLC 梯形图中触点的编写要求

在西门子 PLC 梯形图中，触点的编写方法、排列顺序对程序执行可能会带来很大的影响，有时甚至会使程序无法运行，因此需要采取正确方法的进行编写。

触点应画在梯形图的水平线上，所有触点均位于线圈符号的左侧，且应根据控制要求遵循自左至右、自上而下的原则，如图 23-26 所示。

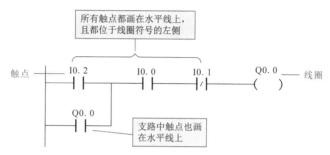

图 23-26 西门子 PLC 梯形图中触点的编写原则

【提示】

很多时候，梯形图是根据电气原理图进行绘制的，但需要注意的是，在有些电气原理图中，为了节约继电器触点，常采用"桥接"支路，交叉实现对线圈的控制，这时有些编程人员在对应编写 PLC 梯形图时，也将触点放在"桥接"支路上，这样触点便画在垂直分支上，这种编写方法是错误的，如图 23-27 所示。可见，PLC 梯形图的编程不是简单的电气原理图的转化，还需要在此基础上根据编写原则进行修改和完善。

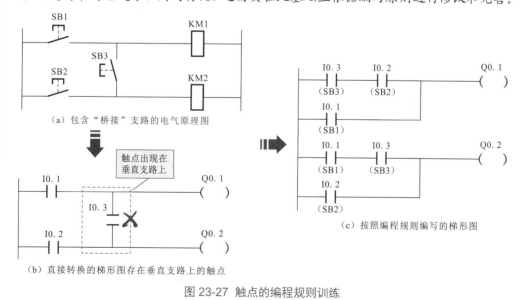

图 23-27 触点的编程规则训练

同一个触点在PLC梯形图中可以多次使用,且可以有两种初始状态,用于实现不同的控制要求。例如,需要实现按下PLC外接开关部件,使其对应的触点控制线圈Q0.0闭合,同时控制线圈Q0.1断开,对该要求下的程序编写如图23-28所示。

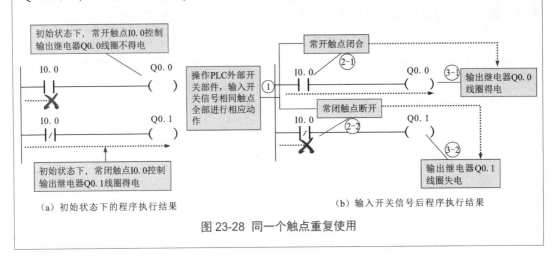

图23-28 同一个触点重复使用

2. 西门子PLC梯形图中线圈的编写要求

在西门子PLC梯形图中,线圈仅能画在同一行所有触点的最右边,而且,由于线圈输出作为逻辑结果必有条件,体现在梯形图中时,线圈与左母线之间必须有触点,如图23-29所示。

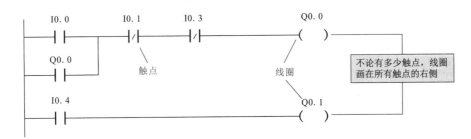

图23-29 西门子PLC梯形图中线圈的编写原则

【提示】

在西门子PLC梯形图中,输入继电器、输出继电器、辅助继电器、定时器、计数器等编程元件的触点可重复使用,而输出继电器、辅助继电器、定时器、计数器等编程元件的线圈在梯形图中一般只能使用一次。

3. 西门子PLC梯形图中母线分支的优化规则

在进行编程时,常遇到并联输出的支路,即一个条件下可同时实现两条或多条线路输出。西门子PLC梯形图一般用堆栈指令操作实现并联输出的功能,但由于通过堆栈操作会增加程序存储器容量等缺点,一般不编写并联输出支路,而是将每个支路都作为一条单独的输出进行编写,如图 23-30 所示。

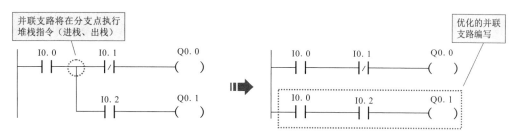

图 23-30 西门子 PLC 梯形图中并联输出支路的编写原则

4. 西门子 PLC 梯形图一些特殊编程元件的使用规则

在西门子 PLC 梯形图中,一些特殊编程元件需要成对出现,即需要配合使用才能实现正确编程。

例如,西门子 PLC 梯形图中的置位和复位操作,一般这两个操作均是由指令实现的,其在西门子 PLC 梯形图中一般写在线圈符号内部,如图 23-31 所示。

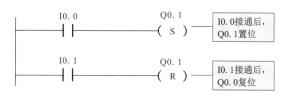

图 23-31 西门子 PLC 梯形图中的置位和复位

【提示】

置位和复位操作在西门子 PLC 梯形图中成对出现,当梯形图中将某线圈置位时,后面的程序中必然会对其复位操作。需要注意的是,复位指令可单独使用,如单独对计数器或定时器复位等,但若使用置位指令对某一线圈置位时,必须通过复位指令将其复位。

23.4 三菱 PLC 编程

了解三菱 PLC 梯形图的编程规则,我们先从三菱 PLC 梯形图的结构特点入手。认识三菱 PLC 梯形图常用编程元件的表达和标注方式,然后在三菱 PLC 梯形图中总结编程规范要领和注意事项。

23.4.1 三菱 PLC 梯形图中编程元件的标注方法

三菱 PLC 梯形图中的编程元件主要由字母和数字组成,标注时通常采用字母+数字的组合方式,其中字母表示编程元件的类型,如输入继电器 X、输出继电器 Y、辅助继电器 M、定时器 T、计数器 C 等。而数字则表示该编程元件的序号。

下面，我们具体了解一下三菱 PLC 梯形图中常用编程元件的标注方法。

1. 输入继电器和输出继电器的标注

输入继电器在三菱 PLC 梯形图中使用字母 X 进行标注，采用八进制编号，与 PLC 的输入端子相连，用于将外部输入的开关信号状态读入并存储在输入映像寄存器中，它只能使用外部输入信号进行驱动，而不能使用程序进行驱动。

输出继电器在三菱 PLC 梯形图中使用字母 Y 进行标注，也采用八进制编号，与 PLC 的输出端子相连，将 PLC 输出的信号送给输出模块，然后由输出接口电路将其信号输出来控制外部的继电器、交流接触器、指示灯等功能部件，它只能使用 PLC 内部程序进行驱动。

图 23-32 所示为三菱 PLC 中输入继电器与输出继电器的标注效果。

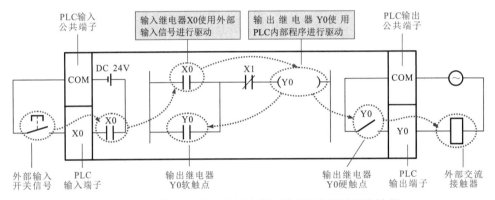

图 23-32 三菱 PLC 中输入继电器与输出继电器的标注效果

在三菱 PLC 中，不同系列、不同型号的输入继电器和输出继电器的编号是不同的，如三菱 FX_{2N} 系列 PLC 可包括 16M、32M、48M、64M、80M、128M 几种型号，其各型号的输入继电器和输出继电器的编号如表 23-10 所示。

表 23-10 三菱 FX_{2N} 系列 PLC 各型号的输入继电器和输出继电器的编号

FX_{2N} 系列 PLC 型号	输入继电器 X	输入点数	输出继电器 Y	输出点数
FX_{2N}-16M	X0～X7	8	Y0～Y7	8
FX_{2N}-32M	X0～X17	16	Y0～Y17	16
FX_{2N}-48M	X0～X27	24	Y0～Y27	24
FX_{2N}-64M	X0～X37	32	Y0～Y37	32
FX_{2N}-80M	X0～X47	40	Y0～Y47	40
FX_{2N}-128M	X0～X77	64	Y0～Y77	64

2. 辅助继电器的标注

辅助继电器是 PLC 编程中应用较多的一种编程元件，它不能直接读取外部输入，也不能直接驱动外部功能部件，只能作为辅助运算。如图 23-33 所示，辅助继电器在三菱 PLC 梯形图中使用字母 M 进行标注，采用十进制编号。由输入继电器 X0 读取外部输入，即 X0 闭合，辅助继电器 M0 线圈得电，常开触点闭合，控制输出继电器 Y0 线圈得电，并由输出继电器 Y0 驱动外部交流接触器线圈得电。

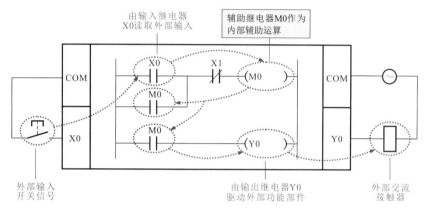

图 23-33 辅助继电器的工作方式

三菱 PLC 梯形图中的辅助继电器根据功能的不同可分为通用型辅助继电器、保持型辅助继电器和特殊型辅助继电器三种。如在三菱 FX_{2N} 系列 PLC 中通用型辅助继电器共有 500 点，元件范围为 M0～M499；保持型辅助继电器共有 2572 点，元件范围为 M500～M3071；特殊型辅助继电器共有 256 点，元件范围为 M8000～M8255。根据上述的元件范围即可在三菱 FX_{2N} 系列 PLC 的梯形图中识别辅助继电器的类型，如图 23-34 所示。

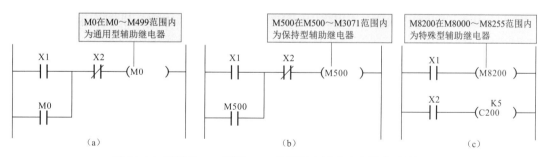

图 23-34 三菱 FX2N 系列 PLC 梯形图中辅助继电器类型的识别

【资料】

通用型辅助继电器在三菱 PLC 中常用于辅助运算、移位运算等，该类型辅助继电器不具备断电保持功能。

保持型辅助继电器在三菱 PLC 中常用于要求能够记忆电源中断前的瞬时状态，该类型辅助继电器在 PLC 运行过程中突然断电时，可使用后备锂电池对其映像寄存器中的内容进行保持，当 PLC 再次接通电源的第一个扫描周期保持断电瞬时状态。

特殊型辅助继电器具有特殊的功能，如在三菱 PLC 中常用于设定计数器的计数方向、禁止中断、设定 PLC 的运行方式等。

3. 定时器的标注

定时器是将 PLC 内 1 ms、10 ms、100 ms 等的时钟脉冲进行累计计时的，当定时器计时到达预设值时，其延时动作的常开、常闭触点才会相应动作。

在三菱 PLC 梯形图中，定时器使用字母 T 进行标注，采用十进制编号，如图 23-35 所示。

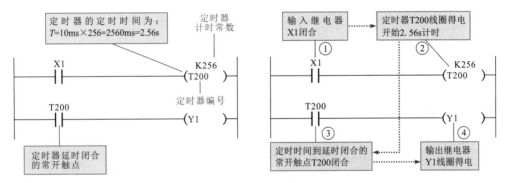

图 23-35 定时器在三菱 PLC 梯形图中的标注效果及作用

一般来说，在三菱 FX_{2N} 系列 PLC 中，根据功能的不同，定时器可分为通用型定时器和累计型定时器两种，其中通用型定时器共有 246 点，元件范围为 T0～T245；累计型定时器共有 10 点，元件范围为 T246～T255。不同类型、不同编号的定时器其时钟脉冲和计时范围也有所不同。表 23-11 所示为三菱 FX_{2N} 系列 PLC 不同类型不同编号的定时器所对应的时钟脉冲和计时范围。

表 23-11 三菱 FX_{2N} 系列 PLC 不同类型不同编号的定时器所对应的时钟脉冲和计时范围

定时器类型	定时器编号	时钟脉冲	计时范围
通用型定时器	T0～T199	100 ms	0.1～3276.7 s
	T200～T245	10 ms	0.01～327.67 s
累计型定时器	T246～T249	1 ms	0.001～32.767 s
	T250～T255	100 ms	0.1～3276.7 s

4．计数器的标注

计数器在三菱 PLC 梯形图中使用字母 C 进行标注，根据记录开关量的频率可分为内部信号计数器和外部高速计数器。

（1）内部计数器。

内部计数器是用来对 PLC 内部软元件 X、Y、M、S、T 提供的信号进行计数的，当计数值到达计数器的设定值时，计数器的常开、常闭触点会相应动作。

在三菱 FX_{2N} 系列 PLC 中，内部计数器可分为 16 位加计数器和 32 位加 / 减计数器，这两种类型的计数器又可分为通用型计数器和累计型计数器两种。表 23-12 所示为三菱 FX_{2N} 系列 PLC 计数器的类型及编号对照表。

表 23-12 三菱 FX_{2N} 系列 PLC 计数器的类型及编号对照表

计数器类型	计数器功能类型	计数器编号	设定值范围 K
16 位加计数器	通用型计数器	C0～C99	1～32767
	累计型计数器	C100～C199	
32 位加 / 减计数器	通用型计数器	C200～C219	－2147483648～＋2147483647
	累计型计数器	C220～C234	

① 16 位加计数器。

三菱 FX_{2N} 系列 PLC 中通用型 16 位加计数器是在当前值的基础上累计加 1 的，当计数值等于计数常数 K 时，计数器的常开、常闭触点相应动作。

② 32 位加 / 减计数器。

三菱 FX_{2N} 系列 PLC 中，32 位加 / 减计数器具有双向计数功能，其计数方向是由特殊辅助继电器 M8200～M8234 进行设定的。当特殊辅助继电器为"OFF"状态时，其计数器的计数方向为加计数；当特殊辅助继电器为"ON"状态时，其计数器的计数方向为减计数。如图 23-36 所示，当特殊辅助继电器 M8200 为"OFF"时，32 位加 / 减通用型计数器 C200 执行加计数；当特殊辅助继电器 M8200 为"ON"时，32 位加 / 减通用型计数器 C200 执行减计数。

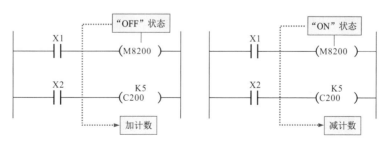

图 23-36 32 位加 / 减计数器

（2）外部高速计数器

外部高速计数器简称高速计数器，在三菱 FX_{2N} 系列 PLC 中高速计数器共有 21 点，元件范围为 C235～C255，其类型主要有有 1 相 1 计数输入高速计数器、1 相 2 计数输入高速计数器和 2 相 2 计数输入高速计数器三种，均为 32 位加 / 减计数器，设定值为 −2147483648 ～ +2147483648，其计数方向也是由特殊辅助继电器或指定的输入端子进行设定的。

① 1 相 1 计数输入高速计数器。

1 相 1 计数输入高速计数器是指具有一个计数器输入端子的计数器，该计数器共有 11 点，元件范围为 C235 ～ C245，计数器的计数方向取决于特殊辅助继电器 M8235 ～ M8245 的状态。如图 23-37 所示，C235 ～ C240 为无启动 / 复位端 1 相 1 计数输入高速计数器，该计数器复位需要使用梯形图中的输入信号 X11 进行软件复位；C241 ～ C245 为有启动 / 复位端，其设定值由数据寄存器 D0 或 D1 进行指定，该计数器具有启动 / 复位输入端，除使用复位端子进行硬件复位外，还可利用输入信号 X11 进行软件复位。

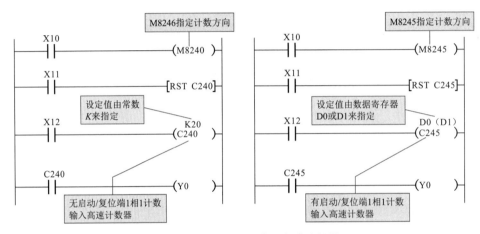

图 23-37　1 相 1 计数输入高速计数器

② 1 相 2 计数输入高速计数器。

1 相 2 计数输入高速计数器是指具有两个计数器输入端的计数器，分别用于加计数和减计数，该计数器共有 5 点，元件范围为 C246 ～ C250，其计数器的计数方向取决于 M8246 ～ M8250 的状态，如图 23-38 所示。

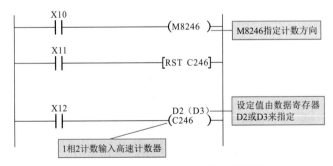

图 23-38　1 相 2 计数输入高速计数器

③ 2 相 2 计数输入高速计数器。

2 相 2 计数输入高速计数器也称 A-B 相型高速计数器，共有 5 点，元件范围为 C251 ～ C255，其计数器的计数方向取决于 A 相和 B 相的信号。如图 23-39 所示，当 A 相为"ON"，

B 相由"OFF"变为"ON"时，计数器进行加计数；当 A 相为"ON"，B 相由"ON"变为"OFF"时，计数器进行减计数。

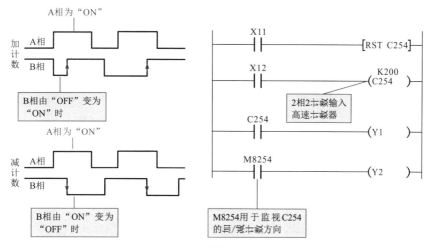

图 23-39 2 相 2 计数输入高速计数器

23.4.2 三菱 PLC 梯形图的编写要求

三菱 PLC 梯形图在编写格式上有严格的规范，除编程元件有严格的书写规范外，在编程过程中还有很多规定需要遵守。

1. 三菱 PLC 梯形图编程顺序的规定

编写三菱 PLC 梯形图时要严格遵循能流的概念，就是将母线假想成"能量流"或"电流"，在梯形图中从左向右流动，与执行用户程序时逻辑运算的顺序一致。

根据三菱 PLC 梯形图编写规定，三菱 PLC 梯形图应遵循"能流从左向右流动"的原则。如图 23-40 所示，能流①经过触点 X3、X5、X2；能流②经过触点 X1、X2；能流③经过触点 X1、X5、X4；能流④经过触点 X3、X4；由此可知，每个触点经过的能流均符合从左向右的原则，因此在绘制编写三菱 PLC 梯形图时通常采用这种方式。

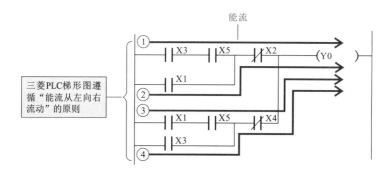

图 23-40 梯形图能流流向的要求

【提示】

由于整个三菱 PLC 梯形图是由多个梯级组成的，每个梯级表示一个因果关系。为了能够清晰、条理地表达指令，便于电气技术人员阅读，同时避免引起歧义，规定在三菱 PLC 梯形图中，事件发生的条件表示在梯形图的左侧，事件发生的结果表示在梯形图的右侧。编写梯形图时，应按从左到右，从上到下的顺序进行，如图 23-41 所示。

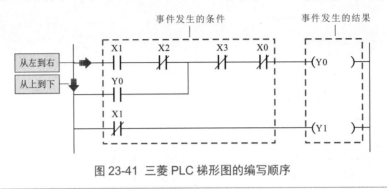

图 23-41 三菱 PLC 梯形图的编写顺序

2. 三菱 PLC 梯形图编程元件位置关系的规定

① 触点与线圈位置关系的编写规定。

三菱 PLC 梯形图的每一行都是从左母线开始，右母线结束的，触点位于线圈的左侧，线圈接在最右侧与右母线相连，如图 23-42 所示。

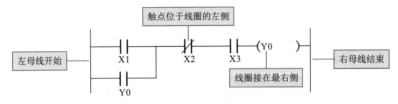

图 23-42 触点与线圈的位置关系

② 线圈与左母线位置关系的编写规定。

在三菱 PLC 梯形图中，线圈输出作为逻辑结果必有条件，体现在梯形图中时，线圈与左母线之间必须有触点，如图 23-43 所示。

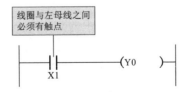

图 23-43 线圈与左母线的位置关系

③ 线圈与触点的使用要求。

在三菱 PLC 梯形图中，输入继电器、输出继电器、辅助继电器、定时器、计数器等编程元件的触点可重复使用，而输出继电器、辅助继电器、定时器、计数器等编程元件的线圈在梯形图中一般只能使用一次，如图 23-44 所示。

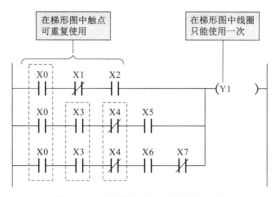

图 23-44 线圈与触点的使用次数

3. 三菱 PLC 梯形图母线分支的规定

在三菱 PLC 梯形图中，是通过一条条的母线来反映梯级关系的，每一条母线上都会关联多个触点和线圈，而由于控制关系的影响，很多时候这些触点和线圈会产生串联或并联的关系。这就会使母线出现分支。为了规范程序的书写，三菱 PLC 在母线分支（即触电或线圈的连接关系）上有明确的规定。

如图 23-45 所示，在三菱 PLC 梯形图中，触点既可以串联也可以并联，而线圈只可以进行并联连接。

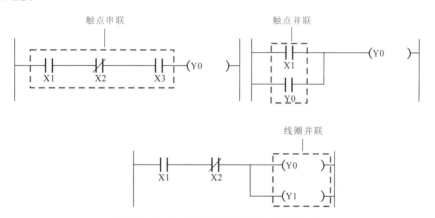

图 23-45 触点及线圈的串联、并联方式

在三菱 PLC 梯形图中，进行并联模块串联时，应将其触点多的一条线路放在梯形图的左侧，符合左重右轻的原则，如图 23-46 所示。

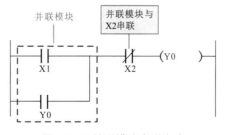

图 23-46 并联模块串联方式

在三菱 PLC 梯形图中，进行串联模块并联时，应将触点多的一条线路放在梯形图的上侧，符合上重下轻的原则，如图 23-47 所示。

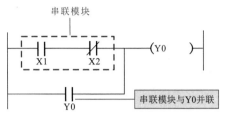

图 23-47 串联模块并联方式

4. 三菱 PLC 梯形图结束方式的规定

三菱 PLC 梯形图程序编写完成后，应在最后一条程序的下一条线路上加上 END 结束符，代表程序结束，如图 23-48 所示。

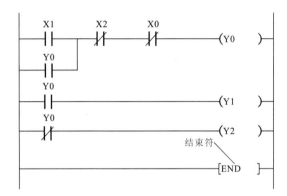

图 23-48 结束符的编写

第 24 章 PLC 技术应用

24.1 电动机启、停系统的 PLC 电气控制

24.1.1 电动机启、停系统的 PLC 控制电路

图 24-1 所示为由三菱 PLC 控制的电动机启、停控制电路。该电路主要由 FX_{2N}-32MR 型 PLC，输入设备 SB1、SB2、FR-1，输出设备 KM、HL1、HL2 及电源总开关 QF、三相交流电动机 M 等构成。

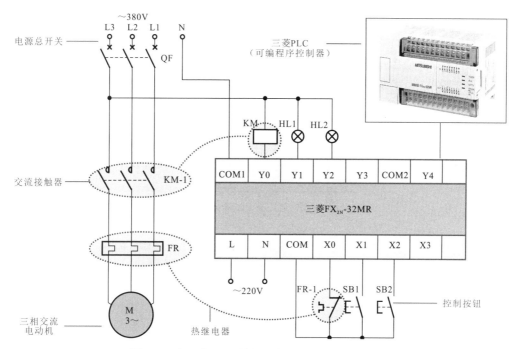

图 24-1 由三菱 PLC 控制的电动机启、停控制电路

电路中，PLC 控制部件和执行部件根据 PLC 控制系统设计之初建立的 I/O 分配表连接分配，所连接的接口名称对应 PLC 内部程序的编程地址编号，如表 24-1 所示。

表 24-1 电动机启、停 PLC 控制电路 I/O 地址编号（三菱 FX_{2N}-32MR）

输入信号及地址编号			输出信号及地址编号		
名 称	代 号	输入点地址编号	名 称	代 号	输出点地址编号
热继电器	FR-1	X0	交流接触器	KM	Y0
启动按钮	SB1	X1	运行指示灯	HL1	Y1
停止按钮	SB2	X2	停机指示灯	HL2	Y2

24.1.2 电动机启、停系统的 PLC 电气控制过程

从控制部件、梯形图程序与执行部件的控制关系入手，逐一分析各组成部件的动作状态即可弄清电动机启、停 PLC 控制电路的控制过程，如图 24-2 所示。

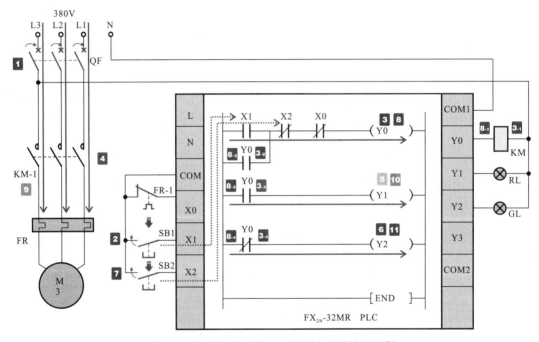

图 24-2 电动机启、停 PLC 控制电路的控制过程

【1】合上总断路器 QF，接通三相电源。

【2】按下启动按钮 SB1，触点闭合，将输入继电器常开触点 X1 置"1"，即常开触点 X1 闭合。

【2】→【3】输出继电器 Y0 得电。

　　【3-1】控制 PLC 外接交流接触器 KM 线圈得电。

　　【3-2】自锁常开触点 Y0（KM-2）闭合自锁。

　　【3-3】控制输出继电器 Y1 的常开触点 Y0（KM-3）闭合。

　　【3-4】控制输出继电器 Y2 的常闭触点 Y0（KM-4）断开。

【3-1】→【4】主电路中的主触点 KM-1 闭合，接通电动机 M 电源，电动机 M 启动运转。

【3₋₃】→【5】输出继电器 Y1 得电，点亮运行指示灯 RL。

【3₋₄】→【6】输出继电器 Y2 失电，停机指示灯 GL 熄灭。

【7】当需要停机时，按下停机按钮 SB2，触点闭合，将输入继电器常开触点 X2 置"1"，即常闭触点 X2 断开。

【7】→【8】输出继电器 Y0 失电。

　【8₋₁】控制 PLC 外接交流接触器 KM 线圈失电。

　【8₋₂】自锁常开触点 Y0（KM-2）复位断开，解除自锁。

　【8₋₃】控制输出继电器 Y1 的常开触点 Y0（KM-3）复位断开。

　【8₋₄】控制输出继电器 Y2 的常闭触点 Y0（KM-4）复位闭合。

【8₋₁】→【9】主电路中的主触点 KM-1 复位断开，切断电动机 M 电源，电动机 M 失电停机。

【8₋₃】→【10】输出继电器 Y1 失电，运行指示灯 RL 熄灭。

【8₋₄】→【11】输出继电器 Y2 得电，点亮停机指示灯 GL。

24.2 电动机反接制动系统的 PLC 电气控制

24.2.1 电动机反接制动 PLC 控制电路的结构

图 24-3 所示为由三菱 PLC 控制的电动机反接制动控制电路。该电路主要由三菱 FX$_{2N}$-16MR 型 PLC，输入设备 SB1、SB2、KS-1、FR-1，输出设备 KM1、KM2 及电源总开关 QS、三相交流电动机 M 等构成。

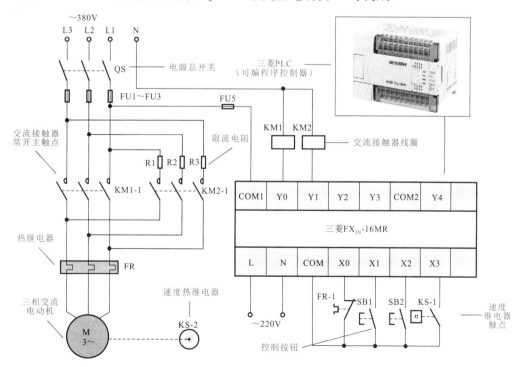

图 24-3 电动机反接制动 PLC 控制电路

电路中，PLC 控制部件和执行部件根据 PLC 控制系统设计之初建立的 I/O 分配表连接分配，所连接的接口名称也对应 PLC 内部程序的编程地址编号，如表 24-2 所示。

表 24-2 电动机反接制动 PLC 控制电路的 I/O 地址编号（三菱 FX_{2N}-16MR）

输入信号及地址编号			输出信号及地址编号		
名　称	代　号	输入点地址编号	名　称	代　号	输出点地址编号
热继电器常闭触点	FR-1	X0	交流接触器	KM1	Y0
启动按钮	SB1	X1	交流接触器	KM2	Y1
停止按钮	SB2	X2			
速度继电器常开触点	KS-1	X3			

24.2.2 电动机反接制动 PLC 控制电路的控制过程

从控制部件、梯形图程序与执行部件的控制关系入手，逐一分析各组成部件的动作状态即可弄清电动机在 PLC 控制下实现反接制动的控制过程，如图 24-4 所示。

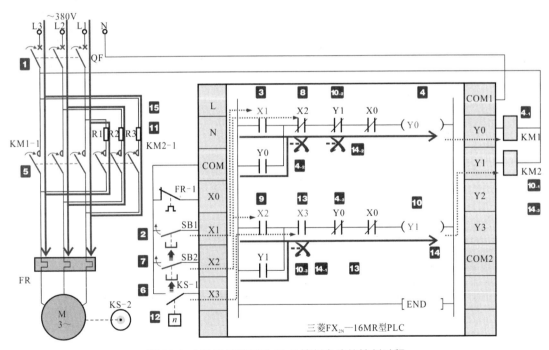

图 24-4 电动机反接制动 PLC 控制电路的控制过程

【1】闭合 QF，接通三相电源。
【2】按下启动按钮 SB1，常开触点闭合。

【3】将 PLC 内的 X1 置"1",该触点接通。

【4】输出继电器 Y0 得电。

　　【4₋₁】控制 PLC 外接交流接触器线圈 KM1 得电。

　　【4₋₂】自锁常开触点 Y0 闭合自锁,使松开的启动按钮仍保持接通状态。

　　【4₋₃】常闭触点 Y0 断开,防止 Y1 得电,即防止接触器线圈 KM2 得电。

【4₋₁】→【5】主电路中的常开主触点 KM1-1 闭合,接通电动机电源,电动机启动运转。

【4₋₁】→【6】速度继电器 KS-2 与电动机连轴同速运转,KS-1 接通,PLC 内部触点 X3 接通。

【7】按下停止按钮 SB2,常闭触点断开,控制 PLC 内输入继电器 X2 触点动作。

【7】→【8】控制输出继电器 Y0 线圈的常闭触点 X2 断开,输出继电器 Y0 线圈失电,控制 PLC 外接交流接触器线圈 KM1 失电,带动主电路中主触点 KM1-1 复位断开,电动机断电惯性运转。

【7】→【9】控制输出继电器 Y1 线圈的常开触点 X2 闭合。

【10】输出继电器 Y1 线圈得电。

　　【10₋₁】控制 PLC 外接 KM2 线圈得电。

　　【10₋₂】自锁常开主触点 Y1 接通,实现自锁功能。

　　【10₋₃】控制 Y0 线圈的常闭触点 Y1 断开,防止 Y0 得电,即防止接触器 KM1 线圈得电。

【10₋₁】→【11】带动主电路中主触点 KM2-1 闭合,电动机串联限流电阻器 R1～R3 后反接制动。

【12】由于制动作用使电动机转速减小到零时,速度继电器 KS-1 断开。

【13】将 PLC 内输入继电器 X3 置"0",即控制输出继电器 Y1 线圈的常开触点 X3 断开。

【14】输出继电器 Y1 线圈失电。

　　【14₋₁】常开触点 Y1 断开,解除自锁。

　　【14₋₂】常闭触点 Y1 接通复位,为 Y0 下次得电做好准备。

　　【14₋₃】PLC 外接的交流接触器 KM2 线圈失电。

【14₋₃】→【15】常开主触点 KM2-1 断开,电动机切断电源,制动结束,电动机停止运转。

24.3 通风报警系统的 PLC 电气控制

24.3.1 通风报警 PLC 控制电路的结构

图 24-5 所示为由三菱 PLC 控制的通风报警控制电路。该电路主要是由风机运行状态检测传感器 A、B、C、D,三菱 PLC,红色、绿色、黄色三个指示灯等构成的。

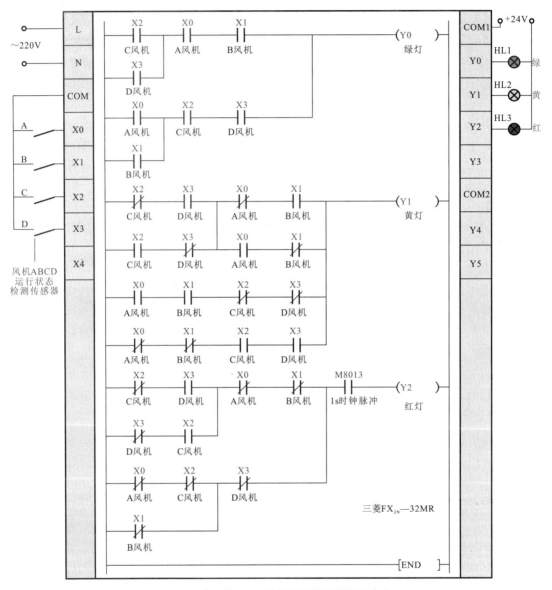

图 24-5 由三菱 PLC 控制的通风报警控制电路

风机 A、B、C、D 运行状态检测传感器和指示灯分别连接 PLC 相应的 I/O 接口上，所连接的接口名称对应 PLC 内部程序的编程地址编号，由设计之初确定的 I/O 分配表设定，如表 24-3 所示。

表 24-3 通风报警 PLC 控制电路的 I/O 地址编号（三菱 FX$_{2N}$ 系列 PLC）

输入信号及地址编号			输出信号及地址编号		
名　称	代　号	输入点地址编号	名　称	代　号	输出点地址编号
风机 A 运行状态检测传感器	A	X0	通风良好指示灯（绿）	HL1	Y0
风机 B 运行状态检测传感器	B	X1	通风不佳指示灯（黄）	HL2	Y1
风机 C 运行状态检测传感器	C	X2	通风太差指示灯（红）	HL3	Y2
风机 D 运行状态检测传感器	D	X3			

24.3.2 通风报警 PLC 控制电路的控制过程

在通风系统中，4 台电动机驱动 4 台风机运转，为了确保通风状态良好，设有通风报警系统，即由绿、黄、红指示灯对电动机的运行状态进行指示。当 3 台以上风机同时运行时，绿灯亮，表示通风状态良好；当有 2 台风机同时运转时，黄灯亮，表示通风不佳；当仅有 1 台风机运转时，红灯亮起，并闪烁发出报警指示，警告通风太差。

图 24-6 所示为由三菱 PLC 控制的通风报警控制电路中绿灯点亮的控制过程。

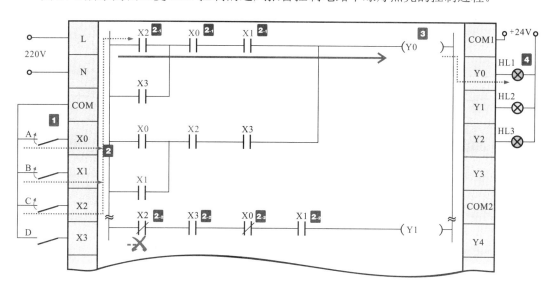

图 24-6　由三菱 PLC 控制的通风报警控制电路中绿灯点亮的控制过程

当 3 台以上风机均运转时，风机 A、B、C、D 传感器中至少有 3 个传感器闭合，向 PLC 中送入传感信号。根据 PLC 内控制绿灯的梯形图程序可知，X0～X3 任意 3 个输入继电器触点闭合，总有一条程序能控制输出继电器 Y0 线圈得电，使 HL1 得电点亮。

【1】当风机 A、B、C 传感器测得风机运转信息闭合时，常开触点闭合。

【2】PLC 内相应输入继电器触点动作。

【2₋₁】将PLC内输入继电器X0、X1、X2的常开触点闭合。

【2₋₂】同时,输入继电器X0、X1、X2的常闭触点断开,使输出继电器Y1、Y2线圈不可得电。

【2₋₁】→【3】输出继电器Y0线圈得电。

【4】控制PLC外接绿色指示灯HL1被点亮,指示目前通风状态良好。

图24-7所示为由三菱PLC控制的通风报警控制电路中点亮黄灯、红灯的控制过程。

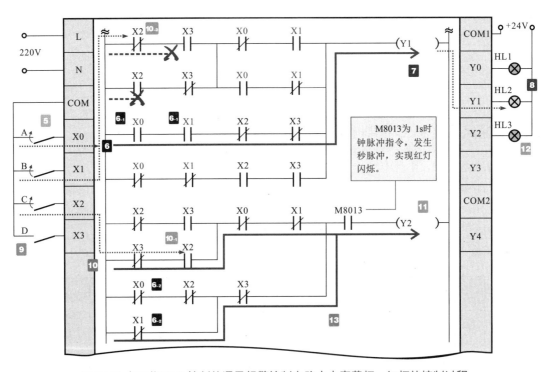

图24-7 由三菱PLC控制的通风报警控制电路中点亮黄灯、红灯的控制过程

当2台风机运转时,风机A、B、C、D传感器中至少有2个传感器闭合,向PLC中送入传感信号。根据PLC内控制黄灯的梯形图程序可知,X0~X3任意2个输入继电器触点闭合,总有一条程序能控制输出继电器Y1线圈得电,从而使HL2得电点亮。

【5】当风机A、B传感器测得风机运转信息闭合时,常开触点闭合。

【6】PLC内相应输入继电器触点动作。

【6₋₁】将PLC内输入继电器X0、X1的常开触点闭合。

【6₋₂】同时,输入继电器X0、X1的常闭触点断开,使输出继电器Y2线圈不可得电。

【6₋₁】→【7】输出继电器Y1线圈得电。

【8】控制PLC外接黄色指示灯HL2被点亮,指示目前通风状态不佳。

当少于2台风机运转时,风机A、B、C、D传感器中无传感器闭合或仅有1个传感器闭合,向PLC中送入传感信号。根据PLC内控制红灯的梯形图程序可知,X0~X3任意1个输入继电器触点闭合或无触点闭合送入信号,总有一条程序能控制输出继电器Y2线圈得电,从而使HL3得电点亮。

【9】当风机C传感器测得风机运转信息闭合时,其常开触点闭合。

【10】PLC 内相应输入继电器触点动作。

【10$_{-1}$】将 PLC 内输入继电器 X2 的常开触点闭合。

【10$_{-2}$】同时，输入继电器 X2 的常闭触点断开，使输出继电器 Y1 线圈不可得电。

【10$_{-1}$】→【11】输出继电器 Y2 线圈得电。

【12】控制 PLC 外接红色指示灯 HL3 被点亮。同时，在 M8013 的作用下发出 1s 时钟脉冲，使红色指示灯闪烁，发出报警信号指示目前通风太差。

【13】当无风机运转时，风机 A、B、C、D 传感器都不动作，PLC 内梯形图程序中 Y2 线圈得电，控制红色指示灯 HL3 被点亮，在 M8013 控制下闪烁发出报警信号。

24.4 运料小车系统的 PLC 电气控制

24.4.1 运料小车 PLC 控制电路的结构

在日常生产生活中，自动运行的运料小车常使用 PLC 进行控制。整个运料小车控制系统由启动（右移启动、左移动启动）和停止按钮进行控制，首先运料小车右移启动运行后，右移到限位开关 SQ1 处，此时小车停止并开始装料，30 s 后装料完毕。然后小车自动开始左移，当小车左移至限位开关 SQ2 处时，小车停止并开始卸料，1 min 后卸料结束，再自动右移，如此循环工作，直到按下停止按钮。

在分析运料小车往返运行的 PLC 控制过程前，应首先了解其控制电路的结构以及该 PLC 的输入和输出端接口的具体分配方式，图 24-8 所示为运料小车往返运行的控制电路。

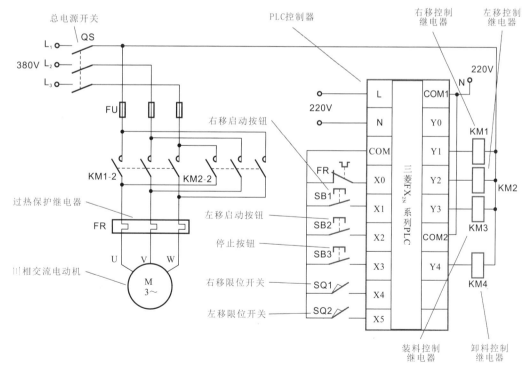

图 24-8 运料小车往返运行的控制电路

图中的 SB1 为右移启动按钮，SB2 为左移启动按钮，SB3 为停止按钮，SQ1 和 SQ2 分别为右移和左移限位开关，KM1 和 KM2 分别为右移和左移控制继电器，KM3 和 KM4 分别为装料和卸料控制继电器。

该控制电路采用三菱 FX_{2N} 系列 PLC，电路中 PLC 控制 I/O 分配表如表 24-4 所示。

表 24-4　运料小车往返控制电路中三菱 FX_{2N} 系列 PLC 控制 I/O 分配表

输入信号及地址编号			输出信号及地址编号		
名　称	代　号	输入点地址编号	名　称	代　号	输出点地址编号
过热保护继电器	FR	X0	右移控制继电器	KM1	Y1
右移启动按钮	SB1	X1	左移控制继电器	KM2	Y2
左移启动按钮	SB2	X2	装料控制继电器	KM3	Y3
停止按钮	SB3	X3	卸料控制继电器	KM4	Y4
右移限位开关	SQ1	X4			
左移限位开关	SQ2	X5			

图 24-9 所示为控制电路中 PLC 内部的梯形图和语句表。可对照 PLC 控制电路和 I/O 分配表，在梯形图中进行适当文字注解，然后根据操作动作具体分析运料小车往返运行的控制过程。

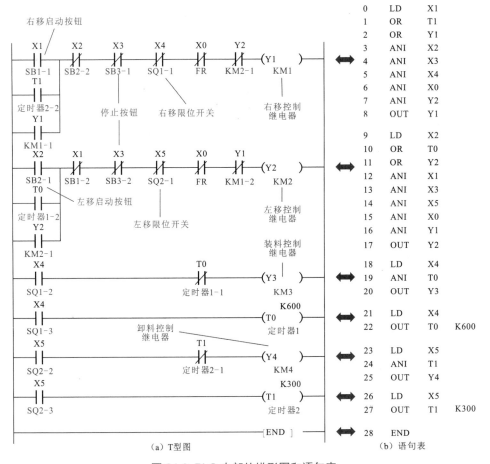

图 24-9　PLC 内部的梯形图和语句表

> 【提示】
>
> 三菱PLC定时器的设定值（定时时间T）=计时单位×计时常数K。其中计时单位有1 ms、10 ms和100 ms，在不同的编程应用中，不同的定时器，其计时单位也会不同。因此在设置定时器时，可以通过改变计时常数（K）来改变定时时间。在三菱FN_{2X}型PLC中，一般用十进制数来确定K值（0～32767），如在三菱FN_{2X}型PLC中，定时器的计时单位为100 ms，其时间常数K值为50，则T=100 ms×50=5000 ms=5s。

24.4.2 运料小车PLC控制电路的控制过程

1. 运料小车右移和装料的工作过程

运料小车开始工作，需要先右移到装料点，然后在定时器和装料继电器的控制下进行装料，下面我们分析运料小车右移和装料的工作过程，如图24-10所示。

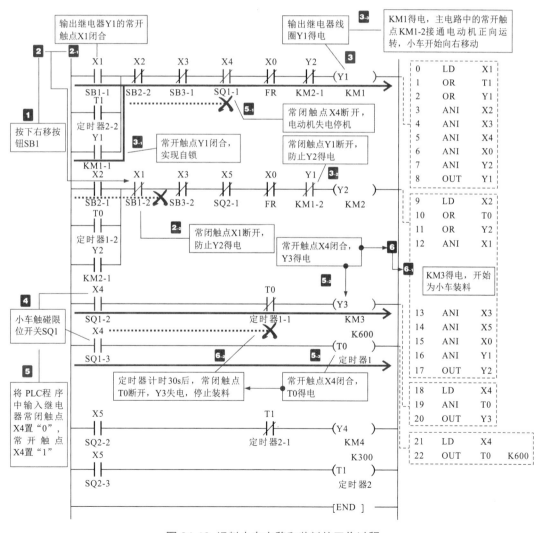

图24-10 运料小车右移和装料的工作过程

【1】按下右移启动按钮 SB1。

【1】→【2】PLC 程序中输入继电器触点 X1 动作。

→【2$_{-1}$】控制输出继电器 Y1 的常开触点 X1 闭合。

→【2$_{-2}$】控制输出继电器 Y2 的常闭触点 X1 断开，实现输入继电器互锁，防止 Y2 得电。

【2$_{-1}$】→【3】输出继电器 Y1 线圈得电。

→【3$_{-1}$】自锁常开触点 Y1 闭合实现自锁功能。

→【3$_{-2}$】控制输出继电器 Y2 的常闭触点 Y1 断开，实现互锁，防止 Y2 得电。

→【3$_{-3}$】控制 PLC 外接交流接触器 KM1 线圈得电，主电路中的主触点 KM1-2 闭合，接通电动机电源，电动机启动正向运转，此时小车开始向右移动。

【4】小车右移至限位开关 SQ1 处，SQ1 动作。

【4】→【5】PLC 程序中输入继电器触点 X4 动作。

→【5$_{-1}$】控制输出继电器 Y1 的常闭触点 X4 断开，Y1 线圈失电，即 KM1 线圈失电，电动机停机，小车停止右移。

→【5$_{-2}$】控制输出继电器 Y3 的常开触点 X4 闭合，Y3 线圈得电。

→【5$_{-3}$】控制输出继电器 T0 的常开触点 X4 闭合，定时器 T0 线圈得电。

【6】Y3 线圈得电和定时器 T0 线圈得电后，其触点动作。

→【6$_{-1}$】控制 PLC 外接交流接触器 KM3 线圈得电，开始为小车装料。

→【6$_{-2}$】定时器开始计时，计时时间到（延时 30 s），其控制输出继电器 Y3 的延时断开常闭触点 T0 断开，Y3 失电，即交流接触器 KM3 线圈失电，装料完毕。

2. 运料小车左移和卸料的工作过程

运料小车装料完毕后，需要左移到卸料点，在定时器和卸料继电器的控制下进行卸料，卸料后再右移进行装料。下面我们介绍运料小车左移和卸料的工作过程，如图 24-11 所示。

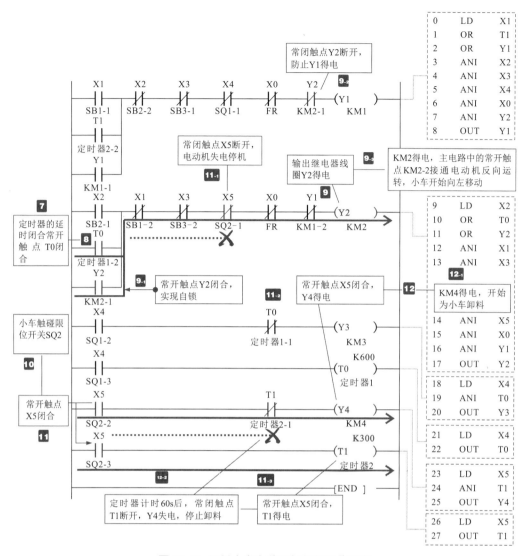

图 24-11 运料小车左移和卸料的工作过程

【6_{-2}】→【7】计时时间到（装料完毕），定时器的延时闭合常开触点 T0 闭合。

【7】→【8】控制输出继电器 Y2 的延时闭合常开触点 T0 闭合。

【8】→【9】输出继电器 Y2 线圈得电。

→【9_{-1}】自锁常开触点 Y2 闭合实现自锁功能；

→【9_{-2}】控制输出继电器 Y1 的常闭触点 Y2 断开，实现互锁，防止 Y1 得电；

→【9_{-3}】控制 PLC 外接交流接触器 KM2 线圈得电，主电路中的主触点 KM2-2（参见图 24-8 中）闭合，接通电动机电源，电动机启动反向运转，此时小车开始向左移动。

【10】小车左移至限位开关 SQ2 处，SQ2 动作。

【10】→【11】PLC 程序中输入继电器触点 X5 动作。

→【11_{-1}】控制输出继电器 Y2 的常闭触点 X5 断开，Y2 线圈失电，即 KM2 线圈失电，电动机停机，小车停止左移。

→【11₂】控制输出继电器 Y4 的常开触点 X5 闭合，Y4 线圈得电。

→【11₃】控制输出继电器 T1 的常开触点 X5 闭合，定时器 T1 线圈得电。

【12】Y4 线圈得电和定时器 T1 线圈得后其触点动作。

→【12₋₁】控制 PLC 外接交流接触器 KM4 线圈得电，开始为小车装料。

→【12₋₂】定时器开始计时，计时时间到（延时 60s），其控制输出继电器 Y4 的延时断开常闭触点 T1 断开，Y4 失电，即交流接触器 KM4 线圈失电，卸料完毕。

> 【提示】
>
> 计时时间到（卸料完毕），定时器的延时闭合常开触点 T1 闭合，使 Y1 得电，右移控制继电器 KM1 得电，主电路的常开主触点 KM1-2 闭合，电动机再次正向启动运转，小车再次向右移动。如此反复，运料小车即实现了自动控制的过程。
>
> 当按下停止按钮 SB3 后，将 PLC 程序中输入继电器常闭触点 X3 置 "0"，即常闭触点断开，Y1 和 Y2 均失电，电动机停止运转，此时小车停止移动。

24.5 水塔供水系统的 PLC 电气控制

24.5.1 水塔供水 PLC 控制电路的结构

水塔在工业设备中主要起到蓄水的作用，水塔的高度很高，为了使水塔中的水位保持在一定的高度，通常由 PLC 控制各水位传感器、水泵电动机、电磁阀等部件实现对水塔和蓄水池蓄水、给水的自动控制。

图 24-12 所示为水塔水位自动控制电路中的 PLC 梯形图和语句表，表 24-5 所示为其 PLC 梯形图 I/O 地址分配表。结合 I/O 地址分配表，了解该梯形图和语句表中各触点及符号标识的含义，并将梯形图和语句表相结合进行分析。

第24章 PLC技术应用

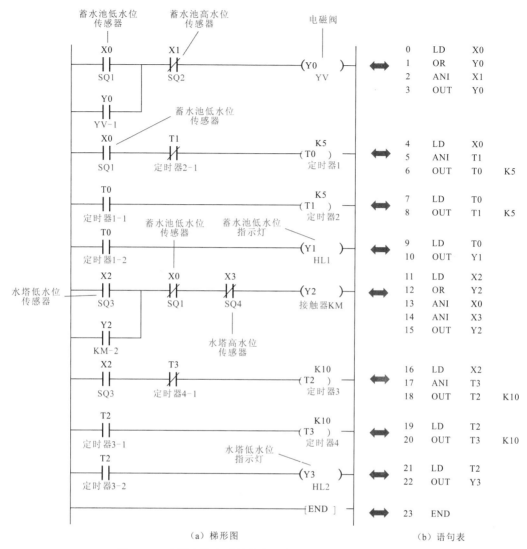

（a）梯形图　　　　　　　　　　　（b）语句表

图 24-12　水塔水位自动控制电路中的 PLC 梯形图和语句表

表 24-5　水塔水位自动控制电路中的 PLC 梯形图 I/O 地址分配表（三菱 FX_{2N} 系列 PLC）

输入信号及地址编号			输出信号及地址编号		
名　称	代　号	输入点地址编号	名　称	代　号	输出点地址编号
蓄水池低水位传感器	SQ1	X0	电磁阀	YV	Y0
蓄水池高水位传感器	SQ2	X1	蓄水池低水位指示灯	HL1	Y1
水塔低水位传感器	SQ3	X2	接触器	KM	Y2
水塔高水位传感器	SQ4	X3	水塔低水位指示灯	HL2	Y3

24.5.2 水塔供水 PLC 控制电路的控制过程

1. 水塔水位过低的控制过程

当水塔水位低于水塔低水位,并且蓄水池水位高于蓄水池低水位时,控制电路便会自动启动水泵电动机开始给水,图 24-13 为水塔水位过低的控制过程。

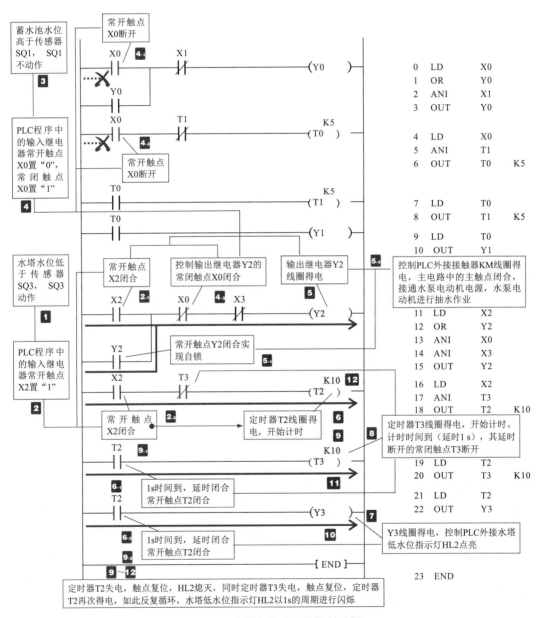

图 24-13 水塔水位过低的控制过程

【1】水塔水位低于低水位传感器 SQ3，SQ3 动作。

【1】→【2】将 PLC 程序中的输入继电器常开触点 X2 置"1"。

　→【2-1】控制输出继电器 Y2 的常开触点 X2 闭合。

　→【2-2】控制定时器 T2 的常开触点 X2 闭合。

【3】蓄水池水位高于蓄水池低水位传感器 SQ1，其 SQ1 不动作。

【3】→【4】PLC 程序中的输入继电器触点 X0 动作。

　→【4-1】控制输出继电器 Y0 的常开触点 X0 断开。

　→【4-2】控制定时器 T0 的常开触点 X0 断开。

　→【4-3】控制输出继电器 Y2 的常闭触点 X0 闭合。

【2-1】+【4-3】→【5】输出继电器 Y2 线圈得电。

　→【5-1】自锁常开触点 Y2 闭合实现自锁。

　→【5-2】控制 PLC 外接接触器 KM 线圈得电，带动主电路中的主触点闭合，接通水泵电动机电源，水泵电动机进行抽水作业。

【2-2】→【6】定时器 T2 线圈得电，开始计时。

　→【6-1】计时时间到（延时 1 s），其控制定时器 T3 的延时闭合常开触点 T2 闭合。

　→【6-2】计时时间到（延时 1 s），其控制输出继电器 Y3 的延时闭合的常开触点 T2 闭合。

【6-2】→【7】输出继电器 Y3 线圈得电，控制 PLC 外接水塔低水位指示灯 HL2 被点亮。

【6-1】→【8】定时器 T3 线圈得电，开始计时。计时时间到（延时 1 s），其延时断开的常闭触点 T3 断开。

【8】→【9】定时器 T2 线圈失电。

　→【9-1】控制定时器 T3 的延时闭合的常开触点 T2 复位断开。

　→【9-2】控制输出继电器 Y3 的延时闭合的常开触点 T2 复位断开。

【9-2】→【10】输出继电器 Y3 线圈失电，控制 PLC 外接水塔低水位指示灯 HL2 熄灭。

【9-1】→【11】定时器线圈 T3 失电，延时断开的常闭触点 T3 复位闭合。

【11】→【12】定时器 T2 线圈再次得电，开始计时。如此循环，水塔低水位指示灯 HL2 以 1 s 的周期进行闪烁。

2. 水塔水位高于水塔高水位时的控制过程

水泵电动机不停地往水塔中注入清水，直到水塔水位高于水塔高水位传感器时，才会停止注水。图 24-14 所示为水塔水位高于水塔高水位时的控制过程。

【13】当水塔水位高于低水位传感器 SQ3，SQ3 复位。

【13】→【14】PLC 程序中的输入继电器触点 X2 动作。

　→【14-1】控制输出继电器 Y2 的常开触点 X2 复位断开。

　→【14-2】控制定时器 T2 的常开触点 X2 复位断开。

【14-2】→【15】定时器 T2 线圈失电。

【15】→【16】定时器 T2 相应触点动作。

　→【16-1】控制定时器 T3 的延时闭合常开触点 T2 复位断开。

　→【16-2】控制输出继电器 Y3 的延时闭合的常开触点 T2 复位断开。

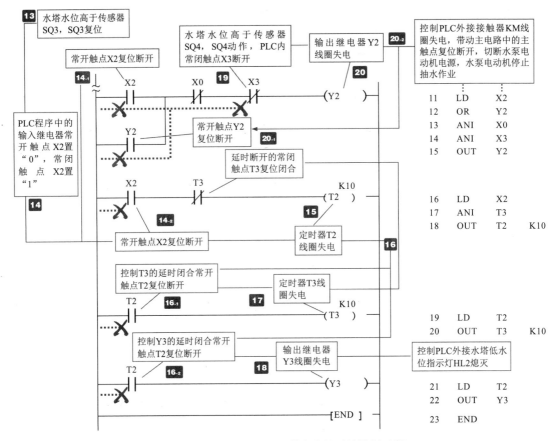

图 24-14 水塔水位高于水塔高水位时的控制过程

【16₋₁】→【17】定时器线圈 T3 失电,延时断开的常闭触点 T3 复位闭合。

【16₋₂】→【18】输出继电器 Y3 线圈失电,控制 PLC 外接水塔低水位指示灯 HL2 熄灭。

【19】当水塔水位高于水塔高水位传感器 SQ4,SQ4 动作,将 PLC 程序中的输入继电器常闭触点 X3 置"0",即常闭触点 X3 断开。

【19】→【20】输出继电器 Y2 线圈失电。

→【20₋₁】自锁常开触点 Y2 复位断开。

→【20₋₂】控制 PLC 外接接触器 KM 线圈失电,带动主电路中的主触点复位断开,切断水泵电动机电源,水泵电动机停止抽水作业。